TECHNICAL PROPOSAL
Writing & Presentation

기술제안서 작성과 프리젠테이션

SAEG 선 엔지니어링 종합건축사사무소
SEON ARCHITECTS & ENGINEERS GROUP

양 영 호

공간예술사

▯권두언

엘빈 토플러Alvin Toffler는 21세기가 디지털 시대로서, 정보와 지식이 새로운 패러다임으로 세상을 지배할 것이라고 정확히 예측하였습니다. 산업화가 주축이었던 20세기는 전문기술 하나로 경쟁력이 생길 수 있었지만, 지식기반 사회인 21세기에는 정치, 경제, 문화, 금융 등 모든 분야의 정보와 지식을 지속적으로 접목해야 개인이나 조직이 살아남을 수 있다는 것입니다. 바야흐로 통섭通涉의 시대요, 융복합Confusion의 시대입니다.

우리 건설기술 분야도 마찬가지입니다.

하나의 건축물을 완성하는 데 있어서도 건축, 토목, 기계, 전기 등 공종간 통합을 넘어 사업계획 수립, 설계, 시공 등 과정간 통합은 물론이요 공사비, 공정, 품질 등 가치간 통합까지 폭넓은 지식의 통섭을 요구하고 있습니다.

그러나 이제는 이러한 건설기술 분야간의 통섭만으로도 고객을 만족시키지 못합니다.

친환경, 저탄소, 신재생에너지, BIMBuilding Information Modeling 등 새로운 첨단기술을 다각도로 접목한 기술제안을 요구하고 있는 것입니다.

이러한 지식의 융·복합이 용역으로 발주되는 시스템이 곧 건설사업관리CM요, 공사로 발주되는 것이 설계·시공 일괄입찰Turn Key제도입니다. 공공건설 프로젝트의 발주 단위가 갈수록 대형화되고, CMConstruction Management ; 건설사업관리과 턴키 발주가 확대되는 추세는 이러한 통섭의 패러다임에서는 피할 수 없는 선택인 것입니다.

공종, 과정, 가치 등 제반 분야의 벽을 허물고 서로 통섭하기 위해서는 의사소통Communication 능력이 매우 중요합니다.

특히 건설기술용역 분야에서 기술제안서Technical Proposal 제도가 확산되고 있는 오늘날에는 소통과 설득을 위한 발표Presentation 능력이 경쟁력의 잣대가 되고 있으며, 리더십의 필수항목으로 자리매김되고 있습니다.

지식정보화 사회에 있어 건설기술 분야의 Global Standard는『기술제안서』로 저울질 되기 때문에 기술제안서 제도의 확대는 당연한 것입니다.

지금까지 우리 건설기술인들은 기술사 또는 건축사 자격 하나만으로 그 능력이 평가되었지만 앞으로는 이러한 전문지식을 얼마나 효율적으로 상대방고객에게 전달할 수 있느냐가 보다 높이 평가받게 될 것입니다.

지식知識 즉『알고있다』라는 말을 다시하면 되새겨 봅시다. 진정으로 알고 있다는 것은 다른 사람에게 자신의 의견과 논리를 펴서 이해시킬 수 있고, 나아가 설득할 수 있을 때 비로소 전정한 의미를 가질 수 있습니다.

Preface

기술사, 건축사 등 전문분야별 자격을 몇개씩 가졌다 한들 고객을 설득하고 만족시키지 못한다면 무슨 소용이 있겠습니까?

이제는 고객이 이해하지 못하는 이유를 그들에게 돌릴 수 없습니다. 자신의 지식과 견해를 조리있게 표현글쓰기하지 못하고 명쾌하게 설득발표하지 못하는 책임은 건설기술자들 자신에게 있습니다.

특히 우리 건설기술인들에게 있어 설계, 감리, CM 등 건설기술용역 업무라는 것은 처음부터 글쓰기제안서작성와 발표로 시작하여 수주를 하고, 조정과 협의를 거쳐 용역을 완수하면 다시 글쓰기완료보고서 작성와 보고로 마무리 하는 소통과정의 연속인 것입니다.

그 과정의 첫머리에 기술제안서의 작성과 발표가 있습니다. 기술제안서에는 고객을 설득하는 기술이 압축되어 있고, 분야간 논리의 통섭이 있으며, 나아가 상상력과 디자인이 있는 기획 업무의 꽃이라고 할 수 있습니다.

우리 『SAEG』은 2007년 『Technical Proposal – Planning to Presentation for CMr / 기술제안서+프리젠테이션』 이라는 이름으로 하나의 지침서를 출간한 적이 있습니다. 출간 이후 수정과 보완을 거쳤어야 하나 그러지 못해 『SAEG』 가족뿐만 아니라 이 책의 독자들에게도 마음속으로 빚을 진 심정이었습니다.

그 이후 기술제안서의 작성과 평가에 관한 기준도 몇차례 바뀌고 시행착오도 거쳤으며 새로운 지식과 경험도 보태지게 되었습니다.

차제此際에 2007년도 출판된 책을 전반적으로 수정·보완하여 『기술제안서의 작성과 프리젠테이션』 이라는 이름으로 새롭게 발간하게 되었습니다.

아무쪼록 이 책이 『SAEG』 가족뿐만 아니라 건설기술용역 업무에 종사하고 있는 우리 건설기술인 모두에게 기술제안서의 작성과 발표에 있어 하나의 시금석이 되었으면 하며, 더불어 독자 스스로의 경쟁력을 키우는 계기가 되기를 바라마지 않습니다.

2011. 5

(주) 선엔지니어링종합건축사사무소

회장 오선교

▯서 문

스티브 잡스Steve Jobs가 새로운 물건을 내놓을 때마다 온 세계가 들썩입니다. 세계를 뒤흔들고 있는 그의 카리스마는 어디서 나오는 것일까요!

잡스가 신제품을 선보이는 발표회는 그 제품을 만든 잡스 자신을 가장 잘 보여주는 한편의 무대입니다.

이제 그의 분신처럼 된 검정 터틀넥 셔츠에 허리띠 없는 청바지 그리고 캐주얼 뉴밸런스 운동화 – 본질적인 것을 직시하고 불필요한 것을 과감히 배제하는 절제의 미학 – 그것이 카리스마의 원천이자 그가 『프리젠테이션의 전설』로 불리우는 이유라고 생각합니다.

나는 가끔 CM기술제안서를 발표하는 조달청의 발표회장를 잡스의 발표회와 오버랩시켜 생각해보곤 합니다. 사용자에게 쉽고 간편한 적용성을 안겨주는 절제된 제품 디자인을 기술제안서로, 청중에게 감동을 불러일으키는 잡스의 프리젠테이션을 우리 단장의 발표로, 잡스와 단장을 오버랩시켜 한 장의 그림을 그려보곤 합니다...

우리 직장인들의 업무라는 것은 하루하루가 글쓰기와 말하기소통의 연속이라 할 수 있습니다.

자기소개서를 쓰고 면접의 관문을 통과하여 입사합니다.

진급을 하여 직급이 올라갈수록 글쓰기와 발표의 기회는 많아지며 그것이 능력 평가의 잣대로 작용됩니다. 상급 관리자가 되면 스스로가 부하직원을 고과평가考課評價할 때에도 이 잣대를 그대로 적용합니다.

이와 같이 우리는 글쓰기와 프리젠테이션을 통하여 어떤 기회를 잡을 수 있고 또 놓칠 수도 있으며, 이 기회를 잘 잡아야 치열한 경쟁에서 승리할 수 있습니다.

우리 건설기술자들은 글쓰기와 발표력이 부족합니다. 기술사 자격에는 관심이 있지만, 그 기술과 노하우들을 제대로 표현하고 상대에게 전달하는 데에는 상대적으로 관심이 덜합니다. 제안서나 보고서 등 글쓰기와 발표의 기회가 주어져도 꺼려하거나 피하려고 합니다. 그리고 별도의 훈련과 교육이 필요없다고 생각하는 것 같습니다.

그것은 잘못된 생각입니다. 지금은 21세기, 소통疏通과 통섭通涉의 시대입니다. 글쓰기와 발표력이 전문지식 이상으로 경쟁력이 되는 시대입니다.

우리 건설기술자들이 글쓰기 능력이 부족하고 꺼려하는 이유는, 글쓰기를 어렵고 전문적인 작업으로 생각하는 데 있는 것 같습니다. 글쓰기가 어려운 것은, 글이 아름답고 고상하며 고급스러워야 한다는 생각 때문입니다. 글을 쓴다는 것을 대단한 일로 여겨 좋은 글에 대한 강박관념이 글쓰기를 어렵게 만드는 것이 아닐까요?

발표를 기피하는 이유 역시 고상하게 말해야 되고 유식한 문자를 사용해야 한다는 고정관념 때문이 아닐까요!

그래서는 안됩니다. 글쓰기와 발표에 관한 강박된 고정관념에서 벗어나야 합니다. 빨리 탈출해 나올수록 새로운 세계가 보이고 경쟁력이 생깁니다. 몸값이 올라갑니다.

이 책은 우리 건설기술인들이 겪게 되는 글쓰기와 프리젠테이션에 대한 잘못된 선입관과 두려움을 극복하는 데 초점을 맞추어 편집하였습니다.

기술제안서의 평가 및 작성에 관한 정부의 기준과 보편화된 이론에 근거하여 실제에 적용하기 쉽게 기술하였습니다.

제1편은 『기술제안서의 작성 방법론』으로 기획과 기술제안서의 의미제1장, 현행 평가 및 작성기준제2장, 그리고 기술제안서 작성을 위한 글쓰기 요령제3장, 발표문 작성과 질의응답 요령제4장을 담았습니다.

글쓰기 요령에 관해서는 우리나라 원자력기술행정 분야의 베테랑이자 Technical Writing의 전문가인 영남대학교 임재춘 교수의 저서 『한국의 직장인은 글쓰기가 두렵다』에서 저자의 양해를 구해 일부 내용을 발췌하였음을 밝혀둡니다.

제2편은 『기술제안서의 발표 방법론』으로 소통과 설득제1장, 발표의 준비제2장 그리고 효과적인 프리젠테이션 기법제3장으로 편집하였습니다.

제3편은 기술제안서 및 발표문의 사례로서 설계 분야, 책임감리 분야, CM 분야의 최근사례 중 대표적인 것을 골라 전재하였고, 제4편은 리더십과 소통에 있어 당대 최고 지도자의 유명한 연설문을 실었습니다.

기술제안서의 작성글쓰기과 프리젠테이션발표은 그 기술과 방법만 습득한다고 해서 목표가 이루어지지 않습니다. 독자글쓰기와 청중발표 입장에 서서 그들이 원하는 내용을 공감할 수 있도록 하고 이해시킴으로서, 스스로 의사결정을 하고 그것이 행동으로 이어지게 해야 소기의 목적을 달성하게 되는 것입니다. 역지사지易地思之야 말로 소통의 기본입니다.

그것은 부단한 노력과 연습이 있어야만 이루어지는 것입니다.

"You Can never over rehearse. - Steve Jobs -"

이 책을 통하여 우리 건설기술인들이 글쓰기와 발표에 대한 인식을 새로이 하고 자신감을 갖게 되는 계기가 되었으면 합니다.

이 책이 나오기까지 바쁜 시간을 할애하며 협조를 아끼지 않은 SAEG CM본부 홍석희 부장과 이재명 사우에게 감사를 표합니다.

초안 원고를 잘 다듬어주신 공간예술사의 작가지망생 신동제씨, 깔끔히 예쁘게 편집 디자인한 남은경씨, 그리고 이 책 발간에 열정적으로 임해주신 신창근 사장님께도 감사를 드립니다.

2011. 5 양영호

목 차 Contents

제I편 기술제안서의 작성 방법론

Contents

part I

기술제안서의 작성 방법론

기획과 기술제안서

1. 기획과 제안

기획·제안의 정의

◦ 기획[1]이란 아이디어의 완성도를 높이는 작업이다.

◦ 기획이란 희망과 꿈을 자기주도적 행동에 의해 현실로 바꾸어가는 과정이다.

◦ 기획이란 어떤 과제에 의거하여 그 과제를 달성하기 위해 해야 할 업무의 이미지를 묘사하고, 전체 또는 세부에 걸친 구상을 다듬고 한데 모아 제안할 때, 그 제안 내용 및 제안을 정리하기까지에 이르는 작업 과정이다.

◦ 제안이란 특정상황에 적합한 구체적인 해결책을 창조하거나 재구성하는 목표지향적 행동이다.

따라서, 특정 프로젝트에 대하여 문제가 되고 있는 현안사항을 분명히 밝히고 해결방안을 제시하여야 한다.

☞ 1) 기획企劃의 사전적인 정의는 『일을 꾀하여 계획함』 혹은 『기발한 계획』일 수도 있다. 의미상으로 보면 전자가 후자보다 넓은 개념이다. 그런데 사회에서 우리가 흔히 말하는 기획의 의미는 오히려 후자에 가깝다.

기발한 계획을 세울 때의 놀라움, 그것이 기획의 묘미다. 그런데 많은 사람들이 좋은 기획을 바라는 반면, 의외로 기획을 보는 안목이 부족하고 박수에 인색한 사람들도 많다. 기획을 잘 모르고 고민해 보지 않은 사람은 기획자의 고통을 모르기 때문이다. 하지만 분명한 것은 세상에 명창과 명고수가 있듯 훌륭한 기획자와 그런 기획자를 알아보는 사람들이 존재한다는 것이다. 세상은 이들에 의해 많은 영향을 받는다. 더 나아가 기획력이 탁월한 사람이 세상을 움직인다고 해도 결코 과언이 아니다.

우리가 누리는 문명의 이기 속에는 더 나은 것을 향해 앞으로 나아가는 사람들의 기획이 녹아 있다. 현재에 만족하고 아무런 변화도 원하지 않으며, 아무런 아이디어도 떠올리지 않는 사람들만 존재했다면 세상이 이렇게 진보할 수 있었을까? 알고 보면 세상은 놀라운 기획의 역사라고 할 수 있다. 우리가 살고 있는 이 세상이 바로 기획의 산물이다. 우리에게 기획이 중요한 이유도 여기에 있다.

어떻게 하면 기획을 잘할 수 있을까? 이것이 우리가 해결해야 할 문제의 핵심이다. 차근차근 생각해 보자. 재미있게도 기획력을 높이기 위해 우리가 고민하는 과정 또한 기획이다. 기획력을 높이기 위한 고민과 질문, 그것이 출발점이기 때문이다.

하지만 우리가 고민과 질문을 던지며 늘 생각한다고 해서 기획이 저절로 되는 것은 아니다. 생각에는 셀 수 없이 많은 대상과 종류가 있지만, 그저 생각만으로 기획을 할 수는 없기 때문이다. 생각은 반드시 『아이디어』란 이름으로 재탄생되어야 한다.

◇ 생각을 끊임없이 발상하고 걸러내면 결국 아이디어가 탄생하며, 그 아이디어가 기획의 모태가 된다. 그러므로 기획은 바로 『아이디어』에서 시작된다고 할 수 있다.

아이디어란 쉽게 말하면 '이걸 하면 좀 더 낫지 않을까?', '이렇게 하면 예전보다 좋아질 거야', '이걸 하면 모두가 편해질 수 있어'와 같은 생각을 말한다. 좁게는 생활의 불편을 덜어내는 것이고, 넓게는 세상을 움직이는 것이다. 하지만 아이디어는 기획의 시작이자 출발점에 불과하다는 것을 잊지 말아야 한다. 아이디어만 있다고 해서 그것이 바로 기획이 되지는 않는다.

당신에게 직접 집을 짓자는 생각이 떠올랐다고 하자. 여기서 아이디어는 집을 짓겠다는 생각, 그 자체이다. 즉, '내가 원하는 대로 집을 지으면 얼마나 좋을까'라는 발상이 곧 아이디어다. 반면 머릿속에 떠오른 아이디어를 구체적으로 실행하기 위해 필요한 것이 바로 기획이다. 집을 지으려는 생각을 실현하려면 집을 어떻게 지을 것인가에 대한 구체적인 설계도가 필요하기 때문이다. 결국 아이디어를 기반으로 한 설계도가 기획인 셈이다.

실제로 세계 최고 갑부인 빌 게이츠[1]의 집은 최첨단 컴퓨터 시스템과 자연이 어우러져 상상력이 충만한 곳으로 유명하다. 빌 게이츠는 집을 짓기 전 이렇게 말했다.

『내집에 놀러오는 손님에게 그들의 취향에 맞는 음식과 음악, 향기와 영상을 제공하도록 하면 좋겠지? 그러려면 사전에 개인정보를 입수하고 저장해야 해. 그런 후 손님의 옷에 센서가 달린 핀을 꽂는 거야. 이동하는 동선을 따라 자신이 좋아하는 음악이 흘러나오게 하면 정말 감동하지 않겠어?』

☞ 1) 빌 게이츠Bill Gates, 미국, 1955 ~ ; 기업가, 자선사업가. 윈도우즈Windows 시리즈 출시. 2008년 공식 은퇴

컴퓨터 시스템과 자연이 어우러진 집을 짓겠다는 아이디어에서 시작된 그의 기획은 훌륭하게 실현되었다. 게이츠의 기발하고 멋진 상상력이 구체적인 기획력과 결합해 실제로 구현되었던 것이다.

◇ 기획은 이처럼 아이디어를 실천에 옮기기 위한 복잡한 설계도이자 조감도이며, 일을 진행하는 계획서이다. 또한 가능한 비용과 용도, 실천적 행위와 건축 후에 생길 가치에 대한 예상이다. 기획은 설계에서 나아가 집을 지을 재료를 구하고 터를 알아보며, 완성된 후 그 가치까지 미리 판단하는 행위다.

그러므로 아이디어는 기획의 출발이지만, 그 자체가 기획은 아니다. 또한 머릿속의 기획은 아이디어일 뿐 곧바로 현실에서 실현될 수는 없다. 아이디어가 기획이 되려면 땅에 뿌려지고 가꾸어져 보다 건강한 나무가 되도록 해야 한다. 그렇게 하여 그 나무가 땔감, 건축자재 혹은 조경수나 관상수와 같은 특정 목적에 맞게 쓰이도록 해야 한다. 씨를 뿌리고 나무의 용도까지 생각하는 것, 그것이 바로 『기획企劃』이고 고객을 상대로 할 때 『제안提案』이라는 말로 표현된다.

(1) 기획·제안의 단계별 절차

아이디어를 정리하여 기획서로 만들어 가는 기획·제안 활동은 크게 6단계로 나눌 수 있다. 기획·제안을 효과적으로 하려면 각 단계를 순서대로 밟아가야 한다.

1단계 준 비	기획 · 제안의 본질을 이해한다. 또 제안하는 측〈제안자〉과 제안을 받는 측〈고객〉의 관계를 목적이나 의도에 맞게 준비한다. 이때 제안내용을 평가할 자〈평가자〉의 의도도 파악한다.
2단계 주제설정	먼저 고객의 요구를 이해한다. 제공된 정보를 숙지한 다음 『무엇이 주제인지』를 생각하고 주제를 설정한다.
3단계 문제점 파악	제공되지 않은 정보에 대한 현황까지 깊이 파악, 무엇이 문제인지를 밝혀내어 고객 요구의 대응방안을 세운다.
4단계 해결책 입안	아이디어를 폭넓게 내놓은〈발산〉 다음 의미있는 아이디어를 선택하여 논리정연하게 구조화한다〈수렴〉.
5단계 기획 · 제안서 작성	전체적인 줄거리를 짠 다음 호소력 있는 문장이나 그림, 표, 그래프로 기획 · 제안서를 작성한다.
6단계 프리젠테이션	평가자의 의도를 헤아려 프리젠테이션을 효과적으로 수행한 다음 후속 조치를 취한다.

(2) 기획서제안서의 구성요소

기획서는 기획을 설득력 있게 전달하는 문서이다. 기획서를 작성할 때에는 앞서 언급한 기획·제안의 6단계 절차를 밟아가야 하며, 또한 그 내용을 논리적으로 구성하기 위해 『Why-Analysis-Massage-How-Effect』의 5가지 구성요소를 갖추어야 한다.

❍ Why -> ① 기획의 이유를 설명하라

"나는 생각한다. 고로 존재한다."는 데카르트[1)]의 말은 사물과 사람에 대한 회의懷疑가 존재의 조건임을 역설한다. 데카르트는 세상의 모든 것에 대한 의문을 던지다 결국 한 가지 사실만은 회의할 수 없음을 알았는데, 바로 그것이 『생각하는 나』였다. 모든 것에 대해 『왜』라는 질문을 던지는 것이 바로 기획자의 가장 중요한 태도이다.

☞ 1) 데카르트René Descartes, 프랑스, 1596~1650 ; 철학자. 근대철학의 아버지로 불리며, 그의 형이상학적 사색은『방법적 회의懷疑』에서 출발한다.

◇『왜 이 기획이 필요한가?』[2)]

☞ 2) 기획서나 제안서를 작성할 때 가장 먼저 해야 할 일은『왜』라는 질문을 던지는 일이다. 그것이 바로 기획의 목적과 이유이기 때문이다. 이 질문이야 말로 모든 비즈니스 문서에서 요구되는 것이다.

기획자라면 어떤 사업을 추진함에 있어 "왜 이것을 추진해야 하지?" 라고 거듭 번민煩悶해야 한다. 사업을 할 때 비즈니스 모델이 확실해야 실패하지 않고 존속할 수 있다. 사업계획서를 치밀하게 검토하지 않고 핑크빛 전망만으로 사업을 할 수는 없다. 따라서 사업계획서를 쓸 때도 반드시 던져야 할 질문은 다름 아닌『왜』이다. 다른 회사와 제휴를 할 때도 "왜 우리가 너희랑 손을 잡아야 하지?" 라고 수없이 자문自問해야 한다.

회사에서 가장 한심한 직원 중의 하나는 스스로 납득하지 못하는 일을 추진하는 사람이다. 이런 사람들은 윗사람에게 특정 프로젝트에 대한 지시를 받았을 때에도 시키는 대로, 기계적으로 일을 처리해 버리고 만다. 그러나 그것은 미래를 위해 결코 바람직한 행동이 아니다. 어떤 프로젝트가 주어지든 반드시 과제에 대한 의문을 품어야 한다. 이런 식으로 말이다.

◇『부장님, 왜 이 프로젝트를 해야 하지요? 제가 보기에는 승산이 없습니다.』

이 질문에『그냥 시키는 대로 하란 말이야!』라는 대답이 돌아온다면 이미 그 프로젝트는 순조롭게 진행될 수 없다. 현명한 상사라면 직원을 설득해 자료를 공유하고 일에 공감하도록 만들어야 한다. 물론 일을 추진하는 데 있어 마찰이 없을 수 없다. 기획 과정에서는 특히 더 심하다. 왜냐하면 기획이란 반드시 성공을 담보할 수 없기 때문이다.

아무리 좋은 기획이라 해도 마케팅과 홍보를 잘못하거나 시장市場이 성숙하지 않으면 실패할 수 있다. 기획은 늘 새롭고 모험적인 경우가 많다. 따라서 의견과 전망은 엇갈릴 수밖에 없다. 책이나 영화 제목 하나를 정하는 데 있어서도 다양한 의견충돌이 있을 수밖에 없다.

그렇기 때문에 규모가 큰 기획일수록 더 큰 리스크를 동반하고『저항』은 피할 수 없는 요소가 된다. 청계천 복원 사업만 돌아봐도 알 수 있다. 지금은 청계천이 고가도로가 사라지고 하천이 유유히 흐르는 명소로 거듭났다. 그러나 그 기획이 진행되는 과정에서 얼마나 많은 반대와 고통이 따랐던가. 물론 많은 반대와 고통이 있었기 때문에 오류를 수정하고 잘못된 점을 고쳐 지금의 청계천이 탄생할 수 있었을 것이다.

◇ 기획은 많은 사람들의『왜』라는 끊임 없는 질문 속에서 다듬어지고 열매를 맺는다.

◇ 기획서제안서는 기획을 설득력 있게 전달제안하는 문서이다. 따라서 문서만으로 아이디어를 충분히 이해할 수 있어야 하고, 그 자체로 실현 가능해야 한다. 그러려면『왜』라는 질문에 충실히 답할 수 있어야 한다.

『왜』라는 질문은 앞서 이야기 했듯 기획의 처음부터 결말까지 전 부분에 걸쳐 이루어져야 한다. 전략을 세울 때도『왜』라는 질문을 던져야 하며,『효과』를 생각할 때도『왜』라는 질문을 던져야 한다. 어느 과정에서나『왜』라는 질문을 던졌을 때 기획자는 이에 대해 답할 수 있어야 한다. 만약 기획자가 답을 하지 못한다면 아무리 좋은 기획이라도 현실화하기 어렵다.

역사상 가장 유명한 기획자의 사례를 살펴보자. 르네상스 시대의 거장巨匠 레오나르도 다빈치[1]는 지금까지도 존경받는 기획자로 유명하다. 수학, 천문, 건축, 미술 분야까지 두루 섭렵했던 그는 한 가지 분야의 기획뿐만 아니라 다양한 분야의 기획을 엄청난 열정으로 해낸 기획의 거장이기도 했다. 그는 저 멀리 광활한 우주에서부터 수풀 속의 벌레 한 마리에 이르기까지 자연과 인간에 대해 끊임없이 질문을 던졌다. 그로 인해 별처럼 많은 기획이 쏟아질 수 있었다.

☞ 1) 레오나르도 다빈치Leonardo da Vinci, 이탈리아, 1452.4.15~1519.5.2 ; 르네상스 시대의 이탈리아를 대표하는 천재적 미술가·과학자·기술가·사상가. 대표작으로『모나리자』,『성 안나』,『최후의 만찬』등이 있다.

과학 분야에서도 다빈치는 끊임없는 아이디어를 내놓았다. 자전거, 자동차에서 비행기, 헬리콥터는 물론 잠수함까지 설계한 엄청난 기획자였는데, 그중 하나가『연발대포』다. 연발대포는 다빈치의 설계 노트『코덱스 아틀란티쿠스』의 첫 페이지에 나오는데, 16개의 대포를 방사형으로 동그랗게 배치한 모습으로 그려져 있다. 당시 대포는 화력이 좋았지만 너무 무거워 방향과 비거리 조작이 힘들었다. 다빈치는 바로 이 점에 의문을 품었고, 문제점을 해결하는 방안을 내놓았다. 바로 포신의 지름을 줄인 것이다. 이 연발대포에 대한 기획서를 작성한다면 다음과 같을 것이다.

▷ 아이디어	◦ 새롭고 강력한『원형 연발대포』
기획이유 -Why-	◦ 기존의 대포는 크고 무거워 방향과 비거리 조작이 힘들었다. 이동성과 정확성에 한계가 있을 뿐만 아니라, 지형이 좁은 곳이나 소형 함선 같은 데에는 사용하기가 어려웠다. 사방에서 몰려오는 적을 향해 조준해야 하는 해상 전투에서는 어느 방향에서든 적을 향해 쏠 수 있는 연발대포가 필요하다.

한 가지 기획서를 더 살펴보자. 한 인터넷 사이트 제작회사에서 어느 병원에 제안서를 제출했다. 이때 제안을 하게 된 이유, 배경, 취지가 바로 『왜』에 해당한다. 여기서는 『왜 이 홈페이지 개설을 당신 회사에 제안하는지 아십니까? 이걸 만들면 당신 병원의 매출이 크게 증가할거라 예상되기 때문입니다』라는 문장으로 정리할 수 있다. 이런 경우 『왜』는 제안 배경보다 『제안이유』라고 하면 훨씬 설득력을 얻을 수 있다.

▷ 아이디어 | ◦ 병원 홈페이지로 숨은 고객 끌어 모으기

제안이유 | ◦ 지금은 홍보의 시대입니다. 고객환자이 스스로 병원을 찾아올 수 있는 환경을 조성해야 합니다. 가장 효과적이고 쉬운 방법이 홈페이지를 만드는 것입니다. 홈페이지를 만들고 관련 키워드를 등록하면 잠재고객이 크게 증가할 것입니다.

❍ Analysis -> ② 현재 상황과 문제점이 무엇인지 말하라

두 번째 요소는 『현황분석과 문제점』을 알아보는 일이다. 『왜 이 기획을 해야 하는가?』라는 질문에 이어 『현재 상황은 어떤가?』라는 물음을 던져보는 것이다. 다시 말해 기획을 둘러싼 상황을 분석하는 것이다.

◇ 기획은 기획 행위를 통해서 목적을 성취하는 일이며, 무언가를 해야 한다고 주장하는 것이다. 그렇다면 왜 그 일을 해야 하는지를 설득력 있게 보여줄 데이터가 필요하다.

가장 먼저 분석해야 할 대상은 『나와 환경』이다. 『나』는 무언가를 기획하여 세상에 내놓는 사람이며, 『환경』은 나의 기획을 실천하고 실현시켜야 할 곳이다. 내가 어부라면 환경은 바다인 셈이다. 그 속에는 이미 경쟁자가 존재할 수도 있다. 일단 기획자는 『기획을 둘러싼 상황』을 알아야 한다. 그 상황이 바로 내 기획이 헤집고 들어갈 영역이다.

신제품이나 새로운 사업 아이템을 세상에 내놓으려고 할 때도 가장 먼저 나의 프로젝트와 세계시장 상황, 경쟁 상황, 고객 현황 등을 분석해야 한다. 나를 분석한다는 것은 나의 강점과 약점을 분석한다는 뜻이다. 기업으로 따지면 한 기업의 강점과 약점, 그리고 경쟁우위 역량을 따져보는 일이다. 세계에 대한 분석은 곧 상품이 나와 선보이게 될 시장에 대한 분석이다. 시장규모가 얼마이며 성장 가능성은 얼마인지, 다른 업체의 매출규모는 어떻게 되는지에 대한 분석이다. 주요 고객은 누구이고, 앞으로 누가 고객이 될 것인가에 대한 분석이기도 하다. 경쟁업체에 대한 분석도 고객 상황을 분석하는 것과 비슷하다. 말 그대로 이미 존재하는 경쟁자를 파악하고, 미래의 경쟁자를 예측하는 행위다. 선택기준은 특정 상품이나 사업 서비스를 선택하는 고객의 기준이 무엇인지 분석하는 일이다.

다시 한 번 강조해 본다.

◇ 분석은 기획이 목표하는 곳, 상품서비스이 위치해야 할 주변의 현황을 입체적으로 알아보는 것이다.

예를 들어 출판 기획을 한다고 가정하자. 분야는 『자기계발』이다. 그렇다면 분석대상은 다음과 같다.

▷ **현황분석** -Analysis- ◦ 자기계발 분야에서는 어떤 책이 잘 팔리고 있는가, 비슷한 종류의 서적이 얼마나 나왔는가, 시장규모는 얼마인가, 앞으로 시장성은 얼마나 되는가, 어떤 사람들이 사보는가, 잠재고객은 어느 층인가, 어느 출판사에서 자기계발 분야의 책을 많이 펴내고 있는가, 누가 경쟁 상대인가.

출판 사업이 성공을 거두기 위해서는 우선 독자가 어떤 기준으로 책을 선택하는지를 파악해야 한다. 즉, 정보를 얻기 위한 것인지, 변화의 모티브Motive를 얻기 위한 것인지 등의 여부를 분석한다. 이 분석 툴을 정리하면 바로 자사, 시장, 고객, 경쟁상황이 된다.

다시 한번 강조하지만 외부 상황에 대한 분석과 함께 나 혹은 자사에 대한 분석은 반드시 해야 한다. 종합하면 분석의 4요소는 자사自社, 시장, 경쟁사, 고객이다.

❍ Message -> ③ 기획의 내용을 전달하라

세 번째 요소는 기획자가 전하려는 내용을 고스란히 보여주는 것이다. 『Message』는 기획의 내용, 즉 알맹이다. 컨텐츠[1]는 사실 컴퓨터 시대가 낳은 신조어인데, 이것을 잘 설명해주는 말은 다음과 같은 문장이다.

『그 사람은 말도 잘하고, 머리도 좋은데 컨텐츠가 없어.』

여기서 컨텐츠란 단순히 내용이란 뜻을 뛰어넘는다. 즉, 지식이나 학식 혹은 전략과 같은, 뭔가 남을 설득하고 감화感化시킬 수 있는 『무기』가 없다는 뜻이다. 바로 이 컨텐츠가 『Message』이다. 기획에서의 내용은 혁신적이고 기발한 요체라야 시장에서 살아남을 수 있다.

☞ 1) **컨텐츠**Contents ; **인터넷이나 컴퓨터 통신 등을 통하여 제공되는 각종 정보나 그 내용물**

이 『Message』라는 요소를 보여주기 위해서는 기획자가 생각한 핵심을 일목요연하게 보여주는 기술이 필요하다. 어떻게 보면 기획서에서 가장 쉽게 서술할 수 있는 부분이다. 이런 질문을 떠올리면 『Message』가 무엇인지 더 확실한 감이 잡힐 것이다.

"그래서 당신이 말하고자 하는 요점이 뭐죠?"

만약 직장에서 상사가 이런 질문을 던졌는데 우물쭈물한다면 제대로 준비를 안 한 것이 된다. 말문이 막히거나 횡설수설하는 것은 자신이 말해야 할 컨텐츠의 컨셉Concept을 명확히 인식하지 못했기 때문에 일어나는 현상이다. 어떤 일이든 누군가에게 말을 할 때 명쾌하게 설명할 수 있으려면 그 일에 대한 요점을 확실하게 파악하고 있어야 한다. 기획서에서도 마찬가지다.

◇ 기획하고자 하는 내용을 명확하게 밝힐 수 있어야 논리 정연한 글이 나온다.

다만 말이 기획의 내용을 압축하는 것이라면 글은 좀 더 살을 붙이는 과정이 더해진다. 특히 직장 내 기획서는 상사가 지시한 내용에 자료와 논리를 더해 풍부하게 보이도록 꾸며야 한다.

『Message』가 다른 요소와 다르게 특이한 점은 카멜레온 같은 성격을 지니고 있다는 것이다. 『Message』는 기획서의 성격에 따라 『Why이유』가 되기도 하고, 『Analysis분석』 혹은 『How방법』, 심지어 『Effect효과』가 될 수도 있다.

신제품에 대한 기획서를 쓸 경우 『Message』는 제품의 속성 및 특징, 강점을 잘 설명하는 것이 된다. 반면 홍보에 관한 기획서를 쓴다면 『Message』는 『홍보방법』이 될 것이다. 사업기획이라면 어떨까? 비즈니스 모델이 『Message』에 해당될 것이다. 광고기획에서는 『컨셉과 카피』가 『Massage』가 된다. 건설사업관리CM용역 제안에서는 『제안내용』이 『Message』가 되는 것이다. 이처럼 『Message』는 다양하게 변신을 거듭하지만, 변하지 않는 한 가지 개념은 남아 있다. 바로 『내가 전하려는 기획의 내용』이 Message라는 점이다.

한 가지 예를 들어보자. 앞서 예로 들었던 『병원 홈페이지로 고객 끌어 모으기』에 대한 제안서이다. 제안서는 『Message』 내용을 첨가하여 더욱 풍부하게 꾸밀 수 있다.

▷ 아이디어	◦ 병원에 키워드 마케팅 제안
제　목	◦ 병원 홈페이지를 통한 고객 끌어 모으기
제안이유	◦ 홈페이지가 없는 개인병원에 키워드 광고 마케팅을 제안한다. 요즘 잘나가는 병원들은 키워드 광고를 통해 재미를 톡톡히 보고 있다. 병원에 맞는 키워드 검색으로 온라인상의 네티즌을 홈페이지로 안내한 다음, 컨설팅을 통해 실제 고객으로 만드는 것이다. 예컨대 비뇨기과 병원의 경우 조루나 발기부전과 같은 검색 키워드를 등록한 후 홈페이지로 고객을 흡수하고 있다.
핵심내용 -Message-	① 키워드 광고 : 월 300만원 정도 투입, 매출 3천만원 증가 ② 사이트 개설 : 비용 500만원, 홈페이지 방문자 매일 50명 이상 보장 ③ 3개월 후 매출 30%, 6개월 후 매출 100% 이상 신장 예상

❍ How -> ④ 추진할 전략을 드러내라

◇ 모든 기획은 실행을 통해서 열매를 맺는다.

씨앗 하나를 꽃피우기 위해서는 화분에 심을 것인지, 아파트 앞 빈터에 뿌릴 것인지 결정해야 한다. 줄기가 나오면 물과 거름은 어떻게 줄 것인지, 햇볕은 얼마나 쬐일 것인지, 가지치기는 얼마나 해줄 것인지 정해야 한다. 『How』는 이처럼 기획을 추진하는 방법론이다.

『How』를 한마디로 표현하면 『방법』이다. 온라인 이벤트 기획을 할 때에는 많은 사람을 끌어모을 방법을 찾으면 된다. 예컨대 경품을 걸고 퀴즈대회를 하거나 숨은그림찾기 등을 하는 것이 하나의 방법이 될 수 있다. 이것이 『How』이다. 그러나 좀 더 중대한 프로젝트에 있어서, 『How』는 전략戰略과 전술戰術이다.

손자[1]는 전략을 『생生 사死의 중요한 문제』라고 말한 바 있다. 기업의 목표를 이루기 위한 계획이나 정책 역시 전략이다. 그러나 이때의 전략은 기획의 대상에 따라 그 비중이나 깊이가 달라진다. 기획의 대상이 간단하면 전략 역시 지엽枝葉적인 것이 되며, 기업의 사활死活이 걸린 큰 기획에 대한 전략이라면 그것은 생존을 좌우할 만큼 심각한 요소가 되는 것이다.

☞ 1) 손자孫子, ? ~ ? ; 중국 춘추전국시대의 전략가, 병서 『손자』를 저술했다. 손자병법이라는 이름으로 인용 번역되어, 내용 중 지피지기知彼知己, 백전불패百戰不敗라 하며, 『남을 알고 자신을 알면 백 번 싸워도 위태롭지 않다』 하였다.

◇ 모든 기획은 분명한 목표를 지니고 있으며, 목표를 반드시 관철시켜야 한다는 입장에서 볼 때 전략은 결코 단순하게 생각할 수 없다.

예를 들어 커피는 장소에 따라 브랜드에 따라 천차만별의 가격으로 팔리는데, 여기에도 전략이 숨어있다. 커피의 원산지 에티오피아에서 원두 1kg의 가격은 최고 2달러다. 그러나 소비자의 입으로 들어갈 때는 16배나 높은 가격으로 거래된다. 보통 원두 1kg으로 약 80잔의 커피를 만들 수 있는 것으로 알려져 있다. 원료를 기준으로 커피 한잔의 가격을 단순화해서 보면 에티오피아에선 25원이고, 자판기 커피는 그 10배 정도의 가격에 판매된다. 편의점 캔커피는 그 2~3배 쯤 된다. 또 스타벅스에서는 캔 커피의 가격의 3~5배, 고급 레스토랑에서는 가장 싼 스타벅스 커피의 4~5배쯤 되는 가격에 커피를 판매한다. 이처럼 커피의 원료 가격은 정해져 있지만 상황과 장소, 마케팅 전략에 따라 다양한 가격이 형성되는 것이다.

『How』 즉, 전략은 마케팅이나 가격부터 유통, 포지셔닝[2], 프로모션[3] 분야까지 다양한 과정에 녹아들 수 있다. 이 부분은 기획서의 방향에 따라 취사선택하면 된다.

◇ 무엇보다 기획자는 각 전략의 의미를 확실히 이해하고, 기획서에 그 전략을 설득력 있게 전달하는 것이 중요하다.

☞ 2) 포지셔닝Positioning ; 소비자의 마음속에 자사제품이나 기업을 표적시장·경쟁·기업 능력과 관련하여 가장 유리한 포지션에 있도록 노력하는 과정

☞ 3) 프로모션Promotion ; 『진흥, 촉진』 등의 뜻. 경영이나 선전, 이벤트 등의 기획에서 진행이나 그에 따르는 영업활동을 행하는 일

다음 사례를 보자. 모 라면회사에서 아주 매운 신제품을 생산하기로 결정하고 이름을 『고추처럼』으로 정했다고 해보자. 이 신제품 기획서를 쓸 경우 『How』는 마케팅 방법일 것이다. 기획팀은 『고추처럼』이란 이름을 내걸고 시식 이벤트를 하기로 했다. 정해진 시간 안에 『고추처럼』 라면을 누가 가장 빨리 먹는가를 겨루는 대회였다.

▷ 아이디어 | ◦『고추처럼』라면 시식 이벤트

실행방법 -How- | ① 신청자를 온라인으로 접수받는다.
② 청양고추와『고추처럼』라면 중 어느 쪽이 더 매운지 알아보는 설문조사를 실시한다.
③ 청양고추로 유명한 청양군 고추밭에서 행사를 한다.
④ 청양군『고추 아가씨』를 사회자로 섭외한다.

한 가지 사례를 더 들어보자. 한 소프트웨어 회사가 법률회사에 사무용 소프트웨어『법대로』를 구매하도록 제안하려 한다. 기획서의 핵심은 새 프로그램을 이용하면 업무 효율성이 크게 증대된다는 점이다.『Why』는 새 소프트웨어의 필요성이며,『Message』는 프로그램 설명이다. 그렇다면『How』는 소프트웨어 구축방법과 일정이 될 것이다.

▷ 아이디어 | ◦ 어려운 법률 사무를 소프트웨어『법대로』를 이용하여 간단히 처리하기

실행방법 -How- | ◦ 이 소프트웨어를 설치하는 데는 약 1시간이 소요됩니다. 사내 개발자는 특별히 필요하지 않습니다. 프로그램을 숙지하기 위한 직원교육은 두 시간이면 됩니다. 관리자 페이지를 통해 사전일지와 법률자료, 각종 판례의 자료를 열람할 수 있습니다.

❍ Effect -> ⑤ 기획이 가져올 효과를 보여줘라

기획이 가져올 효과는 기획자를 비롯, 기획과 관련된 모든 사람이 갖는 초미의 관심사이다. 기획의 최종 목적지가 바로 효과이기 때문이다. 기획이 씨앗이면, 효과는 열매인 셈이다.

사업 기획이라면 지금보다 몇 배나 매출이 증대될 것인지, 광고 기획이라면 지금보다 얼마나 많은 사람이 문의전화를 해올 것인지, 출판 기획이라면 얼마나 많은 독자를 확보할 수 있는지, 인터넷 사이트라면 얼마나 많은 방문자를 홈페이지로 유인하는지 보여줄 수 있어야 한다.

◇『Effect』는 구체적이어야 한다. 상상력을 높이고 상대를 고무시키되 실현 가능해야 한다. 무엇보다 고객이 원하는 결과를 겨냥해야 한다. 따라서 구체적인 숫자로 나타내면 좋다.

만약 기획서에 아래와 같이『Effect』가 서술되어 있다고 하자. 예컨대 외부 업체에서 지역 축제 담당자 쪽에 제안하는 경우다.

▷ 제안방법 | ◦ 축제를 널리 홍보해 방문객들이 많이 찾아오게 하고, 좋은 프로그램을 통해 관람객을 만족시켜 주겠다.

위 내용은 평이하다. 알리지 않아도 저절로 사람이 찾아오는 축제가 수두룩하기 때문이다. 따라서 다른 축제와 차별성을 가질수 있는『Effect』가 필요하다. 아래 내용을 기획서에『Effect』로 제시한다면 바로 제안이 수용될 가능성이 크다.

▷ 제안방법 | ◦ 외국인 커뮤니티에 집중 홍보, 축제 기간에 외국인 관광객 10만명을 끌어오도록 하겠다.

이는 우수 축제의 평가기준 중 하나가 외국인 관광객 방문이라는 점을 염두해 둔 것이다.

포털사이트를 예로 들어보자. 서비스 제안을 할 경우 기대효과는 한마디로 『페이지뷰[1]』일 것이다. 최근 수년간 우리나라 포털사이트의 판도는 네이버 독주현상으로 요약된다. 그로 인해 다른 포털들은 방문자를 늘리기 위해 온갖 기획을 쏟아내고 있다. 만약 어떤 기획자가 포털의 각 섹션 담당자에게 한 달 페이지뷰를 지금보다 두 배 이상 올려주겠다고 한다면 대환영을 받을 것이다. 특히 네이버를 따라잡을 만한 수준을 제시한다면 돈다발을 싸들고 찾아올 것이다.

☞ 1) 페이지뷰Page View ; 인터넷 사용자가 인터넷 상에 있는 홈페이지를 열어본 횟수

다음 사례들을 보자. 포털사이트 다음Daum의 『텔레비존』은 TV 마니아를 한 곳에 모아 엄청난 페이지뷰를 기록하고 있는 사이트다. 2004년 출범해 『TV의 재발견』이라 할 만큼 TV를 엔터테인먼트의 중심으로 떠오르게 했다. 『텔레비존』은 TV를 좋아하고 많이 보는 20~30대 여성들이 한곳에 모여 TV에 대한 컨텐츠를 공유하고 『수다』를 떨게 한 점이 성공 요인이었다. 만약 『텔레비존』 기획이 외부에서 제안한 형태로 진행됐다면 당연히 가장 중요한 설득 요인은 페이지뷰였을 것이다. 기획의 참신함이나 독특함이 5점짜리 과녁이었다면 페이지뷰는 10점짜리 타겟인 것이다. 그거 하나면 끝난다.

▷ 아이디어 | ◦ 여성 시청자를 모을 섹션 구축

기대효과 -Effect-
① 하루 100만명의 방문자와 1천만 페이지뷰
② 20~30대 여성 커뮤니티 폭발적 증가
③ 시사 프로그램 리뷰를 통해 사회적 이슈 생산 기능
④ TV 동영상 및 다시보기 활성화
⑤ 교양 다큐 프로그램 홍보로 인한 공익적 기능

두 번째 사례이다. 폐관 위기에 있던 서울 서대문 소재 『드림시네마』는 한 영화기획자의 아이디어에 의해 극적으로 되살아났다. 이 영화관은 서울 시내에서 유일하게 70mm 스크린을 가지고 있다. 기획자는 과거 청춘남녀를 울린 〈더티댄싱〉을 앞세워 소극장과 다른 이 영화관을 『추억의 영화』를 전문적으로 상영하는 명소로 만들었다.

▷ 아이디어 | ◦ 폐관위기 극장을 살린 『추억의 영화』

기대효과 -Effect-
① 청춘시절의 추억에 목마른 사람들에게 감동 선사
② 중·장년층 관객들로부터의 호평
③ 반응이 좋으면 『추억의 영화관』으로 틈새시장 공략

2. 기술제안서 기획의 핵심기술

▽ 기술제안서의 핵심기술 요약·정리

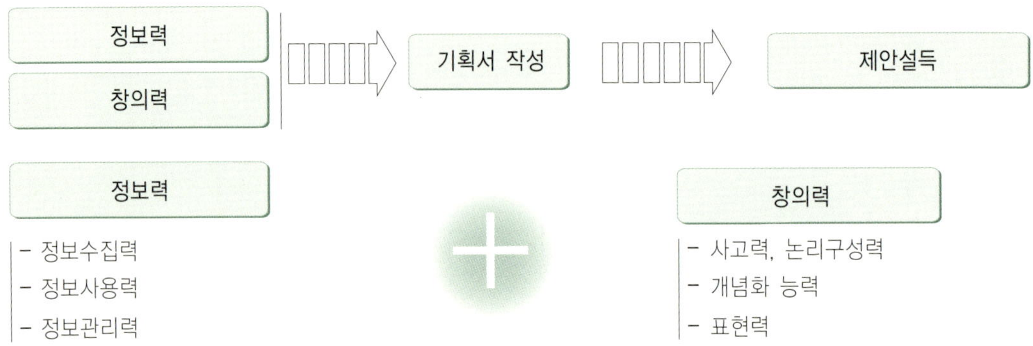

(1) 정보력

❍ 정보의 개념

구 분	의 미	용 어	활 동	유용성	활동특성
Data	단순사실 신호 소재 발표자료	데이터 사실	입력	소	자연적
Information[1), 2)]	목적의식에 따라 수집된 단편적 자료	1차정보 첩보 생 정보	수집	중	목적적
Intelligence[3)]	일정절차에 의해 처리되어 가치가 부여된 자료	2차정보 정보 가공정보	분석, 평가 가공, 활용	대	목적적

☞ 1)『Information정보란 특정상황에서 가치가 평가된 Data이다.』 - A. M. McDonough -

2)『Information정보란 받아들이는 사람에게 필요한 형태로 처리된 Data이며, 현재 또는 장래의 의사결정에 있어서 실현되든 지 혹은 그 가치가 인정된 Data이다.』 - G. B. Davis -

3)『Intelligence지식란 단편적인 정보들을 모아서 그것을 하나하나 평가하여 보다 광범위하고 명확한 틀이 되도록 정리하는 조직적인 방법 또는 지적 능력을 말한다.』 - Lapiras Parago -

❍ 기술제안 정보수집을 위한 정보원情報源과 정보내용

정보원	정보내용
발주기관	입찰안내서RFP, 과업내용서
수요기관	사업계획서, 관련보고서, 타당성 조사서
설계자	기본 계획/중간 설계 도서 및 설계설명서, 실시설계 도서
사업자시공자	턴키사업 설명서, PF사업계획서, 시공계획서
관련단체	당해사업 관련 연구용역 기관, 관련 협회, 관련 학회
전문서적	당해사업관련 전문서적 및 잡지
인터넷	당해사업 관련 국내외 인터넷 정보검색 자료

❍ 정보의 수집

정보수집의 태도

- 문제의식
- 입체적 안목
- 좋은 인간관계
- 폭넓은 지식
- 업무에 대한 적극성

적합성 신속성 경제성

정보수집의 포인트

- 관심영역을 명확히 한다
- 정보소스를 조직화한다
- 정보의 수용태세를 유지한다
- 메모하는 습관을 갖는다
- 정보 매니아가 되지 않는다

☑ 인맥정보의 수집요령

- 인맥에 관한 네트워크를 형성한다.
- 작은 계기를 놓치지 않는다.
- 좋은 관계를 유지한다.
- 심리적 관계를 선행한다.
- 듣는다.
- Give & Take
- 명함을 효과적으로 활용한다.
- 각종 Social Network을 생활화 한다.
  - Face book, 트위터, 카카오톡 등
- 서로 다른 이질적 정보망을 가지고 조직화한다.

▽ 인맥 Network

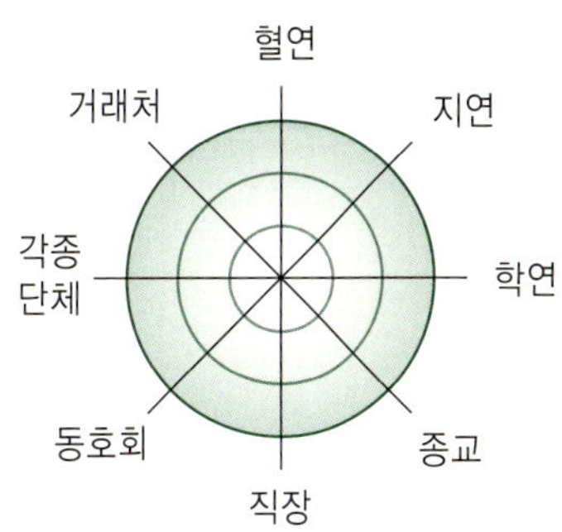

☑ Data Service 및 외부기관의 정보수집 요령

- 보유된 정보의 내용과 이용조건에 대한 최신정보를 활용한다.
- 이용조건 대가의 지불, 멤버십 을 정비한다.
- 필요장비를 확보한다.
- 정보검색 능력을 배양한다.

(2) 창의력

기획과 제안의 해결책 과업수행계획 을 입안하는 과정은 크게 발산 發散 과 수렴 收斂 으로 나누어 진다. 성질이 서로 다른 지적 개념이므로 그 차이를 이해하고 의도적으로 구별하여 실행해야 한다.

발산할 때는 발산만, 수렴할 때는 수렴만 실시해야 두뇌를 좀더 효율적으로 이용할 수 있다.

❍ 아이디어의 발산과 수렴을 하는 두뇌의 기능

좌뇌

분석적	수직적	계열적
언어적	구체적	합리적
목표지향적	논리적	주의깊은
정확한	문서화된	체계적인

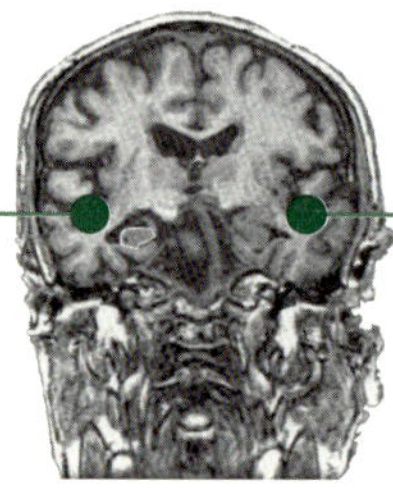

우뇌

직관적	자발적	전체적
감정적	놀이를 좋아하는	비언어적
시각적	공간적	상상적
예술적	운동기능	비판단적

좌뇌에서 우뇌로

- 시각화하고 공상한다.
- 패턴을 찾는다.
- 이면을 고려한다.
- 바디랭귀지, 목소리톤 등에 반응한다.
- 어린이 같은 표현을 한다.
- 공감한다.
- 운동을 한다.

우뇌에서 좌뇌로

- 노트하고 필기한다.
- 조직화하고 우선순위를 정한다.
- 목표를 설정하고 아이디어를 평가한다.
- 바디랭귀지, 목소리톤 등을 분석한다.
- 합리적인 기준을 채택한다.
- 비교하고 판단한다.
- 질문하고 검토한다.

❍ 아이디어 발산을 위한 기법

☑ 브레인 스토밍Brain Storming 기법

1940년대 미국 광고대행사 BBDO의 알렉스 오스본Alex Osborn이 제창提唱한 집단토의식 아이디어 발상법이다. 일정한 주제를 놓고 10명 이내의 구성원이 자유롭게 발언하는 과정에서 새로운 아이디어를 얻는 방식이다. 이 방법은 인원이 많을수록 아이디어의 수도 많고, 아이디어가 많을수록 그 질도 뛰어날 가능성이 크다는 전제를 깔고 있다.

◇ 브레인 스토밍을 통한 아이디어 발산 사고의 요령

- 다른 사람에게 말하면 두뇌가 빠르게 돌아간다.
- 다른 사람의 말을 들으면 두뇌가 빠르게 돌아간다.
- 발산할 때는 편안하고 즐거운 분위기를 연출하는 일이 중요하다.
- 수렴에 마음을 두지 말고 발산에만 전념한다.
- 옥석이 섞여도 상관없다는 자세를 취한다.
- 백발백중은 기대하지 말자.

◇ 브레인 스토밍의 4가지 원칙

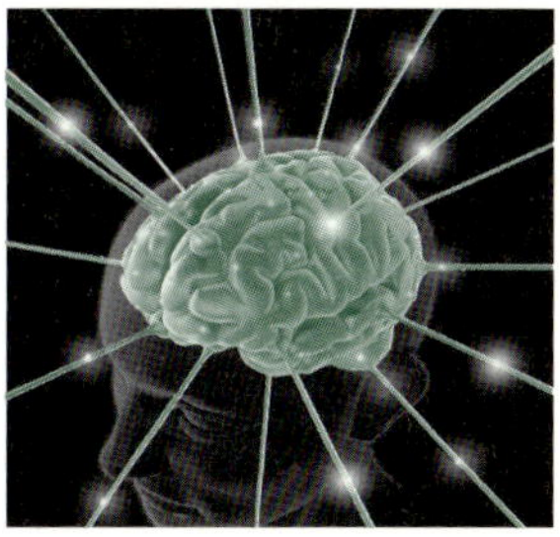

- 비판을 엄격히 금함
  -> 다른 사람의 의견을 부정적으로 비평하지 않는다.
- 자유분방
  -> 『비상식』적인 의견도 환영한다.
- 질보다 양
  -> 발언의 질에 신경 쓰지 않고 일단 말한다.
  -> 일정한 시간 안에 낼 아이디어의 개수를 정한다.
- 결합과 개선
  -> 다른 사람의 아이디어를 토대로 새로운 아이디어를 내놓거나 그 아이디어를 개선한다.

☑ 체크리스트Check List 기법

사고의 출발점 또는 문제해결의 착안점을 미리 정해 놓고, 그에 따라 다각적으로 생각함으로써 능률적으로 아이디어를 얻는 방법이다. 『동일한 목적을 달성할 또 다른 수단과 방법은 없을까?』와 같이 떠오른 아이디어를 넓은 각도로 점검한다. 개인적으로 아이디어를 창안하는 데 널리 이용되고 있다.

체크리스트Check List 기법은 브레인스토밍과 마찬가지로 전형적인 아이디어 발산 기법이다. 체크리스트의 지시에 따라 순서대로 답변을 적는다. 우선은 알렉스 오스본Alex Osborn의 체크리스트OCL : Osborn Check List 같은 전형적인 체크리스트를 사용하다가 점차 익숙해지면 자신만의 체크리스트를 만든다.

◇ 오스본의 체크리스트

◦ 다른 방법은 없는가?

-> 이대로 놓을까? 일부 수정할까?

◦ 본질적인 요소를 이끌어 낼 수 없는가?

-> 이와 비슷한 것은?

-> 어떤점을 시사하는가?

◦ 수정할 수 없는가?

-> 새로운 시점에서 본다면?

-> 색, 소리, 냄새, 의미, 움직임, 형상

◦ 확대할 수 없는가?

-> 시간, 빈도, 높이, 길이, 강도

-> 두배, 세배, 극단적인 과장

◦ 제거할 것은 없는가?

-> 잘게 쪼개보면

◦ 대체할 수 없는가?

-> 다른 재료, 다른 과정, 다른 장소

◦ 재배치를 하면?

-> 부품교체, 유형변경, 계층변경

◦ 반대로 하면

-> 뒤집기, 후퇴, 역할 전환

◦ 짜 맞추면?

-> 부품, 목적, 겉모습

-> 서로 다른것의 앙상블,
모자이크 모양으로 혼합, 완전한 합체

☑ SWOT 기법

SWOT Strength, Weakness, Opportunity, Threat은 비즈니스 세계에서 기획·제안을 위한 전형적인 도구로 이용되므로 반드시 활용해 보기 바란다. SWOT은 S Strength:강점, W Weakness:약점, O Opportunity:기회, T Threat:위협의 4가지 틀로 상황을 폭넓게 살핀다. SWOT을 이용해 상황을 분석한 뒤 이것을 바탕으로 여러 가지 아이디어를 내놓는다.

	긍정적 요인	부정적 요인
제안사〈기획자〉 요인	S강점	W약점
경쟁사〈요구자〉 상황	O기회	T위협

SWOT으로 분석한 정보를 토대로 여러 가지 아이디어를 내어 해결책을 모색한다. 각 사항별로 『강점을 키운다』는 발상뿐만 아니라 몇 가지 사항을 조합하여 『강점으로 위협을 이겨낸다』는 창조적인 발산도 해보자.

- 강점S을 더욱 키운다.
- 강점으로 위협T을 이겨낸다.
- 강점으로 약점W을 커버한다.

☑ 다른 사람과 토론하기

혼자 책상 앞에서 머리 아프게 생각해 봐야 좋은 아이디어가 떠오르지 않는다. 적극적으로 다른 사람과 토론해 보자. 상대방이 주제를 이해하고 있는 『프로』가 아니어도 괜찮다. 가족이나 친구 같은 『아마추어』라도 큰 도움이 된다.

기획·제안 활동에는 좋은 아이디어가 필수적이다. 하지만 종일 생각한다고 좋은 아이디어가 떠오르는 것은 아니다.

그럴 때는 송나라의 시인 구양수[1]가 말했다는 『삼상설三上說』을 참고해 보는 것도 괜찮은 방법이 될 수 있다.

삼상이란 『마상馬上, 침상枕上, 측상厠上』, 곧 이동할 때, 잠을 잘 때, 변기나 욕조에 있을 때를 가리킨다. 아이디어는 이처럼 무심無心에 가까운 상태가 되었을 때 번쩍 떠오르는 경우가 많다.

☞ 1) 구양수歐陽修, 1007~1072 ; 중국 송나라의 정치가 겸 문인. 당송 8대가의 한 사람으로 『구양문충공집』을 저술했다.

고대 중국의 선인仙人들은 때로는 철저히 파고드는 것도 좋지만 완급을 조절하는 일 또한 중요하다고 가르치고 있다.

아이디어를 발산할 때, 다른 사람과 토론하면 좋은 점	프로	아마추어
다른 사람을 마주 대하는 일 자체가 두뇌를 활성시킨다.	○	○
말하는 내용을 정리하는 과정에서 논점이 명확해진다.	○	○
상대방에게서 전문적인 힌트를 얻을 수 있다.	◎	×
소박하면서도 본질적인 질문에 자극을 받는다.	△	◎

[비 고] ◎ : 매우 좋음 ○ : 좋음 △ : 보통 × : 나쁨

❍ 아이디어를 수렴하는 기법

☑ KJ법을 이용한 보텀업Bottom-UP식 아이디어 수렴

□ KJ법

가와기타 지로[1]가 네팔을 탐험하면서 창안한 창조성 함양 훈련의 일종으로, 브레인스토밍과 함께 가장 많이 쓰이는 아이디어 발상 회의 진행법이다. 아이디어 발산과 수렴을 반복하여 공간형 도표로 정리한다. 조직의 문제점 진단, 창조적 발산법, 문제 해결기법 등에 많이 사용된다. KJ는 창안자인 가와기타 지로의 영문 머리글자에서 따온 것이다.

☞ 1) 가와기타 지로川喜田二郎, 일본 ; 문화인류학자, 동경공업대학 교수

□ 보텀업 Bottom-Up

기업 경영에서 하부의 의견이나 기획 등이 위로 올라가는 관리 방법을 말한다. 실무자의 지식이나 경험을 경영 전략에 반영시킬 수 있는 반면, 명확한 경영 전략의 부재로 통일성을 잃을 수 있다. 기업 경영 측면에서는 사기 진작 등의 효과를 노릴 수 있고, 마케팅에 활용하면 고객의 눈높이에 맞춘 브랜드 합리화로 불황기의 성공 전략이 될 수 있다.

발산한 아이디어는 말 그대로 흩어져 있는 상태에 있다. 이런 아이디어를 한데 모으는 단계가 바로 수렴이다. 먼저 전형적인 아이디어 수렴 기법인 KJ법에 대해 알아보자.

KJ법은 발산한 아이디어를 하나씩 카드에 적은 다음 비슷한 내용끼리 묶어 이름을 붙이는 작업이다. 『보텀업식Bottom-Up 수렴』이라고도 할 수 있다.

▽ KJ법의 순서

준 비	발산한 아이디어를 하나씩 카드에 적는다
1단계	비슷한 카드를 그룹화한다
2단계	그룹에 이름을 붙인다
3단계	비슷한 그룹을 모아 상위 그룹화한다
4단계	상위 그룹에 이름을 붙인다
5단계~	위와 같은 작업을 되풀이한다

▽ KJ법을 이용한 성과물의 예 : 지각의 원인

환 경	사 람

『시계고장』, 『시계 건전지 다 닳음』 같은 카드를 모아 그룹화 하고, 『시계』라는 그룹이름을 붙인다. 같은 방식으로 『주거』라는 그룹 등을 모아 『환경』이라는 상위개념 그룹을 작성한다. 이와 같이 단계를 밟아 올라가면 지각遲刻하는 원인의 전체적인 모습을 그림으로 나타낼 수 있다.

☑ 로직트리Logic Tree를 이용한 톱다운Top-Down식 아이디어의 수렴

▯ 로직트리Logic Tree

큰 업무를 세분화하고 이를 그룹화하여 각 업무별로 담당자를 선정하기에 적합한 방법이다. 야유회를 간다고 할 때 업무는 크게 야유회 전날까지 챙길 일, 야유회 당일에 챙길 일, 그리고 야유회 후에 할 일로 나눌 수 있다. 야유회 전날까지 챙길 일에는 날짜 및 야유회 기간, 장소, 교통수단, 음식 조달 방법 정하기 등의 업무가 있을 것이다. 이처럼 로직트리를 작성하면 필요한 사항을 빠짐없이 관리할 수 있고, 각 업무별로 담당자를 정하기도 쉽다.

▯ 톱다운Top-Down

기업의 경영 계획, 목표, 방침 등을 수뇌진이 결정하고, 그 실행을 하부조직에 지시하는 경영 관리 방식. 명확한 경영 전략에서 통일성이 있는 반면, 실무자의 경험을 경영전략에 반영하기 어렵다는 단점이 있다.

아이디어를 수렴할 때, 반드시 KJ법처럼 아이디어를 쓴 카드 한 장을 보텀업식으로 쌓아 올라가야 하는 것은 아니다. 카드에 쓰인 아이디어들을 『살펴보며』, 본질의 기본이 되는 뿌리 부분인 『기간基幹』에서 덜 중요한 가지와 잎 부분인 『지엽枝葉』의 순서로 톱다운Top-Down식 용지에 적어 내려가는 기법도 있다. 이 방법은 일반적으로 로직 트리Logic-Tree라고 한다.

최종 성과물인 KJ법의 포개 담기 구조와 로직트리 구조는 겉으로 보기에는 다르지만 논리적으로 똑같다.

▽ [사례] 이메일 마케팅의 본질

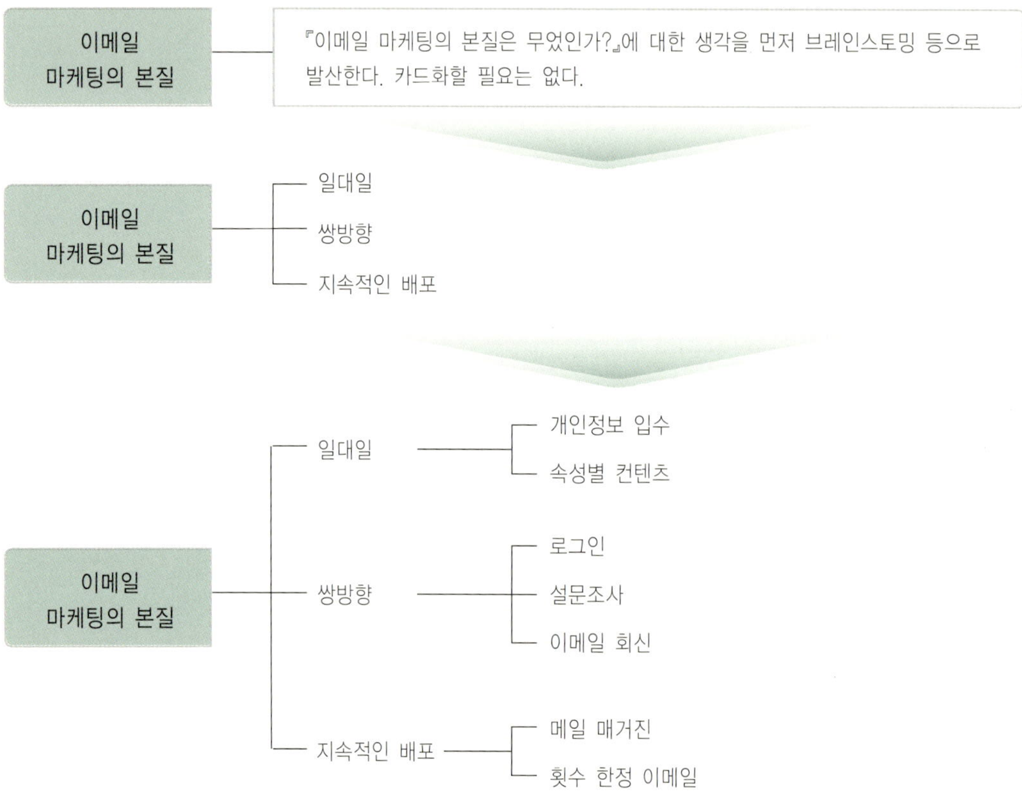

✍ Key Point

◦ 3가지 『기간基幹』에 각각 구체적인 요소를 가지 내어 적는다. 이러한 가지 치기는 여러 단계에 걸쳐 실시해도 상관없다. 브레인스토밍 때 나온 아이디어는 트리의 일부로 활용되기도 하지만, 전혀 쓰이지 않고 버려지는 내용도 많다.

☑ KJ법과 로직트리Lopic-Tree의 장단점을 파악

아이디어를 수렴할 때는 KJ법과 로직트리의 장점과 단점을 이해하고, 상황에 맞게 의도적으로 구별하여 사용해야 한다.

아이디어가 많이 모이면 반드시 어떤 유형이 생긴다. 그러므로 이때는 KJ법을 쓰는 것이 효과적이다. KJ법은 여러사람이 공동으로 작업하기에 편리하므로 직원연수 같은 교육현장에 적합하다. 하지만 KJ법은 중요한 요인이 빠지거나, 같은 차원에 기술된 내용들의 수준이 맞지 않을 위험성이 높다. 한편 로직트리는 아무리 시간을 들여도 트리를 전개하지 못하는 경우가 있을 정도로 난이도가 높다. 예 : 『아이돌 스타를 텔레비전 광고에 기용』 같은 구체적인 방법이 『상품개발』이라는 추상적인 개념과 나란히 쓰일 위험이 있다. 그러나 상급자전문가가 작성하면 누락되는 것을 막고 논리적으로 수준을 맞추기가 쉽다.

기획 과정에서 KJ법을 사용해 보는 것은 좋지만, 정식으로 기획·제안서를 작성할 때는 로직트리를 사용하는 것이 원칙이다.

구 분	KJ법	로직트리
공통점	발산으로 얻은 단편적인 정보들을 포개 담기 구조트리구조에 수렴한다	
본질적인 차이	보팀업 방식	톱다운 방식
부수적인 차이	발산한 정보를 모두 사용해 수렴한다	발산한 정보에서 취사선택해 수렴한다
난이도	하	중~상
빠지기 쉬운 문제점	같은 차원에 기술된 각 항목의 수준이 맞지 않는다	시간을 아무리 들여도 트리를 완성하지 못할 수도 있다
전형적인 이용법	직원연수나 QC Quality Control : 품질관리 활동	기획서, 보고서 작성

MECE로 로직트리의 완성도 판단

로직트리의 완성도는 MECE[1]로 판단한다. MECE는 Mutually Exclusive, Collectively Exhaustive의 약자로 『중복되고 누락되지 않게』라는 뜻이다. MECE가 아닌 로직트리는 항목을 추가 또는 삭제하거나 자리 매김 수준을 바꾸어 수정한다.

☞ 1) MECEMutually Exclusive and Collectively Exhaustive, 상호배제와 전체포괄 ; 각 항목들이 상호 배타적이지만 모였을 때는 완전히 전체를 이루는 것

단, MECE는 로직트리의 필요조건에 지나지 않는다. 다시 말해 MECE가 아니면 엄밀한 의미에서 로직트리라고 말할 수 없지만, MECE라고 해서 반드시 좋은 로직트리, 매우 시사적인 로직트리라고 단언할 수는 없다.

▽ [사례] 중복이 있는 로직트리

PC를 구입할 때의 판단기준
- 성능
- 외관
- 하드디스크 용량
- 납기
- 가격

✍ Check Point
- 하드디스크 용량은 성능의 일부이다.

▽ [사례] 누락이 있는 로직트리

✍ Check Point
- 가격이라는 매우 중요한 요소가 빠져 있다.

PC를 구입할 때의 판단기준
- 성능
- 외관
- 납기

3. 기술제안서 작성방법

(1) 기획서의 종류

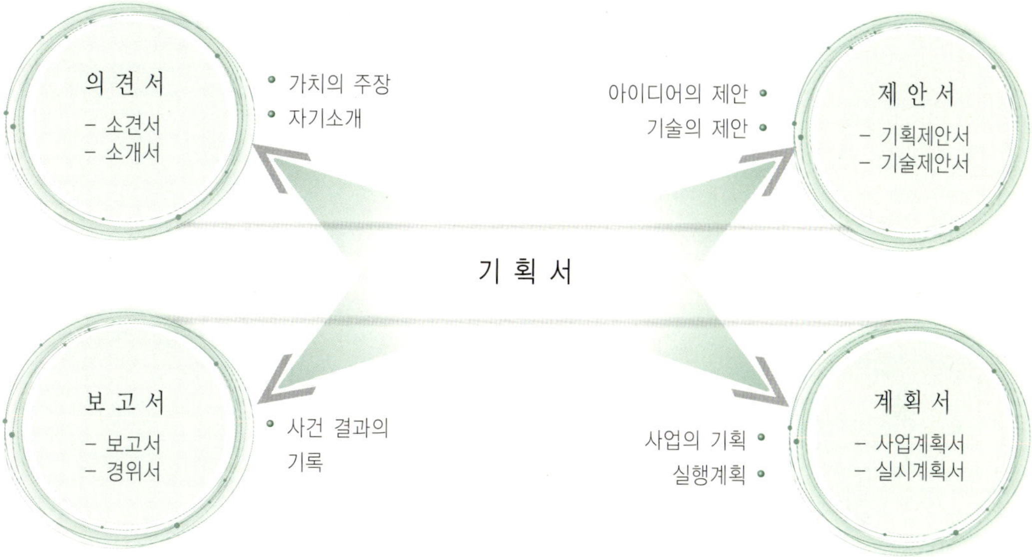

☑ 우수한 기획서

- 도입부가 매력적이다.
- 결론이 서두에 위치하여 전체의 이해를 돕는다.
- 논리적 흐름이 자연스럽다.
- 내용의 과부족이 없다.
- 레이아웃이 세련되고 간결하다.
- 데이터, 이미지가 효과적으로 사용된다.
- 전체볼륨이 기획의 내용에 알맞다.
- 기획 의뢰자, 독자의 입장에서 이해하기 쉽다.
  - CM의 경우
    - 기획의뢰자 : 발주 또는 수요기관
    - 독자 : 평가의원
- 타사와 경쟁하는 기술제안서의 경우 차별성이 뚜렷할수록 좋다.

(2) 기획서 작성을 위한 준비

❍ 작성전 준비

① Why ——— 왜, 기획을 입안立案하는가? <-기획의 배경, 이유, 의의 등
기획의 목표는 무엇인가? 의뢰자는 무엇을 요구하는가?
이를 통해 어떤 효과를 기대하는가? <-기획의 목표

② What ——— 무엇을 기획하는가? <-기획의 내용

③ How ——— 어떻게 진행, 수행하는가? <-방법

④ Who(A) ——— 누가 행하는가? <-주체, 관계자

⑤ Who(B) ——— 기술제안서의 경우, 누가 평가하는가? <-평가위원, 수요기관, 발주기관

⑥ When ——— 기획은 언제 시행되는가? <-시기, 기간

⑦ Where ——— 어디에서 시행되는가? <-장소

⑧ How Much ——— 어느 정도의 비용이 드는가? <-예산

❍ 기획서의 프레임 만들기Page Design

☑ 기획의 전체를 생각한다

◦ 기획 단계를 고려한다.

◦ 필요자료, 정보를 확보한다.

◦ 기획 구매자발주자, 수요기관 등 요구자를 고려한다.

☑ 큰 항목으로 구분하고 배열을 결정한다

◦ 기본 요소를 추출한다.

◦ 키워드를 중심으로 전체 구도를 그린다.

☑ 중간 및 작은 항목을 결정한다

◦ 큰 항목의 구성요소를 찾는다.

◦ 간단하고 명료하게 구성한다.

◦ 필요시 자료를 추가·삽입한다.

☑ 전체의 균형을 잡는다

◦ 상세하게 기술해야 할 곳은?

◦ 생략해도 무방한 것은?

◦ 요소간의 균형은?

☑ 기획의 프레임을 결정한다

(3) 기획서의 일반적인 체제

표지부	기획의 명칭 입안자 작성년월일	◦ 명칭 −○○기획서, 제안서, 보고서 −쉽고, 매력적으로 −부제, 슬로건Slogan도 생각한다 ◦ 입안자 : 대표자, 개인성명, 팀명 등 ◦ 작성년월일 : 제출일자
	머리말	◦ 머리말 −인사말, 서문, 기획의 경위 등을 너무 길지 않게
	목 차	◦ 목 차 −장, 절 등 기획서의 순서 명기
도입부	기획의 목적 기획의 배경	◦ 현황분석 ◦ 미래예측 등을 제시한다. ◦ 경영방침, 전략, 정책, 절차 등과의 합치성 언급 ◦ 목적, 목표, 이유 등을 기술한다.
	기대효과	◦ 실행결과의 기대효과, 예측효과, 내외에 미치는 영향
본론부	기획의 개요	◦ 기획의 컨셉, 전체 스토리의 포인트, 기본구상 ◦ 기획 전체의 이미지, 핵심 아이디어 등을 기술한다. ◦ 강하고 극적으로 표현할 필요가 있다도해 등.
	기획내용	◦ 해결책, 구상안 제시 −제2안, 제3안의 경우 장단점 비교 ◦ 해결책, 구상안의 타당성, 현실성 ◦ 실행 전략, 방법론, 수단 제시 ◦ 제약 조건
	실시계획	◦ 실시를 위한 조직화 계획 ◦ 기획스케줄, 시간표, 일정계획 −세부작업, 인원 등 착수일로부터 종료일까지의 순서와 기간 명시
	예 산	◦ 기획예산, 소요경비의 산출 ◦ 자금조달의 방법
보조부	잠재요인에 대한 대책	◦ 기획 추진시의 문제점 ◦ 문제에 대한 대응책
	관계자료	◦ 기획입안을 위한 조사자료, 통계자료 ◦ 타사, 타 부문의 사례 ◦ 참고문헌 등

(4) 기획서의 표현

❍ 문장기법

☑ 논리적일 것

- 선결후론先決後論, 혹은 기승전결起承轉結의 논리적 구조를 가질 것
- 장章, 절節, 항項의 구분과 수준이 적절할 것
- 사실과 의견을 구분할 것

☑ 간결할 것

- 문장을 짧게 끊어서 쓸 것단문화
- 꾸미는 말접속사, 부사, 형용사의 사용을 최소화 할 것

☑ 명확할 것

- 5W1H육하원칙에 입각할 것
- 미사여구[1], 정서적 표현은 가급적 피할 것
- 문체, 용어를 통일할 것/전문용어에는 적절한 주석註釋을 달 것

☞ 1) 미사여구美辭麗句 : 아름다운 말로 듣기 좋게 꾸민 글귀

❍ 문서 기술의 시각화 기술

☑ 시각화의 효과

- 독자의 주의집중과 관심을 유도할 수 있다.
- 문서 전체의 흐름이나 이미지가 한눈에 들어온다.
- 부분과 전체의 관계가 명확하다.
- 핵심사항, 요점 중심으로 내용을 전달한다.
- 의사소통의 효율성을 높인다.
- 생각 및 사실을 구조화, 조직화하는 데 도움이 된다.

☑ 시각자료의 작성법

- 먼저 시각적으로 표현하겠다는 의지를 가질 것
- 개념도, 그래프, 배열 및 배치, 강약 표현의 방식을 생각할 것
- 어떤 대상을 시각화하는 방법은 여러 가지임을 인식할 것
- 주석 등의 추가 정보를 기입, 내용을 보완할 것
- 기존의 시각자료를 많이 알아두어 활용을 연구할 것
- 시각화에 사용되는 기기의 활용을 도모할 것
- 시각화를 위한 시각화를 하지 말 것

☑ 시각화의 종류

◇ 개념도Box Writing

요점을 시각화한 그림
• 테마의 구성요소와 흐름을 파악할 수 있도록 한다. • 논리성, 명확성, 간결성을 갖춘다.

1. 전체구상	• 주제 전체를 크게 생각한다. • 주제의 구성요소를 모은다사실, 정보. • 비슷한 요소끼리 몇 개의 덩어리, 블록으로 분류한다.
2. 부분구상	• 블록간의 관계를 분석한다. • 내용상의 관계 : 전체, 부분, 중복 등 • 흐름상의 관계 : 시간, 순서, 인과, 추이 등
3. 스토리 구성	• 하나의 흐름속에 각 블록의 위치를 정한다. • 표제, 추가적인 문구를 기입한다. • 전체의 논리에 따라 테두리 및 흐름선을 그린다.
4. 완성 및 검증	• 형태를 정리하고 강조점을 부각시킨다. • 구매자발주자 또는 수요자의 입장에서 본다. • 빠진점, 지나친 점은 없는가?

□ 개념도 예

건 명

항목	내 용	구분
1	1 2	
2	1 2	
3	1 2	

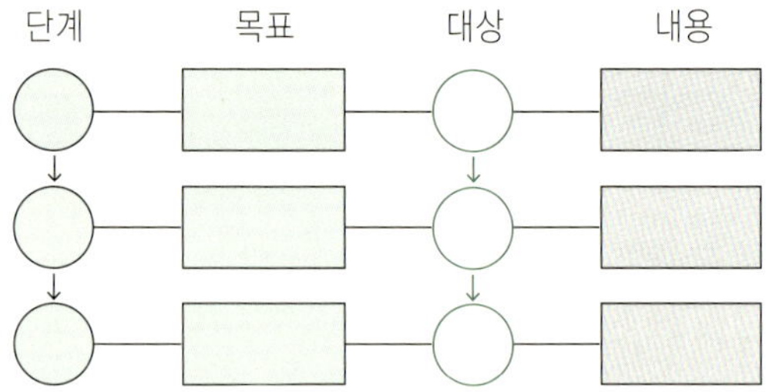

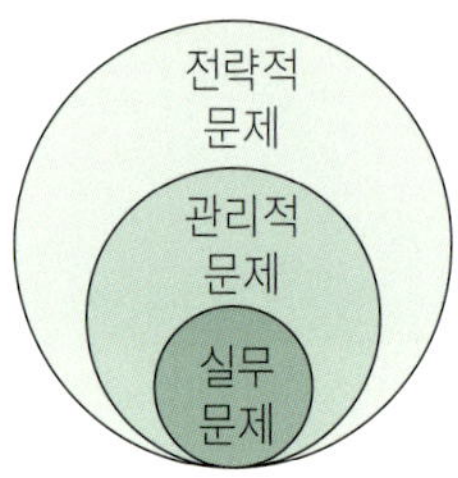

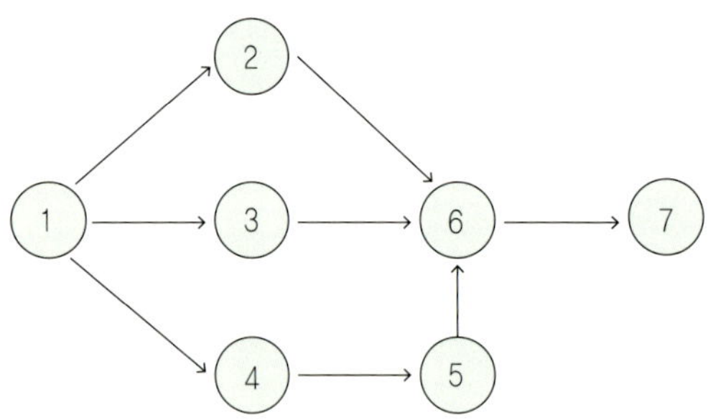

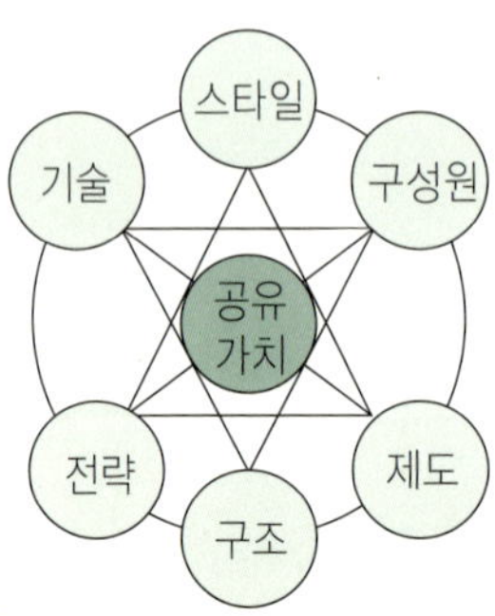

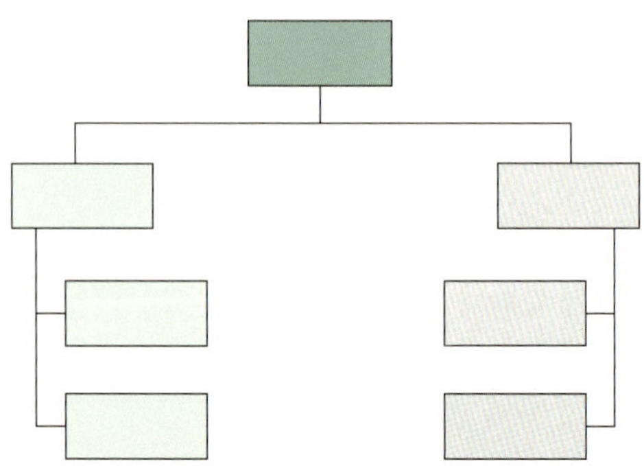

◇ 도 표

◦ 도표는 문자 정보보다 숫자 정보가 주요 대상이다.

◦ 행, 열을 적절이 나누고 표제를 붙인다.

◦ 각각의 표제를 재 구분할 것인지 결정하고, 소 항목의 표제를 붙인다.

◦ 기입 숫자의 명칭 및 단위를 결정한다%, 원, 대 등.

◦ 중요항목, 숫자를 부각시킨다크기, 순서, 기호, 색깔 등.

◦ 문장이나 그림으로 보완한다.

◇ 그래프

◦ 참고사항이 아니라 핵심 내용을 그래프로 그릴 것

◦ 전달하고자 하는 내용에 따라 최적의 그래프를 사용할 것

- 막대그래프 : 특정 항목의 수치화
- 원그래프 : 구성요소의 비율
- 꺽은선 그래프 : 연속적인 변화경향
- 층 그래프 : 총량 및 내역의 추이 비교
- 방사선 그래프 : 전체의 경향 및 관계
- 구성 비율 그래프 : 복수의 구성요소의 비율
- 산포도[1] : 변수간의 상관관계

☞ 1) 산포도散布度, Degree of Scattering ; 자료의 분산 상황을 나타내는 수의 값으로, 변량과 분포가 주어졌을 때, 변량이 분포의 중심값에 흩어진 정도

기술제안서의 평가 및 작성기준

공공부문:설계/감리/CM

1. 기술제안서의 의미

(1) 기술제안서란?

◦ 서비스제품를 제공하고자 하는 자가 수주 또는 수주 예정인 프로젝트를 어떻게 수행할 것인지에 대하여 발주자의 제안 요청서RFP를 근거로 당해 프로젝트의 수행능력, 수행방법, 비용 등과 같은 내용을 포괄적으로 정리한 문서

◦ 기술제안서는 프로젝트를 의뢰한 발주자의 문제를, 제안사가 보유하고 있는 핵심역량인력, 기술, 지식을 활용하여 어떤 방법으로 해결해 줄 수 있는지에 대해 제시하는 발주자와 제안사 간의 약속

◦ 기술제안서는 의뢰인에게 깊은 인상을 심어줄 수 있는 기회이자 수주와 직결되는 매우 중요한 문서인 만큼 깔끔한 형식과 명료한 내용으로 작성하여야 하고 기술제안서, 프로젝트 계획서 등의 이름으로 제출되기도 하며, 경우에 따라서는 미리 제시된 제안서 양식에 따르기도 함

◦ 국가를 당사자로 하는 계약에 관한 법률국가계약법 시행령 제 8장 기술제안입찰 등에 대한 계약에서 실시설계 및 기본설계 기술제안입찰에 적용하는『기술제안서』의 법적인 정의

– 제98조〈정의〉 제1항 ;『기술제안서』란 입찰자가 발주기관이 교부한 설계서 등을 검토하여 공사비 절감 방안, 공기단축 방안, 공사관리 방안 등을 제안하는 문서를 말한다.

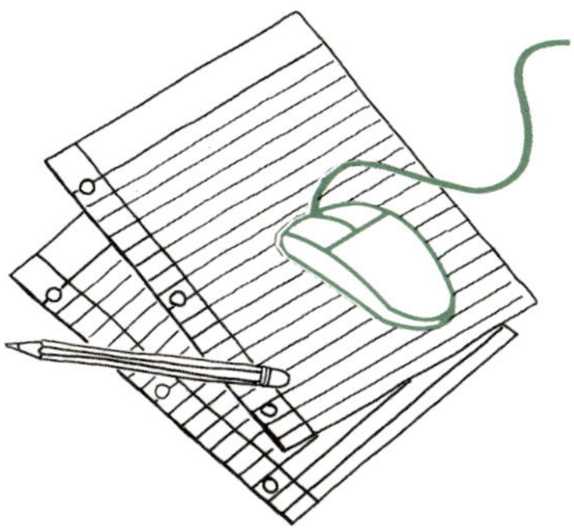

(2) 설계/감리/CM 용역에서의 기술제안서 평가제도

☞ 2006년 8월 2일자 조달청 발표 전문

❍ 기술제안서 평가제도 개요

앞으로는 설계와 감리 용역업자 선정에도 기술제안서 평가를 하게 된다. 조달청은 기술개발을 유도하고 기술력 위주의 우수업체 선정을 위하여 2006년 8월 7일부터 설계와 감리 용역업자 선정에 기술제안서 평가제도를 도입, 시행하기로 하였다.

2006년 3월 건설사업관리CM : Construction Management에 기술제안서 평가를 도입한 데 이어 설계와 감리에도 도입하는 것으로 우선 고난도의 기술이 요구되는 중대형설계 10억원, 감리 30억원 기술용역에 적용하게 된다.

기술제안서TP : Technical Proposal 제도 -> 입찰자로부터 당해 용역을 어떻게 수행할 것인지에 대한 제안서를 제출받아 그 제안 내용을 평가하여 입찰 참가자격을 주는 것

❍ 기술제안서 평가 방법

기술제안서 평가는 2단계로 이루어진다. 1단계에서는 참여기술자 경력, 수행실적, 신용도 등을 종합 평가하여 90점 이상인 자를 통과시키고, 2단계에서는 1단계 통과자를 대상으로 기술제안서를 제출받아 당해 용역의 이해도, 수행조직, 수행계획 등 제안내용을 평가위원회에서 평가하여 85점 이상인 자를 입찰 적격자로 선정하게 된다.

또한 이번 기준 개정에서는 그 동안의 운영 과정에서 나타난 일부 미비점도 함께 보완하였다.

❍ 기술제안서 평가제도 운영

설계용역의 경우 설계 실적이 전혀 없어도 종전에는 기본점수를 주었으나 앞으로는 최소한 당해용역의 30%의 실적을 갖추어야 기본점수를 받도록 하여 부실업체의 입찰 참가를 배제하였으며, 해외설계의 수행실적 인정방법을 계약금액 기준에서 준공금액 기준으로 변경하여 평가의 정확성을 높였다. 조달청 기술심사팀 N팀장은『CM에 이어 설계와 감리용역에도 기술제안서 평가제도를 본격 시행하게 됨으로써 공공분야에서 기술제안서 평가가 크게 활성화될 것으로 기대한다』고 밝혔다.

한편, 조달청은 CM용역에 기술제안서 평가를 적용해 본 결과 수요기관의 관심이 크게 늘고 있고, 업계의 반응도 좋아 기술용역 전반으로 확대 추진하고 있다. 이를 위해 지난 5월에는 기술제안서의 공정하고 객관적인 평가를 위하여『평가위원회 구성 및 운영기준』을 마련

한 데 이어 대학교수, 외부전문가, NGO[1] 등을 대상으로 300인 내외의 평가위원 POOL[2]을 구축하였다.

☞ 1) NGONon-Governmental Organization, 비정부기구 ; 정부 간의 협정이 아닌, 민간단체가 중심이 되어 만들어진 비정부批正府 국제 조직

☞ 2) POOL ; 공동취재. 즉 두 개 또는 그 이상의 언론사가 취재비용의 절감과 과도한 취재경쟁을 피하기 위해 서로 협약을 맺어 대표기자Pool Reporter를 뽑아서 그로 하여금 어떤 사건을 취재케하고 그 뉴스를 나누어 가지는 것에서 유래된 어휘로, 여기서는 평가예비위원군群을 이름

평가위원의 선정은 투명성 확보를 위해 기술제안서 평가일 전일 인력 POOL에서 전산에 의하여 무작위로 추출Random-Program하여 선정하는 방식을 적용하고 있다.

◦ 조달청 설계 등 용역업자 사업수행능력 세부평가기준 / 조달청 감리전문회사 사업수행능력 세부평가기준 / 조달청 건설사업관리자 사업수행능력 세부평가 기준은 조달청 나라장터 홈페이지〈http://www.g2b.go.kr -> 정보공개마당 -> 법령정보 -> 집행기준〉에서 내려 받을 수 있다.

– 『기술제안서의 작성 및 평가기준』은 건설기술관리법시행규칙 별표5〈설계분야〉, 별표6〈감리분야〉, 별표6의2〈CM분야〉에 의거 발주청별로 별도의 작성 및 운용되고 있으나 그 내용은 정부의 대표적 조달기관인 조달청의 기준을 근거로 수립된 것임으로 이 책에서는 수록하지 않았음

– 조달청 이외 주요 발주청이라 함은 중앙정부산하 공공기관〈LH공사, 도로공사, 철도공사, 수자원공사 등〉, 지방자치단체 및 산하 공공목적법인〈서울시, 부산시, 경기도, SH공사 등 기타 건설기술관리법에서 정한 발주청〉을 말함

2. 기술제안서의 평가기준

(1) 조달청의 설계분야 기술제안서 평가기준

☑ 설계 등 용역업자 사업수행능력 세부평가기준

☞ 조달청, 기술심사팀-2799호, 2010.3.30.

제3조〈적용기준〉 ① 사업수행능력평가는 『참여기술자 및 수행실적 등에 따른 평가〈이하 『수행실적평가』라 한다〉』 및 『기술제안서에 따른 평가〈이하 『제안서평가』라 한다〉』로 구분한다.

② 『수행실적평가』는 제3항에 따른 기술자 평가와 제안서 평가를 하지 아니하는 용역에 대하여 적용한다.

③ 『기술자평가 및 제안서평가』는 『건설기술관리법 시행규칙』 제13조제2항제2호에 규정되어 있는 경우와 제13조제2항제1호에 따라 수요기관에서 요청하는 경우에 적용하며, 다음 각호와 같이 구분하여 적용한다.

1. 용역비가 5억원 이상 10억원 미만인 기본계획 및 기본설계, 『건축사법』에 따른 설계와 용역비가 10억원 이상 20억원 미만인 실시설계 용역은 기술자평가를 적용
2. 용역비가 10억원 이상인 기본계획 및 기본설계, 『건축사법』에 따른 설계와 용역비가 20억원 이상인 실시설계 용역은 제안서평가를 적용

④ 제3항에 따라 수요기관 요청에 따라 기술자평가를 적용하는 경우에는 수요기관에서 자체기준에 따라 평가하여 통보한 점수를 반영한다.

제4조〈배점기준〉 ① 『수행실적평가』 및 『기술자평가』와 『제안서평가』의 평가항목·평가요소·세부평가요소 및 배점 등은 [별표]와 같다.

② 『수행실적평가』는 평가항목별〈가점포함〉 평가점수를 합산하여 평가하며, 평가점수의 합계가 100점을 초과하는 경우에는 100점으로 한다.

제8조〈적격자 등의 선정〉 ① 『수행실적평가』의 경우 [별표] 1.『참여기술자 및 수행실적 등에 의한 평가』에 의한 평가결과 90점〈건축설계는 92점〉 이상인 자를 입찰참가 적격자로 선정하되, 90점〈건축설계는 92점〉 이상인 자가 15인 미만인 경우에는 85점 이상인 자 중 15위에 해당하는 자까지 입찰참가 적격자로 선정한다. 단, 5억 이상~10억 미만의 용역은 90점 이상인 자를 적격자로 선정한다.

② 『기술자평가』 및 『제안서평가』의 경우 [별표] 1.『참여기술자 및 수행실적 등에 의한 평가』에 따른 평가결과 90점 이상인 자를 적격자로 선정하고 [별표] 2.『기술자평가서에 의한 평가』와 [별표] 3 및 4 『기술제안서에 의한 평가』에 의한 평가결과 85점 이상인 자를 입찰참가 적격자로 선정한다.

③ 『기술자평가』와 『제안서평가』의 경우에는 평가서의 제출방법 및 제출기한 등은 입찰공고서에 별도로 정하여 공시한다.

[참고] 제1조, 제2조, 제5조~제7조, 제9조~제11조 및 부칙은 생략

설계 등 용역업체 사업수행능력평가 항목별 배점기준

□ 기술자 평가 : [별표] 2

☞ 용역비가 5억원 이상 10억원 미만의 기본계획, 기본설계, 건축사법에 따른 설계 및 10억원 이상 20억원 미만의 실시설계

<table>
<tr><th>평가항목</th><th>평가요소</th><th>배 점</th><th>세부평가요소</th></tr>
<tr><td rowspan="5">[가]
설계팀의
경력 및 역량</td><td>참여 기술자의 경력</td><td>30</td><td>◦ 참여기술자의 경력
<table>
<tr><td rowspan="4">경
력</td><td rowspan="2">건설업</td><td>15년 이상</td><td>12년 이상</td><td>9년 이상</td><td>6년 이상</td><td>6년 미만</td></tr>
<tr><td>15</td><td>13.5</td><td>10</td><td>10.5</td><td>9</td></tr>
<tr><td rowspan="2">주공종
설계분야</td><td>15년 이상</td><td>12년 이상</td><td>9년 이상</td><td>6년 이상</td><td>6년 미만</td></tr>
<tr><td>15</td><td>13.5</td><td>10</td><td>10.5</td><td>9</td></tr>
</table>
-사업책임기술자와 분야별책임기술자를 각각 평가한 후 합산하여 산술평균한다</td></tr>
<tr><td rowspan="2">참여기술자의
유사용역
수행실적</td><td>20</td><td>◦ 참여기술자의 유사용역 수행실적
<table>
<tr><td>건 수</td><td>5건 이상</td><td>4건</td><td>3건</td><td>2건</td><td>1건</td></tr>
<tr><td>배 점</td><td>20</td><td>18</td><td>16</td><td>14</td><td>12</td></tr>
</table>
-사업책임기술자와 분야별책임기술자를 각각 평가한 후 합산하여 산술평균한다</td></tr>
<tr><td>10</td><td>◦ 참여기술자의 유사용역 수행실적 세부내용 및 성과</td></tr>
<tr><td>참여기술자의
업무 중첩도</td><td>10</td><td>◦ 참여기술자의 업무중첩도</td></tr>
<tr><td>[소계]</td><td>70</td><td></td></tr>
<tr><td rowspan="4">[나]
수행계획 및 방법</td><td>수행계획</td><td>15</td><td>◦ 과업의 성격 및 범위에 대한 이해도
◦ 과업단계별 작업계획 및 체계
◦ 관련계획, 법령 등 검토 및 설계적용 방안
◦ 문제점 분석 및 처리대책</td></tr>
<tr><td>수행방법</td><td>10</td><td>◦ 수행용역에 대한 특정경험 및 당해용역 적용성</td></tr>
<tr><td>기타</td><td>5</td><td>◦ 책임기술자의 발표 및 면접</td></tr>
<tr><td>[소계]</td><td>30</td><td></td></tr>
<tr><td colspan="2">[총계]</td><td>100</td><td></td></tr>
</table>

[주] 1. [별지 1]의 [주] 3에 따라 평가요소별로 상대평가, 단 참여기술자의 경력 및 참여기술자의 유사용역수행실적은 위 표에 따라 평가

2.『건설기술관리법 시행규칙』 제13조제2항제1호에 따라 의무적으로 기술자평가서를 적용하는 공종의 경우에 적용하며, 그 외 수요기관 요청에 의하여 기술자 평가를 적용하는 경우에는 수요기관에서 자체기준에 따라 평가하여 통보한 점수를 반영

□ 기술제안서 평가 : [별표] 3

☞ 용역비가 10억원 이상의 기본계획, 기본설계 및 20억원 이상의 실시설계

<table>
<tr><th>평가항목</th><th>평가요소</th><th>배 점</th><th>세부평가요소</th></tr>
<tr><td rowspan="5">[가]
설계팀의
경력 및 역량</td><td rowspan="4">-참여기술자의 경력
-참여기술자의 유사용역 수행실적
-참여기술자의 업무 중첩도</td><td>10</td><td>◦ 참여기술자의 경력
<table><tr><td rowspan="4">경
력</td><td rowspan="2">건설업</td><td>15년 이상</td><td>12년 이상</td><td>9년 이상</td><td>6년 이상</td><td>6년 미만</td></tr><tr><td>5</td><td>4</td><td>3</td><td>2</td><td>1</td></tr><tr><td rowspan="2">주공종
설계분야</td><td>15년 이상</td><td>12년 이상</td><td>9년 이상</td><td>6년 이상</td><td>6년 미만</td></tr><tr><td>5</td><td>4</td><td>3</td><td>2</td><td>1</td></tr></table>-사업책임기술자와 분야별책임기술자를 각각 평가한 후 합산하여 산술평균한다.</td></tr>
<tr><td>10</td><td>◦ 참여기술자의 유사용역 수행실적
<table><tr><td>건 수</td><td>5건 이상</td><td>4건</td><td>3건</td><td>2건</td><td>1건</td></tr><tr><td>배 점</td><td>10</td><td>9</td><td>8</td><td>7</td><td>6</td></tr></table>-사업책임기술자와 분야별책임기술자를 각각 평가한 후 합산하여 산술평균한다.</td></tr>
<tr><td>5</td><td>◦ 참여기술자의 유사용역 수행실적 세부내용 및 성과</td></tr>
<tr><td>5</td><td>◦ 참여기술자의 업무중첩도</td></tr>
<tr><td>[소계]</td><td>30</td><td></td></tr>
<tr><td rowspan="5">[나]
수행계획 및
방법</td><td>수행계획</td><td>20</td><td>◦ 과업의 성격 및 범위에 대한 이해도
◦ 과업단계별 작업계획 및 체계
◦ 관련계획, 법령 등 검토 및 설계적용 방안
◦ 하자대책 및 사후평가 방안
◦ 문제점 분석 및 처리대책
◦ 장조사, 관련 계획조사 및 관련 계획간의 연계의 적정성
◦ 사업효과 극대화 방안 등</td></tr>
<tr><td>수행방법</td><td>25</td><td>◦ 작업수행기법 사전조사 및 작업방법 등
◦ 각종 영향평가, 친환경 건설기법 도입
◦ 수행용역에 대한 특정경험 및 당해용역 적용성
◦ 예상 문제점 및 대책 등</td></tr>
<tr><td>기술향상</td><td>20</td><td>◦ 신기술 신공법의 도입과 그 활용성의 검토정도 및 관련기술 자료 등재
◦ 3차원 시뮬레이션, 경관 디자인 설계, 3차원 설계기법 도입 등 설계개선방안
-시설물의 생애주기 비용을 감안한 설계기법 등</td></tr>
<tr><td>기타</td><td>5</td><td>◦ 책임기술자의 발표 및 면접</td></tr>
<tr><td>[소계]</td><td>70</td><td></td></tr>
<tr><td colspan="2">[총계]</td><td>100</td><td></td></tr>
</table>

[주] [별지 1]의 [주] 3에 따라 평가요소별로 상대평가

▯ 기술제안서 평가 : [별표] 4

☞ 용역비가 10억원 이상의 건축사법에 따른 설계

평가항목	평가요소	배 점	세부평가요소
[가] 설계의 예술성, 작품성, 기능성 및 안전성	도시계획, 택지개발계획, 단지계획 등의 적합성	10	◦ 도로, 교통 및 단지계획과 도시미관, 기능보호
	건축계획의 예술성, 작품성, 기능성	30	◦ 계획의 타당성, 창의성, 독창성 및 기능성과 공공기여도, 환경친화적 설계기법 반영
	건축구조 및 시공계획의 기술성 및 안전성	15	◦ 구조의 안전성, 시공의 안전성 및 내구성과 발주청 요구사항 등의 기능성
	주변환경과 도시환경의 조화와 문화의 기여도	15	◦ 식재, 조경, 조형물, 도시안내시설 등 공공 시설물, 문화공간 등의 설치 등과 커뮤니티의 이벤트 기획능력
	경제성 및 공공성 등	10	◦ 설계 및 자재표준화, 우리나라의 기후, 풍토 등 실정에 맞는 자재의 사용계획과 에너지 절약 등의 경제성, 공공의 기여도, 건축물의 생애주기비용의 적정성과 건축폐자재의 재활용 정도 등 환경관리 계획서의 적정성
	대안의 제안과 신기술 및 공법의 제시	5	◦ 기본설계에 대한 개선안 제안 등의 평가와 신기술 및 신공법 등의 적용
	[소계]	85	
[나] 작업계획 및 기법	수행계획 및 수행방법	5	◦ 과업수행 세부계획 등 각종 계획, 작업수행기법, 예상문제점 및 대책 등
	참여기술자 및 용역실적	10	◦ 해당분야 경력 및 유사설계
	[소계]	15	
[총계]		100	

[주] [별지 1]의 [주] 3에 따라 평가요소별로 상대평가

상대평가시 평가등급 배분 및 평가방법

□ 1. 신청자수별 평가등급 배분

신청자수	등급					신청자수	등급				
	수	우	미	양	가		수	우	미	양	가
2,3	1	1	(1)			22	2	5	9	4	2
4	1	2	1			23	2	5	9	5	2
5	1	2	1	1		24	2	5	10	5	2
6	1	2	1	1	1	25	3	5	10	5	2
7	1	2	2	1	1	26	3	5	10	5	3
8	1	2	3	1	1	27	3	5	11	5	3
9	1	2	3	2	1	28	3	6	11	5	3
10	1	2	4	2	1	29	3	6	11	6	3
11	1	2	5	2	1	30	3	6	12	6	3
12	1	3	5	2	1	31	3	6	13	6	3
13	1	3	5	3	1	32	3	7	13	6	3
14	1	3	6	3	1	33	3	7	13	7	3
15	2	3	6	3	1	34	3	7	14	7	3
16	2	3	6	3	2	35	4	7	14	7	3
17	2	3	7	3	2	36	4	7	14	7	4
18	2	4	7	3	2	37	4	7	15	7	4
19	2	4	7	4	2	38	4	8	15	7	4
20	2	4	8	4	2	39	4	8	15	8	4
21	2	4	9	4	2	40	4	8	16	8	4

□ 2. 기술자평가서 및 기술제안서 평가등급별 가중치

평가등급	수	우	미	양	가
가중치	1.00 (1.00)	0.90 (0.93)	0.80 (0.85)	0.70 (0.78)	0.60 (0.70)

◦ 평가방법 : 각 평가요소별로 각각 신청자의 등급을 판정한 후, 평가요소의 배점한도에 해당 가중치를 곱하여 평가점수 산정

◦ 적용 : 추정가격 10억원 미만인 경우 ( ) 내의 가중치를 적용하여 평가한다.

* 기술자평가서 및 기술제안서 총점은 업체별 평가위원들의 합계점수 중 최고점과 최저점을 제외하고 산술평균한다.

(2) 조달청의 책임감리분야 기술제안서 평가기준

☑ 감리전문회사 사업수행능력 세부평가기준

☞ 조달청, 기술심사팀-2799호, 2010.3.30.

제3조〈적용기준〉 ①사업수행능력평가는 『참여감리원 및 수행실적등에 따른 평가〈이하 『수행실적평가』라 한다〉』 및 『기술자평가서에 따른 평가〈이하 『기술자평가』라 한다〉』로 구분한다.

② 『수행실적평가』는 제3항에 따른 기술자 평가와 제안서 평가를 하지 아니하는 용역에 대하여 적용한다.

③ 『기술자평가 및 제안서평가』는 『건설기술관리법 시행규칙』 제13조제2항제2호에 규정되어 있는 경우와 제13조제2항제1호에 따라 수요기관에서 요청하는 경우에 적용하며, 용역비 10억원 이상 30억원 미만인 용역은 기술자평가를 적용하고 30억 이상인 용역은 제안서 평가를 적용한다.

④ 제3항에 따라 수요기관 요청에 따라 기술자평가를 적용하는 경우에는 수요기관에서 자체기준에 따라 평가하여 통보한 점수를 반영한다.

제4조〈배점기준〉 ① 『수행실적평가』 및 『기술자평가』와 『제안서평가』의 평가항목·평가요소·세부평가요소 및 배점 등은 [별표]와 같다.

② 『수행실적평가』는 평가항목별〈가·감점포함〉 평가점수를 합산하여 평가하며, 평가점수의 합계가 100점을 초과하는 경우에는 100점으로 한다.

제8조〈적격자 등의 선정〉 ① 『수행실적평가』의 경우 [별표] 1.『참여기술자 및 수행실적 등에 의한 평가』에 의한 평가결과 90점 이상인 자를 입찰참가 적격자로 선정하되, 90점 이상인 자가 15인 미만인 경우에는 85점 이상인 자 중 15위에 해당하는 자까지 입찰참가 적격자로 선정한다. 단, 5억 이상~10억 미만의 용역은 90점 이상인 자를 적격자로 선정한다.

② 『기술자평가』 및 『제안서평가』의 경우 [별표] 1.『참여기술자 및 수행실적 등에 의한 평가』에 따른 평가결과 90점 이상인 자를 적격자로 선정하고 [별표] 2.『기술자평가서에 의한 평가』와 [별표] 3 및 4 『기술제안서에 의한 평가』에 의한 평가결과 85점 이상인 자를 입찰참가 적격자로 선정한다.

③ 『기술자평가』와 『제안서평가』의 경우에는 평가서의 제출방법 및 제출기한 등은 입찰공고서에 별도로 정하여 공시한다.

[참고] 제1조, 제2조, 제5조~제7조, 제9조~제11조 및 부칙은 생략

☑ 감리전문회사 사업수행능력평가 항목별 배점기준

□ 기술자평가서에 의한 평가

☞ 10억 이상 ~ 30억 미만 감리용역

<table>
<tr><th>평가항목</th><th>세부사항</th><th>배 점</th><th>평가방법</th></tr>
<tr><td rowspan="2">[가]
구성조직의
역량 및
적정성</td><td>-참여감리원
-유사용역수행실적
-신용도
-기술개발 및 투자실적
-업무중첩도
-교체빈도
-가점 및 감점</td><td>70</td><td>『참여감리원 및 수행실적 등에 의한 평가』
점수를 환산하여 적용</td></tr>
<tr><td>[소계]</td><td>70</td><td></td></tr>
<tr><td rowspan="5">[나]
참여감리원
과업수행계획
및 방법</td><td rowspan="3">수행계획(20)</td><td>5</td><td>과업의 성격 및 범위에 대한 이해도</td></tr>
<tr><td>10</td><td>공사 공종별 감리계획
품질 및 안전, 공정관리 계획</td></tr>
<tr><td>5</td><td>예상되는 문제점 및 개선대책 등</td></tr>
<tr><td>발표 및 면접</td><td>10</td><td>책임감리원의 업무수행능력, 자질 검증을 위한
발표 및 면접 실시</td></tr>
<tr><td>[소계]</td><td>30</td><td></td></tr>
<tr><td colspan="2">[총계]</td><td>100</td><td></td></tr>
</table>

[주] 1. [별지 2]에 따라 평가요소별로 상대평가

2. 『건설기술관리법 시행규칙』제13조제2항제1호에 따라 의무적으로 기술자평가서를 적용하는 공종의 경우에 적용하며, 그 외 수요기관 요청에 의하여 기술자 평가를 적용하는 경우에는 수요기관에서 자체기준에 따라 평가하여 통보한 점수를 반영

□ 기술제안서에 의한 평가

☞ 30억 이상 감리용역

평가항목	세부사항	배 점	평가방법
[가] 구성조직의 역량 및 적정성	-참여감리원 -유사용역수행실적 -신용도 -기술개발 및 투자실적 -업무중첩도 -교체빈도 -가점 및 감점	30	『참여감리원 및 수행실적 등에 의한 평가』 점수를 환산하여 적용
	[소계]	70	
[나] 과업내용 이해도	-과업수행 환경분석의 적정성	5	◦ 사업 추진현황과 사업의 특성 및 배경 파악 등 본 과업에 대한 이해도 ◦ 예상되는 문제점 및 개선을 요하는 사항이 있을 경우 이에 대한 대책
	-기술제안서 발표 및 면접	10	◦ 책임감리원의 기술제안서 발표 및 면접을 통해 과업 내용에 대한 이해도 및 책임자 자질의 적정성
	[소계]	15	
[다] 과업수행 세부계획	-시공계획 및 설계도서의 검토사항	15	◦ 사업의 특성을 고려한 시공계획 및 설계 도서의 검토사항
	-품질관리 방안	10	◦ 세부적인 품질관리 방안
	-안전관리 방안	10	◦ 재해예방 및 비상사태 시의 안전관리 방안 -필요할 경우 주요 공종별 체크리스트 제시
	-환경관리 방안	10	◦ 공사현장 주변환경 및 생활환경관리방안
	[소계]	45	
[라] 과업수행 지원체계	-관련기관과의 협력체계 및 본사의 지원체계	5	◦ 발주자, 시공자, 관련 용역사, 유관기관과의 긴밀한 협조체계 및 상주감리원에 대한 현장 업무 지원방안
	-기술자료 활용 및 정보관리 체계	5	◦ 법령정보, 기술자료, 절차서, 전산프로그램 등을 활용한 효율적인 업무수행 체계의 수준
	[소계]	10	
[총계]		100	

[주] 1. [별지 2]에 따라 평가요소별로 상대평가

기술자평가 및 제안서평가에 대한 상대평가시 평가등급 배분 및 평가방법 : [별지 2]

□ 1. 신청자수 별 평가등급 배분

신청자수	등급					신청자수	등급				
	수	우	미	양	가		수	우	미	양	가
2,3	1	1	(1)			22	2	5	9	4	2
4	1	2	1			23	2	5	9	5	2
5	1	2	1	1		24	2	5	10	5	2
6	1	2	1	1	1	25	3	5	10	5	2
7	1	2	2	1	1	26	3	5	10	5	3
8	1	2	3	1	1	27	3	5	11	5	3
9	1	2	3	2	1	28	3	6	11	5	3
10	1	2	4	2	1	29	3	6	11	6	3
11	1	2	5	2	1	30	3	6	12	6	3
12	1	3	5	2	1	31	3	6	13	6	3
13	1	3	5	3	1	32	3	7	13	6	3
14	1	3	6	3	1	33	3	7	13	7	3
15	2	3	6	3	1	34	3	7	14	7	3
16	2	3	6	3	2	35	4	7	14	7	3
17	2	3	7	3	2	36	4	7	14	7	4
18	2	4	7	3	2	37	4	7	15	7	4
19	2	4	7	4	2	38	4	8	15	7	4
20	2	4	8	4	2	39	4	8	15	8	4
21	2	4	9	4	2	40	4	8	16	8	4

□ 2. 기술자평가서 및 기술제안서 평가등급별 가중치

평가등급	수	우	미	양	가
가중치	1.00 (1.00)	0.90 (0.93)	0.80 (0.85)	0.70 (0.78)	0.60 (0.70)

◦ 평가방법 : 각 평가요소별로 각각 신청자의 등급을 판정한 후, 평가요소의 배점한도에 해당 가중치를 곱하여 평가점수 산정

◦ 추정가격 30억원 미만인 경우 (　　) 내의 가중치를 적용하여 평가한다.

* 기술자평가서 및 기술제안서 총점은 업체별 평가위원들의 합계점수 중 최고점과 최저점을 제외하고 산술평균한다.

(3) 조달청의 건설사업관리CM 분야 기술제안서 평가기준

☑ 건설사업관리자 사업수행능력 세부평가기준

☞ 조달청, 기술심사팀-2799호, 2010.3.30.

제3조〈적용기준〉 ① 사업수행능력평가는『참여기술자 및 수행실적 등에 따른 평가〈이하『수행실적평가』라 한다〉』및『기술제안서에 의한 평가〈이하『제안서평가』라 한다〉』로 구분한다.

② 『수행실적평가』는 제3항에 따른 기술자 평가와 제안서 평가를 하지 아니하는 용역에 대하여 적용한다.

③ 『제안서평가』는『건설기술관리법 시행규칙』제13조제2항에 규정되어 있는 경우와 추정가격 10억원 이상 용역에 적용한다. 다만, 추정가격 10억원 이상인 용역에 대해 수요기관이 용역의 특성 또는 시급성을 이유로『수행실적평가』를 요청할 경우 그에 따른다.

제4조〈배점기준〉 ①『수행실적평가』및『제안서평가』의 평가항목·평가요소·세부평가요소 및 배점 등은 [별표]와 같다.

② 『수행실적평가』는 평가항목별〈가·감점포함〉 평가점수를 합산하여 평가하며, 평가점수의 합계가 100점을 초과하는 경우에는 100점으로 한다.

제8조〈적격자 등의 선정〉 ① 제안서평가의 결과는 개찰 후 즉시 나라장터http://www.g2b.go.kr 홈페이지에 공시한다.

② 『수행실적평가』의 경우 [별표] 1.『참여기술자 및 수행실적 등에 의한 평가』에 의한 평가결과 90점 이상인 자를 입찰참가 적격자로 선정한다. 다만 90점 이상인 자가 10인 미만인 경우에는 85점 이상인 자 중 10위에 해당하는 자까지 입찰참가 적격자로 선정한다.

③ 『제안서평가』의 경우 [별표] 1.『참여기술자 및 수행실적 등에 의한 평가』에 따른 평가결과 85점 이상인 자를 적격자로 선정하고 [별표] 2.『기술제안서에 의한 평가』에 의한 평가결과 85점 이상인 자를 입찰참가 적격자로 선정한다.

④ 『제안서평가』의 경우에는 기술제안서의 제출방법 및 제출기한 등을 정하여 공시한다.

[참조] 제1조, 제2조, 제5조~제7조, 제9조~제11조 및 부칙은 생략

☑ 건설사업관리자의 사업수행능력평가 항목별 배점 기준

□ 기술제안서에 의한 평가 : [별표]

평가항목	세부사항	배 점	평가방법
[가] 과업수행조직	- 조직의 역량	40	◦ 제1호에 의한 평가항목의 평가결과에 대하여 100분의 40 적용
	[소계]	40	
[나] 과업수행 세부계획	- 과업에 대한 이해도	5	◦ 건설공사의 특성 및 발주청 요구사항 분석 ◦ 예상되는 문제점 및 대책 등 평가
	- 시공 전단계의 사업관리	15	◦ 건설사업수행 단계별 사업관리 일반, 설계의 경제성 검토, 계약관리, 사업비관리, 공정관리, 품질관리, 안전관리, 사업정보관리, 등의 수행방법 적정성 및 실현가능성 등 평가
	- 시공이후단계의 사업관리	20	◦ 건설사업수행 단계별 사업관리 일반, 설계의 경제성 검토, 계약관리, 사업비관리, 공정관리, 품질관리, 안전관리, 사업정보관리, 등의 수행방법 적정성 및 실현가능성 등 평가
	- 기술 활용	5	◦ 신기술 신공법의 도입과 활용 ◦ 기술자료, 소프트웨어 및 장비 등의 활용과 업무수행 지원체계 효율성 등 평가
	- 기술제안서 발표 및 면접	10	◦ 책임기술자의 이해도 및 자질의 적정성 평가
	- 인원투입 계획	5	◦ 조직구성, 업무분장의 적정성 ◦ 건설사업수행 단계별 인원투입 계획성 등 평가
	[소계]	60	
[총계]		100	

☑ 기술제안서 평가시 신청자수 별 평가등급 배분 및 평점방법 : [별지 2]

□ 1. 신청자수 별 평가등급 배분

신청 지수	등급					신청 지수	등급				
	수	우	미	양	가		수	우	미	양	가
2,3	1	1	(1)			22	2	5	9	4	2
4	1	2	1			23	2	5	9	5	2
5	1	2	1	1		24	2	5	10	5	2
6	1	2	1	1	1	25	3	5	10	5	2
7	1	2	2	1	1	26	3	5	10	5	3
8	1	2	3	1	1	27	3	5	11	5	3
9	1	2	3	2	1	28	3	6	11	5	3
10	1	2	4	2	1	29	3	6	11	6	3
11	1	2	5	2	1	30	3	6	12	6	3
12	1	3	5	2	1	31	3	6	13	6	3
13	1	3	5	3	1	32	3	7	13	6	3
14	1	3	6	3	1	33	3	7	13	7	3
15	2	3	6	3	1	34	3	7	14	7	3
16	2	3	6	3	2	35	4	7	14	7	3
17	2	3	7	3	2	36	4	7	14	7	4
18	2	4	7	3	2	37	4	7	15	7	4
19	2	4	7	4	2	38	4	8	15	7	4
20	2	4	8	4	2	39	4	8	15	8	4
21	2	4	9	4	2	40	4	8	16	8	4

□ 2. 기술자평가서 및 기술제안서 평가등급별 가중치

평가등급	수	우	미	양	가
가중치	1.00 (1.00)	0.90 (0.93)	0.80 (0.85)	0.70 (0.78)	0.60 (0.70)

◦ 평가방법 : 각 평가요소별로 각각 신청자의 등급을 판정한 후, 평가요소의 배점한도에 해당 가중치를 곱하여 평가점수 산정

◦ 적용 : 추정가격 50억원 미만인 경우 ( ) 내의 가중치를 적용하여 평가한다.

* 기술제안서 총점은 업체별 평가위원들의 합계점수 중 최고점과 최저점을 제외하고 산술평균한다.

3. 기술제안서의 작성기준

(1) 조달청의 설계분야 기술제안서 작성기준

☑ 설계 등 용역업자 사업수행능력 세부평가기준

☞ 조달청, 기술심사팀-2799호, 2010.3.30

☑ 기술자평가서 및 기술제안서 작성요령

1. 분 량

1) 기술자평가서 및 기술제안서의 분량은 용역의 규모에 따라 아래와 같이 한다.

(가) 추정가격 30억원 미만의 용역 : 20페이지 이내

(나) 추정가격 30억원 이상 50억원 미만의 용역 : 30페이지 이내

(다) 추정가격 50억원 이상의 용역 : 50페이지 이내

2) 표지 이외에 내지, 목차, 요약, 간지[1] 등은 모두 쪽수에 포함한다.

☞ 1) 간지 間紙 ; 접어서 맨 책의 종이가 얇아 힘이 없을 때, 그 접은 각 장의 속에 넣어 받치는 종이

2. 구성 및 편집

1) 기술자평가서 및 기술제안서의 구성은 다음의 순서에 따른다.

(가) 요약 5페이지 이내로 작성한다

(나) 목차

(다) 본문

2) 본문의 구성은 기술자평가서 및 기술제안서 평가항목에 따라 3내지 8개의 장으로 구분하고, 각 평가요소별로 절을 구분한다.

3) 각 평가요소별 분량은 배점한도를 고려하여 적절한 분량으로 작성한다.

4) 번호체계는 다음과 같이 한다.

(가) 장〈평가항목〉 : 제1장 과업내용의 이해도

-글씨 크기 : 18, 글씨 모양 : 견명조 진하게, 정렬 : 가운데, 문단여백 없음

(나) 절〈평가요소〉 : 1.1 과업수행 환경 분석

-글씨 크기 : 14, 글씨 모양 : 신명조 진하게, 정렬 : 양쪽, 문단여백 없음

(다) 세부구성〈작성자 자율구성〉 : 1.1.1 대상사업의 개요

-글씨 크기 : 12, 글씨 모양 : 신명조 진하게, 정렬 : 가운데, 문단여백 없음

(라) 본문내용〈작성자 자율구성〉 : 1)/가)/(1)/(가)

-글씨 크기 : 12, 글씨 모양 : 신명조, 정렬 : 가운데, 문단여백 : 왼쪽 각 단계별로 두 글자씩 여백 증가

5) 문서편집

(가) 편집용지 : A4〈세로〉 210mm × 297mm

(나) 도면, 표 등에 한해 필요한 경우 A3 규격으로 작성할 수 있으며, A3 규격 1페이지는 A4 규격 2페이지로 산정

(다) 줄 간격 : 160%

(라) 글씨 색상 : 흑색

(마) 표 제목 셀 음영 : 회색 25%

(바) 색채의 사용을 금하며 사진, 그림 등은 회색조로 작성

(사) 쪽 번호는 중앙 하단에 『-1-』의 형태로 표기

6) 표지 작성

(가) 평가용 기술제안서의 표지는 서식 제1호를 이용하며 측면 등에 일절 추가 표기를 하여서는 아니됨

(나) 발주자 보관용 기술제안서의 표지는 서식 제2호를 이용하여 작성

7) 제출도서의 목록

(가) 기술자평가서 또는 기술제안서 제출신청서

(나) 기술자평가서 또는 기술제안서

(다) 기술자평가서 또는 기술제안서에 저장된 CD

(라) 청렴서약서〈첨부3〉

(마) 기타 입찰공고서에 제출을 추가로 요구한 사항

3. 인쇄 및 제본

1) 재질

(가) 표지 : 색상〈흰색〉 스노우지〈무광택〉 250g/㎡

(나) 본문 : 백상지 80g/㎡, 양면 인쇄

(다) 간지 : 본문과 같은 재질 사용

-색깔이 있는 간지 사용 불가

2) 인쇄방법 : 공판타자, 컴퓨터 조판 인쇄

3) 제본방법 : 무선좌철

-끈이나 철선을 사용하지 않고 좌단에 철함

4. 기술자평가서 및 제안서평가서 작성시에는 아래의 지침을 참고하여 작성한다.

□ 기술자평가서 및 기술제안서 작성 지침

I. 기술자평가서 및 기술제안서 작성의 기본 원칙

1) 대상 용역의 규모와 특성에 부합하는 경력과 수행 실적을 갖춘 참여기술자의 기술 능력과 업무관리 능력을 본 작성지침에 의거하여 작성

2) 본 지침서에서 규정하고 있는 사항 이외에 당해 용역관련 법규를 준용하여야 함

3) 제출되는 기술자평가서 및 기술제안서는 익명성에 기반하여 작성되는 것을 원칙으로 하며, 작성분량과 작성방법 등을 위반한 경우에는 감점할 수 있음

II. 기술자평가서 및 기술제안서 포함사항

1) 기술자평가서 및 기술제안서의 작성은 건설기술관리법 시행규칙 별표5의 제2호 또는 제3호에 있는 평가항목의 세부사항을 모두 포함하여야 함

2) 설계팀의 경험 및 역량에 포함할 사항
- 참여기술자의 경력〈생략, 수행실적 평가결과 반영〉
- 참여기술자의 유사용역 수행실적〈생략, 수행실적평가결과 반영〉
- 참여기술자의 유사용역 수행실적 세부내용 및 성과
- 참여기술자의 업무중첩도 등

3) 수행계획에 포함할 사항
- 과업의 성격 및 범위에 대한 이해도
- 과업단계별 작업계획 및 체계
- 관련계획, 법령 등 검토 및 설계적용 방안
- 문제점 분석 및 처리 대책
- 하자대책 및 사후평가 방안[기술자평가서 해당 없음]
- 현장조사, 관련 계획조사 및 관련계획 간의 연계의 적정성[기술자평가서 해당 없음]
- 사업효과 극대화 방안 등[기술자평가서 해당 없음]

4) 수행방법에 포함할 사항
- 수행용역에 대한 특정경험 및 당해용역의 적용성
- 특정경험에 따라 제안하는 특정 업무, 공종에 대한 수행방법
- 작업수행기법〈사전조사 및 작업방법 등〉 [기술자평가서 해당없음]
- 각종 영향평가, 친환경건설기법 도입[기술자평가서 해당없음]
- 예상문제점 및 대책[기술자평가서 해당없음]

5) 기술향상에 포함할 사항[기술자평가서 해당없음]
- 신기술·신공법의 도입과 그 활용성의 검토 정도 및 관련 기술자료 등
- 3차원 시뮬레이션, 경관 디자인 설계, 3차원 설계기법 도입 등 설계개선 방안
- 시설물의 생애주기비용을 감안한 설계기법 등

III. 기술자평가서 및 기술제안서 항목별 작성 지침

1) 설계팀의 경력 및 역량에 관한 사항

(가) 참여기술자의 경력〈생략, 수행실적 평가결과 반영〉

(나) 참여기술자의 유사용역 수행실적〈생략, 수행실적 평가결과 반영〉

(다) 참여기술자의 유사용역 수행실적 세부내용 및 성과

- 참여기술자가 수행한 유사용역 수행실적은 책임기술자는 5건〈10년 이내〉, 분야별 책임기술자는 2건〈5년 이내〉을 최근〈공고일〉 기준으로 제시
- 실적에 포함되는 사업은 사업별 세부내용 및 성과를 사업명 별로 구체적으로 기술하여야 하며, 계량화된 숫자가 있는 경우에는 이를 별도로 제시
- 유사용역 수행실적을 제시하는 참여기술자의 범위는 발주청이 입찰 공고시 사전에 요구한 기술자〈책임기술자, 분야별 책임기술자, 특정기술자〉에 한함
- 용역 수행상 주안점을 기준으로 사업별 경험〈세부내용 및 성과 등〉을 작성

(라) 참여기술자의 업무중첩도 등

- 참여기술자는 현재 수행중인 사업과 해당 사업의 주요업무를 모두 기재하여야 하며, 이를 확인할 수 있는 연락처를 포함하여야 함
- 참여기술자가 2개 이상 사업에 중복 참여하는 경우에는 업무 하중이 당해 용역에 영향을 미치지 않는 사유와 업무 하중의 감소 방안을 제시

2) 수행계획에 관한 사항

(가) 과업의 성격 및 범위에 대한 이해도

- 발주청이 교부한 제공도서 등을 검토한 후에 과업의 성격을 명기하고, 참여기술자의 경력과 실적 등의 요구사항과 책임기술자의 경험을 토대로 용역의 범위와 내용을 정의
- 공법의 신규성, 공종의 상호 복합 정도, 친환경 건설, 공사의 난이도 등을 책임기술자의 경험을 토대로 제시

(나) 과업단계별 작업계획 및 체계

- 과업의 성격을 규정함에 따라 수행되어야 할 업무의 범위와 내용을 단계별로 분할한 후, 이의 시행 순서를 명기
- 과업단계별 작업계획은 과업수행일정표를 포함하여야 함
- 단계별 업무수행에 따른 필요 전문가 및 용역 수행팀의 구성에 대한 제안을 포함하여야 함

(다) 관련 계획, 법령 등 검토 및 설계적용 방안

- 당해 용역의 수행에 있어서 발주청이 제시한 관련계획, 법령 등이 용역에 미치는 영향과 용역의 목적 및 성과를 최대화하기 위한 설계 적용방안을 제시

- 발주청이 제시한 계획, 법령 이외에 당해 용역의 성공적 수행과 관련된 계획 및 법령이 있는 경우 이를 제시하고, 이에 대한 설계 적용방안을 별도로 구분하여 제시
- 당해 용역과 관련하여 관련계획, 법령에서 제시하는 인허가 사항에 대한 대응계획도 포함시켜 설계적용 방안을 제시할 수 있음
- 관련계획 조사 및 관련계획 간의 연계시점을 단계별 작업계획 및 체계와 연계하여 명시

(라) 하자대책 및 사후평가 방안[기술자 평가서 해당없음]
- 당해 용역을 수행하는 과정에서 발생가능한 하자에 대해 나열하고, 그 대책을 명시
- 부실설계 방지 및 품질관리를 위한 품질관리의 핵심적 내용을 기술제안서에 포함
- 발주청이 용역 완료 후, 사후평가에 활용할 수 있도록 당해 용역의 사후 평가를 위한 핵심 사항을 제시

(마) 문제점 분석 및 처리대책
- 당해 용역에 대한 기술제안 과정에서 파악된 사업계획, 설계 및 시공과정 등 단계에서 발생가능한 문제점을 적시摘示하고, 이의 처리대책을 기술제안의 형태로 제시
- 제시된 문제점은 공사기간, 공사비 등 핵심적인 사항과 경미한 사안으로 구분하여 제시
- 공사기간 및 공사비 등 핵심적인 문제는 공기단축, 설계VE 등 다양한 대안을 제시하여 성과에 부합할 수 있도록 제안
- 당해 용역의 수행과정에서 발생 가능한 민원을 제시하고, 이의 예방을 위한 민원방지 계획을 제시

(바) 현장조사, 관련 계획조사 및 관련 계획 간의 연계의 적정성[기술자평가서 해당 없음]
- 과업단계별 작업계획 및 체계를 제시하는 과정에서 현장조사, 관련 계획조사 및 관련계획 간의 연계시점을 명시
- 현장조사 및 관련 계획에 관한 조사의 주요 항목 및 내용을 명시

(사) 사업효과 극대화 방안 등[기술자평가서 해당 없음]
- 수행계획에서 제시된 제안을 토대로 발주청이 제시한 사업목표 및 성과를 극대화하기 위한 조건 등을 명시
- 사업효과 극대화를 위한 조건은 발주청 및 제안자가 제시하는 충족 요건을 명시할 것

3) 수행방법에 관한 사항

(가) 작업수행 기법〈사전조사 및 작업방법 등〉[기술자평가서 해당 없음]
- 수행계획에서 제시한 과업단계별로 조사할 항목과 조사를 위한 작업방법을 제시
- 작업방법에는 조사를 위한 장비 및 소프트웨어 등을 명기하고, 조사를 위한 팀 구성 등에 대해 기술

(나) 각종 영향평가, 친환경 건설기법 도입[기술자평가서 해당 없음]

- 교통, 환경, 재해 등 각종 영향 평가와 관련하여 영향평가에 핵심사항을 명시하고, 대책을 제시
- 영향평가와 관련된 사항은 별도의 관련 법령에 의해 발주되므로 이를 고려하여야 함
- 친환경 건설기법의 도입이 필요한 용역의 경우에는 구체적인 대상, 기술 등을 명시하여야 하며, 기법의 도입에 따른 효과를 정량적[1], 정성적[2]으로 구분하여 제시

☞ 1) 정량적定量的 ; 어떤 대상의 양을 헤아려 정하는 것

☞ 2) 정성적定性的 ; 어떤 물질이나 대상의 성분, 특성 등을 밝히는 것. 또는 그런 행위

- 친환경 건설기법의 도입으로 인해 공사기간, 공사비에 영향을 미치는 경우에는 이를 최소화하는 방안 제시
- 친환경 건설기법 중 건설폐자재 활용에 대해서는 건설폐자재의 발생 정도를 예측하여 타당하게 제시하고 설계시 이를 최대한 활용할 수 있는 방안을 제시

(다) 수행용역에 대한 특정경험 및 당해용역의 적용성

- 당해용역에 필요한 업무나 공종 등에 필요한 참여기술자, 전문가 활용방안과 각종 설계기법의 활용방안을 동일용역의 특정경험과 연계하여 제시
- 수행용역에 대한 특정경험은 용역의 성공적인 완수나 공사기간 단축, 신기술·신공법의 적용을 통한 공사비의 절감, 위험요소 경감, 해외설계 수행경험 등과 관련한 것에 한함

(라) 특정경험에 따라 제안하는 특정 업무, 공종에 대한 수행방법[기술자평가서 해당 없음]

- 수행용역에 대한 특정경험에 따라 제안되는 업무나 공종에 대해서는 구체적인 수행체계와 방법을 제시

(마) 예상 문제점 및 대책 등[기술자평가서 해당 없음]

- 수행방법에 대한 검토 과정에서 제시된 것 이외에 추가로 예상되는 문제점을 핵심사항과 경미한 사항으로 구분하여 제시하여야 함
- 도출한 문제점에 대한 대책도 함께 제시하고, 대책에 따른 영향을 분석하여 기술하여야 함

4) 기술향상에 관한 사항[기술자평가서 해당 없음]

(가) 신기술·신공법의 도입과 그 활용성의 검토 정도 및 관련 기술자료 등

- 신기술·신공법의 도입에 관련된 제안에서는 대상 신기술·신공법, 특히 실용신안[3] 등에 대한 목록을 제시하고, 적용대상을 명기
- 신기술·신공법 적용에 따른 활용 규모를 제시하고, 실제 구현을 위한 구체적인 설계적용방법을 기술하여야 하며, 적용에 따른 성과를 정량적으로 제시

☞ 3) 실용신안實用新案 ; 실용상의 편리를 위하여 물품의 형상, 구조 따위에 새로운 기술적 고안을 하는 것. 발명과 의장으로 구별된다.

- 제안한 신기술·신공법 등에 대한 관련 기술자료를 첨부로 별도 제시할 수 있으나, 적용 기술당 1페이지를 넘을 수 없음
- 신기술·신공법 도입에 다른 공사기간 및 공사비 증가 등의 발생 등 위험요인 및 위험관리방안을 제시

(나) 3차원 시뮬레이션, 경관 디자인 설계, 3차원 설계기법 도입 등 설계개선 방안

- 당해 용역의 성공적 수행과 다양한 영향을 파악하기 위해 다양한 기술자료와 관련 장비, 소프트웨어를 활용할 경우에 이를 기술자료 활용사항으로 정리하여 제시
- 보유하고 있는 장비 및 소프트웨어, 기술자료의 목록을 제시하고, 그 성과를 구체적으로 제시하여야 하며, 그 기술자료 등을 활용하지 않을 경우, 어떠한 문제점이 있는지를 구분하여 제시

(다) 시설물의 생애주기비용[4])을 감안한 설계기법 등

- 생애주기비용을 감안한 설계기법을 제안하는 경우에는 기존의 일반적인 기법과 비교하여 소요비용에 대한 경제성 측면을 정량적으로 제시
- 소요비용은 시공비용 뿐만 아니라, 운영 및 유지관리단계의 수선비용, 교체비용 등을 포함하여야 함
- 제안자는 시설물의 생애주기비용 고려 대상 시설물의 부위 및 공종을 명시하고, 구체적인 설계기법을 제시

☞ 4) 생애주기비용Life Cycle Cost ; 대형 시스템의 예정된 유효기간 중의 직접·간접, 재발再發·비재발非再發 및 기타 관련 코스트. LCC로 약칭되어 많이 사용함

- 구체적인 산출자료는 부록에 첨부할 수 있으며, 불필요한 자료는 제외하여야 함

5) 기타 참고사항

(가) 본 용역의 과업내용을 충분히 파악한 후, 용역의 목적을 달성하기 위한 업무수행 계획 및 방법을 구체적으로 기술하여야 한다.

(나) 본 사업을 성공적으로 완수하기 위해 설계용역, 공사목적물 등에 대한 적정한 기술적용방안을 수립하여 제시하고, 보유하고 있는 기술자료의 활용 방안을 제시한다.

(다) 과업내용서 분석에 따른 설계, 시공 및 사후관리 등 각 단계별로 예상되는 문제점 및 대책을 제시하여야 한다.

(2) 조달청의 책임감리분야 기술제안서 작성기준

☑ 감리전문회사 사업수행능력 세부평가기준

☞ 조달청, 기술심사팀-2799호, 2010.3.30

☑ 기술자평가서 및 기술제안서 작성요령

1. 분 량

1) 기술자평가서 및 기술제안서의 분량은 용역의 규모에 따라 아래와 같이 한다.

(가) 추정가격 30억원 미만의 용역 : 20페이지 이내

(나) 추정가격 30억원 이상 50억원 미만의 용역 : 30페이지 이내

(다) 추정가격 50억원 이상의 용역 : 50페이지 이내

2) 표지 이외에 내지, 목차, 요약, 간지 등은 모두 쪽수에 포함한다.

2. 구성 및 편집

1) 기술자평가서 및 기술제안서의 구성은 다음의 순서에 따른다.

(가) 요약 5페이지 이내로 작성한다

(나) 목차

(다) 본문

2) 본문의 구성은 기술자평가서 및 기술제안서 평가항목에 따라 1~3개의 장으로 구분하고, 각 평가요소별로 절을 구분한다.

3) 각 평가요소별 분량은 배점 한도를 고려하여 적절한 분량으로 작성한다.

4) 번호체계는 다음과 같이 한다.

(가) 장〈평가항목〉 : 제1장 과업내용의 이해도

-글씨 크기 : 18, 글씨 모양 : 견명조 진하게, 정렬 : 가운데, 문단여백 없음

(나) 절〈평가요소〉 : 1.1 과업수행 환경 분석의 적정성

-글씨 크기 : 14, 글씨 모양 : 신명조 진하게, 정렬 : 양쪽, 문단여백 없음

(다) 세부구성〈작성자 자율구성〉 : 1.1.1 대상사업의 개요

-글씨 크기 : 12, 글씨 모양 : 신명조 진하게, 정렬 : 가운데, 문단여백 없음

(라) 본문내용〈작성자 자율구성〉 : 1)/가)/(1)/(가)

-글씨 크기 : 12, 글씨 모양 : 신명조, 정렬 : 가운데, 문단여백 : 왼쪽 각 단계별로 두 글자씩 여백 증가

5) 문서편집

(가) 편집용지 : A4〈세로〉 210mm × 297mm

(나) 도면, 표 등에 한해 필요한 경우 A3 규격으로 작성할 수 있으며, A3 규격 1페이지는 A4 규격 2페이지로 산정

(다) 줄 간격 : 160%

(라) 글씨 색상 : 흑색

(마) 표 제목 셀 음영 : 회색 25%

(바) 색채의 사용을 금하며 사진, 그림 등은 회색조로 작성

(사) 쪽 번호는 중앙 하단에 『-1-』의 형태로 표기

6) 표지 작성

(가) 평가용 기술자평가서 및 기술제안서의 표지는 서식 제1호를 이용하며 측면 등에 일절 추가 표기를 하여서는 아니됨

(나) 발주자 보관용 기술자평가서 및 기술제안서의 표지는 서식 제2호를 이용하여 작성

3. 인쇄 및 제본

1) 재질

(가) 표지 : 색상〈흰색〉 스노우지〈무광택〉 250g/㎡

(나) 본문 : 백상지 80g/㎡, 양면 인쇄

(다) 간지 : 본문과 같은 재질 사용

-색깔이 있는 간지 사용 불가

2) 인쇄방법 : 공판타자, 컴퓨터 조판 인쇄

3) 제본방법 : 무선좌철

-끈이나 철선을 사용하지 않고 좌단에 철함

4. 기타 참고사항

1) 본 용역의 과업내용을 충분히 파악한 후, 용역의 목적을 달성하기 위한 업무수행 계획 및 방법을 구체적으로 기술하여야 한다.

2) 본 사업을 성공적으로 완수하기 위해 설계용역, 공사목적물 등에 대한 적정한 기술적용 방안을 수립하여 제시하고, 보유하고 있는 기술자료의 활용방안을 제시한다.

3) 과업내용서 분석에 따른 설계, 시공 및 사후관리 등 각 단계별로 예상되는 문제점 및 대책을 제시하여야 한다.

(3) 조달청의 건설사업관리CM 분야 기술제안서 작성기준

☑ 건설사업관리자 사업수행능력 세부평가기준

☞ 조달청, 기술심사팀-2799호, 2010.3.30

☑ 기술제안서 작성요령

1. 분 량

1) 기술제안서의 분량은 용역의 규모에 따라 아래와 같이 한다.

(가) 추정가격 30억원 미만의 용역 : 30페이지 이내

(나) 추정가격 30억원 이상 50억원 미만의 용역 : 40페이지 이내

(다) 추정가격 50억원 이상의 용역 : 50페이지 이내

2) 표지 이외에 내지, 목차, 요약, 간지 등은 모두 쪽수에 포함한다.

2. 구성 및 편집

1) 기술제안서의 구성은 다음의 순서에 따른다.

(가) 요약 5페이지 이내로 작성한다

(나) 목차

(다) 본문

2) 본문의 구성은 기술제안서 평가항목에 따라 5개의 장으로 구분하고, 각 평가요소 별로 절을 구분한다.

3) 각 평가요소별 분량은 배점 한도를 고려하여 적절한 분량으로 작성한다.

4) 번호체계는 다음과 같이 한다.

(가) 장〈평가항목〉 : 제1장 과업내용의 이해도

- 글씨 크기 : 18, 글씨 모양 : 견명조 진하게, 정렬 : 가운데, 문단여백 없음

(나) 절〈평가요소〉 : 1.1 과업수행 환경 분석

- 글씨 크기 : 14, 글씨 모양 : 신명조 진하게, 정렬 : 양쪽, 문단여백 없음

(다) 세부구성〈작성자 자율구성〉 : 1.1.1 대상사업의 개요

- 글씨 크기 : 12, 글씨 모양 : 신명조 진하게, 정렬 : 가운데, 문단여백 없음

(라) 본문내용〈작성자 자율구성〉 : 1)/가)/(1)/(가)

- 글씨 크기 : 12, 글씨 모양 : 신명조, 정렬 : 가운데, 문단여백 : 왼쪽 각 단계별로 두 글자씩 여백 증가

5) 문서편집

(가) 편집용지 : A4〈세로〉 210mm × 297mm

(나) 도면, 표 등에 한해 필요한 경우 A3 규격으로 작성할 수 있으며, A3 규격 1페이지는 A4 규격 2페이지로 산정

(다) 줄 간격 : 160%

(라) 글씨 색상 : 흑색

(마) 표 제목 셀 음영 : 회색 25%

(바) 색채의 사용을 금하며 사진, 그림 등은 회색조로 작성

(사) 쪽 번호는 중앙 하단에『-1-』의 형태로 표기

6) 표지 작성

(가) 평가용 기술제안서의 표지는 서식 제1호를 이용하며 측면 등에 일절 추가 표기를 하여서는 아니됨

(나) 발주자 보관용 기술제안서의 표지는 서식 제2호를 이용하여 작성

3. 인쇄 및 제본

1) 재질

(가) 표지 : 색상〈흰색〉 스노우지〈무광택〉 250g/㎡

(나) 본문 : 백상지 80g/㎡, 양면 인쇄

(다) 간지 : 본문과 같은 재질 사용

-색깔이 있는 간지 사용 불가

2) 인쇄방법 : 공판타자, 컴퓨터 조판 인쇄

3) 제본방법 : 무선좌철

-끈이나 철선을 사용하지 않고 좌단에 철함

4. 기타 참고사항

1) 본 용역의 과업내용을 충분히 파악한 후, 용역의 목적을 달성하기 위한 업무수행 계획 및 방법을 구체적으로 기술하여야 한다.

2) 본 사업을 성공적으로 완수하기 위해 설계용역, 공사목적물 등에 대한 적정한 기술적용방안을 수립하여 제시하고, 보유하고 있는 기술자료의 활용방안을 제시한다.

3) 과업내용서 분석에 따른 설계, 시공 및 사후관리 등 각 단계별로 예상되는 문제점 및 대책을 제시하여야 한다.

Chapter 3

기술제안서 작성을 위한 글쓰기

1. 글쓰기와 경쟁력

글쓰기는 직장이나 사회에서 반드시 필요한 기본능력 중 하나이다. 글쓰기는 자신을 표현하는 가장 직접적인 수단일 뿐 아니라 의사소통은 물론 사회생활에서 중심을 잡을 수 있는 힘이 될 수 있다.

더욱이 디지털 시대에는 소통의 효과적인 수단이 말보다 글이다. 그러함에 글쓰기 능력은 이제 건설기술인들에게도 경쟁력인 시대가 되었다.

보수 측면에서 보더라도 기술쪽보다는 행정이나 경영쪽이 많고, 외교나 정치 분야는 더욱 높다. 그러나 이들보다도 언론은 더 위에 있다. 의사전달 능력과 사회적 경쟁력이 비례하고 있는 것이다. 그러고 보면 우리나라 기술인들이 푸대접을 받는 것도 이들이 가진 한심한 글쓰기 능력에서 비롯되고 있다고도 할 수 있다.

미국의 경우는 대학교부터가 다르다.

미국의 직장인 중 공대를 졸업한 사람들에게 직장에서 가장 필요로 하는 것이 무엇인지 조사하여 보았더니 결과는 해당분야의 전공이 아니고 보고서 작성과 발표 Writing and Presentation 였다. 즉 의사전달 능력이 경쟁력이라는 사실을 미국 사회는 익히 알고 있었다는 것이다. 참고로 공대 교육은 전통적으로 분석이나 분해 쪽은 강하지만 상대적으로 통합과 표현 분야는 약하기에, 미국의 공과대학은 경영과 의사전달에 관련되는 일부 학과를 공학교육으로 인증하고 있다.

직장인에게 있어서 글쓰기는 기본능력 중 하나이다. 진급을 하면 할수록 글을 쓸 기회는 더 많아진다. 대다수 외국 회사들은 이 점을 잘 알고 있으며 그와 관련된 교육을 게을리 하지 않고 있지만, 국내 기업들은 아직 그렇지 못한 곳이 많다.

사실 글을 특출나게 잘 쓴다는 건 쉽지 않다. 글을 잘 쓰지 못한다고 해서 특별히 회사생활에 문제가 되는 것은 아니다. 그러나 누가 봐도 형편없는 글쓰기 실력이라면 상황이 심각해질 수 있다. 글쓰기 능력이 아주 뛰어날 필요는 없을지 몰라도, 다른 사람에게 지적받을 정도까지는 가지 않아야 한다는 말이다. 업무 능력이 비슷하다고 할 때, 대부분의 회사에서 상사들은 글쓰기 의사소통 능력에 따라 직원을 평가한다. 갓 입사한 사원들이 보고서를 써 왔다고 가정해 보자. 한 보고서는 군더더기 없이 매끈하게 쓰인데 비해 다른 보고서는 앞뒤가 맞지 않고 어법 또한 엉망이라고 해보자. 당신이라면 누굴 밑에 두고 싶어할 것인가.

기술제안서의 평가문제와 관련해서도 마찬가지다. 잘 작성된 보고서는 특별히 눈에 띄지 않을 수도 있지만, 그렇지 않은 경우에는 눈에 거슬린다. 제안서의 내용이 비슷하다면 글쓰기 능력이 돋보이는 것에 더 많은 평점이 주어지는 것은 당연하다.

따라서 기획과 기술제안 업무에 종사하는 건설기술인에게 있어서 글쓰기 능력은 차별적인 경쟁력이 될 수밖에 없는 것이 현실이다.

2. 글쓰기 방법론

글에는 크게 두 종류가 있다. 소설과 같은 문학적인 글이 있는가 하면 보고서 같은 실용문이 있다. 문학적인 글은 재미나 감동을 주기 위한 글이기에 미국에서는 이를 『Impress』를 목적으로 하는 글이라고 한다. 한편 실용문은 효과적인 의사전달을 하기 위하여 쓰는 글이므로 미국에서는 이를 『Express』를 목적으로 하는 글이라고 한다. 미국은 유치원부터 대학까지 철저하게 『Express』에 초점을 맞춘 『글쓰기』 교육을 하며 3C Correct, Clear, Concise - 정확, 명료, 간결를 강조한다.

우리는 반대다. 학교에서 문학적인 『글쓰기』에 치중했다. 따라서 글은 아름다워야 하고 읽는 사람의 마음을 움직일 수 있어야 한다고 생각한다. 이런 문학적인 글은 기-승-전-결로 이루어지므로 결론이 제일 나중에 나온다. 탐정소설이나 추리소설을 보면 마지막 순간까지 결론을 알지 못해 매우 흥미진진하다. 그러나 사회에서 쓰는 글은 달라야 한다.

논리적이어야 한다. 직장에서 다루는 프로그램은 모두 논리적이기 때문이다.

❍ 문제 : 동양은 논리에 취약

동양은 서양에 비해 논리적인 사고에 취약하다. 동양은 관계를 중시하고 서양은 그보다 범주範疇를 우선시하기 때문에 동양은 서양에 비해 논리에 취약하다. 니스벳[1]의 『생각의 지도』란 책이 이것에 대해 알기 쉽게 설명하고 있다.

☞ 1) 리처드 니스벳 Richard E. Nisbett, 미국 ; 심리학자. 미시건주립대학교 석좌교수. 주요 저서로는 『생각의 지도』, 『인텔리전스』 등이 있다.

▢『생각의 지도』 – 니스벳 지음, 김영사 –

> 니스벳은 『소, 닭, 풀밭』 가운데 2개 짝짓기를 동서양 학생을 상대로 실험하였다. 동양 학생은 『소-풀밭』인데 비하여 서양 학생은 『소-닭』이었다. 동양은 관계를 중시하여 소가 풀을 『먹는』 동사에 중점을 두었고, 서양은 범주를 중시하여 상위 개념인 『동물』이라는 명사에 중점을 두었다. 예외는 있는 법. 한국 학생중 『소-닭』을 짝지은 경우도 많았는데 이는 속담 『소가 닭 보듯 한다』를 연상하였다고 한다.
>
> 이 책에 따르면 동양인은 사물을 분류할 때 그들 사이의 관계에 초점을 맞추지만, 서양인은 사물들의 기본 속성을 추론하여 이들을 범주로 묶어 분류한다. 이런 차이는 아동들의 언어 습득 과정에도 그대로 나타나, 동양은 사물의 관계를 표현하는 동사를 먼저 습득하지만 서양은 사물의 공통 특성인 명사를 먼저 습득한다. '차 더 마실래?'가 동양은 'drink more?' 이지만, 서양은 'more tea?'이다.
>
> 그 결과, 동양인은 관계에 기초한 통합적인 사고에 능하고, 서양인은 범주화에 기초한 논리적인 사고에 뛰어나다.
>
> 동양정신을 대변하는 공자는 관계를 기초로 하는 조화를 강조하였지만, 서양정신을 대변하는 아리스토텔레스는 범주를 기초로 하는 삼단논법의 기틀을 만들었다. 그런 연유로 서양이 사사건건 논리적으로 따지다 보니 미국의 변호사가 일본의 44배나 된다.

❍ 해 법

글의 구조와 논리에 대한 기본 원리를 이해하는 것은 대단히 중요하다. 글을 간단히 정의한다면 『무엇을』, 『어떻게』 적느냐 하는 것이다. 학교에서는 『무엇을』 적는가에 중점을 두기 때문에 독창적이고 재미있는 소재를 찾아 『글짓기』를 하지만, 직장에서는 업무 자체가 '무엇'에 해당하므로 『어떻게』 쓰는가 하는 것이 중요하다. 『어떻게』는 곧 구조와 논리의 문제이다.

논리에 강한 서양인들이 글을 논리적으로 쓰기 위하여 접근하는 방법이 있다. 대표적인 것이 바바라 민토의 『논리적인 글쓰기와 논리적으로 생각하기』이고, 다른 하나는 컨설팅 회사에서 주로 사용하는 맥킨지의 『Logical Thinking』이다.

❍ 바바라 민토 Barbara Minto의 「논리적인 글쓰기, 논리적으로 생각하기」

논리는 읽는 사람이 쉽게 이해하도록 글의 순서를 정하는 것이다. 이런 순서는 주제와 전체적인 흐름을 확실히 드러낸 후 세부사항을 배치함으로써 이루어진다. 이를 그림으로 표시하면 글의 구조가 피라미드화 된다.

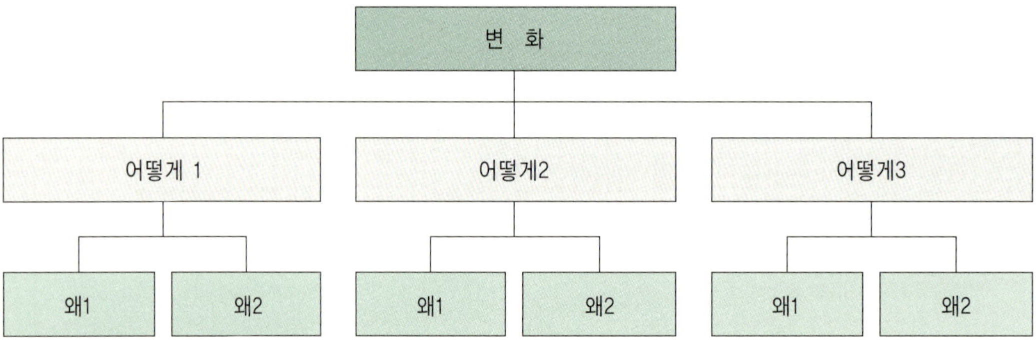

[참고] 왜가 먼저 나오고 어떻게가 뒤에 나올 수도 있다.

왜 피라미드인가? 사람이 한 번에 기억할 수 있는 항목이 7개이다.

8개 이상이 되면 우리의 뇌는 같은 것끼리 묶어 그룹을 만들고, 그룹과 그룹을 연결시키는 연상고리를 만든다. 연상은 큰 것부터 가지를 쳐서 내려가게 된다.

연상고리에는 수직과 수평이 있다. 수직 관계는 질문과 답의 관계이다. 질문은 『How』와 『Why』 즉, 『어떻게』와 『왜』이다. 답의 근거로는 방법이나 이유를 설명한다. 수평 관계에서는 방법이나 이유가 납득이 되도록 귀납적으로 증명하거나, 연역적으로 삼단논법적인 증명을 하여야 한다.

귀납歸納은 여러 개념을 추리하여 하나의 일반화된 개념을 찾아내거나 여러 개념의 공통점을 대변하는 하나의 상위개념을 찾아내는 것이다. 연역演繹은 삼단논법으로, 알고 있는 지식에서 새로운 지식을 이끌어낸다.

논리가 완벽해도 이를 뒷받침하는 근거, 즉 방법이나 이유를 구체적으로 증명하지 않으면 설득력이 없다. 구체적인 증명은 문제를 철저히 분석해야 나오는데, 문제분석에는 논리나무 Logic Tree를 활용한다.

❍ 맥킨지Mckinsey의 「Logical Thinking」

컨설팅은 고객의 문제에 해답을 제시하는 것이고 해답은 결론이 된다. 결론은 논리의 귀결이다. 종종 자신이 원하는 결론을 내놓는데 그것은 잘못된 방법이다.

설득력을 갖기 위해서는 결론을 뒷받침하는 충분한 근거가 있어야 하고, 이 근거를 증명해야 한다. 이를 위해 수직적 논리전개와 수평적 논리전개가 필요하다. 수직적 전개에서는 논리에 비약이 있으면 안 된다. 논리의 비약을 막는 방법은『Why So/So What』이라는 질문이 나오지 않게 하면 된다. 우리말로 하면『왜 그런데/어떻게 그렇다는 건데』식의 질문이 나오지 않게 하라는 것이다. 논리적인 근거가 충분하지 않으면 상위요소에서『그래서 어떻다는 거냐』라는 말을 듣게 된다.

수평적 논리전개시에는 논리에 명백한 중복, 누락 및 착오가 없어야 한다. 이를 효과적으로 막는 방법은 MECEMutually Exclusive and Collectively Exhaustive이다. 우리말로 하면,『상호 중복없이, 그럼에도 전체 누락없이』가 된다. 중복과 누락을 완벽하게 없애는 방법은 대상을 확실하게『남과 여』로 구분하거나 또는『지역별』로 분류하는 것이다. 그러나 이러한 방법은 큰 의미가 없으므로 효과적인 MECE법을 동원한다. 즉

◇ 비용 : 효과 -> 손실 : 이득

◇ 강점 : 약점 -> 기회 : 위협, 내부역량 : 외부환경

◇ 단기 : 중기 : 장기 -> 과거 : 현재 : 미래

◇ 마케팅의 4P -> Product, Price, Place, Promotion

◇ 경쟁력 분석의 SWOT -> Strength, Weakness, Opportunity, Threat

수평논리는 MECE가 주류를 이룬다. MECE는 각각의 요소가 서로 동격인 병렬형, 즉 귀납적인 방법인데 이와는 다른 해설형도 있다. 해설형은 삼단논법으로『사실』-『판단기준』-『판정』이다.

논리가 수직이든 수평이든 그것을 뒷받침하는 근거는 모호하지 않아야 한다. 근거가 가정에 기반을 둔다면 그 진실성이 의심받는다. 또 추진방법이 구체적이 아닌 경우에도 설득력을 잃는다. 예컨대 "우리의 강점을 강화하고 약점을 보강하는 차별화를 통해 경쟁력을 획기적으로 강화한다"라는 식의 추진방법은 하나마나한 소리이다.

수직적인 논리전개와 수평적인 논리전개에서 바바라와 맥킨지의 접근방법에 약간의 차이가 있다. 그러나 이것은 본질적으로 같은 내용인데 표현의 차이가 있을 뿐이다. 이 둘을 합쳐 표준화시켜 보면 다음과 같다. 글의 논리를 표준화하는 것은 무리가 있지만 최대한 정형화시켜 이해를 쉽게 한 것이다.

❍ 설득력 있는 논리

- ✓ 결론에 이르는 과정에 납득할 만한 근거가 있어야 하고 이 근거를 증명해야 한다.
- ✓ 수직적으로는 『어떻게』와 『왜』에 대해 구체적 자료/의견이나 사실/사례를 제시하는 것이다.
- ✓ 수평적으로는 귀납적인 MECE를 활용하여 『중복과 누락』을 없앤다.
- ✓ 때로는 삼단논법인 『사실-기준-판정』을 적용한다.
- ✓ 제시되는 근거와 증명은 구체적이어야 한다.

이를 조직도로 표시하면 다음과 같다.

- 대표적인 것만 추려 보았다.

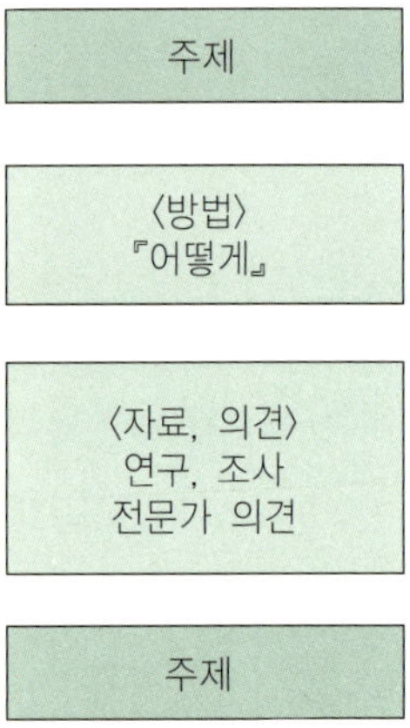

『어떻게』 형식

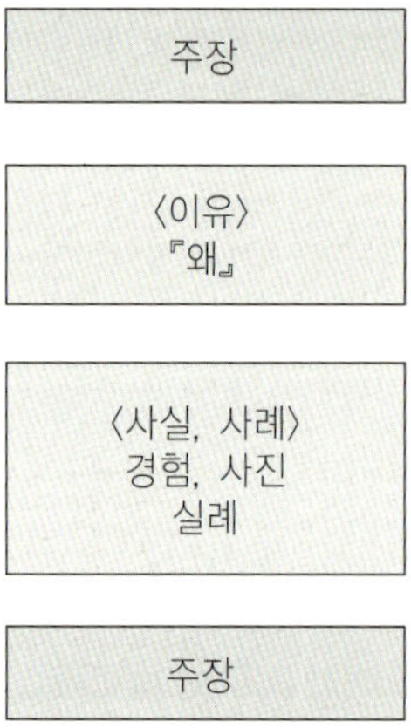

『왜』 형식

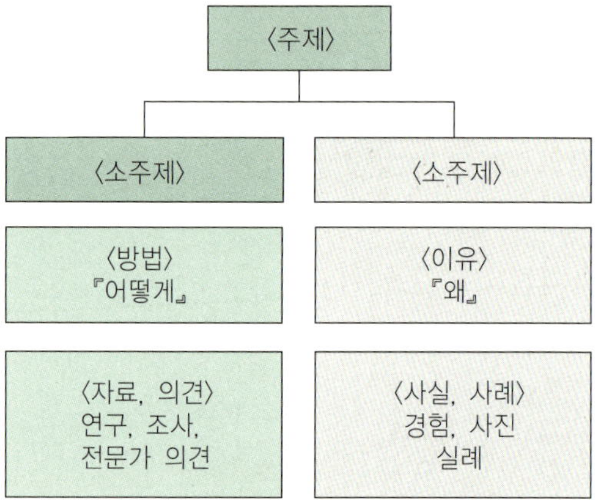

『어떻게-왜』 병렬 형식

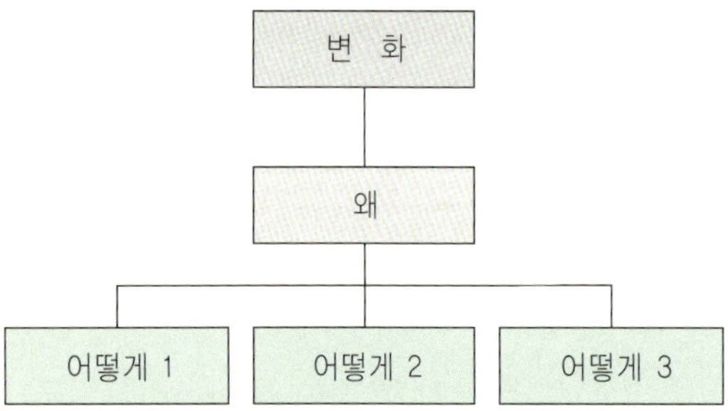

『왜-어떻게』 수직 형식

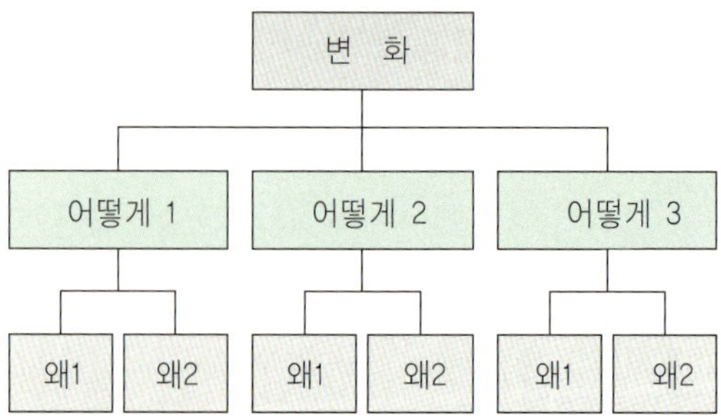

『어떻게-왜』 수직 형식

❍ 바바라와 맥킨지의 논리통합

☑ 수직논리

맥킨지의 수직논리는 'Why So'와 'So What'이다. 'Why So'와 'So What'은 동일한 내용을 하위에서 보는 관점과 상위에서 보는 관점에서 표현하였기 때문에 결국은 『Why』라고 할 수 있다. 한편 바바라에 비하면 외형적으로 볼 때 『How』가 빠져 있다.

그러나 이 두 개념을 자세히 들여다보면 본질적으로는 내용이 같고, 표현의 다양성에서 차이가 있음을 알 수 있다. 바바라는 설득의 근거를 『How』에 대한 『방법』과 『Why』에 대한 이유를 들었다. 한편, 맥킨지는 설득의 근거를 『이유』로 하고 이 근거에 행동이 따르면 이를 뒷받침할 구체적인 『How방법』을 제시하도록 하였다.

☑ 수평논리

바바라의 수평논리는 귀납적으로 이끌어 내던지, 아니면 연역적삼단논법으로 전개하도록 하고 있다. 한편 맥킨지는 병렬형인 MECE가 대종大宗을 이루나 해설형인 『사실』-『판단기준』-『판정』도 쓰인다. 바바라의 귀납법이 맥킨지의 MECE이고, 바바라의 연역법삼단논법은 맥킨지의 해설법이다.

3. 효과적인 글쓰기 기법

이러한 바바라와 맥킨지의 논리적 글쓰기에 쉽게 접근하는 방법이 있다. 직장에서 의사전달을『정확하고, 쉽고, 간편하게』할 수 있도록 하나로 통일된 글의 구조와 논리적 기법이 있다. 1982년 스파크스J. E. Sparks 박사가 고안한 The Power Writing힘글쓰기 기법이다.

The Power Writing힘글쓰기은 문장에 숫자를 부여하는 것으로 시작한다. 숫자는 추상적인 개념에서 구체적인 개념으로 구체성을 심화해 나가는 것을 뜻한다. 숫자가 클수록 상세한 문장이 된다. 숫자가 올라갈수록 설득하는 힘Power이 커진다.

◇ Power 1 : Main Idea or Focus -> 힘1 : 주제/주장

◇ Power 2 : Major Detail, Supporting -> 힘2 : 근거-방법/이유

◇ Power 3 : Minor Detail, Elaboration -> 힘3 : 증명-자료/의견/사실/사례

◇ Power 4 : Main Idea or Focus -> 힘4 : 주제/주장

The Power Writing힘글쓰기은 간단하다. 글의 구조를『주제나 주장-근거설명/이유-증명자료/의견/사실/사례-주장』으로 배열하는 것이다. 먼저 주제나 주장을 제시하고, 다음은 이를 뒷받침하는 근거로 설명을 하거나 이유를 댄다. 그 다음은 이를 더욱 구체화하여 증명을 하는데 연구 자료나 전문가 의견을 제시하기도 하고, 물적 증거사실를 대거나 예를 든다. 마지막에 다시 주제나 주장을 강조하는 것이다. 이에 1-2-3-4의 숫자를 부여한다. 여기에 숫자 0을 보탠다. 0은 글에서는 나타나지 않지만 글을 읽는 사람이 누군지, 이 글을 어떤 논리로 전개할 것인지를 결정하는 준비과정이다.

The Power Writing힘글쓰기은 그 효과 또한 강력하다. 설득력을 높이도록 정보를 배열하기 때문이다. 따라서 직장에서는 반드시 The Power Writing힘글쓰기을 알아야 살아남을 수 있다. 재판장에서 변호사가 쓰는 문장이 바로 The Power Writing힘글쓰기이다. 이것은 자신의 신체에 구속을 가할 수 있는 재판에서 살아남는 방법이기도 하다. 그래서 The Survival Writing생존의 글쓰기이라고도 부른다.

재미와 감동을 표현Impress하는 문학적인 글쓰기 외에 효과적인 의사전달Express을 목표로 하는 글쓰기에는 모두 이 기법을 적용해야 강력한 힘을 갖게 된다.

✓ 직장에서의 기획서, 제안서, 보고서, 설명서

✓ 신문, 잡지의 기고문, 수필

✓ 논술 및 에세이

✓ 발표와 면접

4. 글쓰기의 단계별 Power Writing 요령

단어Word가 모여 문장Sentence이 되고 문장이 모여 문단Paragraph이 된다. 단어는 낱말의 뜻Meaning이며 문장은 생각의 표현Idea이고 문단은 주제Topic를 말한다.

글쓰기는 단어-문장-문단의 과정을 밟아 교정Proof Reading하고 편집Editing하는 단계를 거쳐 완성된다.

(1) 단어-문장-문단까지의 Power Writing 요령

단 계	요 령
단어Word	◦ One Word, One Meaning -한 단어는 하나의 개념만을 가진다. -문맥에 맞는 적확的確한 단어는 오직 하나다.
문장Sentence	◦ One Sentence, One Idea -한 문장에는 한 의미만을 담는다. -짧은 문장을 쓴다. -16단어, 최악의 경우 20단어를 넘지 않는다. -한 문장은 한 번의 숨으로 읽을 수 있는 분량이다. -문장의 마지막에 마침표를 찍는다. -한 문장에 하나의 마침표만을 찍는다.
문단Paragraph	◦ One Paragraph, One Topic -한 문단에는 하나의 소주제만을 다룬다. -문단은 소주제문과 뒷받침문장으로 이루어진다. -힘1인 주제가 소주제문이 된다. -힘2인 근거가 뒷받침 설명을 한다. -힘3인 증명이 근거를 더욱 구체화한다. -힘4인 주제가 힘1을 다시 강조한다. -문단은 형식적으로 구분한다. -시작은 줄갈이를 하고 들여쓰기Indention를 한다. -문단 안에서 문장은 줄을 바꾸지 않는다. -소주제문은 문단의 간판이다. -간단명료하게 작성한다.

(2) 문단을 구분짓는 접속어나 부사어의 사용

◇ 힘 2_『근거』를 설명하기 위해 방법이나 이유를 제시

- 첫째first, 둘째second, 셋째third, 마지막으로lastly, finally
- 우선 먼저to begin with, 특히above all, 다음then, next
- 하나one, 또 하나another, 다른the other, others
- 역시also, likewise, 추가로in addition, 그 외에moreover
- 반면에besides, 그러나however, nevertheless

◇ 힘 3_『증명』을 위해 자료를 제시하거나 예를 들기 위해

- 즉namely, ~처럼like, 다른말로in other words
- 구체적으로to be specific, 분명히 되며this can be clarified by
- 상술되며this can be explained by
- 예를 들면for example, for instance, 사실actually, as a matter of fact
- 이렇기 때문에because of this, 그러나however, nevertheless

◇ 힘 4_『마무리』하기 위해

- 결론적으로in conclusion, 요약하면in summary
- 이런 이유로these are the reason, this is why

이러한 접속어나 부사어를 외우려 들지 말자. 단어를 단순히 외어서 자신의 지식으로 삼는 방법은 원시적이다. 하나하나의 단어는 하위의 『개념Meaning』이기 때문이다. 이 단어들을 한데 묶어 상위의 의미즉, 문장차원의 Idea로, 또 문장들을 묶어 상위의 소주제즉, 문단 차원의 Topic로 정리해 두면 그냥 넘어가도 된다. 문단 차원으로 정리하면 다음과 같다.

접속어는 신호 역할을 한다. 읽는 사람이 문단 첫머리에서 접속어만 보아도 그 문단의 성격이나 내용을 파악할 수 있다. 이렇게 중요한 신호를 문단 안에서는 함부로 쓰지 않는다.

문단 차원으로 정리하다 보면 접속어를 언제 사용해야 하는지 『지혜』가 생긴다. 이런 접속어를 뒷받침 문장에는 쓰지 않는 것이 좋다는 깨달음을 얻게 되는 것이다. 뒷받침 문장은 하나의 소주제를 뒷받침하기 때문에 같은 성격으로 이루어진 한 덩이의 문장이다. 같은 성격의 문장에 접속어를 넣으면 일관된 방향에서 자꾸 신호를 넣는 꼴이 되는 것이다. 기껏해야 『그래서』, 『그러니까』 정도밖에 없다.

거꾸로 뒷받침 문장에서 신호를 자주 바꾸는 것도 자제해야 한다.

『그러나』, 『반면에』와 같은 신호를 자주 넣으면 읽는 사람을 헷갈리게 하려고 작정하는 것과 같다. 글을 쓸 때 접속어는 가급적 쓰지 말라는 원칙이 있다. 이 원칙은 문단의 앞에는 신호를 넣고 문단 안에는 넣지 않는 것으로 해석하면 된다.

(3) 글의 교정 Proof Reading

☑ 바른 글로 교정

① 단어는 맞춤법에 맞는가?
② 문장부호 마침표, 쉼표 등가 정확한가?
③ 단어는 적확的確히 사용되었는가?
④ 주어가 있는가?
⑤ 주어와 서술어가 호응을 하는가?
⑥ 수식어의 위치가 피수식어와 멀지 않는가?
⑦ 한 문장 One Sentence에는 하나의 의미 One Idea만을 담고 있는가?
⑧ 한 문장에는 하나의 구두점만 있는가?
⑨ 한 문장이 20단어 이하인가?
⑩ 한 문단 One Paragraph은 하나의 소주제 One Topic만을 담고 있는가?
⑪ 문단은 줄바꾸기로 시작하였는가?
⑫ 문단의 시작은 들여쓰기를 하고 있는가?
⑬ 소주제문의 위치가 문단 앞에 나온 두괄식인가?
⑭ 접속어가 문단 첫머리 소주제문에 있는가?
⑮ 접속어가 뒷받침문장에서 자주 나타나지 않는가?

(4) 편집 Editing

☑ 글의 구조와 논리를 확인

① 주제가 일관되게 통일성을 유지하고 있는가?
② 읽을 상대를 충분히 고려하고 있는가?
③ 제목이 핵심내용을 담고 있는가?
④ 배경설명이 너무 기초적이거나 어렵지 않는가?
⑤ 시각자료를 최대한 활용하고 있는가?
⑥ 중요한 정보부터 제시하고 있는가?
⑦ 수직논리에 비약이 없는가?
⑧ 수평논리가 균형을 이루고 있는가?
⑨ 글을 읽다가 되돌아 와서 읽어야 하는 구절은 없는가?
⑩ 정확한가?
⑪ 간결한가?
⑫ 중복된 표현은 없는가?

(5) 효과적인 글쓰기 요령 종합

☑ 전체적으로 내용이 명확하고 논리적인 흐름이 유연하게 작성하라

① 글쓰기 전 사전계획으로 전체적인 글의 구도를 설정하라Page Design.

② 논리의 비약은 금물이다.

③ 일관성을 유지하라.

④ 한 문단에는 하나의 중심된 생각만을 넣어라.

⑤ 문단은 소주제문과 뒷받침 문장으로 구성된다. 소주제문은 필자의 의견을 반영하여 독자의 흥미를 유발하라.

⑥ 서론에는 배경과 문제점을 분명히 설명하라.

⑦ 신문기사처럼 제목과 부제만으로 내용이 파악될 수 있도록 작성하라. 육하원칙이 포함된 첫 문단만으로 핵심내용이 파악되도록 한다.

⑧ 결론을 향하여 곧바로 글을 전개한다.

⑨ 결론을 본론 요약과 혼동해서는 안된다. 결론은 유언장과 같은 형식해결 방안 제시으로 작성하라.

☑ 철저하게 읽는 사람 위주로 작성하라

① 주어가 생략되면 안된다.

② 읽는 사람의 수준에 맞추어 작성하라. 신문기사의 경우 독자의 수준을 대학 1, 2학년으로 간주한다.

③ 읽는 사람에게 이익과 흥미가 있는 정보를 포함시켜 작성하라. 필자의 수고와 박식함은 과감히 생략하라.

④ 겸손은 언제나 미덕이다.

☑ 간결하게 작성하라Simple Is Best

① 형용사와 부사의 사용을 자제하고, 절도 있고 절제된 문장을 작성하라.

② 내용이나 술어의 중복을 피하라.

③ 진부하거나 과장된 표현을 삼가라.

④ 표현에 맞는 어휘단어는 하나다.

⑤ 주요 내용이 한눈에 파악되어야 한다.

⑥ 보기에 산뜻하여야 한다.

⑦ 수식어의 위치를 피수식어에 접근시켜라.

☑ 교정은 필자가 6~7회, 전문가에 의해 2회 이상 받아야 한다

5. 글쓰기 사례 좋은글, 나쁜글

(1) 좋은글

이시형[1] 박사는 글쓰기 능력이 탁월하다. 그가 쓴 수필 하나를 소개한다.

이 예문은 『문장표현의 공식』장하늘, 문장연구사 35쪽에서 발췌하였다.

□ 부지런한 주부는 낮잠을 잔다.

주부는 노는 시간과 일하는 시간이 분명하지 않다. 일을 할 때도 얼른 보면 힘든 일도 아니어서 그저 빈둥거리는 것 같기만 하다. 원래 가사일이란 땀을 뻘뻘 흘리거나 사무실에서처럼 정신없이 해야 할 일도 아니다.

어떻게 보면 노는 것 같다. 해야 빛도 안 나고 끝도 없다. 보수도 없거니와 칭찬도 없다. 핀잔이나 안 들으면 다행이다. 하는 일 자체가 화끈하지도 않거니와 일정한 스케줄에 의해 하는 일이 아니어서 인정받기가 힘들다.

쉬려면 쉴 수도 있지만 어떤 의미에서 주부의 하루는 24시간 비상이다. 남편이야 귀가하면 "종일 일을 했습네" 하고 신문이나 뒤적이다 자면 그 뿐이다. 하지만 주부는 집 안의 모든 뒷바라지를 다하고 나서야 잠자리에 들 수 있다.

------------------------------ <중략> ------------------------------

☞ 1) 이시형李時炯, 1934~ , 대구광역시 생 ; 경북대 의대를 졸업하고 미국 예일대학교대학원에서 신경정신과학 박사 학위를 취득하였다. 강북삼성병원 원장, 서울대 의대 외래교수 등을 역임했고, 현재는 세로토닌문화원 이사장을 맡고 있다.

이 예문은 수필의 원문에서 예시 목적상 필요한 3문단만 발췌하였다. 알아보기 쉽게 소주제문을 녹색으로 표시하였다. 이 문단은 소주제(2)가 앞에 나오고 뒤이어 힘3인 뒷받침 문장이 따라 나온다. 문단 3개가 똑같은 형식이다. 따라서 이 3개의 문단은 같은 성격을 수평적으로 전개하는 형식이다. 이제까지 배운 것을 확인하는 의미에서 다음의 질문에 답해 보라. 하나의 질문에 답하고 그 다음 단계의 질문으로 넘어가기 바란다.

Q_{A1} | 속독이 되는가? 핵심문장 3개를 찾아라.

속독이 된다. 제목과 소주제문, 4개만 읽으면 된다. 주제〈제목〉를 뒷받침하는 소주제가 나란히 문단 제일 앞에 한 문장〈소주제문〉으로 나와 있다.

Q_{A2} | 두괄식인가? 미괄식인가? 양괄식인가?

두괄식이다.

Q_{A3} | 힘글 형식 2-( )-( )-2-( )-( )-( )-( )-2-( )-( ) 이다.

2-3-3-2-3-3-3-3-2-3-3

Q_{A4} | 주제〈제목〉 2-2-2의 형식이고 논리가 (   )법이다.

〈귀납〉법, 수평적인 여러 사례〈2-2-2〉를 통해 주제에 도달하기 때문이다.

Q_{A5} | 이 글을 왜 잘 썼다고 생각하는가?

힘글쓰기 원칙에 잘 들어맞기 때문이다. 저자는 글쓰기의 대가이기 때문에 힘글쓰기의 원리를 이미 몸에 익혔다. 특히 문장의 길이도 무척 짧는 단문을 쓰고 있다. 한 문장의 글자 수가 평균 25자를 넘지 않는다. 그러니 뜻이 분명하고 전달력도 강력하다. 이런 글은 신문에서도 좀체 보기 힘든 명문이다.

한 문장은 20~40자가 적당하다. 영어 단어수로는 16단어이고 최악의 경우에도 20단어를 넘겨서는 안 된다. 한글의 경우 30~50자 내외이고, 문장의 길이로는 한 줄 반 정도이다. 한 번의 숨으로 읽을 수 있는 분량이다. 하나의 문장을 읽기 위해 숨을 크게 들이마시지 않는다. 우리나라의 글은 신문기사가 평균 64자로 심각한 장문병을 앓고 있다고 『글고치기 교본』장하늘, 문장연구사 28쪽은 지적하고 있다. 한 유명 컬럼리스트는 좋은 글이 되기 위한 조건으로 한 문장이 평균 22자 내외의 단문을 강조한다.

이시형 씨의 글은 비록 수필이지만 『효과적인 의사전달』의 원칙에 잘 맞는 것이 특징이다. 『정확하고, 쉽고, 간결』하다. 덕분에 이 글은 박력이 있다. 거기다 재미까지 있다.

(2) 나쁜글

이번엔 반대로 좋지 않은 글을 보기로 한다. 고등학교 국어 교과서에 나오는 한 문단의 글을 예로 삼았다. 고칠 것이 의외로 많은 글이다. 힘문단Powergraph의 원칙에 맞추어 이 글을 분석해 보자.

이 부분도 『문장표현의 공식』장하늘, 문장연구사이 지적한 것이다.

□ 대화로서의 글쓰기 (A)

글을 쓸 때에는 독자와 대화를 하는 마음가짐으로 써야 하며, 그러기 위해서는 독자로 하여금 의문을 제기하고 그 답을 찾으면서 글을 읽을 수 있도록 하는 것이 효과적이라고 공부하였다. 그러므로 글을 쓸 때에 "○○은 무엇인가", "△△에 대하여 생각해 보자", "○○이 □□라면 어떻게 될까?" 등과 같이 의문형의 화제문을 문단의 앞에 제시하고, 그에 답하는 방식으로 써 나가는 것이 좋다. 이 방법으로 "독서의 필요성"을 설명하는 한 문단의 글을 쓰되, 다음을 먼저 생각해 보자.

(1) 어떤 독자를 대상으로 할 것인가?

(2) 글을 쓴 목적을 어디에 둘 것인가?

(3) 필자의 의도는 어떻게 설정할 것인가?

–『고교 국어〈상〉』 25쪽 –

Q_{A1} | 이 문단의 소주제문을 찾아보자.

가장 앞에 나온 문장이다.

Q_{A2} | 소주제문이 한 문장의 길이로 적당한가? 한 번의 숨으로 읽을 수 있는가?

문장이 길다. 76자가 한 문장이다. 30~50자가 적당하다. 한 번의 숨으로 읽기 힘들다.

Q_{A3} | 문장이 줄갈이를 하면 문단의 시작이라고 하였는데, 그러면 이 글은 4문단인가?

문장이 줄갈이를 하면 일단 형식적으로 1문단이다. 형식적으로 몇 개의 문단으로 나뉘더라도 의미상으로 하나의 소주제를 다루면 의미상의 1문단이다.

Q_{A4} | 이 글은 소주제가 하나인가? 그 이상인가?

소주제가 둘이다. 하나는 "글을 의문문으로 시작하자" 이다. 다른 하나는 "이렇게 하기 위해 먼저 해야 할 일이 있다" 이다.

Q_{A5} | 소주제들을 정확히 규명해 보고 소주제문을 만들어 보자.

글을 쓸 때에는 의문형의 화제문을 문단의 앞에 제시하고, 그에 답하는 방식으로 써 나가는 것이 좋다. 의문형으로 글을 쓰기 위해서는 먼저 할 일이 있다.

Q_{A6} | 이 힘문단Powergraph은 힘1-주장, 힘2-근거〈이유〉, 힘3-증명( ), 힘4-주장의 원리이다. 즉 주-이-( )-주이다. 처칠이 애용했다는 PREP법이다.

힘3-증명〈사실/사례, 예〉

Q_{A7} | 소주제문을 힘 1로 하는 문단으로 이 글을 다시 써보자. 1-2-3-4, 1-2-3의 형식을 갖추어 보자.

첫 번째 문단은 1-2-3-4, PERP법이다. 두 번째는 1-2-3으로 소주제-설명-사례이다. 이렇게 글의 구조를 힘문단의 구조에 맞추면 아래에서 보듯이 강력한 힘을 발휘하는 문단을 간단하게 만들 수 있다.

□ 대화로서의 글쓰기 (B)

글을 쓸 때에는 의문형의 화제문을 문단의 앞에 제시하고, 그에 답하는 방식으로 써 나가는 것이 좋다. 왜냐하면 앞에서 배웠듯이 독자로 하여금 의문을 제기하고 그 답을 찾으면서 글을 읽을 수 있도록 하는 것이 효과적이기 때문이다. 따라서 문단의 시작을 "○○은 무엇인가", "△△에 대하여 생각해 보자", "○○이 □□라면 어떻게 될까?" 등과 같이 하는 것이다. 이 방법으로 "독서의 필요성" 을 설명하는 한 문단의 글을 써 보자.

의문형으로 글을 쓰기 위해서는 먼저 할 일이 있다. 독자와 대화하는 것이다. 예를 들면 이런 것들이다.

(1) 어떤 독자를 대상으로 할 것인가?

(2) 글을 쓴 목적을 어디에 둘 것인가?

(3) 필자의 의도는 어떻게 설정할 것인가?

(3) 글쓰기 과정을 설명한 좋은글

글쓰기Writing 과정은 P·O·W·E·R 즉, 글쓰기 준비Pre-Writing-구조Organization-쓰기Writing-고치기Editing-다시쓰기Re-Writing라는 과정을 거치는 작업이다.

다음은 서울교육대학교 원진숙 교수의 글이다. 글쓰기 과정을 아주 알기 쉽게 설명한 글이다.

□ 과정중심 글쓰기-미숙한 필자와 원숙한 필자

1) 미숙한 필자의 글쓰기 과정

대개 글쓰기를 싫어하는 미숙한 필자들은 계획 단계에 시간을 거의 들이지 않는다는 공통점이 있다. 글쓰기 자료를 수집한다거나 글의 내용을 구상하여 개요를 작성하기보다는 막연하게 좋은 생각이 떠오르기만을 기다리면서 더 이상 글쓰기를 미룰 수 없는 시점까지 글쓰기를 위한 구체적인 노력을 하지 않는다.

일단 글을 쓰기 시작할 때도 글의 수사적 맥락을 전혀 고려하지 않는다. 이 글을 읽게 될 사람은 누구인지, 독자는 이 글에서 어떤 내용을 기대할 것인지, 이 글을 쓰는 목적과 의도는 무엇인지, 내가 이 글에서 정말 하고 싶은 말이 무엇인지 하는 수사적 문제를 고려하기보다는 막연한 생각의 단편만을 자기중심적으로 쏟아낼 뿐이다.

일단 글쓰기를 시작해야 하는 단계가 되면 첫 문장을 시작할 때 상당한 어려움을 겪는다.

시행착오 전략에 따라 첫 문장에 많은 시간을 소비하는가 하면, 단번에 완벽한 초고를 써야 한다는 강박증으로 어려움을 겪기도 한다. 또 자료수집이나 수집된 자료를 바탕으로 한 메모 없이 글을 써야 하기 때문에 순간 순간 떠오르는 생각에만 의존해서 글을 쓸 수밖에 없다.

미숙한 필자들은 대개 글쓰기를 일련의 과정과 절차에 따라 수행하기보다는 글을 쓰는 데에 거의 시간을 들이지 않으면서 앉은 자리에서 떠오르는 생각을 중심으로 글을 완성해 버린다. 항상 시간에 쫓겨서 글쓰기를 시작하기 때문에 글을 꼼꼼히 고쳐 쓰는 경우가 거의 없으며 대개 초고가 그대로 제출본이 된다.

2) 능숙한 필자의 글쓰기 과정

글쓰기를 즐겨하는 능숙한 필자들은 '영감에 의존한다거나 처음부터 완벽한 초고를 쓰려고 하기'보다는 글쓰기 과정 자체를 일련의 목표지향적 활동으로 파악한다. 따라서 작업의 구상단계부터 자기 나름대로 목표의식을 가지고 글의 핵심적 주제를 설정하고 이를 중심으로 사고의 흐름을 전개해 나간다.

이들은 이렇게 일단 글쓰기의 주제와 방향이 잡히면 충분한 시간을 두고 일찌감치 글쓰기 과정에 착수하여 계획단계에 많은 시간과 공을 들인다. 주제와 관련된 충분한 자료를 전략적으로 찾아서 읽고 이를 바탕으로 틈틈이 메모를 하고 개요를 작성한다. 머릿속에 있는 막연한 사고를 자료를 찾아서 읽어나가는 과정을 통해 더욱 구체화하는 것이다.

능숙한 필자는 미숙한 필자와 달리 이 계획하기 단계에서 수사적修辭的 상황을 충분히 고려한다는 점에서도 차별성을 보인다.

과제을 부과한 담당교수의 의도는 무엇일까, 이 글을 읽게 될 독자가 기대하는 바는 뭘까, 이 글을 쓰는 목적과 목표는 무엇인가, 내가 정말 이 글에서 하고 싶은 말은 무엇인가 등을 중심으로 전략적인 사고를 하고 이를 바탕으로 글의 가닥을 잡아 나간다.

능숙한 필자들은 앉은자리에서 글을 완성해야 한다는 식의 완벽한 초고쓰기 전략에 의지하지 않는다. 첫 문장을 어떻게 써야 할까를 고심하기보다는 고쳐쓰기 단계를 염두해 두고 글에서 해야 할 이야기들의 내용을 중심으로 일단 초고형태로 글을 쓴다. 미리 마련된 글의 개요와 메모에 의지해서 글을 쓰기 때문에 글이 좀처럼 원래 목표했던 중심생각에서 벗어나 엉뚱한 방향으로 나아가지 않는다.

능숙한 필자들은 계획단계 못지않게 고쳐쓰기 단계에 많은 시간을 들인다. 띄어쓰기, 맞춤법 등의 기계적인 문제에서부터 시작해서 낱말을 적절하게 썼는지, 문장을 어법에 맞게 썼는지, 단락을 중심으로 사고를 제대로 전개해 나갔는지, 주제구성과 관련하여 글의 내용적 통일성을 충분히 확보하였는지를 종합적으로 검토하고 교정한다.

－원진숙, 서울교육대학교－

Chapter 4

발표문 작성과 질의응답

1. 인지심리학

힘글쓰기The Power Writing는 스파크스 박사Dr. J. E. Sparks가 1982년에 처음 소개하였다. 그 후 이 방법은 일선학교에서 글쓰기를 지도하는 현장교사들의 시행착오를 거듭하며 발전해 왔다. 이런 연유 때문인지는 몰라도 글쓰기를 이론적으로 다루는 학자는 힘글쓰기를 경원敬遠한다.

힘글쓰기는 인지심리학과 궤軌를 같이 하며 발전해 왔다. 인지심리학은 우리의 뇌가 사물을 어떻게 하면 빨리 알아차려 이를 오래 기억하느냐를 연구하는 학문인데, 시각적인 이미지와 전체를 한 눈에 알아보게끔 하는 것을 강조한다. 따라서 글을 읽게 하기보다는 시각적으로 일목요연하게 한눈에 보이게 한다. 이런 글이 요점만을 뽑아서 적는 개조식個條式, Outlines이다. 특히 현대 사회에서는 이 개조식이 중요하다.

공무원이 개조식을 선호하는 것은 이유가 있다. 정보가 상위개념부터 제시되고 덩이가 지어져 있으며, 글자수가 적기 때문에 읽는 사람이 정보를『정확하고, 쉽고, 간편하게』파악할 수 있기 때문이다.

우리나라 행정에서 개조식은 미국에서 도입되었다. 미국의 행정은 우리나라 군대행정에 영향을 미쳤고, 5.16 직후부터 효율적인 군대 행정이 일반행정에 본격적으로 유입되었다. 분초分秒를 다투는 전장에서 의사소통의 효율성은 매우 중요하다. 때문에 많은 정보를 요약하여 일목요연하게 볼 수 있게 해주는 브리핑Briefing이 발달한 것이다. 우리도 한때 브리핑이 행정의 꽃이었다. 지금은 이것이 파워포인트Power Point로 전환되었다.

따라서 정부의 행정과 기업의 사무에서는 개조식 표현이 대부분을 이룬다. 보고, 기안起案, 발표는 거의 100% 개조식이다.

뇌는 단순히 외부에서 들어오는 자극을 그대로 받아들이지 않고 기존의 지식과 비교해 가면서 덩이지기와 조직화를 함으로써 기억을 압축된 형태로 저장한다. 또 하위개념은 상위개념으로 통합하여 압축된 형태를 취한다. 이 때 압축된 형태는 단어와 이미지이며 단어보다 이미지가 더 중요한 역할을 한다. 그래서 인상印象[1]이라는 한자어가 생겼는지 모른다.

☞ 1) 인상印象; 어떤 대상에 대하여 마음 속에 새겨지는 느낌

기억은 연상작용과 밀접한 관계가 있다. 감각기관으로부터 자극이 들어오면 뇌는 이 사안을 기억 속에 들어 있는 이미지와 연결한다. 이것이 연상聯想이다. 연상을 얼마나 잘할 수 있는가 하는 문제는 기억 속에 들어있는 이미지와 들어가는 이미지가 얼마나 잘 정돈되어 있는가에 달려 있다. 기억 속에 이미지는 수평적으로는 같은 성격끼리, 수직적으로는 상위개념과 하위개념으로 체계화되어 있다. 따라서 들어가는 이미지도 수평과 수직으로 묶어 체계화하고, 상위개념으로 접근해 갈 때 연상이 잘 된다. 뇌는 또 인지·추론·사고 과정도 수행한다. 이런 정신활동은 기억 속에 저장된 이미지를 연상작용으로 불러내 논리적으로 처리한다. 우리의 우뇌는 통합적이어서 이미지와 관련된 부분을 주로 다루고, 좌뇌는 분석적이기 때문에 논리적인 부분을 많이 다룬다.

뇌는 단기기억과 장기기억을 다르게 처리한다. 따라서 덩이지기를 할수록 단기적으로 기억할 수 있는 개체가 늘어난다. 뇌는 저장의 효율화를 위해 정보를 조직화한다. 조직된 정보는 상위 개념부터 저장해서 쓰는 것이 유리하다.

우리의 인지활동에서 시각정보와 이미지의 중요성을 앞에서 확인하였다. 그런데 이 시각과 이미지는 전체에서 부분이라는 방향성을 가지고 있다. 이를 확인해 보기 위해 다음 그림을 보자.

▽ 겸재 정선[1)]의 인왕제색도[2)]

☞ 1) 정선鄭敾, 1676~1759 ; 조선 후기의 화가. 심사정, 조영석과 함께 삼재三齋로 불림. 강한 농담의 대조 위에 청색을 주조로 하여 암벽의 면과 질감을 나타낸 새로운 경지를 개척하였다.

2) 인왕제색도仁王霽色圖 ; 국보 제216호. 겸재 정선이 비온 뒤의 인왕산 모습을 그린 그림. 정선이 남긴 400여점의 유작 가운데 가장 크고 그의 화법이 잘 나타난 조선 후기 실경산수화를 대표하는 걸작이다. 현재 서울 용산구 리움박물관에서 소장 중이다.

가장 먼저 눈에 들어오는 것이 산이다. 다음이 구름이고, 그 다음이 나무다. 전체로 시작하여 부분의 순서이다. 이런 인지 과정에서 우리에게 이미 친근한 사물은 그냥 지나치고 특이한 사항이 있는 곳에서 시선이 머문다. 호기심이 발동하는 곳이다. 오른쪽의 오두막이다. 인왕산에 웬 오두막? 산이나 구름 같이 이미 알고 있는 개념은 우뇌가 즉각 처리하고, 오두막과 같은 특이사항은 좌뇌가 분석한다. 이미 알고 있는 산의 이미지를 우뇌가 연상하면서 좌뇌는 이 오두막과 대조·분석하는 판단작업을 수행한다. 인왕산에 허름한 오두막이 있을리 만무하므로 사찰의 지붕으로 결론내린다. 그림을 보는 사람이 이 그림에 더 이상 흥미를 느끼지 않으면 이 그림의 세부적인 것을 단순화시켜 그저 『잘 그린 그림』 정도로만 인식하여 장기 기억에 저장한다.

힘글쓰기의 배경에는 우리 뇌가 사물을 인지하는 인지심리학이 자리잡고 있다. 인지심리학[3]은 사람이 감각기관을 통해 받아들인 정보를 어떻게 두뇌가 처리하여 이를 이해하는가를 다루는 학문인데, 우리의 뇌가 굉장히 복잡하여 아직 밝혀지지 않은 것이 많으나 뇌 촬영장치인 자기공명장치MRI : Magnetic Resonance Imaging의 발달로 급속한 발전이 이루어지고 있는 분야이다.

☞ 3) 인지심리학認知心理學, Cognitive Psychology ; 인간의 여러가지 고차원적 정신과정의 성질과 작용 방식의 해명을 목표로 하는 과학적·기초적 심리학의 한 분야

우리는 시각을 통해 가장 많은 정보를 받아들인다. 다음이 청각이다. 촉각, 후각, 미각은 미미한 정도이다. 이는 인간이 생존을 위해 정보를 효율적으로 처리하는 데서 기인한다고 볼 수 있다. 시각과 청각은 생명과 직결되지만 다른 감각은 이에 미치지 않기 때문이다.

시각은 한 번에 가장 많은 정보를 처리한다. 그래서 가장 중요한 감각기관이다. 몸이 천 냥이면 눈이 구백 냥이라고들 한다. 이런 사실은 과학적으로도 증명이 된다. 뇌의 시각중추는 외과적 절제에도 불구하고 끈질기게 남아 있다. 쥐의 시각피질을 90%나 제거해도 복잡한 시각기능에 요구되는 임무를 여전히 수행한다는 것이다. 이렇게 중요한 눈이기에 정보처리방식도 효율을 가장 앞세운다.

뇌는 감각기관에서 받아들인 정보를 처리하고 필요시에 기억 형태로 저장한다. 따라서 기억은 뇌의 가장 중요한 기능 중 하나이다. 기억의 특성은 다음과 같다.

✍ 기억의 특성

✓ 받아들이는 정보의 양에 비례

-> 자주 반복하면 단순 기억이 증가한다.

✓ 선택과 집중

-> 관심있는 정보만 선택하고 쓸데없는 데에는 관여하지 않는다.

✓ 체계화의 비례

-> 덩이지기Clustering와 조직화Organized된 정보가 유리하다.

✓ 상위의 개념, 명제에 이를수록 유리

-> 하위개념의 일부만 회상되어도 전체가 쉽게 재구성된다.

2. 발표문PPT 작성요령

현대과학이 뇌를 조금씩 파헤쳐 감에 따라 인지심리학은 우리의 뇌가 어떻게 시각정보를 처리하고 연상과 기억을 하는지 하나씩 밝혀내고 있다. 힘글쓰기는『효과적인 의사전달』을 목표로 하기에 이러한 인지심리학의 성과를 최대한 반영하고 있다.

기술제안서를 압축시켜 요약한 것이 발표문PPT이다. 인지심리학의 원리와 힘글쓰기The Power Writing 기법을 이용하여 발표문 작성요령을 정리하면 다음과 같다.

◇ 요령 1_시각화한다

읽는 사람이 글을 읽고 난 후에 남는 것은 결국 장기기억 저장에서의 이미지 형태이다. 그것도 장기기억은 많은 것을 저장해 두지 않는다. 뚜렷한 이미지만 기억해 둔다. 뚜렷한 이미지 하나는 연상작용에 의해 다른 이미지를 차례로 불러낼 수 있고 기억에도 오래 남는다. 따라서 발표문은 이미지의 중요성을 최대한 활용한다.

㉮ 주제를 하나의 이미지로 변환한다.
㉯ 하나의 이미지만을 전개한다.
㉰ 읽게 하는 문장이 아니고 보이는 듯한 문장을 쓴다.
㉱ 그림이나 도표를 최대한 활용한다.
㉲ 편집기능을 살려 중요한 것이 잘 드러나도록 한다.

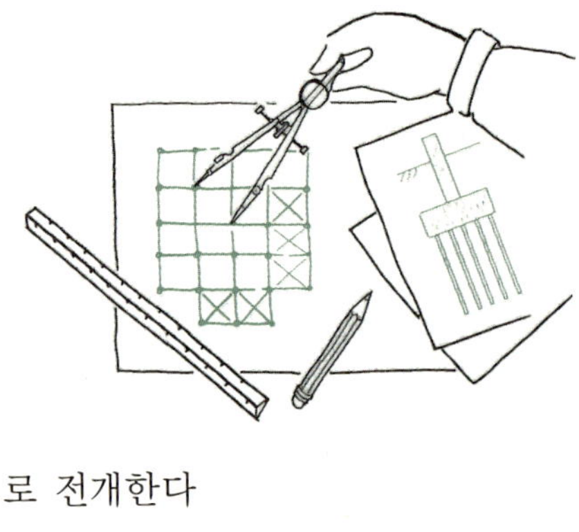

◇ 요령 2_전체에서 부분으로 전개한다

글을 한눈에 알아보게 한다. 그러기 위해서는 전체를 먼저 요약하고 부분은 뒤에 설명한다. 중요한 것이 먼저 나오고 덜 중요한 것이 나중에 나온다.

㉮ 제목에 핵심을 담는다.
㉯ 문단PPT의 Chapter에서 소주제문은 제일 앞에 둔다.
㉰ 구체화를 심화해 나간다.
㉱ 주제-방법-자료/의견-주제 강조로 요약한다.또는 주장-이유-사실/사례-주장 강조로 요약한다.

◇ 요령 3_덩이를 만든다

단기기억에서의 정보처리는 개수가 워낙 제한되어 있다. 따라서 같은 성격으로 되어 있는 개념은 최대한 묶어서 수평적으로 처리한다. 여러 덩이의 공통점을 하나로 표현하여 수직적인 상위개념을 만든다.

㉮ 주제를 뒷받침하는 소주제를 3개 내외로 한다.

㉯ 소주제를 뒷받침하는 소소주제를 3개 내외로 한다.

㉰ 수직의 덩이는 주종관계를 가진다.

㉱ 수평의 덩이는 동격관계를 가진다.

◇ 요령 4_상대 위주로 정보를 객관화한다

발표문을 쓰는 목적은 상대에게 『효과적인 의사전달』을 신속히 하는 데 있다. 내 머리가 움직이는 대로 글을 쓰는 것이 아니고 읽고 듣는 사람의 머리가 쉽게 움직일 수 있도록 해야 한다.

㉮ 발표 상대를 분석한다.

㉯ 『나I』라는 단어를 자제하고 되도록 『너You』를 쓴다.

㉰ 서론과 배경은 상대에게 최소한도로 필요한 것만 적는다.

㉱ 전문용어를 가려서 쓴다.

◇ 요령 5_공학적으로 접근한다

글도 도구이다. 제품에 산업표준이 있듯이 글의 구조도 되도록 표준화한다. 『효과적인 의사전달』은 효율이 생명이다.

㉮ 글의 구조를 표준화한다.

㉯ 문장구조PPT의 Cut를 표준화한다.

㉰ 문단구조PPT의 Chapter를 표준화한다.

3. 자기소개서 작성요령

(1) 소개서도 변해야 한다

자기소개서 쓰는 법이 잘못 알려져 있다. 대부분 사람들은 성장 배경, 학과 선택 동기, 성격 및 가치관과 Project 참여 동기를 차례대로 쓴다. 이러한 자기소개서의 형식은 인터넷에 예문까지 나와 있고 대다수의 사람들이 아직도 이 틀을 벗어나지 못하고 있다. 하지만 이러한 형식은 산업사회의 인재 채용 방식에나 적합한 양식이다.

산업사회에서는 채용시험으로 합격자를 많이 뽑고, 사내 교육을 통하여 이들의 전문성과 조직 문화를 키워 나갔다. 그렇기 때문에 자기소개서는 단지 회사의 조직문화에 바람직한 인재인지 아닌지 인사담당자가 판단하는 보조 자료로 필요했던 것이다.

세상이 바뀌면 자기소개서도 변해야 한다. 정보사회는 지식의 창출 및 이를 원활히 소통하는 자를 더욱 중시하여 적재적소에 맞는 인재를 수시로, 특정 Project 단위로 선발한다. 산업화 시대의 『Anybody』가 아니라 정보화 시대의 『Somebody』를 원하는 것이다. 이로 인해 회사들도 신입사원보다 경력사원을 많이 원하고 있다. 물론 대학 졸업자는 신입직원도 되어보지 못했는데 회사가 경력사원을 선호한다니 억울하기까지 하다. 억울할 것 없다.

대부분의 회사들이 경력사원을 원한다고 해도 한계가 있기 마련이다. 그렇기 때문에 일부 회사에서는 차선책으로 경력은 없어도 그런 능력을 키우고 있는 졸업자를 애타게 찾고 있다. 그러므로 자기소개서에 자기가 어떤 배경을 가지고 자란 사람이라는 『역사』를 적거나 어떤 『포부나 인생관』을 가진 사람이라고 열심히 피력할 필요가 없다. 단지 어떤 전문적인 일을 할 수 있는 『능력』에, 그것도 얼마나 재미를 느끼면서 『경험』과 『몰두』하였는지를 적으면 되는 것이다.

(2) 개인 이력이나 다짐은 금물이다

자기소개서도 읽는 사람에게 필요한 정보를 담아야 한다. 자신의 이야기를, 그것도 장황하게 늘어놓으면 안 된다.

개인 이력뿐만 아니라 누구나 할 수 있는 경험이나 개인적인 다짐, 철학도 도움이 되지 않는다. 도움은 커녕 오히려 역효과가 날 때가 있다.

S_{E1} | 저는 안 해본 것이 없을 정도로 많은 사회적 경험을 쌓았습니다.

사회 경험을 나열하면 산만하여 회사가 원하는 직무와 관련된 경험마저 돋보이지 않게 된다.

S_{E2} | 군 경험과 동호회 간부 생활을 통해 리더십을 쌓았습니다.

경험으로 리더십을 논하기에는 무리가 있다. 리더십은 남의 객관적인 평가에 의하여 얻어지는 것이 자연스럽지, 자기가 인정할 것은 아니다.

S_{E3} | 저는 무슨 일이든지 잘 합니다. 맡겨만 주십시오.

『팔방미인』형인데, 모든 것을 잘 한다는 것은 그만큼 특정 분야에는 집중력이 떨어진다는 것도 의미한다.

S_{E4} | 맡겨만 주시면 열심히 노력하여 최고의 전문가가 되겠습니다.

하나마나한 소리이다. 누구나 가지는 포부이기 때문이다.

S_{E5} | 저의 좌우명은 성실이며, 또한 저는 자신감 하나만은 뛰어납니다.

자신의 철학을 피력한 것인데, 이것도 무용지물이다. 회사나 Project 단위 조직은 조직이 필요로 하는 전문성에 관심이 있다. 전문성을 갖춘 지원자를 먼저 뽑은 후에 면접에서 『성실』이나 『자신감』으로 보기 때문에 자기소개서에는 철저하게 자신이 무엇을 잘 할 수 있는지에 초점을 맞추어야 한다.

(3) 하나의 주제에 집중하자

회사나 특정 Project가 필요로 하는 인재가 자신임을 잘 드러내기 위해서는 직무와 밀접한 관계를 가진 뚜렷한 주제 하나를 선정하는 것이 좋다. 그리고 제목을 『자기소개서』라고 달기보다는 다음과 같이 주제문을 제목으로 하는 것이 구체적인 내용을 첫눈에 전할 수 있어 좋다.

(a) VE/LCC 분석의 전문가가 되고 싶습니다.

(b) 공기단축이 이 프로젝트의 핵심입니다.

(4) 보기 좋게 만들자

자기소개서는 첫 인상에 호감이 가야 경쟁력이 있다. 물론 수요자나 발주자가 원하는 양식에 충실해야 하지만 반드시 따를 필요는 없으며 자기만의 개성과 창의성을 부여하는 것이 좋다. 본문 내용 가운데 꼭 강조하고 싶은 것은 두세 개 정도의 핵심단어를 검게 'Bold'로 처리하여 읽는 사람의 눈에 금방 들어가게 하는 것이 좋다. 작은 글씨로 빽빽이 적는 것은 낙제감이다. 지정된 매수페이지에 그것도 85% 정도 되는 분량으로 핵심 내용을 압축해야 한다.

✍ 기타 자기소개서 작성시 유의사항

✓ 솔직하게 적어야 한다.

✓ 간결하고 명료해야 한다.

✓ 내용이 서로 연관을 가지고 어울려야 한다.

✓ 문단 단위로 소주제를 나누어야 한다.

✓ 교정을 해야 한다.

4. 건설기술제안서의 발표와 답변요령

건설기술용역설계, 감리, CM에 대한 정부의 기술제안서 평가제도는 『기술제안서의 평가 및 작성기준』에 의거, 제안서의 작성과 발표질의응답포함 두 단계로 이루어진다. 또한 평가방법은 평가위원의 선정에서부터 심의까지 철저하게 비공개 원칙을 준수하는 것이 일반적인 관행이다.

공정성, 객관성 및 투명성을 보장받기 위한 대책이라고는 하나 제안자와 평가자와의 차단 즉 부정과 부패방지를 위한 불가피한 선택인 것이다. 다만 조달청은 평가심의 이후 평가참여자제안자의 요청에 의하여 평가 내용을 공개할 수 있도록 최근에 변경하였다.

발표장소와 발표시간은 입찰안내서에 명기되며 발표자의 발표시간은 보통 15분 이내 또는 10분 이내, 질의응답 시간은 보통 10분 이내로 제한된다.

이러함으로 평가위원 선정의 비공개, 발표 및 질의응답 시간의 제한규정은 기술제안서 평가제도의 핵심이자 결정적인 사안이 된다. 건설기술용역업체설계, 감리, CM마다 기술제안서의 작성력보다 발표자의 발표력을 경쟁력의 잣대로 삼는 이유가 바로 이러한 기술제안서의 평가제도 때문인 것이다.

(1) 발 표

발표Presentation 기법으로 PREP법이 있다. 처칠이 애용한 기법이다.

힘글쓰기The Power Writing를 발표로 접목시킨 기법이다.

- ✓ PointPurpose : 청중에게 요구사항을 지적 <-Power 1
- ✓ Reason : 이유 제시 <-Power 2
- ✓ Example : 사례로 입증 <-Power 3
- ✓ PointPurpose : 요구사항 재강조 <-Power 4

설득을 하려면 요구를 왜 하는지 근거가 있어야 하고 그 근거가 타당함을 사례를 들어 증명해야 한다. 이것이 바로 PREP법이고, 정확히 1-2-3-4로 이루어진 『왜』형식이다. PREP법은 상대를 짧은 시간에 설득하는 강력한 힘을 가지고 있다.

우리는 의식하고 있지 않아서 그렇지 PREP법을 많이 쓴다. 어린이의 주장도 정확히 이러한 구조를 가지고 있다.

- ✓ 밥 줘 <-Power 1
- ✓ 배고파 <-Power 2
- ✓ 굶어 죽겠어 <-Power 3
- ✓ 빨리 줘 <-Power 4

(2) 답변과 면접

토론을 하거나 답변할 때도 힘글쓰기The Power Writing, 『1-2-3-4』는 예외 없이 그 효과를 발휘한다. 다음 예를 보자. 지난 2002년 대선에서 노무현-정몽준 후보의 후보 단일화를 위한 TV 토론에서 두 후보의 답변 방식은 매우 대조적이었다.

정후보 : 충분한 검토 없이 행정수도를 충청권으로 이전하겠다는 발표가 바람직하다고 보십니까?

노후보 : 행정수도 이전은 오래 생각한 것이고, 꼭 필요하고, 가능한 것입니다. 이미 75년과 83년에 검토되었는데 국토의 중앙인 충청권이 가장 유력한 후보지로 조사되었습니다. 행정수도 이전이 왜 필요하냐 하면 수도권 과밀로 인해 교육, 환경, 교통문제와 집값 폭등으로 서민이 엄청난 고통을 받고 있기 때문입니다. 지방발전 측면에서도 바람직하여 모두에게 좋은 것입니다.

노후보 : 정후보는 교육부 폐지를 주장하시지요?

사회자 : 이번에는 답변시간을 꼭 지켜 주시기 바랍니다.

정후보 : 교육부 이상주 부총리는 울산대학교 총장을 지냈고 저는 이사장을 맡고 있어서 잘 아는 사이인데 교육부를 폐지하는 것으로 알려져 개인적으로 그분에게 송구스럽게 생각합니다. 교육부는 평가와 정보제공 기능을 맡고 교육의 실질적인 권한은 지방자치단체와 학교에 주자는 것입니다. -------1분 시간초과-------교육부를 폐지하자는 것이 아닙니다. 교육감도 주민직선에 의해 뽑는 것이 바람직합니다.

이 예는 답변이나 보고는 결론부터 주장이나 주제로 시작해야 하는 것임을 그 실례로 소개한 것이다. 노후보는 결론부터 답변했고, 정후보는 배경부터 설명했다.

바로 PREP법이기 때문이다. 『1-2-3-4』로 이루어진 '왜' 형식이다.

- ✓ 행정수도 이전은 오래 생각한 것이고, 꼭 필요하고, 가능한 것입니다. <- 1_주장
- ✓ 이미 75년과 83년에 검토되었는데 국토의 중앙인 충청권이 가장 유력한 후보지로 조사되었습니다. <- 2 : 이유_배경
- ✓ 행정수도 이전이 왜 필요하냐 하면 수도권 과밀로 인해 교육, 환경, 교통문제와 집값 폭등으로 서민이 엄청난 고통을 받고 있기 때문입니다. <- 2 : 이유_필요성
- ✓ 지방발전 측면에서도 바람직하여 모두에게 좋은 것입니다. <- 4_주장

노후보의 답변에서 힘3인 사례가 없지만 이는 주어진 1분으로 워낙 짧아 구체적으로 증명하기에는 어려움이 있었다고 볼 수 있다. 한편, 정후보는 질문에 대한 답변을 배경설명으로 시작하였다. 자세하다 못해 장황하기까지하다 보니 시간을 초과하였고 결론에 해당하는 근거와 그 근거를 증명하는 부분이 빠져 있는 것이다.

- ✓ 교육부 이상주 부총리는 울산대학교 총장을 지냈고 저는 이사장을 맡고 있어서 잘 아는 사이인데 교육부를 제가 폐지하는 것으로 알려져 개인적으로 그분에게 송구스럽게 생각합니다. <- ?
- ✓ 교육부는 평가와 정보제공 기능을 맡고 교육의 실질적인 권한은 지방자치 단체와 학교에 주자는 것입니다. <- power 1
- ✓ 교육부를 폐지하자는 것이 아닙니다. 교육감도 주민직선에 의해 뽑는 것이 바람직합니다. <- power 4

노후보의 답변은 직선적이다. 남성적인 화법이다. 효과적인 의사소통을 중시하는 사무적인 방법이다. 반면에 정후보의 답변은 우회적이다. 여성적인 화법이다. 사교적인 의사소통 방법이다.

『효과적인 의사소통』은 답을 할 때 결론주장/주제부터 먼저 해야 한다. 그리고 상대에게 왜 그런지 근거를 대고, 이를 입증해야 상대가 납득을 한다. 그런데도 이렇게 자명한 이치를 많은 사람들이 제대로 알지 못한다. 취업을 위한 면접에서 입사지원자의 답변 능력은 한결같이 수준 이하이다. 다음의 예와 같이 도무지 설득력이 없다.

Q_1 : 입사 후 우리 회사에서 실현하고 싶은 꿈을 이야기해 보세요.
A_1 : 자아실현입니다.
Q_2 : 그렇게 막연하게 이야기하지 말고 좀더 구체적으로 설명해 보세요.
A_2 : 열심히 노력해서 유비쿼터스 분야의 전문가가 되고 싶습니다.

답변이 힘 1과 4에서 끝난다. 힘 2와 3을 동원할 줄을 모른다. 이를 개선하는 방법은 간단하다. 답변을 할 때 PREP방식으로 답변하면 된다.

0 〈질문자의 의도분석, 핵심단어 도출, 순서배열, 답변태도 결정〉
1 〈주제〉 : 자아실현입니다.
2 〈방법〉 : 저는 VE/LCC에 관심이 많습니다. VE/LCC는 공사비절감 뿐만 아니라 품질향상 및 공사기간 단축에도 가장 효과적인 공사관리 기법이기 때문입니다.
3 〈자료〉 : 이를 위해 대학에서 'VE/LCC' 동아리를 결성하였습니다. 특정 프로젝트의 설계도면, 시방서 등을 충분히 검토한 후에 VE/LCC 보고서 작성활동을 하였습니다. 구체적인 절차를 말씀드린다면.........

[참고] 면접에서의 답변은『어떻게』형식이다. 발표처럼 자기의 생각을 주장하는 것이 아니기 때문이다.

(3) 컨설팅

컨설팅도 별것이 아니다. 문제를 밝혀내 이에 대한 해답을 제시하고 이 해답이 설득력을 가지도록 하면 된다. 따라서『왜』형식이다. 이렇게 간단한 사실만 이해하면 컨설팅 보고서 쓰기도 어렵지 않다.

컨설팅 회사가 사용하는 논리적인 사고도 이 범위를 벗어나지 못한다. 맥킨지의 Logical Thinking은 이해하기가 쉽지 않지만, 이것도 힘글쓰기The power writing의 원리 차원에서 이해하면 의외로 간단하다.

□ 맥킨지의 'Logical Thinking'

답변(1) ———	컨설팅은 문제에 대한 답변이므로 해답을 제시하면 된다. 그런데 문제에 심취하다 보면 다른 방향으로 빠져 새로운 문제를 들고 나와 이를 답변으로 제시하는 우愚를 많이 범하게 된다.
근거(2)-증명(3) 제시 –	논리를 수직으로 구체화할 때에는 『Why So』, 『So What』이라는 질문이 나오지 않게 한다. 즉, 논리가 『비약』되거나 도중에서 중단되는 사태가 없도록 한다. 논리를 수평으로 구체화할 때에는 MECE Mutually Exclusive and Collectively Exhaustive라는 효과적인 기법을 활용한다. 우리말로 간단히 하면 『중복과 누락』을 없애라는 것이다.
답변 강조(4) ———	답변을 다시 한번 강조한다.

part Ⅱ

기술제안서의 발표 방법론

소통과 설득 Chapter 1

1. 소통과 설득의 기술

(1) 프리젠테이션이란?

『프리젠테이션Presentation』이란 사전에 합의된 시간과 장소 안에서 청중에게 원하는 목적을 정확히 전달하고, 청중으로 하여금 판단 및 의사결정을 쉽게 할 수 있도록 효과적으로 유도하는 커뮤니케이션이다.

우리의 삶은 프리젠테이션의 연속이라고 할 수 있다. 직장에서는 물론이고, 일상생활에서도 많은 부분에서 프리젠테이션 형태의 커뮤니케이션이 이루어진다.

프리젠테이션은 단지 프리젠터Presenter가 정보를 전달하고 청중을 설득하는 것으로만 국한시키기보다는 우리의 일상생활에서 간접적인 체험의 기회를 제공하고 일상에서 경험하는 커뮤니케이션의 형태로 이해하는 것이 바람직하다. 그러므로 생활의 경험들을 토대로 자신만의 차별화된 프리젠테이션 기법을 익혀두는 것이 좋다.

✍ 프리젠테이션의 개념

- **프리젠테이션[1]이란 특정의 청중을 대상으로**
- **합의된 장소와 제한된 시간 내에**
- **전달하고자 하는 메시지를 효과적으로 전달함으로써**
- **자신이 원하는 바를 실행**의사결정 **하도록 동기부여 하는 기술**

☞ 1) 사전적 의미 : 표시/발표/소개/공연/연출/상연/공개/제출/제시

기획·제안의 성공과 실패는 프리젠테이션으로 결정된다고 해도 지나친 말이 아니다. 프리젠테이션은 기획·제안서를 『마무리』하는 최후의 공정工程이라고 할 수 있으며, 프리젠테이션의 성패成敗가 앞에서 한 공정을 망치거나 만회한다. 기획·제안서가 아무리 훌륭해도 프리젠테이션에서 실패하면 기획제안은 통과되지 못한다. 반면 기획서제안서가 다소 미흡해도 프리젠테이션에서 열의가 전달되어 채택되는 경우가 많다. 기획서가 완성되면 "자, 지금부터가 시작이다!" 하고 마음을 다잡자.

프리젠테이션 수행시에는 보다 이해를 높이기 위해 각종 기술을 구사한다. 프리젠테이션은 그 준비작업이 성패의 절반을 결정지을 만큼 중요하다.

▽ 기획서와 프리젠테이션의 조합에 따른 최종 성패

구 분		프리젠테이션 나 쁨	프리젠테이션 좋 음
기획서	좋 음	채택되지 않을 가능성이 큼 좋은 기획서가 무용지물	채 택 !
기획서	나 쁨	폐 기...	만회할 기회를 얻을 가능성이 큼

✍ Key Point

◦ 주요 인사는 바쁜 관계로 기획서제안서를 읽지 않는 경우가 대부분이다.
따라서 프리젠테이션에서 승부를 걸어야 한다.

(2) 커뮤니케이션과 프리젠테이션

☑ Communication

☞ 어원 – 라틴어 ; 소통疏通

☑ 커뮤니케이션의 기본 요소

① 누가 보내는가?

-> 전달자/송신자

② 무엇을 보내는가?

-> 메시지

③ 어떻게 보내는가?

-> 매체

④ 누구에게 보내는가?

-> 수신자

⑤ 어떤 반응을 일으키는가?

-> Feedback

☑ 커뮤니케이션의 중요성

민쯔버그H. Mintzberg 조사에 의하면 조직의 관리자들은 하루 업무의 시간을 회의 69%, 사무실 22%, 전화 6%, 이동 3%로 보낸다고 한다.[1)]

☞ 1) 하루의 대부분인 70% 이상을 커뮤니케이션을 하며 보내는 셈이 된다.

(3) 리더십과 프리젠테이션

리더십은 조직 구성원들이 집단 목표를 달성하기 위해 자발적이고 열성적으로 프로젝트에 공헌하도록 구성원들에게 동기를 주는 영향력, 기술 또는 과정을 말한다.

☑ 리더십의 주요 구성요소

① 효과적이고 책임을 질 수 있는 방법으로 영향력과 권한을 발휘할 수 있는 능력

② 효과적으로 의사소통을 할 수 있는 능력

③ 프리젠테이션 등 설득할 수 있는 능력

④ 인화 및 강한 인상을 줄 수 있는 능력

⑤ 상대방을 자기 사람으로 만들 수 있는 능력

▯ GE General Electric 사의 잭 웰치[1]와 프리젠테이션 Presentation

잭 웰치는 GE사의 CEO로 취임한 이후 지극히 관료적이고 보수적이었던 『비대한 공룡』 GE를 민주적이고 열린 기업으로 탈바꿈시켰다. 그 결과 GE의 시가총액이 40배 가까이 상승했고, 5년간 11만명 이상의 직원이 해고당했다. 잭 웰치는 언론으로부터 『경영의 달인』, 『중성자탄 잭』으로 불리는 등 찬사와 비난이 엇갈린 관심을 받아왔다. GE의 잭 웰치 전 회장이 후계자를 결정할 때 가장 중요시한 것은 『대중연설과 프리젠테이션 능력』이었다. 주주들을 설득하고 직원들에게 동기부여를 이끌어낼 수 있는 설득력을 가장 중요하다고 본 것이다.

☞ 1) 잭 웰치 Jack Welch, 1935~ ; 미국의 기업인. 제너럴일렉트릭GE의 최연소 최고경영자가 되어 GE를 세계최고 기업으로 성장시켰다.

▯ 정주영[2]과 프리젠테이션

-------------------------------- <중 략> ------------------------------------

김윤규는 왜 정주영이 옥스퍼드 대학으로 가자고 하는지 의중을 알 수 없었지만, 옥스퍼드 대학 총장을 만나 어떤 부탁을 하려나보다 짐작했다. 그러나 옥스퍼드 교정에 들어선 정주영은 대학 잔디밭을 10여 분쯤 말없이 걸을 뿐이었다. 그리고 나더니 "이제 됐다. 가자" 라고 말하고는 그 길로 다시 버클레이 은행장을 만나러 갔다.

"이번엔 또 무슨 일로 오셨습니까?"

"아, 내가 방금 전에 옥스퍼드 대학에서 경제학 박사 학위를 받았습니다."

그러자 버클레이 은행장은 눈을 동그랗게 떴다. 김윤규의 눈도 동그래졌다. 정주영은 방금 전에 옥스퍼드 대학 교정을 10분 정도 걸었을 뿐이다. 그에게 경제학 박사학위를 준 사람은 아무도 없었다. 그런데 정주영이 옥스퍼드 대학에서 경제학 박사학위를 받았다는 말을 하는 것이 아닌가.

통역을 맡은 김윤규 상무는 하도 어이가 없어서 정주영에게 "사장님, 언제 박사학위 받았어요?" 라고 물었다.

"임마, 아까 받았다고 그래."

김윤규는 정주영이 시키는 대로 통역했다.

버클레이 은행장은 어떤 논문으로 박사학위를 받았는지 물었다.

"내가 조선소 건립에 관한 논문을 제출했더니 단 두 시간 만에 박사학위를 줍디다."

버클레이 은행장이 그 박사학위를 보여달라고 말했다. 그러자 정주영은 지갑에서 500원짜리 지폐를 꺼냈다.

"은행장님, 이것이 무엇인지 아시오?"

버클레이 은행장의 눈에는 그저 한국의 돈일 뿐이었다.

"이 돈에 무엇이 그려져 있습니까?"

버클레이 은행장이 500원짜리 지폐를 보았다. 그 안에는 거북이처럼 생긴 배가 한 척 그려져 있었다.

"이것이 거북선이라는 배요. 우리나라에서는 500년 전에 이런 배를 만들었소. 이 배 한 척으로 수백 척이나 되는 일본의 군함을 모조리 싸워 이겼소."

버클레이 은행장은 지폐 속에 그려진 거북선을 찬찬히 들여다 보았다. 그리고는 미소를 지으며 "알았습니다. 한국 조선공업의 역사가 만만치 않다는 것을 느꼈습니다. 당신이 얘기한 돈은 빌려드리겠습니다. 그러나 조건이 있습니다. 당신이 만든 배를 누군가가 사겠다는 계약서를 가지고 오시오. 계약서를 가지고 오면 그 자리에서 돈을 내드리리다."

한 고비 넘겼다 싶드니 또 한 고비, 환장할 노릇이었다. 그러나 방법이 없었다. 이제 배를 사줄 사람을 찾아야 했다. 정주영은 세계에서 배를 가장 많이 발주하는 사람이 누구인가 찾기 시작했다. 그 사람은 그리스의 해운업자 리바노스였다.

정주영은 바로 그리스의 아테네로 날아가 어렵사리 리바노스와 독대했다. 정주영은 대뜸 당신의 계약서만 있으면 영국의 버클레이 은행의 차관을 받을 수 있다며 배 한척을 발주해 달라고 부탁했다. 그리고 계약서만 써주면 리바노스가 원하는 배를 만들어 주겠다고 장담했다.

함께 배석했던 김윤규는 정주영 사장을 이해할 수 없었다.

『지금 한국은 배를 만들기는커녕 배를 만들 수 있는 시설조차 없다. 황량한 울산의 바닷가에는 모래뿐이다. 도대체 어떻게 배를 만들겠다는 황당한 논리가 나온 것인가?』

황당하기는 리바노스도 마찬가지였다. 그러나 리바노스는 첫눈에 정주영이 보통 사람이 아니라는 것을 직감했다. 리바노스는 세계에서 1,2위를 다투는 해운업자이다. 또한 그리스 최대의 거부이며, 그의 매부가 바로 그 유명한 선박왕 오나시스였다.

본래 오나시스는 돈이 없는 사업가였다. 리바노스 집안에 장가를 들면서 세계 최대의 해운업자가 된 사람이다. 말하자면 리바노스 집안의 덕을 톡톡히 본 사람이다.

부유한 집에서 자란 리바노스는 평생 고생을 해본 적이 없었다. 그러나 리바노스는 멀리 코리아에서 날아온 우직해 보이는 정주영이 왠지 마음에 들었다.

"좋소. 한 척이 아니라 두 척을 만들어 주시오."

그는 두 척의 배를 정주영에게 발주했다. 궁하면 통하다던가. 그간의 어려움이 한꺼번에 해결되는 순간이었다.

정주영은 뛸 듯이 기뻐하며 리바노스로부터 배를 발주한다는 계약서를 받아 들고 곧바로 버클레이 은행으로 날아가 은행장을 만났다. 계약서를 가지고 왔으니 버클레이 은행은 돈을 빌려주지 않을 수가 없었다.

- 이상 『주식회사 대한민국 CEO 박정희』에서 전재 -

☞ 2) 정주영鄭周永, 강원 통천 생, 1915~2001 ; 기업인, 현대그룹의 창업자. 제14대 대통령선거에 통일국민당 대통령 후보로 출마하였고, 1998년 『금강산관광』을 성사시켰다.

□ 스티브 잡스[3]와 프리젠테이션

스티브 잡스는 세계 최고의 프리젠터다. 누구도 잡스처럼 프리젠테이션을 하는 사람은 없다. 잡스의 프리젠테이션을 보고 있노라면 두뇌에서 도파민Dopamine이 분비되어 저도 모르게 흥분하게 된다. 그래서 어떤 사람들은 그가 프리젠테이션 할 때 좋은 자리를 잡으려고 추운 날씨에도 밤을 샐 정도다. 또 그의 프리젠테이션에 흥분하는 사람들은 한동안 이를 맛보지 못하면 금단 증상을 겪기도 한다. 그래서 잡스가 기조연설 행사에 불참하면 항의하겠다고 협박까지 한다.
2009년 맥월드 엑스포에서 잡스가 기조 연설을 하지 않을 것이라고 애플이 발표했을 때, 실제로 그런 일이 있어났다. 애플은 IDG 월드엑스포가 주최하는 이 연례행사에 더 이상 참여하지 않았다.

- 이상 짐코리건 지음『스티브 잡스 이야기』에서 전재 -

☞ 3) 스티브 잡스Steven Paul Jobs, 1955~ ; 미국의 기업가. Apple 社의 CEO. 현재 세계적으로 컴퓨터 산업과 엔터테인먼트 산업의 가장 영량력 있는 인물

□ 피터 드러커Peter Ferdinand Drucker[4]가 언급한 프리젠테이션의 중요성

이 시대 최고의 경영학자로 불리는 피터 드러커는 현대 경영학의 기틀을 마련했다 해도 과언이 아니다. 그는 저명한 경영학 교수이자 저술가, 컨설턴터이다. 특히 지식경영이라는 주제를 주로 다루면서 미래에 조직이 어떻게 변화할 것인가에 대해 예측했다. 그는 미래사회에 필요한 사람을 다음과 같이 말했다.

->『인간에게 있어서 가장 중요한 능력은 자기표현이며, 현대의 경영이나 관리는 커뮤니케이션에 의해 좌우된다.』

->『최하위 직급에서 한 단계 오른 후부터 당신은 말과 글을 통해 다른 사람과 소통하는 능력에 따라 평가된다.』

☞ 4) 피터 드러커Peter Ferdinand Drucker, 1909~2005 ;오스트리아 출생. 미국의 경영학자. 현대를 대량생산원리에 입각한 고도산업사회로 보고, 그 속에서 기업의 본질과 이를 바탕으로 한 경영관리의 방법을 전개하였다.

2. 프리젠테이션의 목적과 유형

프리젠테이션은 직장 상사나 동료들에게 기획안 및 실적을 보고하는『내부 프리젠테이션』과 신제품이나 기업을 설명하여 청중을 설득하기 위한 목적의『외부 프리젠테이션』으로 구분된다.

(1) 내부 프리젠테이션

일반적으로 내부 프리젠테이션은 직장 상사나 동료들에게 어떠한 사실이나 사건 또는 업무와 연관된 의견/신제품 아이디어 등을 정확하게 전달하고 대안을 제시함으로써, 내부적으로 정보를 공유하거나 참석한 청중들이 정확한 의사결정을 내릴 수 있도록 하는 데 그 목적이 있다. 내부 프리젠테이션에 참석하는 청중은 적극적으로 프리젠터의 말에 주목한다.

내부 프리젠테이션의 핵심은 바로 새로운 정보전달이다. 그러므로 정보의 질적 가치와 더불어 양적 가치를 동시에 고려해서 청중의 지속적 관심과 흥미를 유도한다. 또한 청중에게 유용한 지식을 전달함과 동시에 전달하고자 하는 주제에 대한 이해도를 높여야 한다.

직장에서 상사가『직무역량강화 교육프로그램 도입에 대한 기획안』을 제출하라고 지시했다면, 어떻게 만드는 것이 가장 효과적일까?

기획안의 보고에 있어서는 내용의 충실도가 가장 중요하다. 먼저, 자신이 선정한 직무역량강화 교육프로그램 도입시 회사에서 얻을 수 있는 이점을 수치화하여 준비한다. 기획안은 프리젠터의 전달 능력보다 자료 구성을 통해 더 큰 신뢰감을 줄 수 있다는 사실을 명심하자. 최종적으로는 기획안의 상세 업무내용을 마무리 단계에서 도식화시켜 제시, 중요 사항을 다시 한번 언급한다.

다른 프리젠테이션과는 달리 기획안은 화려하고 독특한 구성보다 시각적으로 깔끔하게 정리된 듯한 느낌으로 구성하는 것이 효과적이다.

✍ 내부 프리젠테이션 형태

◦ 품의[1]/제안 : 회사의 업무와 연관된 아이디어나, 신규 추진 업무 등을 상사나 의사 결정권자의 결재나 허락을 받아 발표자가 진행하는 것

◦ 설명회 : 기업의 경영 내용과 미래 전망에 대해 포괄적인 정보를 다루거나 주어진 과제를 수행하는 데 있어 적합함을 설명하는 것, 또는 회사의 현황 문제에 대한 대안 등을 내부적으로 공유하거나 의사결정을 받기 위한 것

◦ 사업실적보고 : 현재 추진하고 있는 업무의 진행사항을 보고하거나, 문제점과 기대효과 등을 내부적으로 공유하는 것

☞ 1) 품의 稟議; 웃어른이나 상사에게 말이나 글로 여쭈어 의논하는 것

(2) 외부 프리젠테이션

외부 프리젠테이션은 프리젠터가 준비한 상품이나 기술에 대한 장점을 효과적으로 전달하여, 청중이 상품이나 기술적 가치에 대한 인식을 긍정적으로 할 수 있도록 유도하고 프리젠터가 원하는 결정제품판매, 프로젝트 수주, 기업이미지 제고으로 이끌어내는 것을 목적으로 한다. 즉, 설득을 목적으로 하는 프리젠테이션을 준비해야 하며 청중의 태도, 신념, 행동을 변화시키는 것에 중점을 둔다.

결론적으로, 외부 프리젠테이션은 청중으로 하여금 프리젠터가 발표하는 것에 대해 긍정적으로 생각하게 하고 프리젠터가 원하는 방향으로 행동하도록 유도하는 것이다. 만약 프리젠터가 준비한 발표내용이 청중의 행동에 영향을 미치지 못한 채 생각에만 머무르게 했다면 이는 설득이라 할 수 없다. 예를 들어, 출퇴근 교통체증을 줄이기 위해 대중교통에 대한 캠페인을 실시한다고 해보자. 시민들의 생각은 전환되었지만, 많은 시민들이 개인 승용차를 타고 출퇴근 한다면 성공적인 설득이라 볼 수 없는 것이다. 이처럼 외부 프리젠테이션 또한 청중의 마음을 설득하여 원하는 성과의 달성까지를 그 목적으로 설정해야 한다.

고객이 원하는 요구사항에 맞추어 가장 이상적인 해결 방안과 계획을 정확하게 제시하고, 자사의 기술과 전문 인력이 동종업계 대비 최고임을 타당성 있게 제시한다. 일반적으로 제안 설명회는 타사와의 경쟁 프리젠테이션 형태로 진행되므로 고객에게 최대한 회사의 강점을 어필하는 것이 중요하다. 특히 고객이 원하는 요구사항에 대한『사전분석』이 철저하게 이루어져야 하며,『결정권자』가 누구인지를 파악하는 것은 필수다. 여러 업체의 제안서와 경쟁을 해야 하므로, 자료를 만들 때 경쟁사와의『차별점』에 중점을 두어야 하며, 제안하는 중요 포인트를 정확하게 짚어주어야 한다. 또한, 청중에게 깊은 인상을 남길 수 있도록 자사만의 성공적인 경험사례를 발표 내용과 함께 설명해 주고, 자사自社를 선택하지 않았을 때 생기는 손실에 대해서도 간접적으로 알리는 것이 좋다.

프리젠테이션 자료를 작성할 때는 청중의 입장을 충분히 고려했다는 느낌을 줄 수 있도록 이미지를 설정하고 가상적인 내용이 아니라 사실 위주로 준비해야 한다. 제안 및 설명을 위한 프리젠테이션은 청중의 입장에서 볼 때 작은 것을 하나하나 받아들여서 큰 것을 얻었다는 느낌보다 시작부터 큰 것을 얻었다는 느낌이 들도록 강하고 독특하게 작성하도록 한다.

✍ 외부 프리젠테이션 형태

- 제품 설명회 : 제품 및 기술을 소개하여 판매하거나 계약을 체결하기 위한 것
- 기업 설명회Investor Relation : 기업의 경영내용과 미래전망에 대한 정보를 투자자에게 제공하여 결과적으로 투자 및 회사의 이익에 기여하고자 하는 것
- 제안 설명회 : 고객이 원하는 요구사항에 맞춰 자사가 제공할 수 있는 제품과 전문 인력에 대해 설명하고 효과적인 결정을 유도하는 것예 : 건설기술용역/설계, 감리, CM의 설명회

3. 건설기술인과 프리젠테이션

(1) 책임감리원의 정의와 역할

◦『감리원』이라 함은 제28조의 규정에 의한 감리전문회사에 소속되어 검측감리·시공감리 또는 책임감리〈이하 『책임감리등』이라 한다〉를 수행하는 자를 말한다. - **건설기술관리법 제2조** -

◦『책임감리』라 함은 시공감리와 관계 법령에 따라 발주청으로서의 감독권한을 대행하는 것을 말하되, 공사감리의 내용에 따라 대통령령이 정하는 바에 의하여 전면책임감리 및 부분책임감리로 구분한다. - **건설기술관리법 제2조** -

▽ 단순 감독이 아닌 진정한 관리자이자 조정자

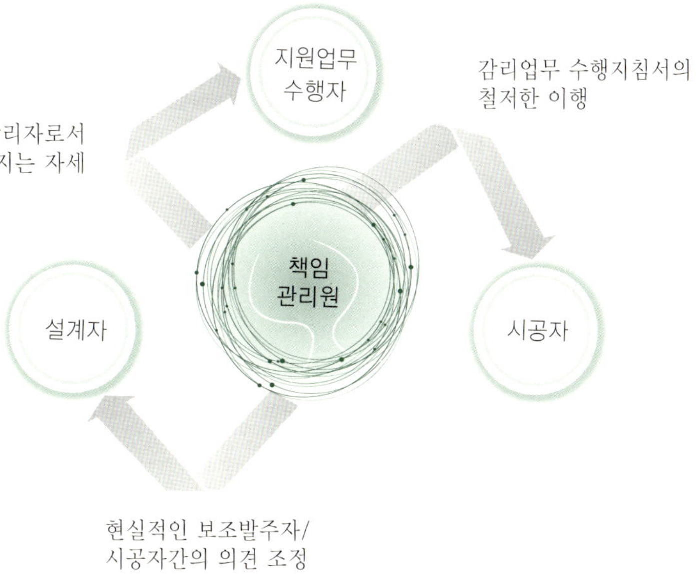

(2) 건설사업관리자의 정의와 역할

◦『건설사업관리』라 함은 건설공사에 관한 기획·타당성 조사·분석·설계·조달·계약·시공관리·감리·평가·사후관리 등에 관한 관리업무의 전부 또는 일부를 수행하는 것을 말한다. - **건설사업기본법 제2조** -

◦『건설사업관리자』〈이하『관리자』라 한다〉라 함은 본 용역의 계약상대자로 건설사업관리 관련 규정에 의거 사업관리 업무를 수행하는 자를 말한다. - **조달청 입찰 안내서 규정** -

☑ 역할

① 대행자의 역할

-발주기관을 대신하여 Total Engineering Service 수행

-공기, 공사비, 품질의 목표 달성을 위한 Delivery Method 적용

② 조정자의 역할

-발주기관의 요구와 의도에 대한 의사소통 및 조정

-인허가 등 복잡한 업무 및 절차에 대한 효율적인 관리

③ 관리자의 역할

-사업관리/공종관리/정보관리/공정관리/사업비관리/품질관리/노무관리/위험관리/계약관리/평가 및 사후관리

☑ 호감가는 사람들의 15가지 특징

◦말투가 부드럽고 화를 잘 내지 않는다.

◦남의 험담을 하지 않으며, 실수를 하더라도 심하게 꾸짖지 않는다.

◦상대방의 좋은 점을 인정하려고 노력한다.

◦주위 사람들의 도움을 받고 있다는 인식을 가지고 있다.

◦자신의 지식이나 능력을 과시하지 않는다.

◦남의 이야기를 잘 들어주며, 도중에 상대방의 이야기를 가로막지 않는다.

◦상대방의 입장에서 생각한다.

◦공치사功致辭를 하지 않는다.

◦자신보다 약한 사람에게 친절하다.

◦필요 이상으로 강하게 말하지 않는다.

◦상대방의 마음에 상처를 주는 행동이나 말은 하지 않는다.

◦자부심이 있다.

◦한번 한 약속은 반드시 지킨다.

◦적극적인 사고방식을 가지고 있다.

◦심술궂지 않다.

상대방을 설득하기 위한 5가지 포인트

☞ 설득을 잘 하기 위해서는 먼저 상대방이 스스로 공감하도록 만들어야 한다.

◦ 상대방의 이야기를 귀담아 듣는다.
◦ 자기 주장만 내세우거나 강요하지 않는다.
◦ 상대방이 관심을 가지고 있는 내용부터 설명한다.
◦ 논리적으로 설명한다.
◦ 상대방의 호감을 얻는다.

Chapter 2

프리젠테이션의 준비

1. 목표 달성을 위한 프리젠테이션 전략

프리젠테이션은『여러 가지 전달매체를 이용하여 제한된 시간에 내용을 정확하게 전달하고, 그 결과로 판단과 의사 결정까지 유도하는 커뮤니케이션 기술의 일종』이다. 이를 토대로 정리해보면, 프리젠테이션에는 청중People, 목적Purpose, 장소Place 등의 세 가지 요소가 고려되어야 하며, 이것을 프리젠테이션의 3P라고 한다.

(1) 3P 분석

3P는 이야기를 듣는 청중People, 프리젠테이션을 통해 얻기 원하는 목적Purpose, 이야기를 하는 환경·공간Place을 말한다. 이 세 가지 요소를 분석하고 고려하여 프리젠테이션을 준비하면 효과적인 프리젠테이션을 할 수 있다.

프리젠테이션을 준비할 때에는 항상『프리젠테이션의 목표는 무엇이고 어떤 매체를 활용할 것인가』,『내가 설득하려는 사람은 누구인가』,『소요시간은 얼마이며 장소는 적절한가』를 고려해야 한다. 프리젠테이션을 잘하는 사람은 간단명료하게 말하며, 화려한 말보다는 신뢰감 있게 압축된 표현을 사용한다. 뿐만 아니라 아우라[1]를 활용하여, 강력한 신뢰와 자신감으로 상대방에게『그렇게 될 것이다』라고 느끼게 하고, 누구나 공감할 수 있는 사례나 이론, 수치화된 데이터를 활용하여 상대방을 이해하고 설득한다.

☞ 1) 아우라Aura : 독일의 철학평론가인 발터 벤야민Walter Benjamin, 1982~1940이『기계복제시대의 예술작품』이라는 논문에서 사용한 용어로서,『어떤 예술작품이나 물건에서 느껴지는 분위기, 혼魂, 모방할 수 없는 특유의 기운, 창조성이 느껴지는 유일무이성唯一無二性, 즉 다른 어떤 것과는 다른 한 예술작품의 고유한 특성 또는 미적 아름다움』을 뜻한다.

❍ **청중**People – 청중People과 발표자와의 관계

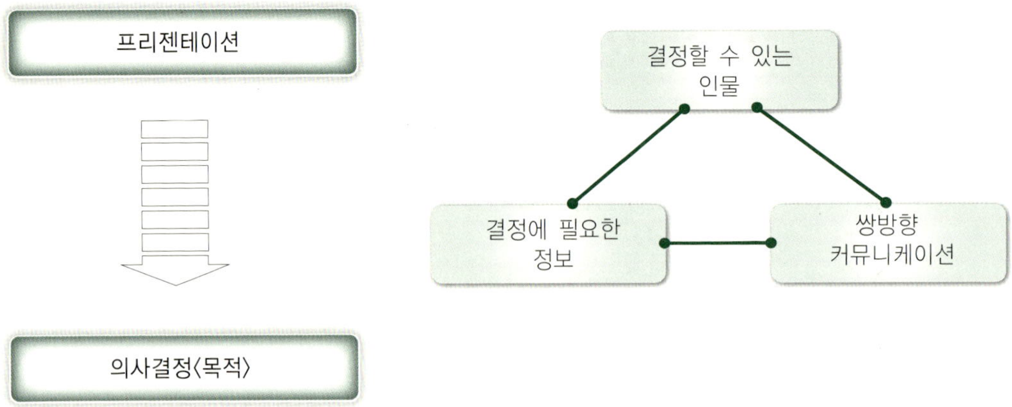

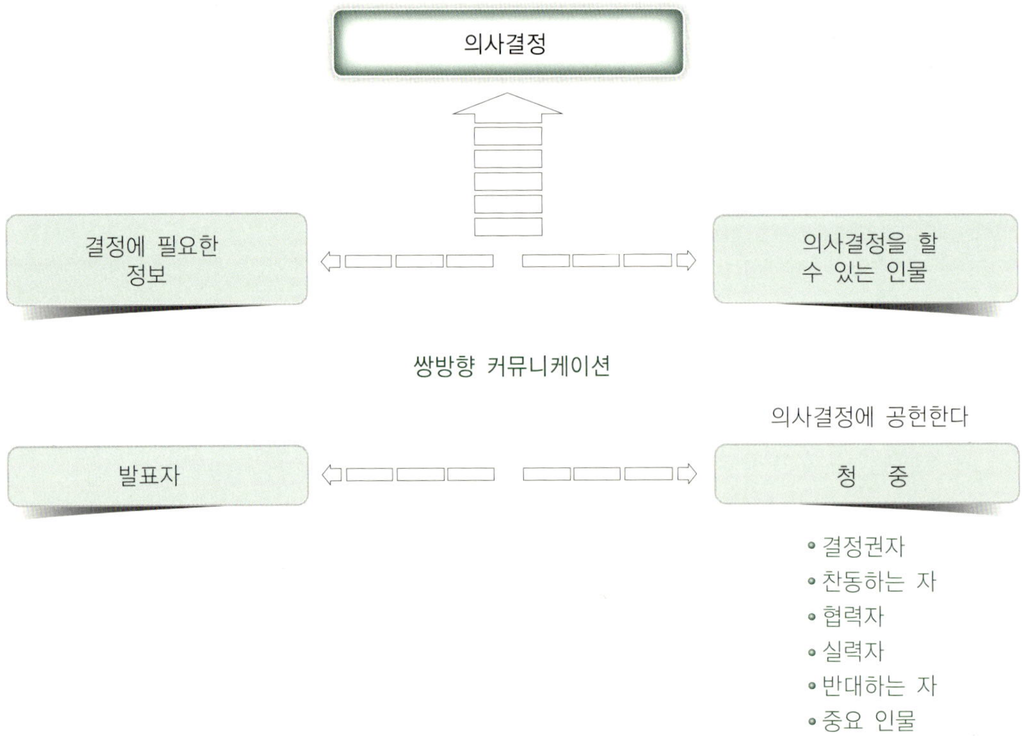

▽ 프리젠테이션 유형별 목표분석의 유의점

프리젠테이션 유형	목표분석의 유의점
✓ 정보 전달을 위한 프리젠테이션	◦ 청중의 요구Needs를 파악하고 있어야 한다. ◦ 청중이 이미 알고 있는 정보와 관련지어 설명한다. ◦ 정리된 정보는 이해하기 용이하다. ◦ 너무 많은 정보는 오히려 이해가 힘들다. ◦ 비주얼을 많이 사용하여 이해력을 높인다. ◦ 정보가 반복되면 청중의 기억에 남는다. ◦ 정보를 단순히 나열해서는 곤란하다.
✓ 설득을 위한 프리젠테이션	◦ 사실을 주장하여 받아들이게 한다. ◦ 새로운 가치관을 제시하고 태도를 바꾸게 만든다. ◦ 문제 해결책을 제시하고 받아들이게 한다. ◦ 정책을 제시하고 받아들이게 한다. ◦ 발표자의 조건신뢰성, 전문성, 활동성을 갖추고 있어야 한다. ◦ 이야기 속에 청중의 이익이점이 있어야 한다. ◦ 청중의 이익에 대한 근거가 확실히 제시되어야 한다. ◦ 논리와 감정의 균형을 취해야 한다.
✓ 동기부여를 위한 프리젠테이션	◦ 청중이 받아들일 기분자세이 되어 있어야 한다. ◦ 청중이 발표자에게 호의적이어야 한다. ◦ 논리적인 내용만으로는 큰 효과를 기대하기 힘들다. ◦ 감정에 초점을 맞추는 편이 효과적이다. ◦ 연출이 필요하다.
✓ 의례적인 프리젠테이션	◦ 모임의 취지를 제대로 인식하고 있어야 한다. ◦ 청중이 기대하는 역할에 부응해야 한다. ◦ 분위기에 합당한 내용이어야 한다. ◦ 지루하게 이야기하지 말아야 한다. ◦ 정해진 문구가 있으니 주의해야 한다.
✓ 엔터테인먼트를 위한 프리젠테이션	◦ 유머와 농담을 적절히 사용한다. ◦ 분위기에 어울리는 내용이어야 한다. ◦ 품위를 지킨다. ◦ 지나치게 방정맞게 까불지 않는다. ◦ 늦추고 당기는 것을 적절히 조절한다. ◦ 청중의 성격에 주의하여야 한다.

❍ Place장소 분석

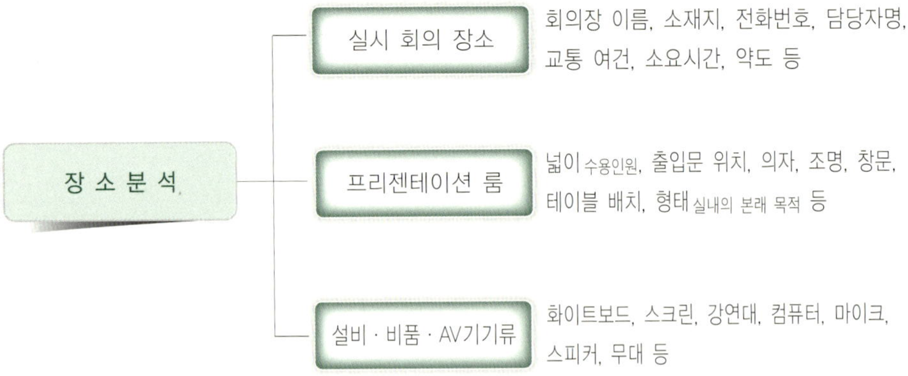

❍ 목차구성 - 목차부터 잡는다

프리젠테이션의 핵심은『목차』를 잡는 것이다. 목차를 세우면『내가 전달하고자 하는 메시지가 구조화될 수 있고』,『여러 명이 업무를 나눠서 할 수 있으며』,『강력한 논리 구조를 갖게 된다.』

목차를 정하지 않고 자료를 수집하거나, 여러 명이 일하는 것은 매우 비효율적이다. 프리젠테이션의 목표와 주제를『한 문장』으로 정의하고 그것을 달성하기 위해 어떻게 말할 것인가를 목차로 구성해야 한다. 컨설턴트Consultant들의 경우, 협업協業시 목차를 구성하고, 목차마다 담당자를 정해서 마지막 단계에서 한 번에 정리하는 방식을 많이 사용한다.

❍ 비주얼 활용 - 비주얼을 효과적으로 사용한다

효과적인 프리젠테이션을 위해 비주얼그래프, 도형 등을 잘 활용하는 기술이 필요하다. 시각자료와 언어가 효과적으로 조합되면 다음과 같은 효과가 기대된다는 연구결과가 있다.

기억능력	3시간	3일 후
말	70%	10%
시각자료	70%	20%
말+시각자료	85%	65%

대부분의 프리젠테이션 자료를 작성하면서 차트를 효과적으로 활용하지 못하는 경우가 많다. 메시지에 맞지 않는 차트, 또는 잘못된 차트를 제시하기도 한다.

▽ 프리젠테이션 능력에 관한 자가진단표

✓ 프리젠테이션을 준비할 때, 나는~	
a. 두렵고 어떻게 해야 할지 모르겠다.	☐
b. 어떻게 이야기를 풀어갈지 컨셉을 잡을 수 있다.	☐
✓ 남들 앞에서 발표할 때, 나는~	
a. 긴장되어서 하고 싶은 말을 다 못한다.	☐
b. 여유 있게 할 말을 다한다.	☐
✓ 내가 프리젠테이션을 하면, 청중들이~	
a. 잘 못한다는 평가를 한다.	☐
b. 멋지게 잘 했고 수고했다는 평가를 한다.	☐
✓ 프리젠테이션 자료를 작성할 때, 나는~	
a. 어떻게 작성해야 할지 모르겠다.	☐
b. 구조화하여 메시지를 잘 작성한다.	☐
✓ 누군가가 당신에게 동료에 대한 불만을 토로할 때, 나는~	
a. 나의 경험과 감정을 그와 함께 공유한다.	☐
b. 관심 있게 듣긴 하지만 나의 의견을 자제한다.	☐
✓ 내가 프리젠테이션을 하면, 사람들이~	
a. 다른 행동을 하거나, 딴 생각을 하는 등 집중을 잘 안한다.	☐
b. 나와 눈을 맞추고 집중한다.	☐

✍ Check Point

◦ 상기 자기진단표 b에 답한 개수의 총합이 –

– 2개 이하이면, 프리젠테이션 능력 부족 –> 프리젠테이션을 매우 겁내고 있는 상황, 프리젠테이션이 업무에 지장을 줄 수 있다.

– 3개 이상이면, 보통 수준 –> 앞으로 계속 노력해야 한다.

– 5개 이상이면, 상당한 수준 –> 계속해서 완성도를 높여 가면 된다.

2. 프리젠테이션의 준비 Process

(1) 프리젠테이션의 프로세스

✓ 목표/주제 설정

한 문장으로 목표와 주제를 명료하게 정의, 목표를 분명히 하는 과정이다. 목표가 불분명하면 프리젠테이션은 실패할 확률이 높다.

✓ 3P 분석

이야기를 들을 청중의 상황시간·관심도 등, 제안자의 목표, 이야기하는 장소와 환경 등을 종합적으로 고려해서 분석해야 한다.

✓ 내용구성/설계

원하는 목표를 달성하기 위해 어떻게 이야기할지 컨셉을 결정하는 단계이다. 브레인스토밍 하듯이 서술식으로 문장을 작성하고, 적절하게 다듬어 매력적인 메시지를 만드는 것이 중요하다.

✓ 자료수집/분석

앞에서 구성한 메시지를 효과적으로 뒷받침해줄 수 있는 자료를 수집하여 활용할 수 있게 한다.

✓ 전달매체PPT[1]로 작성

3P 분석에 의하여 분석한 사항을 바탕으로 상대방에게 효과적으로 메시지를 전달할 수 있는 형태로 자료를 작성한다.

☞ 1) PPT ; 파워포인트Powerpoint의 약어. 미국의 Microsoft社가 개발하였으며 현재 세계에서 가장 널리 쓰이는 프리젠테이션 프로그램이다.

✓ 리허설Rehearsal

작성된 자료를 바탕으로 실제와 마찬가지로 예행연습을 하는 단계이다. 노력한 만큼 결과를 얻을 수 있으므로 많은 연습이 필요하다.

✓ 발 표

리허설 때처럼 자신감 있고 간단명료하게 설명하는 것이 중요하다.

✓ 사후처리질의응답, 피드백

발표한 사항에 대하여 질의응답質疑應答을 하고, 프리젠테이션 결과에 대하여 피드백을 받으며 개선할 사항을 점검하는 것이 필요하다.

(2) 기획·제안서를 시각화PPT하는 방법

누구나 복잡한 것보다 간단명료한 것을 좋아한다. 기획·제안서는 거창하게 만드려고 하면 할수록 복잡해진다. 굳이 어렵게 만들 필요는 없다. 설익은 밥은 씹을 때 먹기 힘들고 맛도 없다. 잘 익은 밥은 맛있다. 고객의 눈높이에 맞는 자료일수록 맛있다. 밥을 맛있게 지으려면 그만큼 준비가 필요하다. 적당한 시간을 들여서 익혀야 하는 것이다. 그러므로 평소 기획·제안에 필요한 자료를 준비해 두면 수월하다.

기왕 그림이미지을 사용하려면 디자이너처럼 하라. "나는 전문 디자이너가 아닌데, 그림은 대충 그려도 되겠지…." 이런 마음으로 준비한 기획·제안서가 과연 받아들여질까?

대다수 우리나라 기획·제안서의 문제점은 너무 비주얼하다는 데 있다. 비주얼한 기획·제안서를 선호하는 풍조가 오히려 기획·제안서 작성을 어렵게 하는 것이다. 그런 선입견은 버려야 한다. 깔끔하면서도 중요한 부분이 강조된 기획·제안서가 고객을 설득할 수 있다는 사실을 명심하자. 진짜 실력자는 자신의 실력을 과시하지 않는 법이다.

세련된 기획서는 세련된 사고에서 나온다. 간단·명료하면서도 고객에게 신뢰를 줄 수 있는 기획·제안서가 우리가 추구하고자 하는 것이다.

화려한 기획·제안서는 자칫 신뢰를 잃을 수 있음을 알아야 한다. 이미지를 활용할 때 기술적인 능력을 지나치게 과시한 나머지 결과적으로 실패하게 되는 기획·제안서를 많이 보게 되는 이유도 바로 여기에 있다. 지나친 이미지 활용은 오히려 득보다 실이 많다. 문장도 마찬가지이다. 지나치게 장문으로 작성된 문장은 단문으로 고친다. 만약 단문으로 줄여지지 않는다면 그 문장의 핵심 키워드를 이미지를 사용하여 표현한다. 이런 이미지는 문장을 쉽게 이해할 수 있도록 도와준다.

빠른 시간 안에 기획·제안서의 핵심 키워드를 알려줄 수 있는 방법을 고심해야 한다. 전체적인 맥락에서 볼 때 불필요한 장이 없는지 최종적으로 확인한다. 세분화 작업에 너무 신경쓰다 보면 전체적인 맥락을 놓치게 되는 경우가 있다. 그림, 표, 그래프 등을 적절히 활용하여 시각화한다. 시각화를 잘 하면 정보가 한 눈에 들어오게 되고, 기획·제안서의 완성도가 높아진다.

☑ 기획·제안서를 간단명료하게 시각화PPT하는 5가지 방법

① 설익은 기획·제안서를 익힐 시간을 가져라.
② 비주얼에 너무 집착하지 마라.
③ 핵심 키워드를 찾아서 이미지로 표현하라.
④ 밑줄을 긋거나 굵은 글자를 사용하여 강조하라.
⑤ 전체적인 맥락에서 그림, 표, 그래프 등을 적절하게 활용하여 시각화하라.

☑ 비주얼Visual 자료를 만들 때 고려할 사항

① 복잡한 색깔보다는 단순한 색을 활용하는 것이 효과적이다. 세계적인 컨설팅회사 맥킨지[1)]는 흑백의 컬러 대비對比만으로 보고서를 만든다.

② 단순하고 간결하게 만든다. 화려하다고 상대방의 호감을 얻을 수 있는 것은 아니다.

③ 가독성[2)]을 고려해야 한다. 아주 작은 글씨로 깨알같이 구성하는 것은 금물이다.

④ 곧바로 파워포인트로 만들기보다 연습장에 연필로 그려보는 것이 속도를 내는 데 더욱 효과적이다. 때로는 아날로그Analog적인 방법을 사용한다.

☞ 1) 맥킨지 앤드 컴퍼니McKinsey & Company ; 제임스 맥킨지가 1926년 설립한 컨설팅 회사로, 본사는 미국에 있다. 현재 남극을 제외한 전 대륙에 사무소가 있다.

2) 가독성可讀性 ; 문자, 기호 또는 도형이 얼마나 쉽게 읽히는가 하는 능률의 정도

3. 프리젠테이션의 시나리오 짜기

(1) 살아있는 커뮤니케이션

많은 사람들이 프리젠테이션을 할 때 청중의 주목을 받고 싶어한다. 그런데 대부분의 경우 발표시 너무 말을 많이 한다. 또한 말의 속도가 빨라서 내용을 인지하기도 전에 벌써 다음 페이지로 넘어가는 경우가 많다. 고객을 생각하지 않는 프리젠테이션은 죽은 커뮤니케이션이다.

심리학자들은 인간이 집중할 수 있는 시간이 약 20~30분 정도라고 말하고 있다. 뛰어난 프리젠터일수록 고객이나 청중의 심리적인 상황까지 고려한다. 몸과 마음이 체득할 수 있을 때까지 리허설을 반복하여 자신을 훈련시켜야 한다. 프리젠테이션이 성공할 것인가 실패할 것인가에 집착하지 마라. 만일 실수를 한다면 실수를 인정하고 계속하면 된다. 실수가 실패가 되지 않도록 마음의 여유를 가져라. 상대방을 배려할 줄 아는 사람만이 진정한 프리젠테이션을 할 수 있다.

우리나라 건설기술자들이 프리젠테이션에 실패하는 이유는 훈련이 되어있지 않기 때문이다. 학습學習이란 배우고 익히는 것이다. 프리젠테이션도 배우기만 해서는 안 되고 익혀야 한다. 프리젠테이션의 각본을 쓰고 익혀야 한다. 원고를 달달 외워서 프리젠테이션을 하는 것은 어리석은 짓이다. 외운 원고를 도중에 잊어버리면 당황하기 쉽다. 완전히 익히면 마치 노래를 자연스럽게 부르듯이 프리젠테이션도 자연스럽게 할 수 있다. 최고의 커뮤니케이션은 물 흐르듯이 말하는 것이다. 옛말에도 청산유수靑山流水라 하지 않았는가.

말만 잘한다고 뛰어난 프리젠터Presenter가 되는 것은 아니다. 살아 있는 프리젠테이션은 온몸으로 하는 것이다. 표정에 생기가 없으면 고객들도 반응하지 않는다. 자신이 어떤 표정으로 프리젠테이션을 하는지 비디오를 찍어 모니터하는 것도 하나의 방법이다. TV 탤런트가 온몸으로 연기하듯, 프리젠터도 자신의 감정과 청중들이 하나가 되도록 프리젠테이션을 해야 한다. 말과 함께 적절한 제스처를 사용하며, 청중들에게 질문을 통해서 참여할 수 있는 기회를 주어야 한다.

알렉산더 포프[1]는 "사람을 가르칠 때에는 그 사람이 눈치채지 못하게 가르치고, 새로운 사실을 제안할 때는 마치 잊어버렸던 것이 생각난 듯이 제안하라"고 얘기한 바 있다. 최고의 프리젠터는 자신이 프리젠테이션을 하고 있다는 것 자체도 잊어버릴 정도로 몰두한다.

☞ 1) 알렉산더 포프Alexander Pope, 1688~1744 ; 영국 고전주의 시인·비평가. 대표작은 풍자시 『우인열전』 및 『인간론』, 『비평론』, 『머리카락을 훔친 자』등이 있다.

☑ 최고의 프리젠터가 되는 5가지 방법

① 고객을 생각하는 『살아있는 커뮤니케이션』을 하라.

② 20~30분 집중하고 2~3분 완화시키는 시간적 배분을 하라.

③ 몸과 마음이 체득할 수 있을 때까지 리허설을 반복하여 자신을 훈련시켜라.

④ 실수를 인정하고 그것이 실패가 되지 않도록 마음의 여유를 가져라.

⑤ 자신의 감정과 청중의 심리가 하나가 될 수 있도록 온몸으로 프리젠테이션을 하라.

(2) 의사결정을 유도하는 프리젠테이션 시나리오 구축

○ 컨셉Concept의 정리 3원칙

① 제1원칙 -> 『목적목표를 좁힌다』

◦ 일반적이고 추상적인 목적보다는 개별적이고 구체적인 목표를 설정한다.

◦ 방법은 3P 분석 결과에 따른다.

② 제2원칙 -> 『범위를 한정한다』

◦ 제한된 시간 내에 최대의 효과를 거두기 위해서는 이야기의 범위를 좁히고 중요한 포인트를 찾아 강조한다.

◦ 어떤 내용에 초점을 맞추어 접근할 것인지는 3P 분석에 따라 결정한다.

③ 제3원칙 -> 『논리적인 내용으로 접근한다』

◦ 발표자의 『의견』이나 『가설』을 뒷받침해 줄 수 있는 숫자, 통계자료, 전문가의 소견과 같은 데이터를 청중에게 제시하면 효과적이다.

○ 편리한 컨셉으로 Outline을 3개 프로세스Process로 전개

❍ 3개 프로세스 구성의 내용

◦ 서론부에서 결론을 제시한다.
 - 프리젠테이션은『도입』=『결론』이라 생각해도 무방하다.
 - 본론은 결론을 떠받치는 이유와 근거이고 결론은 문자 그대로 결론이다.
 따라서 프리젠테이션의 3부 구성은『결론 -> 이유 -> 결론』의 흐름이 된다.

◦ 본론부는 서론부에서 제시된 결론의 이유와 근거를 제시하는데, 3가지로 정리하고 분류하는 게 좋다.
 - 이유를 대항목 Ⅰ, Ⅱ, Ⅲ으로 분류하고, 중항목 1, 2, 3으로 세분화하며, 나아가 소항목 ①, ②, ③... 이런 식으로 전체를 3가지씩으로 분할, 소위 3부 구성의 인덱스 트리Index Tree를 만들어 나간다.

◦ 결론부에서는 결론을 재차 강조한다.
 - 여기서의 결론은 도입부의 결론과 같아야 한다. 말하는 도중에 결론이 바뀌는 일이 없도록 특히 주의한다.

◦ 3부 구성은 논리적이며 명석明晳한 인상을 심어준다.
 - 질문에 대해서도『거기에는 3가지 이유가 있습니다』는 식으로 응답한다.
 - 보통 대안이 3가지 이상은 있기 때문에 첫 번째를 대답하면서 두 번째와 세 번째 대답을 찾는다.

(3) Outline의 3개 프로세스별 효과적인 전달 방법

❍ 도입부

☑ 도입부의 역할

◦ 첫인상이 성패成敗를 좌우한다.
 - 프리젠터의 도입부 진행을 보고 상대방은 수용 여부를 결정하기 시작한다.

◦ 도입부의 첫인상은 프리젠테이션이 종료될 때까지 청중에게 계속 영향을 준다.
 - 도입부는 프리젠테이션의 가장 중요한 역할을 담당하는 부분이다.

◦ 도입부의 역할은『청중의 주의를 환기』하고『동기를 부여』하는 것이다.
 - 테마를 제시하고 앞으로 얘기하고자 하는 내용이 청중에게 얼마나 중요하고 또 필요한지를 알려주어 듣고 싶은 마음을 불러일으킨다.

◦ 도입부에서 프리젠테이션 컨셉의 명확한 제시가 중요하다.
 - 프리젠터가 아무리 열변을 토해도 청중이 무관심하여 듣지 않는 경우가 허다하다.
 『나와는 관계가 없다』고 생각하는 순간 청중은 외면해 버린다.

☑ 도입부의 효과적인 전달 방법

- 유명한 사람의 사례를 드는 것은 청중의 주의를 끄는 데 효과적이다.
- 갑작스런 질문을 던져 청중의 긴장도를 높인다. -> 청중으로 하여금 생각하게 만드는 효과
- 도입부에서 유머의 효용效用은 그 가치를 헤아릴 수 없을 정도이다.
- 충격적인 사건이나 상상을 초월한 이야기로 시작한다면 청중의 주의를 끄는 데 효과적이다.
- 과거의 특정한 사건이나 돌발상황으로 이야기를 시작하면 보다 실질적인 프리젠테이션 성과를 기대할 수 있다.
- 청중의 주의를 환기하는 최후의 테크닉은 프리젠터 자신의 경험담이다.

☑ 주의집중을 위해 청중에게 강한 인상을 주는 방법

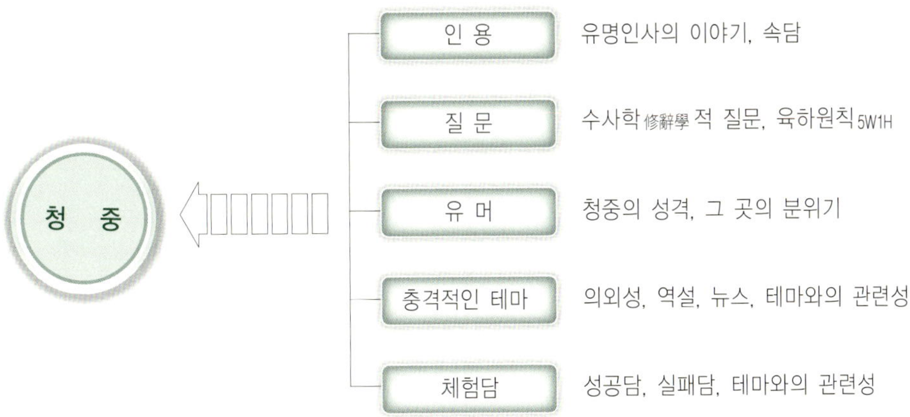

❍ 본론부

☑ 본론부의 역할

- 도입부에서 감정에 호소하여 청중의 관심을 유발했다면 본론부에서는 청중의 이성에 호소, 납득시켜 동의를 얻어가는 과정이다.
- 본론부 3부 구성의 규칙
  ① 제1규칙 -> 3부 구성의 대항목, 중항목, 소항목 각각의 종속관계를 명확히 규정
  ② 제2규칙 -> 한 항목에 하나의 컨셉 <- 복수의 컨셉은 곤란
  ③ 제3규칙 -> 강조하고 싶은 사항을 3부 구성의 1항목을 원칙

☑ 본론부의 효과적인 전달방법

▽ 이해시키는 시나리오

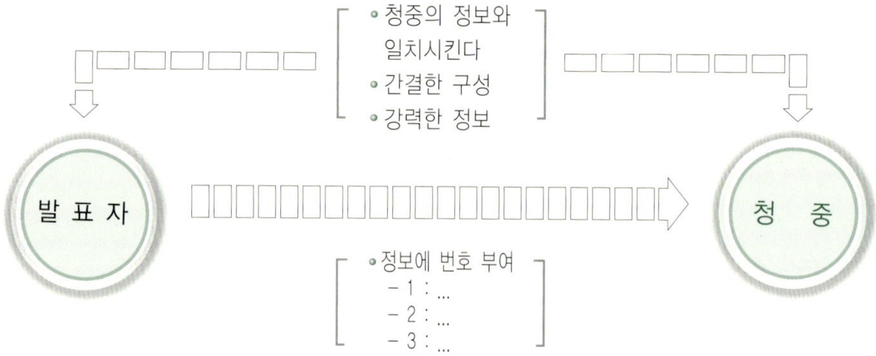

▽ 합의를 유도하는 시나리오

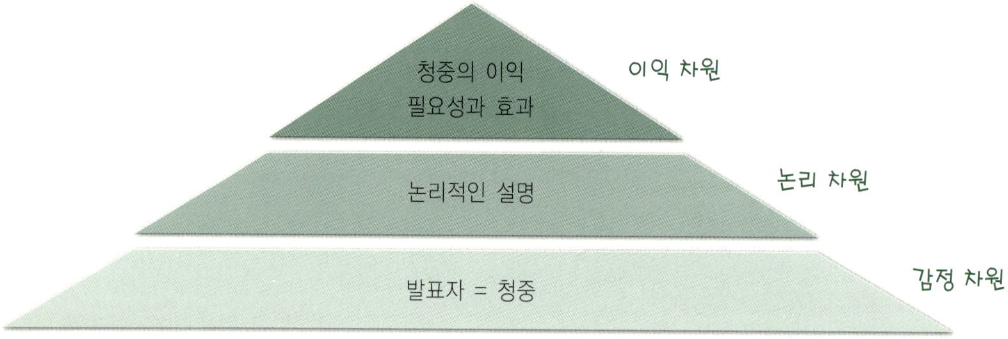

▽ 결정하게 만드는 시나리오

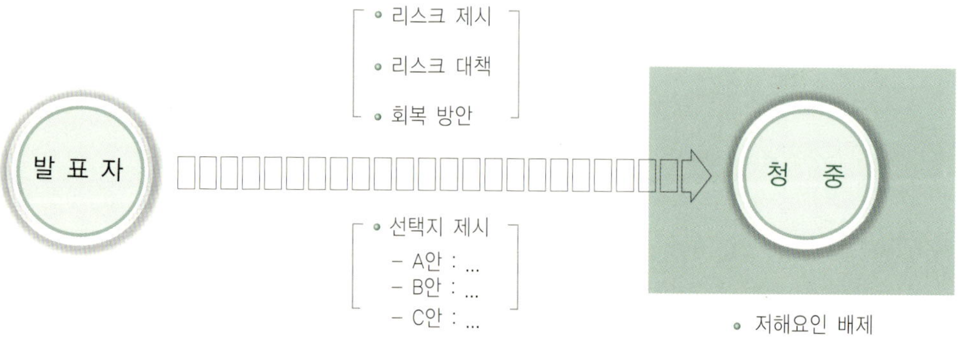

☑ 프리젠테이션의 양념을 활용

◦ 논리적인 프리젠테이션을 하기 위해서는 구체적인 수치數値를 제시하는 것이 중요하다.

– 단순한 숫자를 나열하거나 자리수가 많은 수치를 제시한다면 청중에게 뚜렷한 이미지를 심어줄 수 없다. 그럴 때는 화이트 보드에 써서 직접 보여주기도 하고, 시청각 자료로 제시하는 편이 좋다. 숫자가 가진 의미를 이해하기 쉽도록 『지구와 달을 왕복할 만큼의 거리』, 『63빌딩의 몇 배』, 『3명 가운데 2명』 하는 식으로 쉽고 구체적으로 표현한다.

◦ 예화例話, 에피소드Episode, 비유比喩 등은 이야기의 양념으로서 필요하다.

– 추상적 개념을 구체적으로 나타내 보여준다.

– 구체적이며 청중과 밀접한 관련이 있는 내용일수록 이해가 쉽고 기억하기도 쉽다. 이상의 것들은 프리젠터가 생각하고 있는 내용과 청중이 생각하고 있는 것을 잇는 『가교架橋; 다리』 역할을 한다.

◦ 적절한 키워드Key-word를 이야기 중간중간에 삽입하여 효과의 극대화를 유도한다.

– 프리젠터가 의도하는 프리젠테이션의 테마나 강조하고 싶은 점을 키워드로 삼아 반복적으로 사용한다.

❍ 결론부

☑ 결론부의 역할

◦ 노력에 대한 결실은 마무리에 달려 있다.

◦ 결론부의 첫머리에 본론부의 내용을 요약하여 청중에게 상기시킨다.

– 프리젠테이션 내용을 요약한 다음 재차 프리젠테이션의 결론을 반복한다.

☑ 연결어는 프리젠테이션의 윤활유

◦ 3부 구성의 인덱스Index를 머리 속에 그리고 있어도 대항목, 중항목, 소항목의 관계를 적절한 연결어 없이 그대로 나열하기만 한다면, 청중에게 말하고자 하는 바를 분명히 전달할 수가 없다.

◦ 연결어에는 두 종류가 있다.

– 첫째는 문장을 연결하는 표현. '이를테면', '그런데', '그러나' 등이 있다.

– 둘째는 항목을 연결하는 표현. '둘째는', '요약하자면', '이상 말씀드린 대로' 등이 있다. 이들 연결어는 항목을 요약하고 종속관계나 병렬관계를 보여주며, 비교나 예시를 나타내주기도 하고 역설이나 인과관계를 설명하는 등 컨셉의 연결 상태를 나타낸다.

◦ 이들 표현은 프리젠테이션의 윤활유 역할을 맡게 된다. 프리젠테이션의 논리성을 높이기 위해서는 이러한 연결어를 올바르게 사용할 수 있어야 한다.

▽ 윤활유 역할을 하는 연결어

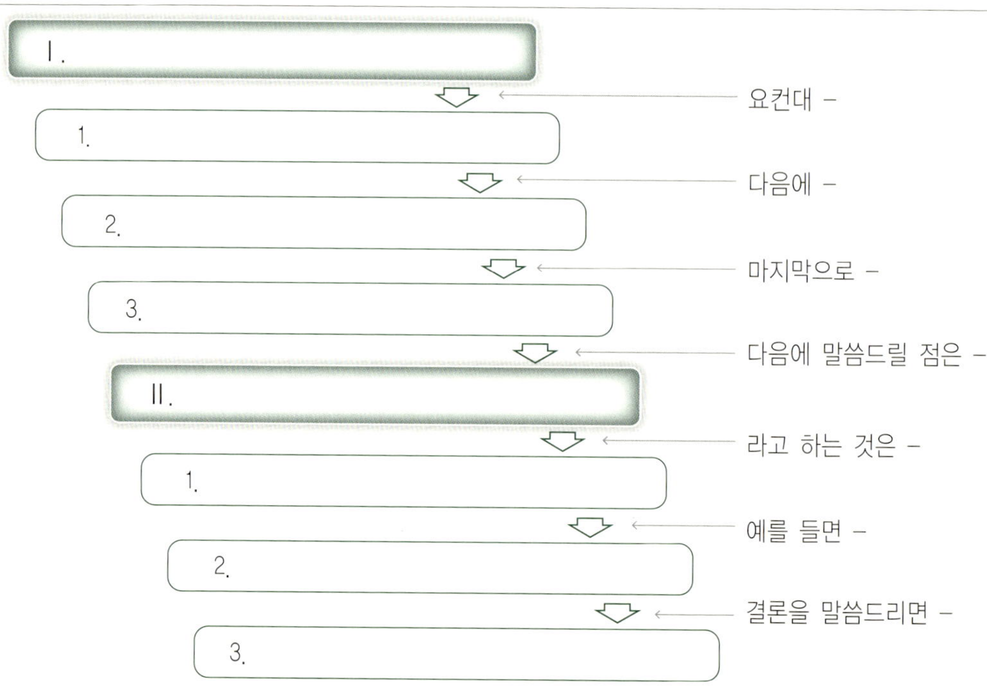

효과적인 프리젠테이션 기법

Chapter 3

1. 효과적인 전달기술

제1편의 『기술제안서 작성을 위한 글쓰기』에서 『효과적인 글쓰기 기법』은 『주요내용』을 『알기 쉽고 간결하게』 쓰는 것으로 정의했는데, 『발표』도 똑같다고 할 수 있다. 『글쓰기』이건 『발표』이건 핵심은 '무엇을'과 '어떻게'이다. 즉 『주요내용』이 '무엇을'에 해당하고, '알기 쉽고 간결하게'가 '어떻게'이다. 『발표』의 경우에 인용되는 격언이 '구슬이 서 말이라도 꿰어야 보배'라고 한다면, 여기서 『발표내용』인 '구슬'은 '무엇을'에 해당하고, 『전달방법』인 '꿰는'은 '어떻게'이다.

○ 『주요내용』은 『듣는 사람 평가위원』 위주로 한다

구슬인 발표내용이 꿰는 전달방법보다 훨씬 중요하다. 돌멩이를 꿰어 보았자 아무짝에도 쓸 수가 없다. 그러면 어떤 구슬이 좋은 구슬일까. 기술제안서의 '주요내용'이 철저하게 읽는 사람에게 필요한 내용이듯이 발표에도 듣는 사람을 위주로 판단하여야 한다.

듣는 사람이 꼭 듣고 싶어 하는 내용은 전달력이 다소 미흡해도 큰 지장이 없다. 스티븐 호킹[1] 박사는 루게릭병[2]을 앓아 컴퓨터로 합성하는 전자음으로 강연을 하지만, 우주의 기원에 대하여 알고 싶어 하는 많은 사람들은 그에게 귀를 기울일 수밖에 없다.

☞ 1) 스티븐 호킹 Stephen William Hawking, 1942 ~ ; 영국의 우주물리학자. 『특이점 정리』, 『블랙홀 증발』, 『양자우주론』 등 현대물리학에 3개의 혁명적 이론을 제시하였다.

2) 루게릭병 Amyotrophic lateral sclerosis, ALS ; 『근위축성측색경화증』이라고도 한다. 근육에 힘이 전달되지 않고 위축되는 질환으로서 대개 발병 후 3~5년 내에 사망에 이르게 된다.

우리가 통상 발표하는 내용은 상대가 꼭 듣고 싶어 하는 내용이 아니라는 데 그 어려움이 있다. 학회나 세미나에 참석하는 사람은 새로운 지식을 얻겠다는 의지와 바람이 있기 때문에 그래도 쉬운 편이지만 새로운 정책을 제안하거나 프로젝트 예 : 건설기술용역 수주를 위한 발표라면 얘기는 달라진다. 상대를 설득할 필요성이 커질수록 듣는 사람이 원하는 내용에 초점을 맞추어야 한다.

많은 제안이 발표자 자신에게 초점을 맞추어 진행한다. 예로서 회사조건이 까다로운 민간회사를 대상를 대상으로 연구용 기자재를 설명할 때 발표자는 여러 가지 이유와 근거를 들어가며 회사를 설득한다. 해당 기자재의 우월성, 생산성 향상에의 기여 등 그럴듯한 이유를 대지만 정작 경영진이 듣고 싶은 내용은 『이것을 구매하지 않으면 안 되는 절박한 이유』이다. 그것도 『꼭 지금 당장 결정해야 하는 이유』다. 회사는 절박한 이유가 생길 때까지 결정을 미룬다.

☑ 『듣는 사람』을 분석하라

학회에서 발표를 하는 경우에 청중은 대학 2학년 정도의 지식을 가진 것으로 간주해야 한다. 연구실에서 동료들끼리 사용하는 전문용어와 약어를 사용하여 내용을 전달하게 되면 참석자는 제대로 알아듣지 못한다. 그렇다고 너무 기초적인 것부터 설명하면 참석자는 지루해서 금방 외면한다.

회사에서 제안을 하거나 프로젝트를 수주하려고 할 때에는 최고 결정권자에게 초점을 맞춘다. 다른 사람의 의견은 그다지 중요하지 않다. 최고 결정권자가 관심을 가지는 분야나 그 사람의 성향에 대한 사전 조사가 결정적인 영향을 미친다. 내용을 중시하고 형식에는 관심을 두지 않는 회사가 있는가 하면 형식까지도 깔끔하게 다듬은 보고서를 요구하는 회사도 있다. 선이 굵고 간단명료한 보고를 원하는 사람이 있는가 하면 섬세하고 세밀한 내용을 좋아하는 사람도 있기 때문이다. 발표 초안을 만들고 나면 윗 상사의 스타일에 따라 다양한 의견을 내놓기 마련이다. 직속상관의 의견에 따라 한껏 고쳐 놓았는데 그 다음 상사가 원위치하게 하는 의견을 제시하는 경우가 다반사다. 이를 일일이 따라가다 보면 몸과 마음이 지치게 된다. 듣는 사람, 나아가 최고 결정권자에게 초점을 맞추면 이러한 어려움을 최소화할 수 있다.

한편 정부 프로젝트예;건설기술용역를 수주할 때에는 심의회평가위원회에서 결정하기 때문에 다른 전략을 써야 한다. 심의회는 여러 심사위원이 점수를 매기는 방식을 채택하므로 결정권자가 일정치 않다. 요즈음은 전문분야가 워낙 세분되어 자기 분야를 아는 심사위원이 10명 중 2명 정도가 고작이다. 전문분야가 아주 독특한 경우에는 이들 2명의 발언권이 커져 채점에 큰 영향을 미치지만 다른 분야의 전문가도 어느 정도 아는 분야이면 나머지 8명의 의견이 더욱 중요하다. 이들은 세부적인 내용에는 관심이 없기 때문에 내용이 너무 깊어지지 않도록 주의하여야 한다.

❍ 알기 쉽게 설명한다

『프로』일수록 알기 쉽게 설명한다. 그 이유는 세 가지이다. 첫째는 발표 내용을 자기 자신이 잘 안다. 두 번째는 자기가 아는 내용을 다른 사람에게 전달해 주어도 그 사람이 따라오지 못할 만큼 자신감이 있다. 또 쉬운 말로 알기 쉽게 이야기해도 자신의 권위에 손상을 받지 않는다. 엉터리일수록, 사기성이 짙을수록 어렵게, 모호하게, 양이 많게 해서 듣는 사람을 헷갈리게 한다.

설명이나 설득을 할 때 중요한 포인트는 이야기가 간단명료해야 한다는 점이다. 한꺼번에 여러 가지를, 그것도 정리가 되지 않은 상태에서 이야기하게 되면, 듣는 사람이 쉽게 이해하지 못 할 뿐만 아니라 아예 듣지 않을 수도 있다. 강연회나 세미나 같은 경우 청중들이 도중에 나가는 경우를 우리는 흔치 않게 보게 된다.

☑ 너무 많은 정보를 전달하려고 하지 마라

'이번 발표에서 청중에게 다양하고 많은 정보를 알려주면 굉장히 좋아하겠지' 라고 생각하며 청중의 입장에서 최대한 많은 정보를 알려주기 위해 사전 준비자료에 욕심을 낼 수 있다. 준비하다 보면 이것도 중요할 것 같고, 저것도 중요할 것 같아 프리젠터에게 주어진 시간은 15분인데 자료는 50분 분량이나 되는 수도 있다. '마땅히 생략할 자료도 없고 그냥 한번씩이라도 보여주고 넘어 가는 것이 좋을 거야' 라고 생각할 수 있지만, 전달하고자 하는 정보가 너무 많으면 논리적으로 전개하기 어려울 뿐만 아니라 청중들도 쉽게 이해하지 못하게 된다. 청중은 프리젠터가 준비한 자료에서 어떤 것이 중요하고 덜 중요한지 모른다. 자료의 중요도에 대한 것은 프리젠터만이 알고 있으므로, 리허설 중 이런 상황이 발생하였다면 프리젠테이션의 목적을 다시 한번 명확하게 되짚어본 후 논리적인 전개가 이루어질 수 있도록 과감하게 자료를 삭제해야 한다. 만약 시간은 부족한데 프리젠터의 입장에서 반드시 전달하고 싶은 자료가 있다면 발표를 마친 후 별도의 자료를 배포하는 것이 보다 효과적이다.

☑ 하나의 주제에 집중한다

설득하는 주제는 하나여야 한다. 주제가 두 개 이상이 되면 청중은 실컷 듣고 나서도 돌아서면 자기가 무엇을 들었는지 모른다. 시종일관 하나의 주제에 집중하여야 한다. 주제를 정할 때 우리는 무의식중에 범위를 크게 잡는 경향이 있다. 이렇게 되면 초점이 흐려지게 된다. 따라서 구체적이고 명확한 주제를 잡는 것이 중요하다.

'대기환경오염 가스의 측정'이라는 제목의 연구신청서를 검토한 적이 있다. 연구 필요성을 읽어보았는데, '남극 얼음이 녹아내리고 산성비로 핀란드 호수의 반이 물고기가 살지 못 한다'고 쓰여 있는 것을 보면서, 이 연구과제가 전全 지구적이고 국제적인 것이라고 짐작하였다. 그러나 실제 내용은 '도심 차량 배기가스 측정'이었다. 이처럼 막연하고 포괄적인 주제는 발표의 명확성이나 의도를 흐리게 한다.

발표하는 사람의 의도가 듣는 사람에게 분명하게 전달될 수 있도록 하기 위해서 주제는 명확하고 구체적이어야 한다. 그러려면 주제의 범위를 가급적 좁게 한정해야 한다. 예컨대 '환경오염'은 범위가 너무 넓다. 이보다는 '수질오염'이 보다 좁은 주제가 될 수 있으며, '중랑천 오염'이라고도 구체화시킬 수 있다. 이런 식으로 주제를 좁혀서 구체성을 갖추어 나가면 아래에서 보는 바와 같이 '전자빔을 이용한 중랑천의 염색폐수 저감'까지 이르게 되는 것이다.

환경오염 -> 수질오염 -> 중랑천 오염 -> 중랑천의 공장폐수 오염 -> 중랑천의 염색 폐수 오염 -> 중랑천의 염색폐수 저감 대책 -> 전자빔을 이용한 중랑천의 염색폐수 저감

설득에는 순서와 논리가 있다

첫 도입부에서 상대로부터 관심과 신뢰를 얻어내야 한다. 그러기 위해서는 프로젝트를 제안하게 되는 이유, 즉 문제점을 정확히 규명糾明한다. 주제 및 제안의 발표에서 발표를 듣는 의사 결정권자는 도입부에서 발표자에 대한 신뢰 여부를 결정한다. 따라서 도입부에서는 요점을 명확하고 자신있게 전달한다. 그러나 이 부분은 길게 하지 않도록 각별히 주의한다.

효과적인 도입

- 청중의 마음을 주제와 발표자에게 집중시킨다.
- 전달할 메시지를 개관概觀한다.
  - 크고 강렬하게 시작하라.
  - 청중들이 얻게 되는 잇점을 설명하라.
  - 신뢰감을 주어라.
  - 전달할 이야기를 개관하라.
  - 지나치게 겸손하지 마라.
  - 청중을 가치절하하지 마라.
  - 간결하며 역동적으로 하라.

도입시의 주의집중 기술

- 질문하기
- 인상적인 사실을 이야기하기
- 유머를 사용하기
- 사례를 말하기
- 인용하기

본론부에서는 설득의 논리가 작용을 한다. 그런데 이 논리가 만만치 않다. 맥킨지[1]는 이 문제를 해결하기 위하여 『Logical Thinking』 방식을 사용하고 있다. 간단히 요약하면 다음과 같다.

☞ 1) 제임스 맥킨지James Oscar Mckinsey, 1889~1937 ; 미국의 경제학자, 공인회계사. 그의 저서 『예산통제』에서 사전계산의 원리를 경영의 전 분야에 적용하였다.

맥킨지의 『Logical Thinking』

결론의 근거가 충분하여야 한다. 결론은 논리의 귀결이다. 논리를 벗어나 자신이 원하는 결론을 제시하면 안된다. 결론의 근거는 충분하되 모호하지 않아야 한다. 가정에 기반을 둔 근거는 그 진실성이 의심받는다. 또 추진 방법이 구체적이 아닌 경우 설득력을 상실한다. '우리의 강점을 강화하고 약점을 보강하는 차별화를 통해 경쟁력을 획기적으로 강화한다'라는 추진방법은 하나마나한 소리다.

또 논리에 명백한 중복, 누락 및 모순이나 논리의 비약이 있으면 설득력이 떨어진다. 논리의 중복, 누락 및 착오를 막는 방법은 『MECE Mutually Exclusive and Collectively Exhausive』이다. 즉 『상호 중복 없이, 그러면서 전체 누락 없이』이다.

이를 위해 자주 사용되는 기법이 있다.

◦ 비용 : 효과 -> 손실 : 이득

◦ 강점 : 약점 -> 기회 : 위협, 내부역량 : 외부환경

◦ 단기 : 중기 : 장기 -> 과거 : 현재 : 미래

◦ 마케팅의 4P -> Product : Price : Place : Promotion

한편 논리의 비약을 막는 방법을 『Why So / So What』이라고도 한다. 우리말로 하면 『왜 그런데 / 그래서 어떻다는 거냐』 정도 된다. 즉 논리의 앞 단계가 부족해서 『그래서 어떻다는 건데?』 라는 질문이 나오지 않도록 해야 한다.

본론 전개시의 주의집중 기술

◦ 반 복

– 서로 다른 용어와 말을 사용하여 핵심내용을 반복한다.

◦ 비 유

– 이미 청중이 알고 있는 내용과 관련된 비유를 사용한다.

◦ 참 여

– 다양한 감각들을 활용하여 청중을 참여시킨다. -> 시청각 자료, 몸풀기 율동

◦ 사 례

– 적절한 사례를 들어 메시지를 효과적이고 흥미있게 전달한다.

◦ 통 계

– 자료의 신뢰성을 높인다.

◦ 비 교

– 청중으로 하여금 쉽고 빠르게 논리적으로 제안의 가치를 인정하게 한다.

◦ 증 언

– 인용될 메시지에 신뢰를 부여한다.

결론부에서는 의사결정권자의 호감을 얻어야 한다. 그러기 위해서는 보고받는 사람의 심리 상태까지 고려해야 한다. 세상의 일은 논리대로만 결정되지 않는다. 논리 이상의 것이 작용한다. 그것이 심리이다. 보고 내용은 흠 잡을 데 없으나 왠지 동조할 기분이 나지 않는 경우가 있다. 보고 받는 사람의 『코드Code』에 맞추는 것이 그래서 중요하다. 보고자의 의견이 마치 자기의 의견인 것처럼 느끼도록 만들어야 성공할 수 있다.

그렇다고 무조건 보고받는 사람의 기분에 맞추라는 것은 아니다. 『프로』는 자신의 주장을 당당하게 펼친다. 결정권자를 불쾌하게 하지 않고 자신이 원하는 결과를 이끌어낸다. 이보다 한수 높은 소위 『최고수』는 협상전술도 활용한다. 자신만 있다면 협박까지 할 수 있다. 때론 한꺼번에 모든 것을 없을 수 없다고 판단되면 자신의 의견을 대폭 양보하고 대안을 제시하는 변신도 필요하다. 발표는 단순한 내용 전달이 아니고 설득을 위한 고도의 심리전이기에 협상 기술까지 필요한 것이다. 어느 책도 이러한 것까지는 알려주지 않는다. 그저 '프로'는 '감感'으로 한다.

☑ 효과적인 결론

- 요약하라.
- 핵심내용을 강조하라.
- 행동을 촉구하라.
- 강렬하며 설득적으로 이야기하라.
- 도입과 연결시켜라.
- 다시 새로운 것을 이야기하지 마라.
- 갑자기 끝내지 마라.
- 사과하지 마라.

❍ 간결하게 한다

위대한 연설가들이 공통적으로 지킨 원칙을 정리한 말이 『KISS』이다. 이는 『Keep It Simple, Stupid단순하게, 그리고 머리 나쁜 사람도 알아듣게 하라』를 축약한 것이다.

세계적 지도자들의 연설에는 진부한 표현, 과장된 문장, 전문 용어, 유행어들이 거의 들어 있지 않다. 평이하고 단순한 표현으로도 충분히 감동적인 연설을 한다.

KISS의 마지막 단어를 'Stupid' 대신에 'Short'를 써서 간결을 강조하기도 한다. 간결한 연설로는 에이브러햄 링컨[1]의 게티스버그 연설이 가장 유명하다. 간결하고 쉬운 말을 사용하면서도 이보다 감동적인 연설은 없다고들 한다. 미국 시민이면 누구나 알고 있는 이 연설문은 불과 266단어로 이루어져 있다.

☞ 1) 에이브러햄 링컨Abraham Lincoln, 1809 ~ 1865 ; 미국의 제16대 대통령재임 1861~1865. 남북 전쟁에 북군을 지도하여 점진적인 노예해방을 이루었다.

링컨 전에 무려 두 시간 동안이나 연설했던 웅변가 에드워드 에버렛[2]이 '나의 두 시간 연설이 당신의 2분 연설처럼 그렇게 의미를 잘 전달할 수 있었다면 얼마나 좋았겠습니까?' 라고 탄식했다는 일화도 있다.

☞ 2) 에드워드 에버렛Edward Everett, 1794~1865 ; 미국 메사추세츠Massachusetts 출신의 정치인, 교육자. 1846~1849년까지 하버드 대학교 총장을 역임하였다.

◇ 간결은 지혜의 정신이다 – Brevity is the soul of wit – 세익스피어[3]

◇ 보고서는 한 장으로 족하다. 더 긴 것은 비서가 곧장 쓰레기통으로 보낼 것이다.

– If it is just one page, I promise to read it with attention. If it is longer, my secretary will put it straight into a wastepaper basket – 처칠[4]

☞ 3) 세익스피어William Shakespeare, 1564~1616 ; 영국이 낳은 세계 최고의 시인 겸 극작가. 주요 작품으로 『로미오와 줄리엣』, 『베니스의 상인』, 『햄릿』 등이 있다.

4) 처칠Winston Leonard Spencer Churchill, 1874~1965 ; 영국의 정치가. 제2차 세계대전 당시에 연합군의 대표적 지도자로 활약하여 전쟁을 승리로 이끌었다.

사회 어느 분야에나 프로와 아마추어의 세계가 있다. 말을 통한 이들의 구분은 간결에서 온다고 해도 과언이 아니다. 따라서 짧은 시간에 상대를 설득하기 위해서는 절제된 언어가 가장 강력한 무기가 된다.

☑ 청중이 가장 좋아하는 것 -> 짧은 것

발표를 듣는 사람청중이 가장 원하는 것은 짧은 연설이다. 청중들은 한가한 사람들이 아니며 수많은 정보에 둘러싸여 있다. 한 조사 결과에 의하면 정신노동을 하는 미국인이 신문, 잡지, 방송, 책, 인터넷 및 대화에서 얻는 메시지가 하루 평균 2,400개에 달한다고 한다. 이처럼 많은 메시지를 듣고 현대인은 신속히 취할 것과 버릴 것을 결정한다. 발표자에게 아무리 중요한 것이라도 듣는 사람에게는 2,400개 중의 하나에 불과한 것이다.

시간을 끌지 말자. 들어보니 별 것도 아닌데 시간만 끌면 설득은커녕 듣는 사람의 화만 돋우는 셈이 된다. 듣는 사람이 필요로 해서 돈 내고 받는 수업도 휴강이라면 학생들이 환호한다.

듣는 사람은 자신의 이익과 관련이 없는 사항에는 무관심하다. 하지만 발표자는 청중이 취하게 될 이익에 대하여 열심히 설명을 한다. 하지만 듣는 사람이 발표에 집중하는 시간은 처음 3분이다. 3분이 지나면 금방 다른 생각을 하게 된다. 때문에 회의 시에 발표 시간을 3분 이내로 제한하는 회사는 경쟁력이 있는 회사이다. 이러한 회사는 실제로 '3분 발표' 연구회를 적극 장려한다. 실제로 '3분 발표'를 해보면 알겠지만 3분은 이외로 긴 시간이다. TV광고가 20초 내외이지만 많은 핵심 정보를 전한다.

산술적으로, 발표자는 3분에 TV광고 6개 이상을 할 수 있다.

❍ 기타『프로』기법들

☑ 비상사태에 대한 순발력

컨설팅회사는 고객에게 컨설팅 결과를 발표할 때 나름대로 비상대책을 준비하고 있다. 조금 극단적인 예를 들어 보자. 고객 회사의 최고 경영자는 항상 바쁘기 때문에 발표가 시작되려는 순간 어디에선가 급한 연락을 받고 자리를 떠날 수도 있다. 이때 경영자가 짧은 시간 안에 컨설팅 내용을 알고 싶어 한다면 발표자가 경영자와 같이 짧은 거리를 동행하면서 그 내용을 설명할 수 있어야 한다. 엘리베이터까지 걸어가는 시간과 엘리베이터를 타고 가는 기껏해야 1~2분의 짧은 시간을 이용해야 한다는 말이다. 짧은 시간에 핵심을 전달할 수 있다면 그 발표는 이미 최고의 경쟁력을 갖추고 있는 셈이 된다.

☑ 시각의 힘을 이용한다

핵심 내용이 한눈에 들어올 수 있도록 한다. 시각은 청각보다 무려 12배의 정보 전달 효과가 있다. 따라서 시각적으로 최대한 많은 정보를 전달하여야 한다. 도표나 그림을 사용하여 이해를 돕되 지나치면 안된다.

청중이 쉽게 알아 볼수 있는 내용은 생략한다. 청중은 이미 '결론'이라고 쓰여진 화면을 보고 있는데 '자, 지금부터 제가 얘기하고자 하는 결론을 말씀드리겠습니다.'라고 장황하게 말할 필요가 없다는 것이다. '결론입니다' 또는 '결론은'으로 충분하다.

☑ 생각의 속도를 따라 잡는다

말은 1분에 125개의 단어를 얘기할 수 있으나, 머리는 그보다 훨씬 많은 4~5 배의 단어를 생각한다. 그러므로 시각물 자체가 너무 단순하거나, 스크린에 나와 있는 내용을 그대로 읽기만 한다면 청중은 금방 다른 생각을 하게 된다. 반대로 내용이 복잡하거나 논리정연하지 못한 경우에도 청중은 흥미를 상실하게 된다.

이를 방지하기 위해서는 행간行間에 의미를 부여하여 긴장감을 유지시켜야 한다. 그렇다고 행간에 의미를 숨겨 놓으라는 뜻은 아니다. 누구나 아는 일반적인 사항은 과감하게 생략하면서 빠르게 진행하라는 의미이다.

생각의 흐름을 가장 방해하는 것이 화면에 없는 사항을 발표자가 갑작스레 꺼내는 것이다. 질문이 나와서 어쩔 수 없이 설명해야 하지 않는 한 절대로 새로운 사항을 등장시켜서는 안 된다.

☑ 설득의 원리를 질문에 활용하자

설득을 하는 데 있어서 이성Logos이 10%, 연민Pathos이 30%, 감성Ethos이 60% 작용한다고 한다. 이성은 논리적으로 사안을 납득할 수 있게 하므로 설득의 기본요소이다.

그러나 워낙 당연한 것이다 보니 중요도는 오히려 낮다. 설득에서 이보다 중요한 것이 연민憐憫이고 감성感性이다.

연민은 서로 감정을 함께 함으로써 논리적인 설득보다 더 큰 효과를 발휘한다.

감정을 함께하려면 말하기보다 듣는 편이 낫다. 입은 하나이고 귀는 두 개인 것이 말하는 것보다 듣기를 2배나 많이 하라는 의미라고 한다. 우리가 일상생활에서 듣기만 해도 문제를 해결하는 경험을 자주 하게 되는 것도 결국 듣기의 힘이다. 그러므로 잘 듣는 사람이 진정한 설득자이다.

이와 같은 경청의 힘을 질문에 대처하는 방안으로 활용한다. 질문자의 대다수가 발표자의 의견을 듣기 위해 질문을 하기보다는 자기의 지식을 과시하거나 의견을 피력하는 기회로 활용한다고 한다. 이러한 경우에 발표자는 답변을 하는 대신에 조용히 경청한 후 간단히 맞장구만 쳐주면 된다.

특히 경청은 곤란한 질문에 대하여 더욱 위력을 발휘한다. 곤란한 질문일수록 답변하지 말고 성실한 자세로 듣기만 하면 된다. 어차피 질문자도 답변을 기대하고 하는 질문이 아니기 때문이다. 이것이 의심나면 국회 청문회를 보면 된다. 국회의원은 어렵게 불러 낸 증인의 이야기는 하나도 듣지 않고 열심히 질문만 해댈 뿐이다.

감성은 어떤 느낌이나 인상印象이며, 연민보다 더 큰 효과를 가지고 있다. 청중이 느끼기에 발표자의 자세가 삐딱하거나 인상이 좋지 못하면 그 발표는 안하는 것보다 못하다. 그렇기 때문에 발표자의 자신감이나 복장 등의 비언어적인 표현을 강조하는 것이다. 또한 하나의 오, 탈자가 청중에게 나쁜 인상을 주어 자료의 신빙성에 치명적인 영향을 줄 수 있으므로 각별히 주의하여야 한다.

2. 프리젠테이션의 요소기법

(1) 프리젠테이션의 성공 요소

❍ 자신감

같은 발표내용도 누가 하느냐에 따라 그 효과가 달라진다. 해당 분야 전문가의 발표는 듣는 사람에게 신뢰감을 준다. 때문에 발표 내용은 완벽하게 자신이 잘 아는 것이라야 한다. 여기에다 발표자의 자신감, 열정 및 태도 등도 듣는 사람의 호의를 이끌어낸다.

발표할 때 자신감이 중요하다는 사실을 알고 있지만 막상 발표를 하게 되면 긴장하고 떨리게 된다. 이것을 극복하는 길은 피나는 연습뿐이다. 학생이건 직장인이건 특히 미국 사람들은 우리가 보기에 심하다 할 정도로 이에 대한 훈련을 한다. 그들은 이미 학교와 직장에서 수많은 발표와 토론과정을 거쳐 기본기를 갖추었음에도 불구하고 발표를 앞두고 연습을 반복한다.

자신감이 없는 프리젠터를 신뢰할 청중은 별로 없다. 자신감이란 아우라Aura와도 일맥상통한다.

✍ 자신감 도출을 위한 4가지 포인트

① 큰소리와 밝은 음성으로 이야기한다.

② 미소와 자신감 있는 제스처를 활용한다.

③ "~입니다" 등으로 말끝을 명료하게 한다.

④ 정면을 바라보며 이야기한다.

-> 청중의 눈을 주시한다.

두 다리를 약간 벌려 안정되고 당당한 자세를 취한다. 단정한 외모에 복장은 반드시 청중보다 깔끔한 것을 택한다.

❍ 아이 컨택Eye Contact;눈맞춤 시선처리

커뮤니케이션의 80% 이상은 시각에 의해 이루어지며『눈』에는 많은 것이 담겨있다. 아이 컨택은 매우 중요한 바디 랭귀지 방법이다. 프리젠테이션시에는 의사결정을 하는 핵심 인물에게 아이 컨택을 하는 것이 가장 중요하다.『아이 컨택』으로 상대의 반응을 살피고 공감하는 것이 필요하다.

✍ 효과적인 아이 컨택을 위한 3가지 포인트

① 핵심인물에게 눈을 맞추고 이야기한다.

② 핵심인물의 반응을 지속적으로 살펴가며 이야기한다.

③ 자신감 있고 신뢰성 있는 눈빛을 핵심인물에게 전달할 수 있어야 한다.

▽ 눈으로 말한다

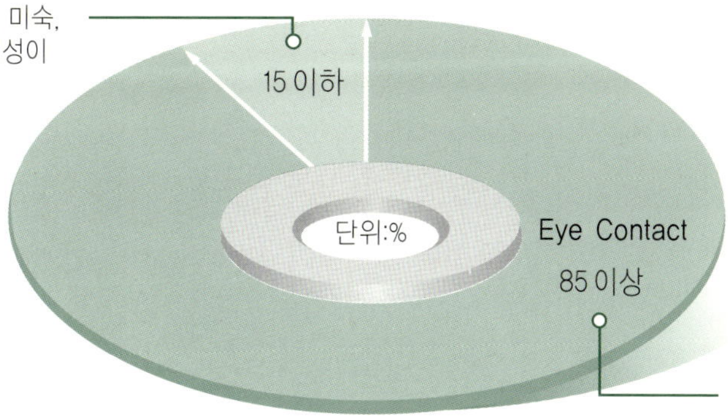

✍ 눈맞춤 요령

◦ Clock 방식 -> PT 초기 눈빛을 누구에게 줄지 망설일 때

◦ Zigzag 방식 -> 청중으로부터 집중력을 끌어낼 때

◦ Key-Man에 집중 -> 결정권자에게 핵심적인 메시지를 전달하고자 할 때

▽ 아이 컨택의 숙달 정도

초 급	화면이나 원고를 주시하고 이야기하는 시간이 길다. -> 청중을 바라보는 것 자체가 어렵다.

◦ 가리킨다 ▷ 돌아본다 ▷ 말한다.

✓ 말할 내용의 핵심을 지휘봉 등으로 가리킨다. 이 단계에서는 말하지 않는다.

✓ 청중을 향해 몸을 돌린다. 이 단계에서는 말하지 않는다.

✓ 조금 사이를 두어도 괜찮으니 반드시 앞에서 말한 두 단계를 거친 다음 말을 꺼낸다.

중 급	청중을 향해 말할 수는 있지만, -> 눈을 맞추는 것은 어렵다.

◦ 의사擬似 아이 컨택

✓ 이마나 코 등 눈과 가까운 부분을 바라보며 말한다.

고 급	청중과 자연스럽게 눈을 마주칠 수 있다. -> 더욱 효과적인 프리젠테이션을 할 수 있다.

◦ 8자 시선

✓ 8자를 그리듯 청중 전체와 골고루 눈을 마주친다.

◦ 자신이 움직인다.

✓ 시선을 움직일 뿐만 아니라 자신이 직접 회의장 안을 돌며 더욱 역동적으로 눈을 맞추어 청중이 질리지 않게 한다.

✍ Check Point

◦ 자신이 청중을 대하는 모습을 비디오로 녹화하여 Check 해 보기로 하자.

❍ 메시지 요약력

상대방이 이해하기 쉽게 설명하는 방법에는 몇 가지 요령이 있다. 비유를 통해 설명하는 것도 좋은 방법이며, 『요컨대』나 『즉』과 같은 말로 이야기를 요약·정리하는 것 또한 필요하다.

예를 들어 컴퓨터나 인터넷 구조에 대해 설명할 때, 프로바이더[1)]가 어떻고 광섬유[2)]가 무엇이고 하면서 세밀하게 설명하기 시작하면 한도 끝도 없다. 또한 상대방이 컴퓨터에 대한 기초지식이 없는 경우에는 아무리 쉽게 설명한다 해도 이해하는 데 어려움이 따르게 된다.

☞ 1) 프로바이더Provider ; 인터넷의 접속 서비스 제공 회사

2) 광섬유光纖維, Optical Fiber ; 빛의 전송을 목적으로 하는 섬유 모양의 도파관. 광섬유를 여러 가닥 묶어서 케이블로 만든 것이 광케이블이다.

그렇다면, "이야기가 좀 어려웠는데, 요컨대 인터넷이란 전 세계의 컴퓨터가 전화회선 등을 통해 그물망처럼 연결되는 것이라고 이해하시면 됩니다!" 하는 식으로 요약해준다. 이렇게 요약하다 보면 엄밀한 의미에서 볼 때 의미가 달라질 수도 있다. 하지만 어렵고 정확하게 설명하는 것보다는 약간 부정확해도 기본적인 부분을 대략 파악할 수 있도록 설명하는 편이 상대방을 더 쉽게 이해시킬 수 있다.

이러한 기술을 활용해서 설명하면, 최소한 듣는 사람이 내용에 대해 의구심을 갖거나 이해하지 못한다는 상황에 대한 스트레스를 받는 일은 줄어든다. 어려운 내용을 설명하더라도 바로 이어서 "쉽게 이야기하자면, 요컨대 ○○라는 것입니다" 하고 요약을 해주면, "뭐가 뭔지 잘은 모르겠지만, 요컨대 ○○라는 거야" 하고 어느 정도 이해하고 넘어갈 수 있다.

이를 너무 노골적이고 격조가 없다고 생각해서는 안 된다. 이야기를 잘 하는 사람은 대체로 이러한 『요컨대 정리』를 잘 한다. 즉, 뭔가 알 것 같은 느낌이 들게 하는 능력이 뛰어나다고 할 수 있다.

비즈니스에서는 『시간』이 가장 중요한 요소이다. 청중의 시간을 아껴주면서 핵심적인 메시지를 전달하는 것이 프리젠테이션의 성공 비결이다.

✍ 메시지를 간단명료하게 요약하는 방법

◦ 여러 가지 다양한 정보와 자료를 수집한다.

◦ 수집된 정보 속에서 공통요소를 찾아 공통의 의미를 발견한다.

◦ 그 공통의 의미를 요약해 짧은 문장으로 표현한다.

◦ 그 짧은 문장을 다시 요약하여 하나의 키워드로 만든다.

(2) 프리젠테이션의 기술

○ 표정과 태도 Look / Communication의 요소별 비중

미국의 심리학자 앨버트 메라비안[1] Albert Mehrabian 박사의 연구에 따르면, 의사 전달에서 말의 『내용』이 차지하는 비중이 겨우 7% 밖에 안된다고 한다. 그렇다면 나머지 93%는 어떤 것일까? 놀랍게도 『목소리』가 38%를 차지했으며, 『표정』이 35%, 『태도』가 20%였다.

☞ 1) 앨버트 메라비안 Albert Mehrabian, 1939~ ; 미국의 심리학자. UCLA의 명예교수. 메시지와 비언어적인 언어의 상대적 중요성을 강조하였다.

▽ 커뮤니케이션에서의 요소별 비중

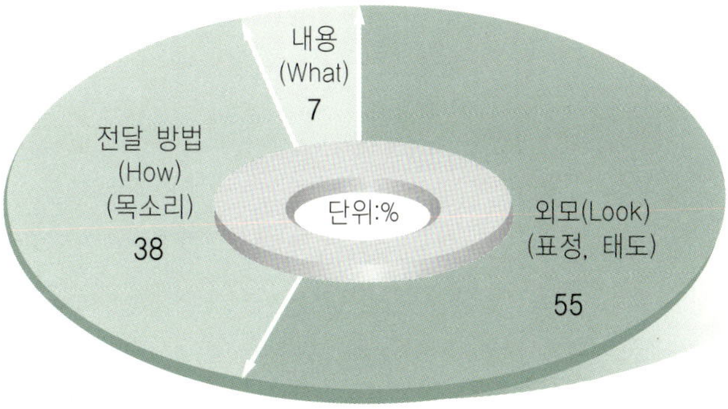

▽ 시간의 경과에 따른 이미지 판단 요소

구 분	특 징	판단요소
첫인상	◦ 외모를 보고 상대편이 일방적으로 평가한다. ◦ 4초 안에 신속하게 이뤄진다. ◦ 외모만을 보고 성격이나 신뢰감에 대한 연상을 일으킨다. ◦ 단 한번 뿐이다. ◦ 나에 대해 긍정적, 부정적인 마음을 갖게 된다.	표정, 모습, 인사자세, 동작 이미지
중 간 인 상	◦ 첫인상에 대한 평가에 의해 지속적으로 받는다. ◦ 부정적인 첫인상을 바꿀 수 있는 유일한 시기이다. ◦ 긍정적인 첫인상을 강화하는 시기이다. ◦ 생각을 행동으로 실천하게 하는 시기이다.	행동과 대화가 대부분의 이미지 차지
끝인상	◦ 긍정적인 생각을 한다고 느끼면 소홀하기 쉽다. ◦ 긍정적인 중간인상을 마무리 각인시키는 과정이다. ◦ 신뢰감을 형성한다. ◦ 지속적인 만남을 가질 것인가를 결정한다.	감사인사, 행동전환, 시선

○ 산뜻한 출발 / 청중을 사로잡는 Opening

심리학자 아슈[1]의 실험결과에 따르면, 상대방에 대한 긍정적인 인상과 부정적인 인상은 처음에 『어떤』 정보가 들어오느냐에 따라 달라진다. 이는 먼저 들어오는 정보가 나중에 들어오는 정보보다 최종적인 인상 형성에 더 중요한 역할을 한다는 의미로, 『초두효과Primary Effect』라고 한다. 이런 현상이 나타나는 이유는 먼저 들어온 판단에 의해 일단 첫인상이 형성되었기 때문에 나중에 다른 느낌을 가지게 되더라도 그 인상에 들어맞도록 받아들여지거나, 첫인상에 대해서는 많은 주의를 기울이지만 나중에 받아들이는 느낌과 감정에 대해서는 주의를 덜 기울이기 때문이라고 한다.

☞ 1) 솔로몬 아슈 Solomon Asch, 1907~1996 ; 미국의 심리학자. 세계적으로 유명한 게슈탈트 심리학자이자 사회심리학의 개척자이다.

프로가 되고 싶다면 프리젠테이션을 시작하는 1분 동안에 승부를 걸어 자신에 대해 긍정적인 인상을 형성하도록 해야 한다. 그렇다면 이를 위해 필요한 요소는 무엇일까!

✍ 산뜻한 출말을 위한 준비 요소

◦ 청중이 호기심을 가질 만한 소재로 오프닝을 준비한다.
◦ 자신의 장점을 살려 신뢰감을 줄 수 있는 이미지를 연출한다.
◦ 자연스럽고 당당한 자세로 이미지를 연출한다.
◦ 청중 한 사람을 향해 정확하게 눈맞춤Eye Contact을 한다.
◦ 명확한 발음으로 호소력 있게 핵심 내용을 전달한다.

이러한 요소를 준비하여 실행함으로써 청중의 마음을 발표 시작 5분 이내에 사로잡아야 한다.

❍ 말하기

☑ 목소리 ▷ 호감 가는 목소리를 만드는 방법

▷ **복식호흡**
- 목소리를 좋게 하기 위해서는 우선 에너지원인 공기의 공급이 원활해야 한다. 따라서 폐활량을 크게 하기 위해 다음과 같은 노력이 필요하다.
- 될수록 숨을 깊게 쉰다.
- 말을 할 때는 목에서 힘을 뺀다.
- 배에는 힘을 주고 말한다.

▷ **울리는 목소리**
- 충분한 공명共鳴이 일어나야 좋은 목소리가 나온다.
  - 이를 위해서는 평소 입을 다문 채 옴, 음, 흠 등 공명음을 반복하는 연습을 한다.
  - 이 과정에서 자신에게 가장 잘 어울리는 목소리를 찾을 수 있다.

☑ 말하기 ▷ 말의 리듬을 살리는 효과적인 방법

▷ **말의 속도**
- 강조하는 곳에서는 말을 천천히 한다.
- 강력한 전달이 필요할 때는 빠른 속도로 말한다.
- 일반적인 내용은 보통 수준으로 말한다.
  - 빠름 …… 긴장 / 흥분 / 노여움
  - 느림 …… 주의 / 강조 / 사려 깊음

▷ **말의 강약/고저**
- 중요하고 강조할 부분에서는 강하고 높게 한다.
- 일상적인 경우에는 보통의 강약과 높낮이를 유지한다.
- 주의 집중이 필요할 때에는 강하지만 낮게 한다.
  - 말의 강/약
  - 말의 고/저

▷ **말의 여백**
- 적당히 침묵하여 상대방의 주의를 집중시킨다.

☑ 말하기 ▷ 내용을 강조하는 말하기 테크닉

▷ 청중에게 충격을 주는 방법

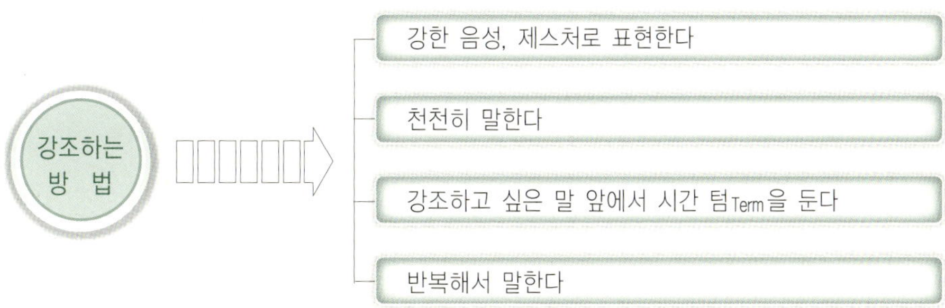

☑ 침묵과 여백

▷ 침묵

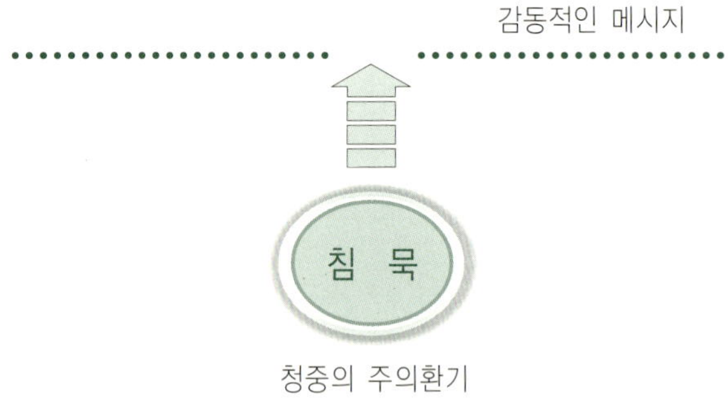

▷ 여백 -> 〈1〉과 〈2〉의 비교 - 윤동주詩, 『별 헤는 밤』

〈 1 〉	〈 2 〉
계절이 지나가는 하늘에는 가을로 가득	계절이 지나가는 하늘에는 -여백-
차 있습니다.	가을로 가득차 있습니다.
나는 아무 걱정도 없이	나는 아무 걱정도 없이 -여백-
가을 속의 별들을 다 헤일 듯합니다.	가을속의 별들을 다 헤일 듯합니다.
가슴 속에 하나 둘 새겨지는 별을	가슴 속에 하나 둘 새겨지는 별을 -여백-
이제 다 못 헤는 것은 쉬이 아침이 오는	이제 다 못 헤는 것은 -여백-
까닭이요	쉬이 아침이 오는 까닭이요
내일 밤이 남은 까닭이요	내일 밤이 남은 까닭이요
아직 나의 청춘이 다하지 않은 까닭입니다.	아직 나의 창춘이 다하지 않은 까닭입니다.

☑ 말하는 방식에 변화를 주는 예

▷ 속 도	◦ 중요한 부분은 속사포처럼 빠르게 말한다. ◦ 반대로 중요한 부분에서 자세하게 풀어 천천히 설명한다.
▷ 목소리의 높 낮 이	◦ 즐거움을 연출할 때는 높은 소리 ◦ 엄숙함을 연출할 때는 낮은 소리
▷ 목소리의 크고 작음	◦ 중요한 부분은 목소리를 크게 한다. ◦ 반대로 중요한 부분에서 작은 목소리로 말하여 청중의 주의를 끈다.
▷ 침 묵	◦ 중요한 발언을 하기 직전에 사이를 둔다. ◦ 스스로 '길다'고 느낄 정도가 가장 좋다.

✍ Check Point

◦ 적극적인 방향〈빠르다/크다/높다〉의 리듬 뿐만 아니라, 소극적인 방향〈느리다/작다/낮다/공백〉의 리듬도 구사할 수 있게 하여 프리젠터의 수준을 한층 향상시킬 수 있도록 한다.

❍ 바디 랭귀지 Body Language

☑ 커뮤니케이션에서의 비언어 비중

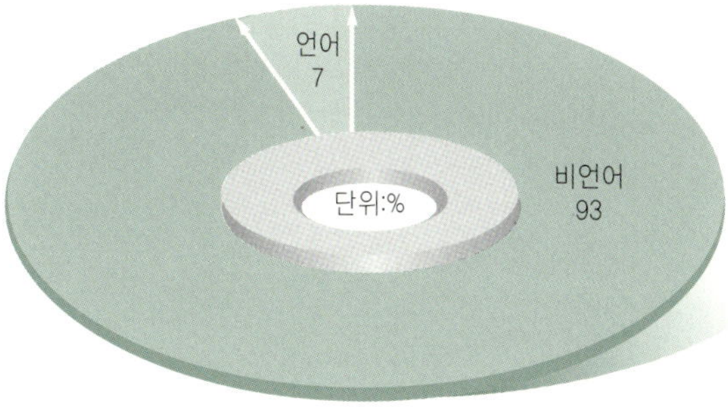

☑ Body Language의 종류

▷ 표 상 (Emblem)
- ◦ 언어 메시지의 대리 역할
- ◦ 강조하는 역할
- ◦ 부정하는 역할

▷ 예시적 동작 (Illustration)
- ◦ 형상을 나타냄
- ◦ 양을 나타냄
- ◦ 숫자를 나타냄

▷ 신체적 동작 (Body Manipulation)
- ◦ 신체 일부를 다른 일부에 접촉시켜 규칙적으로 움직이는 동작
- ◦ 양을 나타냄
- ◦ 숫자를 나타냄

☑ 표현 수단

☞ 태도 / 걸음걸이 / 머리 / 어깨 / 배 / 손짓

☑ Body Language의 4가지 법칙

☞ 바디 랭귀지의 규칙은 상대방과 상황에 따라 달라진다.

① 바디 랭귀지는 프리젠터가 전달하고자 하는 말의 내용과 자연스럽게 연결한다.

② 바디 랭귀지를 말보다 먼저 한다.

말을 먼저 하고 동작이 뒤에 나오게 되면 청중의 혼동을 야기시킨다. 청중의 주의 집중을 유도하려면 말보다 바디 랭귀지를 먼저 앞세우는 것이 좋다.

③ 바디 랭귀지가 과하지 않도록 한다.

청중을 향해 보여지는 바디 랭귀지가 자신의 가슴 앞 부분에서 허리 아래 부분을 넘어가지 않게 한다. 바디 랭귀지가 너무 클 경우 전문성이 떨어지거나 과장된 듯한 이미지를 줄 수 있다.

④ 바디 랭귀지를 남발하지 않는다.

바디 랭귀지는 청중의 이해를 높여주는 수단이다. 발표 중 끊임없이 사용하게 되면 청중은 강조하고자 하는 프리젠터의 요점과 혼동될 수 있다. 또한 프리젠터의 몸과 손동작이 많으면 청중의 집중력을 떨어뜨릴 수 있다.

☑ 프리젠테이션의 내용과 몸짓의 예

- 내용 : 호화 여행 시장은 해마다 축소되고 있습니다.
- 몸짓 : 양손의 간격을 3단계에 걸쳐 좁힌다.

- 내용 : 정보를 공개하면 3가지 이점이 있습니다.
- 몸짓 : 한 손으로 3개의 손가락을 내민다.

- 내용 : 고통스러운 결단이 바로 지금 필요합니다.
- 몸짓 : 주먹을 꽉 쥐어 보인다.

- 내용 : IT기술을 습득하면 정보통신망 수준이 전체적으로 향상될 것입니다.
- 몸짓 : 물건을 양손으로 드는 동작을 한다.

- 내용 : Plan, Do, See 사이클을 원활하게 돌려야 합니다.
- 몸짓 : 공중에 3개의 점을 찍은 다음 그 곳을 통과하는 원을 몇 번 그린다.

Check Point

- 바디 랭귀지몸짓는 스스로 조금 과장이 아닐까 하는 생각이 들 정도가 가장 좋다.
- 리허설 때 비디오로 찍어 확인하면 이 말을 이해할 수 있을 것이다.

▽ 설 자리를 의도적으로 정한다.

– 발표 주체가 배치한 무대 –

☞ 1) 발표 테이블을 옮기지 않은 채 설 자리만 바꾼다.

-> 청중에 가까우면서도 화면을 가리지 않도록 한다.

2) 이야기하면서 움직이는 것도 청중 전체를 끌어들이는 데 효과적이다.

Check Point

- 리허설 때 각각의 위치자신과 청중에서 어떻게 보이고, 들리는지를 다른 사람의 도움을 받아 점검해보자.

-> 기술제안서 발표시 청중평가자의 숫자가 적을 경우5~9인 굳이 마이크 사용은 불필요

❍ 깔끔한 마무리

◦ 1단계 -> 전체적인 내용을 요약한다.

◦ 2단계 -> 중요 포인트를 언급하며 강한 인상을 남긴다.

◦ 3단계 -> 발표 내용과 관련된 질의응답을 한다.

◦ 4단계 -> 감동적인 사례나 격언을 이용하여 감성을 자극하는 마무리를 한다.

❍ Note Card Speaking Guide 사용

◦ 노트 카드의 크기는 B6 128mm×182mm가 보기 쉽고 사용하기에 편하다.

◦ 다음에 기입할 내용을 검토한다.

 - 노트 카드에는 단어나 구문 기입으로 한정하는 편이 좋다.

 - 중요한 내용은 한 눈에 알 수 있도록 강조한다.

◦ 노트 카드는 8종류를 만들며, 매수는 최대 14매로 제한하는 것이 좋다.

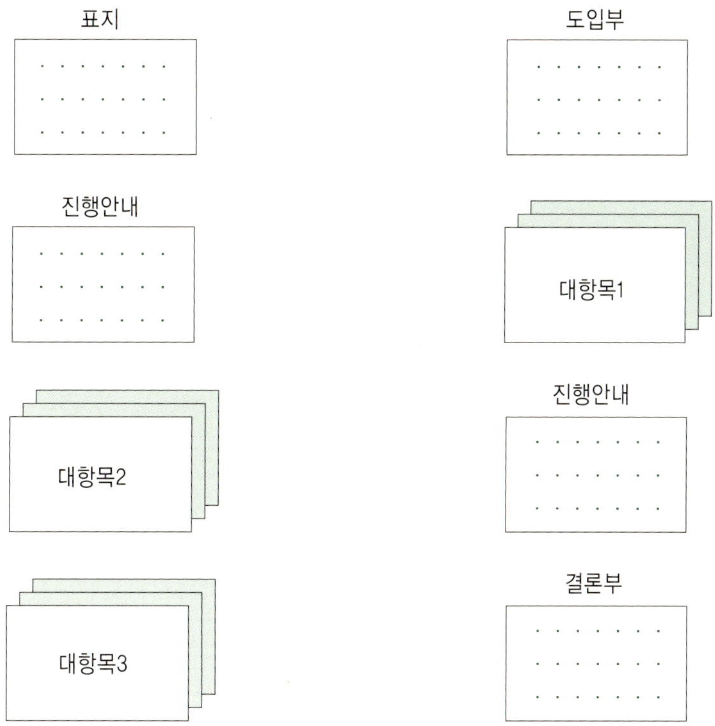

✍ 정해진 시간은 반드시 지킨다.

◦ 프리젠테이션에서는 정해진 시간을 지키는 것이 매우 중요하다. 시간에 맞게 페이지 수를 맞추고 리허설을 할 때 시간을 확인한다. 또 실전에서 적절하게 생략하기도 한다.

❍ 시간관리의 비결

◇ 한 슬라이드에 2분 ▷ A4 크기에 가로로 쓴 파워포인트의 슬라이드 등 것을 프리젠테이션을 하는 경우에는『슬라이드 매수×2분』으로 계산한다.

◇ 리허설 ▷ 시간을 측정하여 정시에 마쳤는지 확인한다.

◇ 생략 ▷ 도중에 시간이 모자라게 되었을 때는 어떤 슬라이드를 생략할지, 슬라이드의 어떤 부분을 생략할지를 미리 확인해 둔다. 이야기의 주요 부분은 그대로 두고 지엽적인 부분만 생략한다.

◇ 절대 빨리 말하지 말 것 ▷ 시간이 모자란다고 말을 빨리 하면 청중이 이해하기 어려워져 신뢰를 잃게 된다. 오히려 앞에서 말했듯이 이야기의 지엽적인 부분을 생략하는 식으로 대응하는 편이 좋다.

❍ 스티브 잡스와 빌 게이츠의 발표 기법 비교

☑ 잡스와 게이츠가 치른 쉬운 영어 시험

시애틀 포스트 인텔리전서Seattle Post Intelligencer의 토드 비숍Todd Bishop은 독자들의 요청에 따라 흥미로운 기사를 썼다. 그는 2007년과 2008년 스티브 잡스와 빌 게이츠가 각각 맥월드와 소비자 가전 쇼에서 했던 프리젠테이션 4개를 단어 분석 소프트웨어로 평가했다. 평가 점수가 낮을수록 이해하기 쉬운 내용이란 뜻이다. 비숍이 사용한 프로그램[1)]은 Using English.com에서 제공한 것이다.

☞ 1) 이 프로그램은 다음 네 가지 기준에 따라 문장을 분석한다.

① 단어 수 : 문장을 구성하는 단어의 평균 수를 계산한다.

② 단어 밀집도 : 읽기 쉬운 정도를 판단한다. 단어 밀집도가 낮은 문장은 보다 이해하기 쉽다. 퍼센트가 낮을수록 좋다.

③ 어려운 단어 빈도 : 한 문장에 3음절이 넘는 단어가 얼마나 들어 있는지 계산한다. 퍼센트가 높을수록 이해하기 어려운 내용이다.

④ 거닝 포그 지수Gunning Fog Index : 내용을 이해하기 위해 필요한 교육연수. 가령 〈뉴욕타임스〉의 거닝 포그 지수는 11 혹은 12, 학술문서는 18이다. 쉬운 단어로 구성된 짧은 문장이 어려운 단어로 구성된 긴 문장보다 낮은 점수를 받는다.

이 시험에서 잡스가 게이츠보다 점수를 잘 받은 것은 당연하다. 아래 표는 그 결과를 나타낸 것이다. 잡스는 전체 항목에서 게이츠보다 훨씬 좋은 점수를 기록했다. 그는 게이츠보다 더 쉽고 명확하며 적은 단어를 썼다. 아래 표는 두 사람이 2007년에 했던 기조연설에서 발췌한 것이다. 표의 왼쪽은 잡스의 기조연설, 오른쪽은 게이츠의 기조연설이다.

스티브 잡스와 빌 게이츠의 쉬운 말 구사율 비교

평가 항목	스티브 잡스	빌 게이츠
2007년	맥월드 연설	소비자가전 쇼 연설
단어 수	10.5	21.6
단어 밀집도	16.5%	21.0%
어려운 단어 빈도	2.9%	5.11%
거닝 포그 지수	5.5	10.7
2008년	맥월드 연설	소비자가전 쇼 연설
단어 수	13.79	18.23
단어 밀집도	15.76%	24.52%
어려운 단어 빈도	3.18%	5.2%
거닝 포그 지수	6.79	9.37

잡스식 화법과 게이츠식 화법

스티브 잡스, 2007년 맥월드 연설	빌 게이츠, 2007년 국제 소비자가전 쇼 연설
"아시다시피 불과 1년 전 이 자리에서 인텔칩으로 프로세서를 바꾼다고 발표했습니다. 그것은 말하자면 심장이식 수술과 같은 일이었습니다. 그때 앞으로 12개월 안에 이 일을 마무리 짓겠다고 말했습니다. 하지만 우리는 7개월 만에 업계 역사상 가장 원활하게, 그리고 성공적으로 작업을 마쳤습니다."	"현재 프로세서는 32비트에서 가능했던 기능들을 대부분 유지하면서 큰 비용 인상 없이 64비트 시대로 넘어가고 있습니다. 32비트 소프트웨어도 돌릴 수 있으면서 더 많은 메모리가 필요하면 바로 확보할 수 있습니다."
"이제 아주 흥미로운 점 몇 가지를 말씀드리고 싶습니다. …현재 하루에 500만 곡이 넘는 노래가 팔리고 있습니다. 놀랍지 않습니까? 1초당 58곡이 팔리고 있습니다."	"올해 들어 지금까지 200만 명이 넘는 사람들에게 베타 2버전이 배포되었습니다. 그리고 사용자의 의견을 접수할 마지막 기회인 RC Release Candidate 버전은 500만 부 넘게 배포되었습니다. 우리는 윈도우비스타를 사용하는 가족들을 대상으로 수많은 심층 연구를 진행하고 그들과 인터뷰를 했습니다. 그리고 이런 작업은 모두 7개국에서 이뤄졌습니다. 우리는 시중에서 가장 흔히 사용되는 소프트웨어들을 대상으로 성능 시뮬레이션을 진행했는데, 이 성능시험의 횟수를 따지면 총 60년치가 넘습니다."
"아이튜즈에 재미있는 텔레비전 프로그램들을 올렸습니다. 현재 350가지가 넘는 프로그램을 판별로 구매할 수 있습니다. 지금까지 5,000만 편이 넘는 프로그램을 판매했습니다. 대단하지 않습니까?"	"마이크로소프트 오피스는 새로운 사용자 인터페이스를 갖추었습니다. 이제 여러분은 새로운 방식으로 오피스 라이브 서비스와 쉐어포인트 SharePoint에 접속할 수 있습니다. 그리고 달라진 인터페이스 덕분에 발견 가능성이 크게 개선되었습니다."

게이츠의 표현은 무미건조하고 추상적이며 복잡하지만 잡스의 표현은 명료하고 생생하며 단순하다. 물론『빌 게이츠는 잡스처럼 말하지는 못해도 세계에서 가장 부유한 사람이야. 그러니까 일을 잘한 게 틀림없어』라고 생각하는 사람들도 있을 것이다. 사실 그렇다. 그는 사장점유율 90퍼센트를 자랑하는 윈도우를 개발했다. 그러나 당신은 아니다. 다시 말해 게이츠는 프리젠테이션을 조금 못해도 상관없지만 당신은 그렇지 않다. 당신의 프리젠테이션이 혼란스럽고 중구난방에, 어려운 용어로 가득하다면 청중의 주의를 끌지 못할 것이다. 따라서 청중이 이해하기 쉽도록 내용을 간결하게 만들어야 한다.

잡스는『놀랍다, 대단하다, 멋지다』처럼 일상적인 단어들을 즐겨 쓴다. 대개 사람들은 프리젠테이션을 할 때 말투를 바꾸지만 잡스는 무대 안과 밖에서 같은 말투를 쓴다. 그는 제품에 대한 자신감이 있으며, 단어를 선택하는 일에 재미를 느낀다. 일부 사람들은 잡스의 말투가 과장되었다고 말하지만 그는 수백 만 고객들과 공유할 수 있는 감정을 표현한다.

따라서 제품이나 서비스 또는 브랜드를 진정으로 대변하는 단어들을 사용해야 한다. 가령 뮤추얼펀드[1]를 파는 투자상담사가 고객에게 "이 상품은 투자시장을 완전히 바꿔 놓았습니다. 당장 투자하여야 합니다"라고 단순히 말하면 신뢰성이 떨어질 것이다. 하지만 "이 상품은 리스크를 줄이면서 투자수익을 늘려줍니다. 현재 유사품종이 수천 종 나와 있지만 이 상품은 다릅니다. 그 차이점을 말씀드리겠습니다…."라고 설명한다면 전문성을 유지하면서도 고객이 요점을 쉽게 이해하도록 도와줄 것이다.

☞ 1) 뮤추얼펀드Mutual Fund ; 투자자들이 맡긴 돈을 굴려 수익을 돌려주는 간접투자상품

쉬운 단어를 쓰는 일에 주저하지 마라. 정말로 제품이『놀랍다』고 생각되면 그렇게 말하라. 프레젠터가 진심을 담아 말하지 않으면 청중을 설득할 수 없다.

☑ 잡스식 단어 사용의 세 가지 특징

잡스는 전문 용어를 거의 쓰지 않는다. 그는 쉽고 일상적인 단어를 쓴다. 특정 업계에서 쓰는 전문 용어는 생각의 자유로운 교류를 방해한다. 나는 같은 회사 안에서도 부서마다 서로의 전문 용어를 이해하지 못하는 경우를 숱하게 보았다. 전문 용어는 대개 의미 없고 이해하기 어려우며 설득력을 떨어뜨릴 뿐이다.

사명선언使命宣言은 전문 용어를 남발하는 전형적인 사례다. 대개 사명선언은 회의를 여러 번 거쳐 만들어지지만 결국 잊혀지고 만다. 길고 복잡하며 어려운 용어로 가득하기 때문이다. 반면 잡스는『시너지』,『원칙에 기반한』,『동종 업계 최고』처럼 사명선언에 흔히 들어가는 말을 거의 쓰지 않는다. 이런 표현들은 공허한 생색내기에 불과하다. 그러나 전 세계 기업들은 매일같이 회의실에 모여 한 문장에 딱딱한 용어를 얼마나 많이 넣을 수 있는지 고민한다.

애플의 사명선언은 단순하고 명확하며 인상적이다. 정서적 표현과 실질적인 사례로 가득하다.

애플은 1970년대에 애플II 로 개인용 컴퓨터 시장을 개척했고, 매킨토시Macintosh로 개인용 컴퓨터를 재발명했다. 지금도 애플은 수많은 상을 휩쓴 컴퓨터와 OS X 운영체제, 아이라이프iLife, 전문 애플리케이션Application으로 혁신을 주도한다. 또한 애플은 휴대용 음원 및 동영상 재생기기인 아이팟iPod과 온라인 아이튠즈 스토어iTunes Store로 디지털 미디어 혁명을 주도하고 있으며, 혁신적인 아이폰iPhone으로 휴대전화 시장을 장악했다. 현재는 아이패드iPad 시리즈를 출시, 태블릿 컴퓨터[2] 시장을 잠식하고 있다.

잡스가 신제품을 소개할 때 쓰는 단어들은 보통 세 가지 특징을 갖는다. 그것은 단순하면서도 명확하며 감정을 적극적으로 표현한다는 것이다.

☞ 2) 태블릿 컴퓨터 Tablet Computer; 평면판 위의 임의의 위치를 펜이나 퍽Puck으로 접촉해 컴퓨터에 입력할 수 있는 장치

✍ 스티브 잡스의 신상품 소개시 주로 사용하는 단어의 3가지 특징

◦ **단순성** : 전문 용어와 긴 단어를 되도록 쓰지 않는다.

◦ **명확성** : 길고 추상적으로 설명하지 않고 간결하고 구체적으로 설명한다.

◦ **감정표현** : 감정을 드러내는 형용사를 많이 쓴다.

잡스가 맥북 에어Macbook Air를 소개하는 내용을 보면 이 3가지 특징이 잘 드러난다. 그 내용은 다음과 같다. "이것이 맥북 에어입니다. 얼마나 얇은지 느낌이 오실 겁니다. -> **명확성** / 그래도 풀사이즈 키보드와 모니터를 갖추었습니다. -> **단순성** / 놀랍지 않습니까? -> **감정표현** / 이렇게 생겼습니다. 대단하죠? -> **감정표현** / 세상에서 가장 얇은 노트북입니다. -> **단순성** / 그러면서도 13.3인치 와이드스크린과 풀사이즈 키보드를 갖추고 있습니다. -> **감정표현과 명확성** / 우리 기술팀이 이 제품을 개발했다는 사실이 놀랍습니다." -> **감정표현**

구체성, 명확성, 감정이 담겨 있는 잡스 화법의 예

행 사	잡스의 말
애플 뮤직 이벤트, 2001	"아이팟의 가장 멋진 점은 소중한 노래들을 전부 호주머니에 넣고 다닐 수 있다는 것입니다."
2003년 1월 7일, 최초의 17인치 노트북 소개	"기적 같은 기술로 만든 획기적인 제품입니다."
맥월드 2003, 세계 최초 17인치 와이드스크린 노트북 소개	"안전띠를 매주십시오. 그리고 어깨띠도 매세요."
맥월드 2003, 티타늄 파워북 소개	"구매 욕구를 최고로 자극하는 제품입니다."
맥월드 2003, 신형 17인치 파워북 소개	"이 제품은 대단합니다. 우리가 만든 가장 놀라운 제품입니다. 모니터를 보십시오. 엄청납니다. 얼마나 얇은지 보십시오. 놀랍지 않습니까? 모니터를 닫아도 두께가 1인치밖에 안됩니다. 게다가 아주 예쁩니다. 이 제품은 분명 세계에서 가장 진보한 노트북입니다. 경쟁 업체들은 우리가 2년 전 발표한 제품도 아직 따라잡지 못했습니다. 그런데 이것까지 나와버렸으니, 그들이 어떻게 할지 궁금합니다."
1세대 매킨토시 소개	"미치도록 대단합니다."
존 스컬리 펩시 회장을 설득 하면서 한 말	"계속 설탕물을 팔면서 남은 삶을 보내고 싶으세요, 아니면 세상을 바꿀 기회를 잡고 싶으세요?"
PBS 방송 프로그램<괴짜들의 승리Triumph of the Nerds>에서 인용한 말	"우리는 우주에 흔적을 남기기 위해 여기에 있습니다."
CEO 길 아멜리오 사임에 대해 한 말	"제품들이 엉망이에요! 더 이상 흥미로운 부분이 없어요!"
2008년 9월, 아이팟 터치 소개	"아이팟 터치는 우리가 만든 가장 재미있는 아이팟입니다."

위 표는 구체적이고 명확하며 감정을 적극적으로 드러내는 잡스의 말들을 추린 것이다. 이 사례는 일부에 불과하다. 잡스의 모든 프리젠테이션은 이와 비슷한 화법으로 진행된다.

어떤 사람들은 이 표에 나온 말들을 보고 잡스가 허풍이 심하다고 생각할 것이다. 하지만 허풍은 내실이 없을 때 말 그대로 허풍이 된다. 최초로 직관적인 인터페이스Interface와 마우스Mouse를 갖춘 매킨토시가 미치도록 대단하지 않다거나, 맥북 에어가 놀랄 정도로 얇지 않다고 주장하기는 힘들다.

잡스는 허풍의 대가가 아니라 헤드라인Headline의 대가다. 애플은 제품을 설명할 말을 대단히 신중하게 고른다. 그들이 선택한 단어는 고객들 사이에서 흥분을 자아내고 반드시 사야 한다는 생각이 들도록 만든다. 거기에 잘못된 점은 없다. 대개의 상품에 붙는 선전 문구들이 밋밋하고 추상적이며 무의미하다는 사실을 기억하라. 잡스의 설명은 밋밋함과는 거리가 멀다. 당신의 설명에도 흥미를 더하도록 노력하라.

◇ 톰 피터스[1]가 말하는 탁월한 프레젠테이션 비법

☞ 1) 톰 피터스Tom Peters, 1942~ ; 미국 경영학자. 컨설턴트. 스탠퍼드 대학교 경영대학원 경영학 박사

① 발표 내용을 머릿속에서 재구성할 수 있을 정도로 꿰차고 있어야 한다.

② 시작한 뒤 2분 이내에 촌철살인寸鐵殺人의 한마디로 청중을 사로잡아라.

③ 핵심내용은 3개까지만 사용하라.

④ 자료를 나열하는 것도 중요하지만 청중의 감정에 호소해야 한다.

⑤ 예정 시간보다 훨씬 짧은 시간 안에 압축해서 발표해야 할 상황은 언제든지 찾아온다. 1분 이내에 모든 내용을 설명할 수 있게끔 준비하라.

⑥ 미소 지어라! 긴장을 풀어라.

⑦ 눈 맞춤은 필수다.

⑧ 탁월한 발표자가 되는 것은 최고의 야구 투수가 되는 것 만큼이나 힘든 일이다. 정말 열심히 연습하지 않으면 안된다.

⑨ 현장에 일찍 도착하라.

⑩ 강조점을 반복하라. 대신 똑같은 표현이 아니라 여러 가지 다른 표현들을 활용하라.

⑪ 에너지와 열정을 보여줘라.

⑫ 훌륭한 발표자는 훌륭한 연극 배우라는 사실을 기억하라.

3. 비주얼 기술의 활용

(1) 비주얼 활용 목적

☑ 최고의 Visual은 발표자 자신

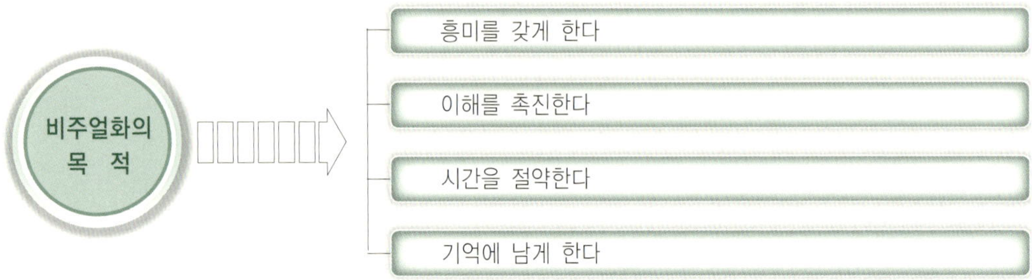

☑ 매체의 유형

□ 불을 켜고 사용하는 매체
- 괘도掛圖
- 오버헤드 프로젝터OHP
- 텔레비전
- VCR
- 실물화상기

□ 불을 끄고 사용하는 매체
- 슬라이드 프로젝터
- 영사기
- LCD 프로젝터
- 빔 프로젝터

(2) 비주얼을 사용하는 이유

☑ 프리젠테이션의 성공과 실패를 판가름하는 것은 프리젠터가 제시한 정보를 청중이 『흡수하고 -> 파악하고 -> 이해하고 -> 생각하고 -> 행동하는 데』까지 가는가 못가는가에 달려 있으며, 프리젠테이션 실패 원인의 대다수는 청중이 정보를 흡수해 주지 않는 데서 비롯된다.

☑ 사람이 정보를 흡수하는 기관

▷ 5감 : 시각, 청각, 촉각, 후각, 미각

구 분	3시간 후	3일 후
시 각	72%	20%
청 각	70%	10%
시청각	85%	65%

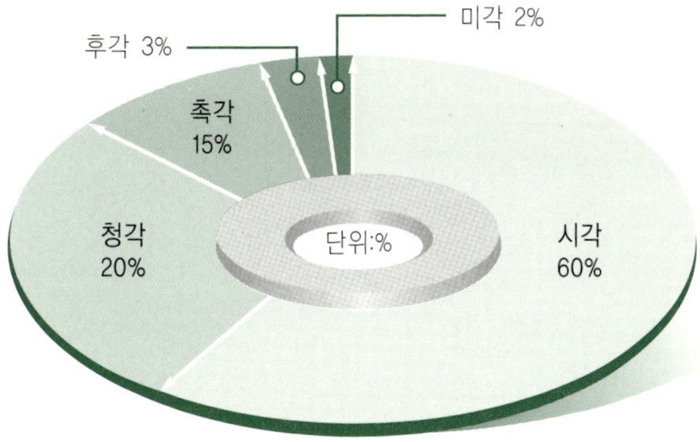

(3) Visual 자료의 사용규칙

❍ 시각 자료

☑ 제목을 작성할 때

제목의 길이는 다섯 단어가 넘지 않게 한다. 설명하려는 내용과 제목은 글짜, 색깔, 크기, 글꼴로 구별한다.

☑ 7×7의 원칙

한 장의 슬라이드에 7단락, 한 단락에 7단어가 넘지 않게 한다.

☑ 서체를 사용할 때

글씨 크기는 16포인트 이하로 사용하지 않도록 하며, 강조할 때는 굵은체나 밑줄 정도로 강조하며 윤곽체나 그림자체는 특별한 경우가 아니면 사용을 자제한다.

☑ 마침표를 사용할 때

시각 자료에서는 마침표를 사용하지 않는다.

☑ 영어를 사용할 때

관사a, an, the나 전치사to, for, 접속사and, or는 소문자로 사용하며 전체를 대문자로 사용하지 않는다. 일반적으로 대문자보다 소문자가 읽기 쉽기 때문이다. 대문자는 제목에만 사용한다.

☑ 색상은 통일성과 일관성 있게 사용한다

전체적인 분위기가 통일성과 일관성이 있어야 시각적으로 한눈에 들어올 수 있다. 기본적으로 프리젠테이션 자료에서는 사진과 삽화를 제외하고 세 가지 색상 이상은 사용하지 않는다. 여러 가지 색을 사용하게 되면 시선이 분산되고 집중력이 떨어진다. 따라서 가장 강조하고자 하는 핵심 내용에만 바탕화면과 보색補色이 되는 색상을 사용하는 것이 좋다.

☑ 배경 색상 선정에 신중을 기한다

배경을 강렬한 색상으로 선택하기 쉬운데, 잘못 선택하였을 때는 전체적인 분위기가 촌스러워 보일 수도 있고 글자체, 사진 및 삽화에서 명도와 채도를 고려해야 하므로 자료 제작에 어려움이 따를 수 있다. 가장 많이 사용되는 배경 색상은 푸른색 계통이다. 가장 눈에 잘 띄는것은 검정 바탕에 노란색 글꼴이며, 편안하게 보이는 것은 흰색 바탕에 명도가 높은 글꼴이다. 무엇보다도 배경 색상은 청중의 분위기와 특성, 발표 자료의 이미지, 주제와의 부합성, 전반적인 주변 환경 등을 고려하여 선정하는 것이 좋다.

☑ 명도와 채도를 고려한다

자료 제작에 색채를 고려하는 이유는 무엇일까? 그것은 바로 청중의 가독성可讀性을 높이고 오랫동안 기억에 남기기 위해서이다. 옷을 입을 때도 검정 재킷에 빨간 스커트나, 검정 정장에 노란색 스카프로 포인트를 주는 등의 보색 매치는 한눈에 들어온다. 하지만 명도와 채도가 동시에 높아지게 되면 오히려 가독성을 분산시킬 수 있으므로 주의한다.

□ 색상이 나타내는 상징적 의미

- **빨강** ▷ 카리스마 / 열정적 / 용기 / 자극적 / 폭발적
  -> 적극적이며 강렬한 인상을 준다.
- **주황** ▷ 건강함 / 자극적 / 요란함 / 강렬함
  -> 창조적인 느낌을 가지고 있어 새롭다는 느낌을 준다.
- **노랑** ▷ 쾌활함 / 적대적 / 질투심 / 따뜻함
  -> 기쁘고 즐겁다는 의미를 강하게 가지고 있으므로 신규 추진 프로젝트시 효과적이다. 하지만 청중의 연령이 높은 경우에는 사용을 자제한다.
- **초록** ▷ 즐거움 / 조용함 / 젊음 / 평화로움 / 신선함
  -> 마음의 위안과 휴식의 이미지를 가지고 있다. 강렬한 메시지를 주고자 한다면 자제하는 것이 좋다.
- **파랑** ▷ 명랑함 / 냉정함 / 정의로움 / 실용적
  -> 전문적인 느낌과 지적인 느낌을 강하게 추구하고자 할 때 효과적이다.
- **검정** ▷ 슬픔 / 비애 / 심오함
  -> 글자색으로 사용하는 것이 가장 효과적이다.
- **보라** ▷ 승리 / 열정적 / 권위적 / 당당함 / 위험요소를 가짐 / 고독함
  -> 프리젠테이션에 사용하기에는 다소 어려움이 있으므로 사용시 주의가 필요하다.

❍ 도해의 기본요소 4가지

도해의 기본은 『둘러싸기, 잇기, 배치하기, 이미지 붙이기』 이렇게 4가지이다. 이들을 응용하거나 조합하여 다채롭게 표현할 수 있다.

☞ 1) 『둘러싸기』는 AB와 CD가 한 묶음임을 나타낸다.

2) 『잇기』는 A와 B, C와 D를 화살표로 이어 순서나 인과관계 등을 나타낸다.

3) 『배치하기』는 두 측의 평면에 배치하여 각각의 성질을 한눈에 나타낸다.

▽ 둘러싸기[1) -> 논리의 단위

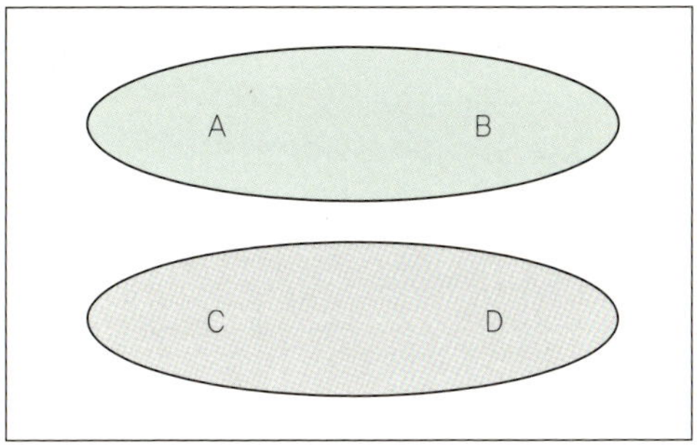

▽ 잇기[2) -> 관계

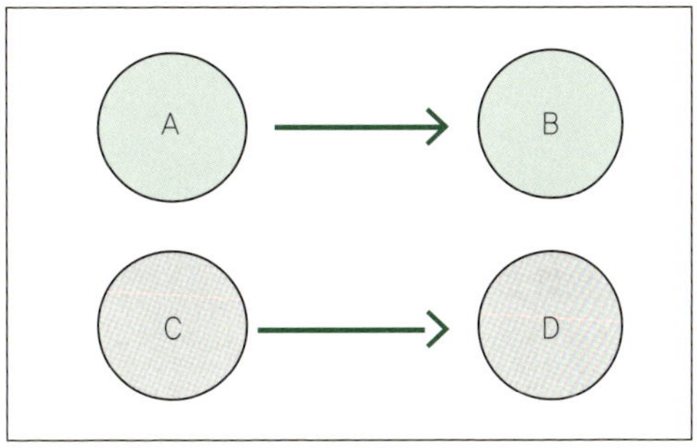

▽ 배치하기[3) -> 의미전달

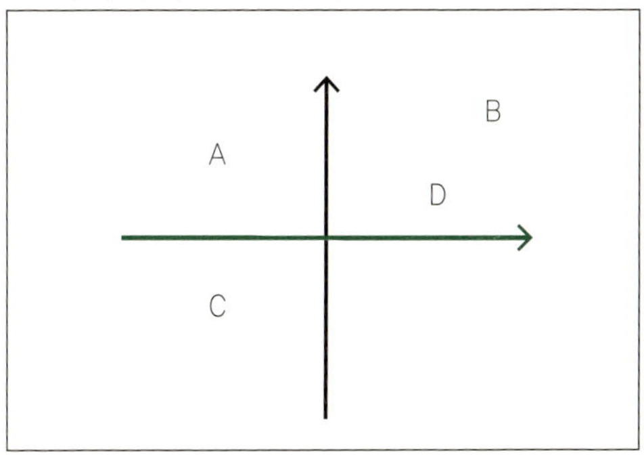

▽ 이미지 붙이기 -> 이미지

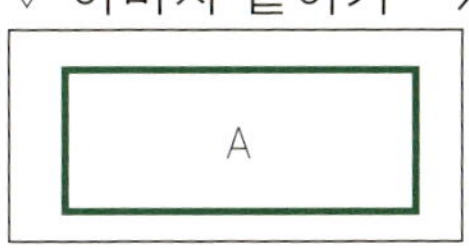

확고한 이미지

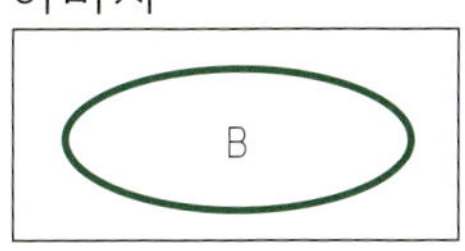

부드러운 이미지

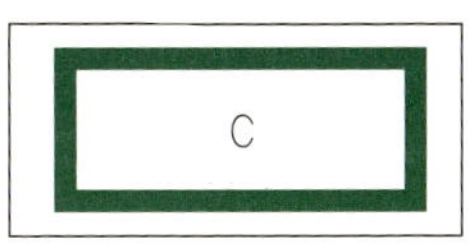

강한 이미지

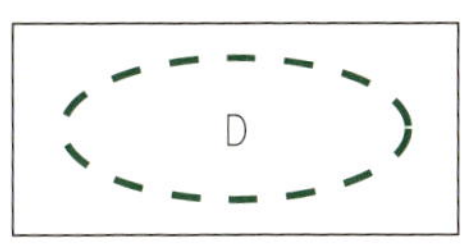

애매한 이미지

❍ 도형의 이미지

도형은 그 자체가 독자적인 이미지를 가진다. 표현하는 내용에 따라 적절한 도형을 선택한다.

▽ 도형의 이미지

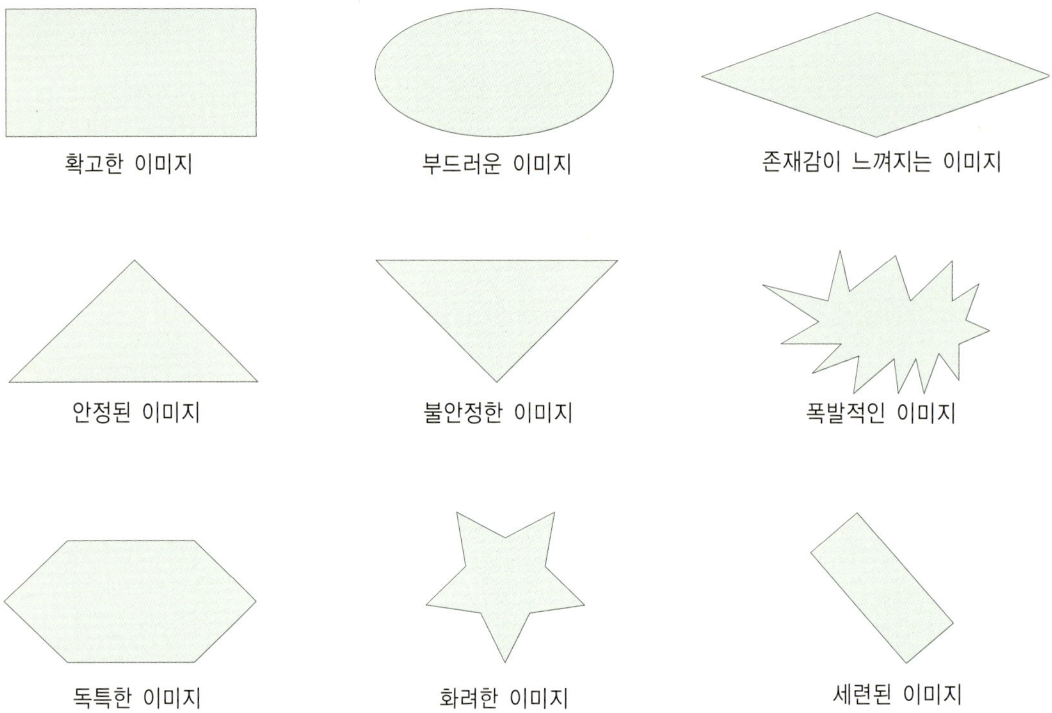

(4) 시각 자료의 점검

☑ 시각 자료 작성 후의 점검사항

① 한 눈에 보기 좋고 명확하게 작성되었는가?
-> 프리젠터가 전달하려는 의미를 나타내고 있는지 검토

② 쉽게 알아볼 수 있는가?
-> 누가 보더라도 이해하기 쉬운지 점검

③ 전달하고자 하는 핵심 포인트를 알아낼 수 있는가?
-> 발표 내용과 연관성이 있는지 점검
-> 청중의 주의를 집중시킬만한 재미
-> 복잡해서 집중이 떨어지지는 않은지 확인
-> 메시지를 간결하게 전달
-> 전달 내용을 정확하게 표현

☑ 잘못된 시각 자료의 특징

① 제목이 위치, 글꼴, 색상 등의 항목에서 내용과 구별되지 않는다.
② 전체의 이미지에 통일성이 없다.
③ 한 장의 슬라이드에 두 가지의 도표나 도형이 사용되었다.
④ 설명하는 내용과 배포하는 자료가 완전히 동일하다.
⑤ 장황한 문구를 사용한다.
⑥ 애니메이션 효과를 남용한다.
⑦ 네 가지 이상의 색상을 사용한다.
⑧ 한 장의 슬라이드에 너무 다양한 글씨체를 사용한다.
⑨ 슬라이드 방향의 통일성이 없고 가로, 세로가 중복되고 있다.
⑩ 슬라이드 한 장이 여덟 단락 이상으로 작성되었다.

(5) 비주얼의 사용방법 및 주의

☑ 비쥬얼을 효과적으로 사용하는 방법

① 전체 청중이 볼 수 있는지 확인한다.
② 비주얼을 향해서 말하지 않는다.
③ 필요 없는 비주얼은 보여주지 않는다.
④ 반드시 리허설을 한다.
⑤ 단계를 밟아 비주얼을 보여준다.
⑥ 기기를 점검한다.
-> 확장 코드
-> 콘센트 위치
-> 실내 세팅 어레인지Arrange
-> 기기조작 방법
-> 기기의 사전 테스트
-> 고장에 대비한 예비부품

☑ 비쥬얼 사용시 주의할 점

① 비쥬얼의 분량은 적절한가?
② 목적에 합치되는가?
③ 비쥬얼의 크기는 충분한가?
④ 비쥬얼은 단순하고 간결한가?
⑤ 청중의 흥미를 고취시킬 수 있는가?

4. 토론과 질의응답 및 리허설

(1) 토론 잘하기

□ 우리는 왜 토론에 서툰가?

나는 평생 머리에 기름을 바른 적이 딱 두 번 있다. 한 번은 장가가는 날이었고, 다음은 미국 병원에서 노사 협의 대표로 간 날이었다. 정장에 넥타이, 그날은 커피도 못 마시게 했다. 흥분하면 안되니까. 일체의 감정은 집에 두고 냉철한 이성과 논리로 일관해야 한다. 목소리를 높이지 말라, 상대의 말을 가로막지 말라, 상대의 입장을 이해하도록 잘 들어라, 공감이 가는 부문엔 인정하라, 상대의 권위를 존중하라, 우리 주장에 무리가 있으면 솔직히 사과하라, 피해 의식을 버려라, 상대의 의견과 주장을 충분히 듣고 인정한 후 비로소 내 주장을 '조심스레' 펴라, 100% 달성하겠다는 생각은 말라, 손해다 싶은 선에서 절충하라, 절충이 끝나기 전에 먼저 일어서지 말라.

대충 이런 게 선배로부터 받은 사전 교육의 내용이었다. 그리고 이걸 회의에 참석한 모든 위원들이 철저히 지켜낸다는 게 참으로 인상적이었다. 우리 노사勞使 회의장은 분위기부터 공격적이다. 점퍼 차림에 띠를 두르고 구호마저 결사 쟁취다. 거기에다 서로는 피해의식으로 잔뜩 성이 난 상태라 쉽게 감정이 격화된다. 노는 노대로 '우리는 혹사 당한다'고 하고, 사는 '너희들이 어떻게 이럴 수 있어?'라고 한다. 이러니 그만 자존심 대결장이 되고 타협은 물 건나간다. 억지, 오기가 발동하면 바로 흥분, 파업이다. 초조하게 지켜보는 온 국민을 실망시킨다. 대형 사업장일수록 실망은 더하다. 그곳은 한국의 간판기업이요, 우리의 자랑, 우리의 자존심이 아니던가. 이건 그 사업장만의 문제가 아니다.

한국의 경직된 노사문화가 해외자본의 발길을 주춤거리게 한다. 게다가 국내기업마저 해외로 유출돼 산업 공동이 더 커지고 있다. 자라는 후대의 일자리가 걱정 안될 수 없다. 끝내 그 사업장이 망하면 그 부담은 또 고스란히 국민의 몫으로 돌아온다. 우린 아직 토론에 미숙하다. 역사적으로 그렇게 해 본 적이 없기 때문이다. 마을엔 위계질서에 따라 어른의 한 마디로 만장일치다.

그게 화합을 중시해 온 우리의 문화였다. 가장 큰 장애물은 뭐니뭐니해도 감정적으로 되는 데 있다. 내 주장만 하고 남의 말을 들으려 하지 않는다. 삿대질, 우격다짐 등 우리 국회는 그 전형이다. 토론을 통한 절충이 안 되면 다수결이 민주주의의 기본이다. 그리고 의결된 이상 싫어도 따라야 한다. 이게 잘 안 되는 게 우리 사회다.

고맙게도 노무현 대통령이 토론을 통한 의견 수렴을 하려 애쓰고 있다. 워낙 권위주의적 정치 행태에 염증을 느낀 국민에겐 신선한 충격이다. 그렇다면 이제 청와대 참모들이 유념해야 할 일이 있다. 우선 토론에는 '위원 1인 평등의 원칙'이 지켜져야 한다. 참석하는 모든 사람은 지위 여하를 불문하고 똑같은 권리와 책임을 갖는다. 그러나 지난번 평검사와의 토론은 좌석배치에서부터 기본을 벗어났다. 뒷줄에 말없이 앉은 검사들. 다리 펼 테이블, 팔걸이도 없는 의자에 혼자 앉은 여성 장관, 이걸 생중계 하겠다는 발상, 끝난 후 누가 득을 봤느니 하는 자평까지 씁쓰레한 기분을 지울 수 없었다.

토론이란 나와는 다른 의견이 있다는 걸 인정하는 자리다. 그럼에도 우린 나와 의견이 다르면 마치

인간적 공격을 받는 것처럼 흥분한다. 배신감까지 든다. 물론 토론 외적인 문제로 시비를 걸거나 상대의 감정을 일부러 자극하는 건 비열한 짓이다. 제한된 시간에 자기주장만 장황하게 펴는 건 폭력이다. 토론의 목적은 절충과 타협을 위해서다. 거기엔 완승도 완패도 없다. 때론 자기 주장을 철회하고 상대를 받아들임으로써 더 존경을 받는다. 그게 진정한 승자다. 어떤 경우에도 오직 나만이 옳다는 주장은 독선이다. 여기엔 어떤 신념이나 이념 종교 가치관에 이르기까지 예외가 없다. 그걸 못해 우린 얼마나 많은 갈등과 마찰, 그리고 피까지 흘러야 했던가.

파병 문제로 온 나라가 토론장이다. 여기까진 좋다. 단, 자기주장을 관철하기 위해 협박이나 물리력 동원은 안 된다. 토론은 말로 하는 것이다. 다르다는 걸 존중하고 그러면서 전체적 조화를 이룰 수 있는 모자이크 사회가 되어야 한다.

✍『토론의 달인』이 되는 7가지 방법

① 잘 들어야 한다.
좋은 토론가는 자기가 말할 내용보다 상대방이 말하는 내용에 더 주의를 기울인다. 상대주장의 핵심을 빨리 간파하면 논리의 허점도 쉽게 찾아낼 수 있다.

② 자료와 예시를 충분히 준비한다.
자료를 충분히 가지고 이슈를 장악해야 한다. 예시를 많이 준비하는 것이 좋다. 특히 선진국의 사례나, 토론의 논제와 유사한 사례, 실패 또는 성공 사례는 잘 연구할 필요가 있다.

③ 상대의 반박 논리를 예측한다. 전략적 토론은 마치 장기 게임과 같다. 토론의 달인은 세 수, 네 수 앞을 내다본다. 상대가 어떤 주장을 펴고 어떤 근거를 들 것인지를 미리 예측한다.

④ 명확히 정의된 단어를 사용한다. 자신이 사용하는 단어를 명료하게 정의해 놓고 논리를 전개한다. 역으로 상대의 모호한 용어 사용을 공격한다.

⑤ 감정을 통제해야 한다. 격앙된 분위기에서도 감정을 통제하고 차분히 이야기해야 한다.

⑥ 상대의 처지가 되어본다. 역지사지. 상대의 처지가 되어 토론하는 연습을 자주 할 것. 실제 토론 대회에서는 찬성, 반대 입장을 추첨을 통해 지정하는 경우가 많다.

⑦ 목소리를 연출한다. 말에 높낮이가 있어야 집중하기가 쉽다. 적당한 제스처를 취하고 스피드와 톤을 조절한다. 전문가들은 그밖에 순간적인 재치와 순발력, 충분한 연습, 폭넓은 상식 쌓아두기 등을 꼽았다.

(2) 질의응답 요령

❍ 질의의 유형과 질문의 6가지 효과

☑ 질문의 유형

☑ 질문의 6가지 효과

- ◦주의를 환기시킨다.
- ◦메시지를 강조할 수 있다.
- ◦문제의식을 강화할 수 있다.
- ◦지식을 평가할 수 있다.
- ◦의견을 수렴할 수 있다.
- ◦정보를 끌어낸다.

❍ 질의응답의 기본 방향

- ◦질문을 분류하여 정형화시켜 둔다.
- ◦질문에 대해 정확한 단계를 밟아 처리한다.
- ◦발표자 자신이 질문자보다 많이 알고 준비해야 한다.

☑ 질문에 대처하는 기본 3가지 요령

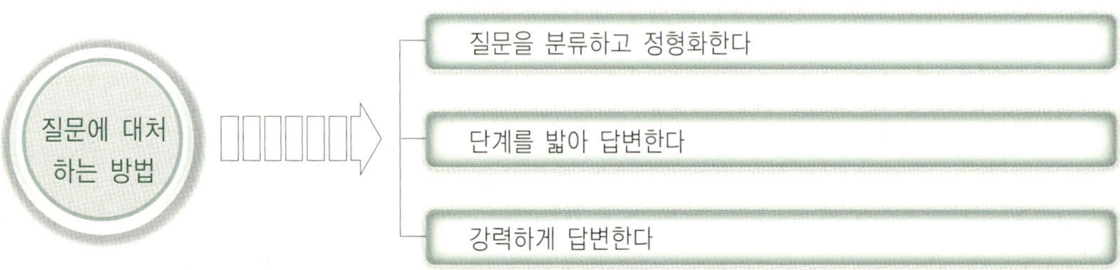

❍ 질문의 의도와 질의응답 Flow

☑ 질문의 의도

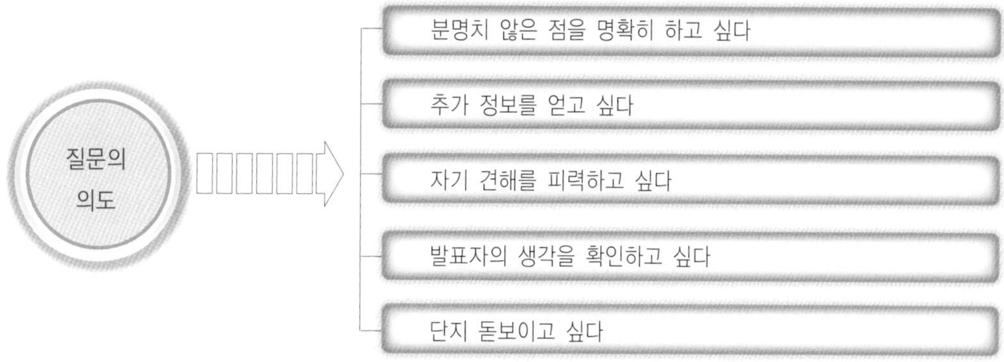

☑ 질의응답 Flow

▽ 질문 접수 방법 ▷『상시 답변형』과『최종 답변형』이 있다.

구 분	적용 상황	청중에 대한 전달방식
상시 답변형	◦청중이 적다. ◦내용을 잘 파악하고 있어 심리적으로 여유가 있다.	◦『뭔가 의문 나는 점이 있으시면 언제든지 질문해 주십시오.』 ◦『질문이 있으시면 중간에 스톱을 걸어 주십시오.』
최종 답변형	◦청중이 많다. ◦내용에 익숙하지 못하다.	◦『질의응답 시간은 다 끝나고 10분 정도 마련되어 있습니다.』 ◦『질문은 다 끝난 뒤 별도로 해주시길 부탁드립니다.』

▽ 질문 대응 방법 ▷ 상황에 따라 답변을 달리한다.

구 분	적용 상황	답변 예
즉시 답변하기	◦답변 내용을 알고 있을 경우 ◦지금 답변해야만 할 경우	◦『예, 가능합니다. 그 경우에는...』
나중에 답변하기	◦답변 내용을 모를 경우 ◦답변 내용은 모르나 나중에 이야기해 볼 만한 내용일 경우	◦『그건 알아보고 답변 드리겠습니다. 혹 시간적으로 여유가 있으십니까?』 ◦『이후 자세한 설명을 드릴 예정이니 지금은 계속 진행해도 괜찮으시겠습니까?』
동행자가 답변하기	◦본인보다 동행자가 답변해야 한다고 판단될 경우 ◦본인은 모르지만 동행자라면 알지도 모른다고 판단될 경우	◦『금액에 대해서는 업무담당인 ○○쪽에서 답변을 드리겠습니다.』 ◦『○○씨, 이 점에 대해선 어떤가요?』
답변하지 않기	◦자기와 답변할 사항이 아닐 경우 ◦사외비社外秘일 경우	◦『나중에 해당 담당자가 답변하게 하겠습니다.』 ◦『그런 소문도 있는 것 같습니다만, 회사측에서도 아직 확실한 정보가 없어서...』
다시 묻기	◦상대가 무언가 말하고 싶어 한다고 판단될 경우 ◦상대의 생각을 들어보고 답변하는 쪽이 낫다고 판단될 경우	◦『○○님은 어떻게 생각하시는지요.』

(3) 리허설

○ 프리젠테이션은 생방송이다

자료를 잘 만들었는데 설명을 잘 못한 것과, 자료는 잘 만들지 못했는데 설명을 잘한 경우 중 어떤 것이 더 바람직할까?

두 가지 모두 잘하는 것이 중요하겠지만, 둘 중 하나를 선택해야 한다면 자료를 잘 만들지 못했지만 설명을 잘한 경우가 낫다고 하겠다. 대부분의 사람들은 자료 만드는 데 모든 에너지를 쏟는다. 하지만 프리젠테이션은 생방송이다. 이 점을 고려해서 준비를 해야 한다. 자료를 거의 사용하지 않으면서 상대방을 설득하는 사람은 프리젠테이션 능력이 매우 뛰어난 사람이다.

◇ You can never over rehearsal – Steve Jobs

☑ 시나리오대로 리허설 예행연습 을 실시한다

시나리오라는 것은 주어진 시간을 어떻게 활용하겠다는 일종의 시뮬레이션이다. 파워포인트 준비가 아무리 훌륭해도 이 시점에서 어떤 메시지를 던지겠다는 준비가 없으면 효과적이지 못한 프리젠테이션이 될 확률이 높다.

따라서 슬라이드 노트 등에 설명할 메시지를 기록하고 그것을 출력하여 리허설을 해보는 것이 좋다. 리허설은 청중이 있다는 가정 하에 해본다. 속된 말로 『말발』이 없다면 많은 연습을 하여 읽는 느낌이 아니라 자연스럽게 표현하는 수준까지의 연습이 필요하다.

☑ 시작 전에 긴장을 푼다

긴장은 프리젠테이션 최대의 적이다. 긴장만 안 해도 절반은 성공한 것이나 다름없다.

✍ 긴장감을 풀기 위한 방법

◦ 주먹을 쥐었다 폈다 하는 것을 반복한다.
 -> 이렇게 하면 긴장이 많이 풀린다.

◦ 깊게 들이마시고 길게 내쉬기를 반복하는 복식호흡을 한다.

◦ 프리젠테이션 장소에 미리 가서 대기한다.

◦ 리허설 횟수를 늘려 자신감을 얻는다.

◦ 시작 전까지 동료와 대화를 나누어 긴장감을 해소한다.

이 다섯 가지 방법만 잘 숙지하고 활용해도 프리젠테이션 능력이 매우 향상될 것이다.

☑ 첫인사가 중요하다

대부분의 초보 프리젠터는 첫인사를 잘 하지 못한다. 처음에 인사를 제대로 하지 못하면 첫 단추가 잘못 끼워진 것처럼 계속해서 불안한 프리젠테이션을 이끌어가게 된다. 짧은 메시지로 청중에게 인사를 하고 박수를 받은 뒤 주위를 둘러보며 자신을 소개한다면 좀 더 여유 있게 프리젠테이션을 시작할 수 있다.

☑ 상대의 반응을 살피며 속도와 내용을 조절한다

프리젠테이션은 생방송이다. 상대와 교감을 통해 소통해야 하며 그로써 공감을 이끌어내고 상대가 의사결정을 내리게 하는 것이 목적이다. 그러므로 상대의 반응을 수시로 살피며 말의 톤, 속도, 내용, 강조점, 이야기 전환 등을 다각도로 조절해 나간다.

☑ 청중 평가위원 의 반응

긍정적 반응	부정적 반응[1]
◦ 눈빛을 마주친다	◦ 팔짱을 끼고 듣는다
◦ 고개를 끄덕이는 경우가 있다	◦ 시선을 피한다
◦ 몸을 앞으로 기울인다	◦ 비스듬히 앉는다
◦ 미소를 띄는 경우가 있다	◦ 유인물만 바라보고 있다
◦ 느낌이 집중된다	◦ 느낌이 산만하다

☞ 1) 부정적인 반응들이 나타나면 이를 빠르게 캐치하여 이야기를 전환하거나 가벼운 유머를 활용, 말의 톤과 스피드를 조정하여 다시 청중들이 집중하도록 만들어야 한다.

❍ 리허설 방법

단계	방법	점검 사항
단계 1	• 도입부에서 결론부까지 전체를 일관하여 이야기해 본다. • 문제점을 메모해 둔다.	- 청중이 이해할 수 있는가 - 말의 흐름이나 구성에 문제는 없는가
단계 2	• 전달에 주의하면서 리허설을 한다.	- 의자에서 일어나는 방법은 좋은가 - 걸음걸이는 바른가 - 자세는 바른가 - 효과적인 바디랭귀지를 사용하고 있는가 - 발음, 속도, 억양, 소리의 강약은 적당한가
단계 3	• 비주얼 기기를 사용하여 이야기해 본다. • 문제점을 정정하고 설명이 부족한 부분은 보강한다.	- 말에 조리는 있는가 - 논리의 비약은 없는가 - 데이터나 자료는 충분한가 - 사실과 의견의 균형은 잡혀 있는가

○ 리허설의 점검과 현장의 사전 점검

☑ 리허설을 스스로 점검할 때 발견되는 전형적인 유의점

① 목소리가 작아서 패기가 느껴지지 않는군
② 화면만 바라보며 말하고 있군
③ 어? 내가 이렇게 『에~』라는 말을 많이 쓰나?
④ 말이 빨라 무슨 이야기를 하는지 못 알아듣겠군
⑤ 주어진 시간은 30분인데 20분이나 초과했어
⑥ 내 몸으로 화면의 중요한 부분을 가려 보이지 않는군
⑦ 쓰여 있는 내용을 낭독할 뿐이어서 정말 지루하구나

☑ 제3자에 의한 리허설 평가 체크시트

프레젠테이션 제목 : [ ]
발표자명 : [ ] 피드백자명 : [ ] 날짜 : [/]

체크 항목	O/X	확 인
① 전체 구성이 매끄러운가?		
② 프리젠테이션 목표는 명확한가?		
③ 청중 시청자의 수준에 맞추었는가?		
④ 흐르듯 부드러운가?		
⑤ 내용을 충분히 이해하고 숙지했는가?		
⑥ 시간배분은 적절한가?		
⑦ 말하기 수준은 괜찮은가 말 크기/속도 등?		
⑧ 비언어 표현은 적절한가 아이 컨택, 표정 등?		
⑨ 보기 편한 자료를 만들어 파악하기 쉽게 하였는가?		
⑩ 질의응답 진행은 적당한가?		

[종합확인]
◦ 양호한 부분 :
◦ 개선할 부분 :

☑ 프리젠테이션 현장 사전 체크리스트

① 연단의 위치는 정확한가?
② 프로젝터는 올바로 동작하는가?
③ 컴퓨터는 제대로 작동하는가?
④ 스크린 위치나 각도는 적당한가?
⑤ 마이크 전원은 들어오는가, 음량은 적당한가?
⑥ 화이트보드나 마커펜은 준비되어 있는가?
⑦ 조명 조작법을 알고 있는가?
⑧ 코트걸이나 우산꽂이는 있는가?
⑨ 휴지통은 있는가?
⑩ 벽시계가 연단 맞은편에 있는가?
⑪ 책상과 의자의 수는 충분한가?
⑫ 책상과 의자가 더럽지는 않은가?

☑ 프로가 리허설에서 체크하는 11가지 항목

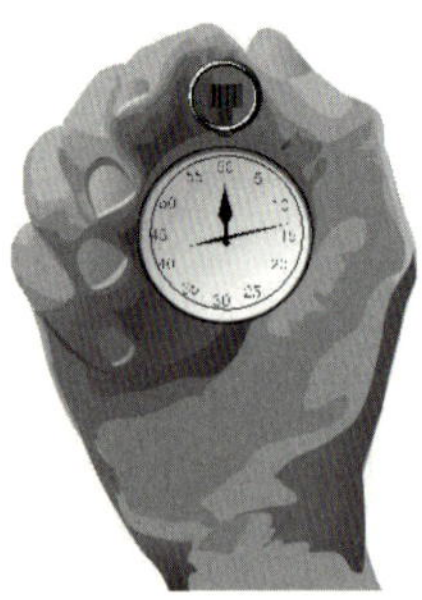

1. 제한 시간은 잘 지켰는가?
2. 핵심내용은 잘 전달되었는가?
   ① 핵심내용 1 :
   ② 핵심내용 2 :
   ③ 핵심내용 3 :
3. 오프닝 펀치라인
   ① 청중의 주목을 끌어내는가?
   ② 청중에게 발표자의 신뢰감을 전달하는가?
4. 오버뷰
   ① 핵심내용을 잘 드러내는가?
   ② 자연스럽게 본론으로 연결되는가?

5. 본론 스토리텔링
① 핵심내용의 개수는 적당한가?

6. 서머리 Summary
① 핵심내용을 잘 요약하는가?
② 결론, 클로징으로 자연스럽게 이어지는가?

7. 클로징 터치라인
① 프레젠테이션을 마무리한다는 것을 알려주는가?
② 강렬한 인상을 남겼는가

8. 전환은 자연스러운가?
① 전환을 위해 사용하는 어구는 적절한가?

9. 바디 랭귀지
① 눈 맞춤은 적절한가?
② 얼굴 표정을 메시지에 따라 변화시키는가?
미소를 짓는가?
③ 손의 제스처는 적절한가?
④ 기본 위치는 잘 지켰는가?
⑤ 공간을 적절히 활용하는가?
⑥ 자세는 바른가?

10. 음 성
① 3초의 여유를 잘 활용하는가?
② 말의 속도에 변화를 주는가? 너무 빠르거나 느리지는 않은가?
③ 음성의 크기와 높낮이에 변화를 주는가? 강조점이 드러나는가?

11. 개선해야 할 매너리즘 Mannerism은 무엇인가?

○ 잘 듣고 잘 설명하는 기술 요약

☑ [회의·보고·협상·파악·설득]의 필수기술

21세기는 커뮤니케이션의 시대라고 한다. 커뮤니케이션은 개인 뿐만 아니라, 기업이 살아남기 위한 생존과 성장의 필수 관문이다. 특히 직장생활은 커뮤니케이션의 연속이라고 할 수 있다. [상사에게 보고하는 것], [외부업체와 협상하는 것], [고객의 요구사항을 파악하는 것] 등 다양한 활동이 커뮤니케이션을 통해 이루어진다.

이런 커뮤니케이션 중에서도 그 핵심은 프리젠테이션이다. 설득을 목적으로 하는 프리젠테이션은 단순한 말의 전달이 아니라, 일관된 주제를 갖고 이를 일목요연하게 표현해야 한다는 측면에서 대화나 연설보다는 효과적인 기술이 필요하다. 프리젠테이션을 중심으로 잘 듣고, 잘 말할 수 있는 방법에 대해 알아본다.

잘 듣는 4가지 방법

표현하는 것만큼 듣기도 중요하다. 청중은 발표자의 내용에 귀를 기울여야 하고, 발표자는 청중의 요구사항에 귀를 기울여야 한다. 잘 듣는 것은 프리젠테이션뿐만 아니라, 일상적인 사회생활에서도 매우 중요한 커뮤니케이션 수단이다. 그렇다면 효과적인 듣기란 어떤 것인지 알아보자.

① 일주일 동안 듣기만 하라.

- 미국의 커뮤니케이션 전문가인 로저 에일스는 [똑똑하게 말하고 똑똑하게 듣기] 위해 필요한 능력을 기를 수 있는 기법을 담은 그의 저서 "You are the Message" 에서, [남의 말을 잘 듣지 않는 사람]이라는 지적을 받았다면 일주일 동 안 회의에 참석해서 꼭 필요한 경우가 아니면 한 마디도 말하지 말고 침묵을 지켜보라고 말했다.
- 어떤 회의든, 일주일 동안 노트를 가지고 다니면서 사람들이 [말하는 것]과 [내심 뜻하는 것]을 구별해서 들어보고 [겉으로 하는 말]과 [내심 의미하는 바]의 차이를 기록해 보라는 것이다.
- 이때 중요한 것은 발표자의 입을 통해 나오는 말뿐만 아니라 시선, 몸짓, 태도 등을 함께 관찰하는 것이다 비언어적 신호에도 그 사람의 마음이 담겨 있기 때문이다.

② 상대방의 말을 존중하라.

- 의사소통의 기초가 되는 듣기는 그저 단순히 소리를 듣는 것이 아니라, 그 속에 숨겨진 의미를 이해하는 것이 중요하다. 그러기 위해서 결론을 미리 짐작해서는 안된다.
- [그래, 무슨 말을 하려는지 알아] 하고 발표자의 말을 건성으로 듣거나 [그러니까 이렇게 하라는 거지] 하고 스스로 결론을 내리는 것은 위험하다.
- 상대방의 말을 존중하면서 꼼꼼하게 듣는 것이 중요하다.

③ 적절히 반응하면서 들어라.

- 청중 중에는 발표자가 무슨 말을 할 것인가에 대해 호기심을 갖고 적극적인 자세를 보이는 경우도 있지만, [어디 한 번 이야기해 봐] 하는 공격적이고 부정적인 자세를 취하는 경우도 있다.
- 그러나, 우호적인 분위기일 때 발표자로부터 더 많은 정보를 얻을 수 있다는 사실을 잊어서는 안된다.
- 따라서, 발표자의 내용에 고개를 끄덕이면서 공감을 표현하거나, 발표자가 요구하는 것에 적절하게 반응해 주는 것이 필요하다는 사실을 기억하자.

④ 의견은 끝까지 경청하고 난 후에 말하라.

- 발표자의 이야기를 듣다 보면 내 의견을 말하고 싶을 때가 있을 것이다.
  - 그렇다고 해서 이야기의 흐름을 막아서는 안 된다.
- 우선은 발표자의 이야기를 모두 경청한 후 자신의 의견을 말하는 것이 좋다.
  - 서로에 대해 존중하는 분위기가 조성되고 더 깊이있는 발표의 장이 마련될 것이다.

☑ 잘 설명하는 4가지 방법

인재관리 전문기업인 ○○Korea의 ○○대표는 [프리젠테이션은 다른 사람들 앞에서 자신의 능력을 검증받을 수 있는 매우 중요한 장場이다. 평소 자신의 활동사항에 대해 표현할 기회가 제한되어 있기 때문에, 프리젠테이션 할 수 있는 기회가 있을 때 자신의 능력을 과감하게 표현함으로써 능력 있는 사람으로 인정받을 수 있다]라고 강조한다. 그렇다면 어떻게 표현하는 것이 효과적인지 알아보자.

① 청중이 필요로 하는 정보를 전달하라.
- 프리젠테이션의 목적은 설득에 있기 때문에 어떤 사람들을 대상으로 이야기하느냐에 따라 내용이나 표현양식이 달라질 수 있다.
- 따라서, 프리젠테이션에서 가장 먼저 준비할 것은 청중을 분석하는 것이다. 일단 청중이 어떤 사람들인지, 그 성향과 연령 등을 고려해야 하고, 그들이 어떤 내용에 관심을 가지고 있는지에 대해 사전 조사해야 한다.
  - 전체 직원을 대상으로 하는지, 임원을 대상으로 하는지, 부하를 대상으로 하는지, 타 부서 사람들인지 또는 업계 관계자들인지 파악하고, 그들이 프리젠테이션에서 어떤 내용을 듣고 싶어 하는지에 대한 연구가 선행되어야 한다.
- 주제에 부합하면서 청중이 꼭 알고자 하는 정보를 전달할 때 흥미를 유발시켜 집중하게 만들 수 있어야 한다.

② 청중의 주의와 관심을 유도하라.
- 아무리 좋은 내용을 담고 있더라도 상대방의 관심을 받지 못하면 아무런 소용이 없다.
- 청중의 심금을 울리는 한 마디로 이야기를 시작해 보자. 중간에 불필요한 말들이 섞인다고 해도 청중은 첫마디를 기억하며 가슴에 새긴다.
- 그러므로 항상 준비하는 습관을 기르는 것이 중요하다. 평상시에도 감흥을 불러일으키는 문장이나 독특한 글을 PDA Personal Digital Assistants, 다이어리 등에 적거나 오려 붙여서 기억하는 습관을 들여 보자.

③ 목적의식을 잊지 말고 논리적으로 말하라.
- [프리젠테이션은 정해진 시간 안]에 상대방을 설득해야 하는 목적을 갖고 있다.
- 따라서, 자신이 이야기하는 내용을 상대방이 납득할 수 있도록 표현하는 것이 중요하다. 근거나 사례를 들 때도 자신이 이야기하고자 하는 주제에 부합하는 내용인지를 검토하여 제시해야 한다는 사실을 잊어서는 안될 것이다.

④ 자신만의 차별화된 전략을 활용하라.
- [상대방에게 깊은 인상]을 남기기 위해 자기만의 전략을 갖는 것이 필요하다.
- 좋은 표현을 활용하거나 흥미로운 방법으로 관심을 끄는 것도 좋다.
- 마지막 정리 단계에서 핵심내용을 명확하게 요약해 설명하면서 마무리 짓는 것도 효과적이다.

반드시 성공하는 프리젠테이션과 실패할 수밖에 없는 프리젠테이션

반드시 성공하는 프리젠테이션 방법

- 내용을 완전히 숙지한다.
- 예행연습을 철저히 한다.
- 효과적으로 정보를 전달하는 방법을 연구한다.
- 프리젠테이션 중에 나올 질의응답을 미리 생각해 둔다.
- 제한된 시간을 효과적으로 활용하는 기술을 익힌다.
- 일관된 흐름을 갖고 요점을 간결·명확하게 전달한다.
- 다양한 시청각 자료를 활용하여 프리젠테이션 효과를 극대화한다.
- 철저한 준비를 통해 자신감을 가진다.
- 설득해야 할 대상에 대하여 철저히 연구한다.
- 필요시 벤치마킹Benchmarking을 한다.
- 프리젠테이션 환경을 미리 조사한다.
- 청중의 요구사항Needs을 파악한다.
- 적절한 이미지를 사용한다.
- 공포감을 극복한다.
- 인터넷을 활용한다.

반드시 실패할 수밖에 없는 프리젠테이션 사례

- 주제가 불명확하다.
- 일방적인 전달자가 된다.
- 시간분배가 제대로 되지 않는다.
- 설명이 명확하지 못하다.
- 글자만 읽는다.
- 아이 컨택Eye Contact을 제대로 하지 않는다.
- 보충설명이 부족하거나 없다.
- 전문용어를 지나치게 사용한다.
- 질문에 답변을 못한다.
- 분위기가 딱딱하다.
- 지나친 효과를 사용한다.

part III

기술제안서 및 발표문 사례

설계분야 Chapter 1

□ 첨단의료복합단지 기본 및 실시설계 용역

□ 공사개요

가. 대 　 지 : 위치 – 대구광역시 동구 신서동 일원 / 대지면적 : 76,214m²

　　　　　　　　 – 충청북도 청원군 강외면 일원 / 대지면적 : 77,978m²

나. 건 　 물 : 규모 – 대구 연면적 : 49,314m², 충북 연면적 : 44,224m²

다. 사업기간 : 10개월

□ 입찰개요

1. 발주기관 : 조달청 수요기관 - 보건복지부
2. 입찰방식 : 입찰참가자격 사전심사 사업수행능력 - 기술제안서 평가

안녕하십니까? 첨단의료복합단지 기본 및 실시설계용역 기술제안서를 보고 드리겠습니다.

Prologue
The Green Medical
02

△ ▽ 그림만 비추면서 진행

Prologue
The Green Medical
03
CHUNGBUK OSONG

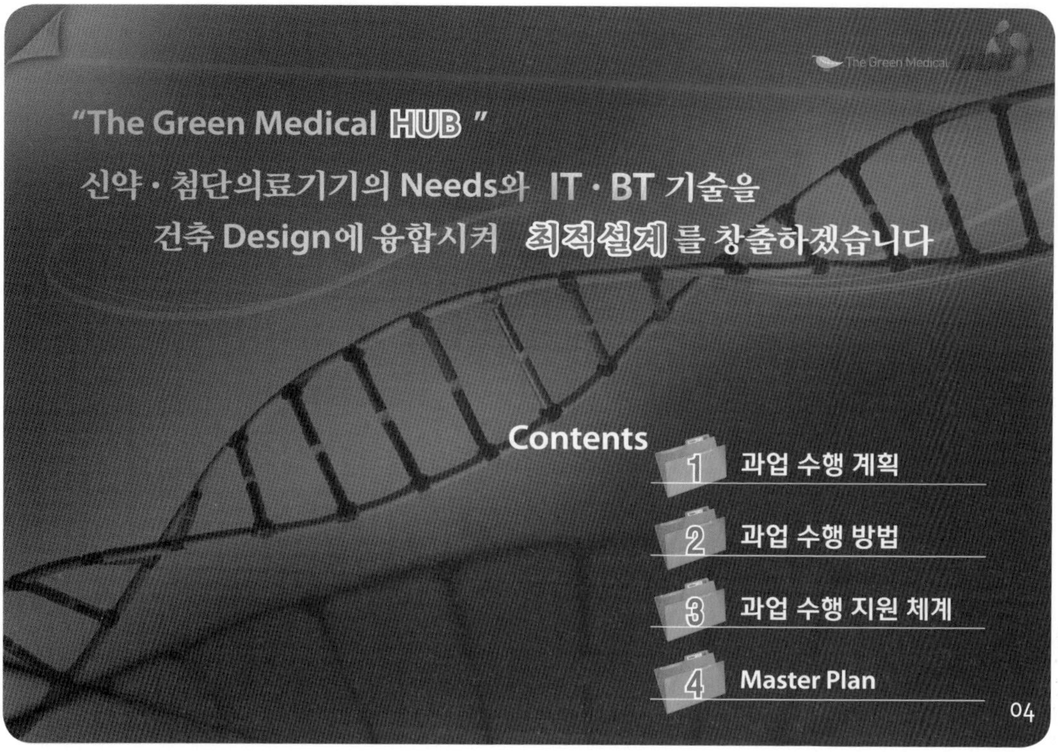

△ ▽ 순서는 과업수행계획부터 마스터플랜 수립을 중심으로 말씀드리겠습니다.

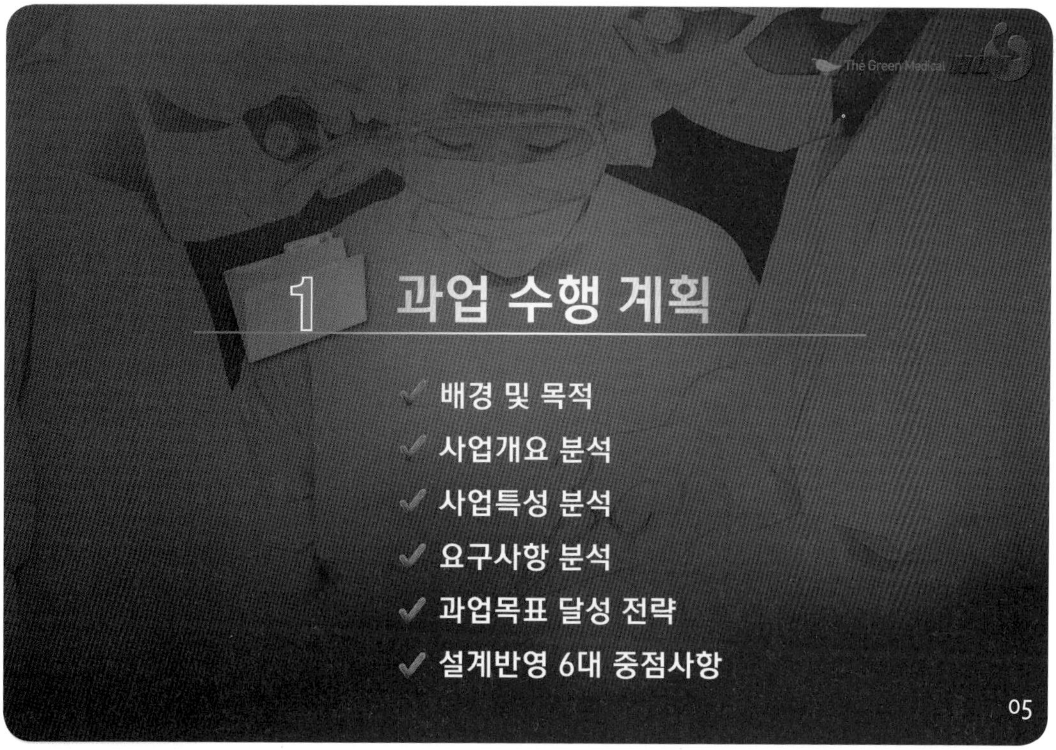

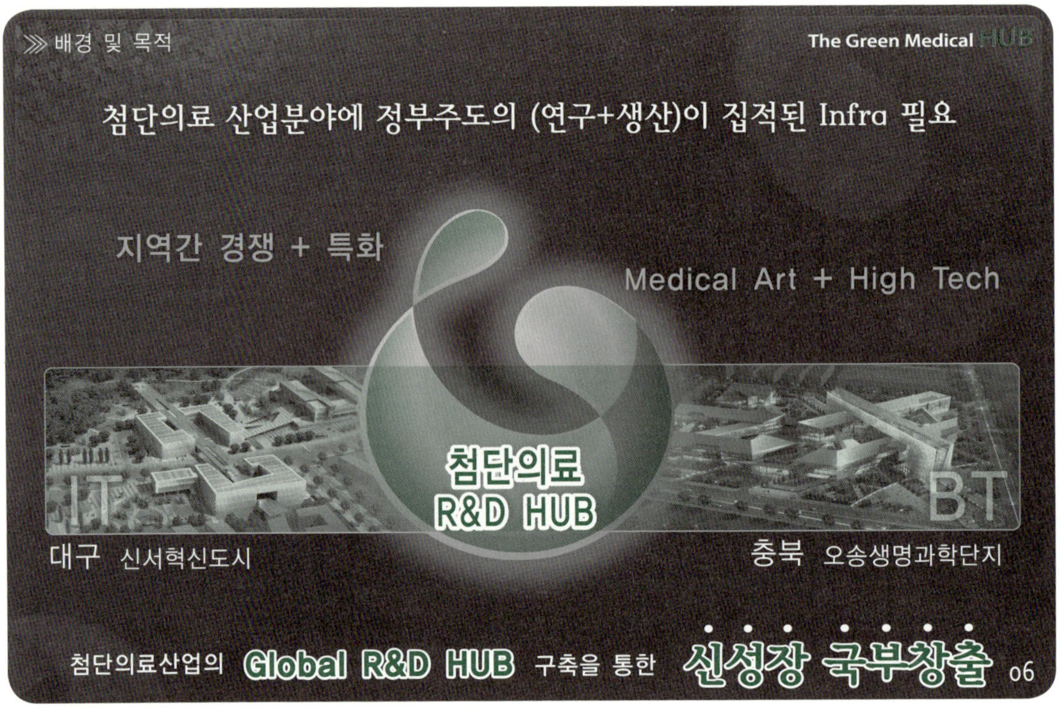

△ 정부는 경제발전을 위한 미래 신성장 동력으로써 첨단의료산업분야를 설정하고, 연구와 생산이 집적된 인프라를 정부주도로 건설하는 정책방향을 수립하였습니다. 이에 따라 대구 신서와 충북 오송이 지역 간 경쟁과 특화를 통해 2개의 R&D Hub를 건설할 곳으로 선정되었습니다.

▽ 대구 신서 첨단의료복합단지 합성신약과 IT를 기반으로 하는 의료기기개발 시설로서 연면적이 4만9천여m^2 규모이고, 충북 오송 첨단의료복합단지는 바이오 신약과 BT를 기반으로 하는 의료기기 개발 시설로서 연면적이 4만4천4백여 m^2 규모로 계획되어 있습니다.

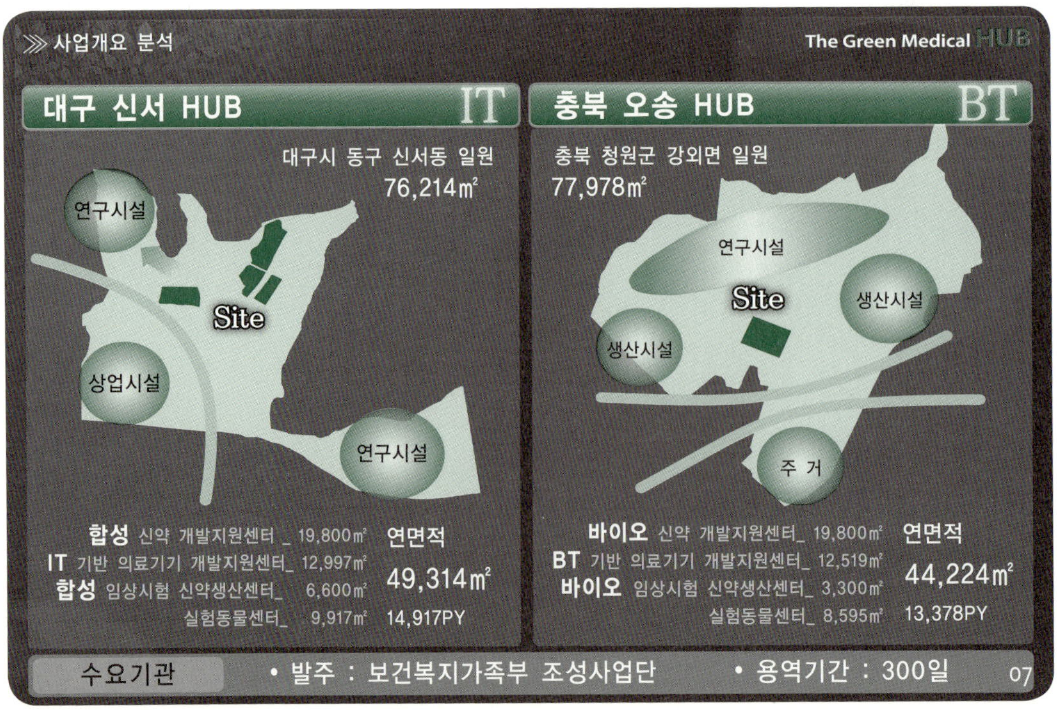

사업의 특성을 분석해 보았습니다. 보건의료산업 측면에서 볼 때, 대구 신서 첨복단지는 합성신약개발과 IT를 기반으로 하는 의료기기 개발로, 충북 오송 첨복단지는 바이오 신약 개발과 BT를 기반으로 하는 의료기기개발기지로 특화시켜 중계 역할의 R&D기능을 수행하는 것으로 지역 간 경쟁을 유도하자는 것이 정부의 정책방향입니다. 따라서 의료산업분야와 IT, BT 등 첨단기술을 건축디자인에 융합시켜 지속 가능성을 추구하는 최적설계를 창출하는 것이 건축설계용역의 궁극적인 목적이라고 할 수 있습니다.

따라서 이러한 사업 목적을 달성하기 위해서는 신약개발, 의료기기 개발, 임상시험 및 동물실험 등 4개 센터 기능간의 연계성과 연구환경의 보안성 그리고 장래수요를 고려한 시설공간의 확장성, 최적설계 창출을 가장 중요한 요구사항으로 집약시킬 수 있습니다.

이러한 발주자의 요구사항을 만족시키기 위하여 저희들은 4가지의 전략을 세웠습니다. 즉 첨단의료복합단지의 특수성과 위상을 고려하여 국내 뿐만 아니라 국제적인 성능인증 기준을 설계에 적용하고 BIM과 3D 시뮬레이션등 최신 설계기법을 동원하여 설계도서의 품질을 향상시킴과 동시에 목표 예산을 초과하지 않도록 하는 원가관리 전략이 그것입니다.

이러한 전략에 따라 설계에 반영할 6대 중점사항을 기술제안으로 제시합니다. 하나 하나 말씀드리겠습니다.

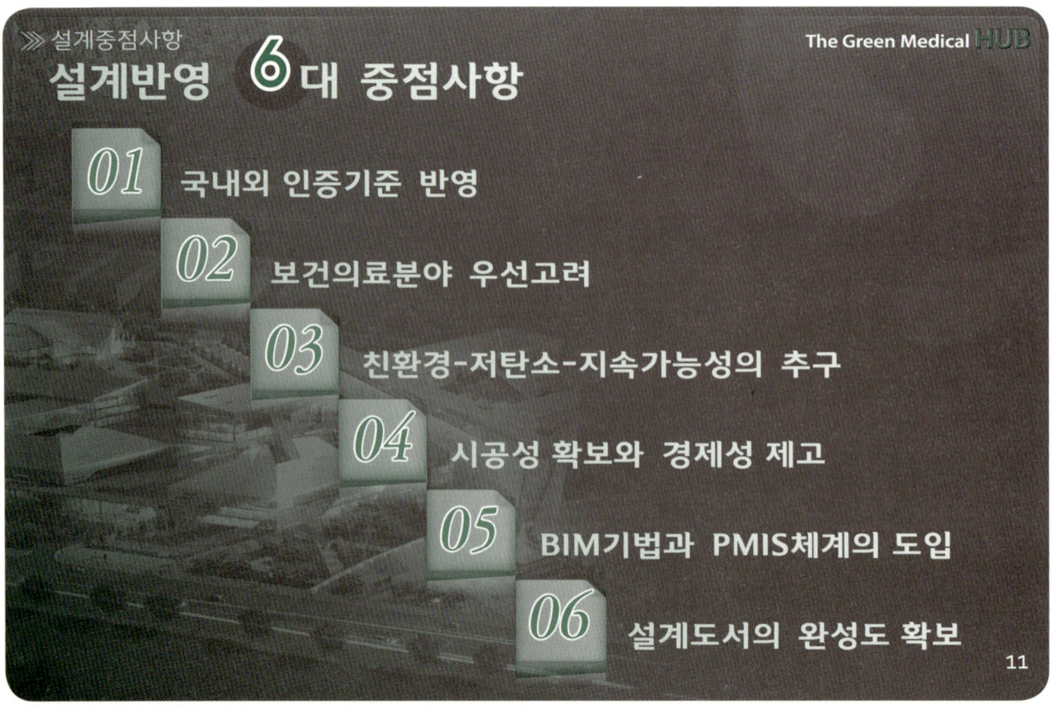

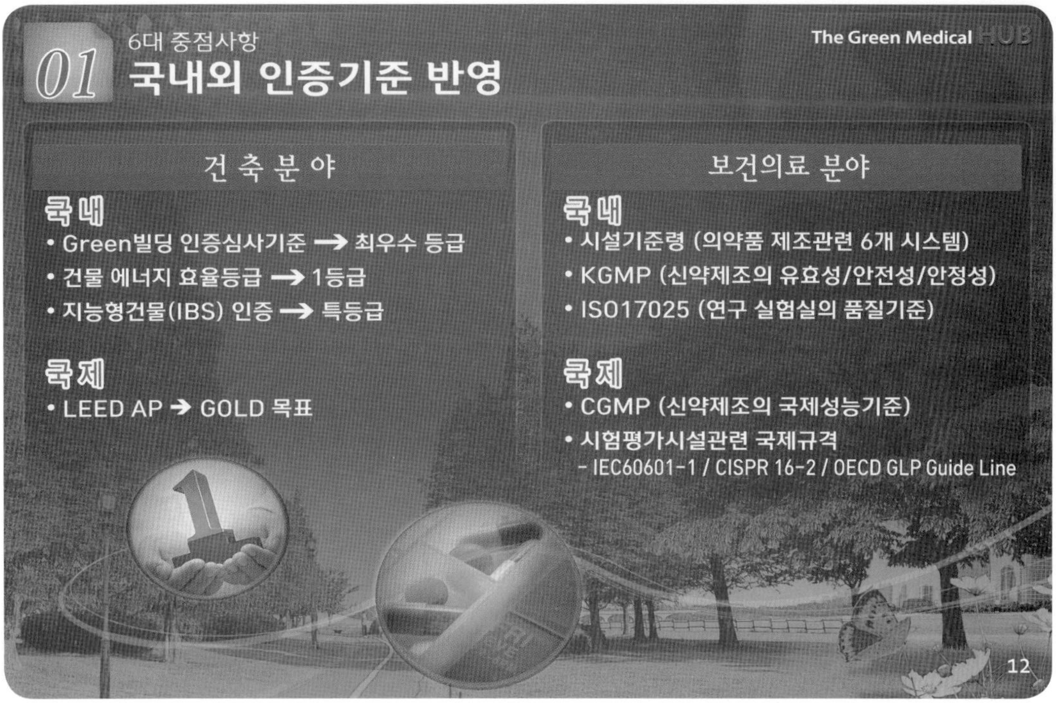

△ 첫째, 국내외 인증기준 반영입니다. 건축 분야에서는 미국 그린빌딩 인증위원회의 LEED-골드 등급 인증기준을, 보건의료 분야에서는 CGMP를 글로벌 성능기준을 설계에 반영하도록 하겠습니다.

▽ 둘째, 연구자의 안전 보호 및 실험실 시스템의 특화 등 보건의료 분야의 요구사항을 우선적으로 고려하겠습니다.

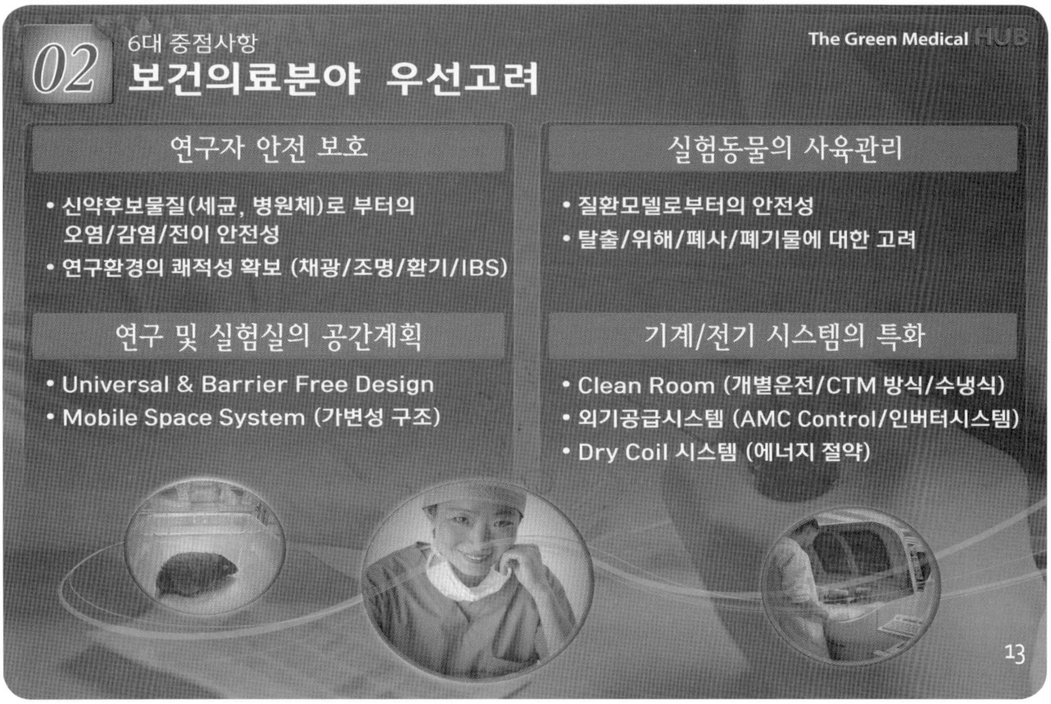

△ 셋째, 에너지 절약과 새로운 건축설계의 패러다임에 맞추어 친환경, 저탄소, 지속가능성의 추구를 위한 건축설계기법을 최대한 반영하겠습니다.

▽ 넷째, 공종 간 인터페이스 관리를 통하여 시공성을 확보하고 VE/LCC를 실시하여 공사비 총액을 책정 예산 대비 10% 절감하는 목표를 세워 추진하겠습니다.

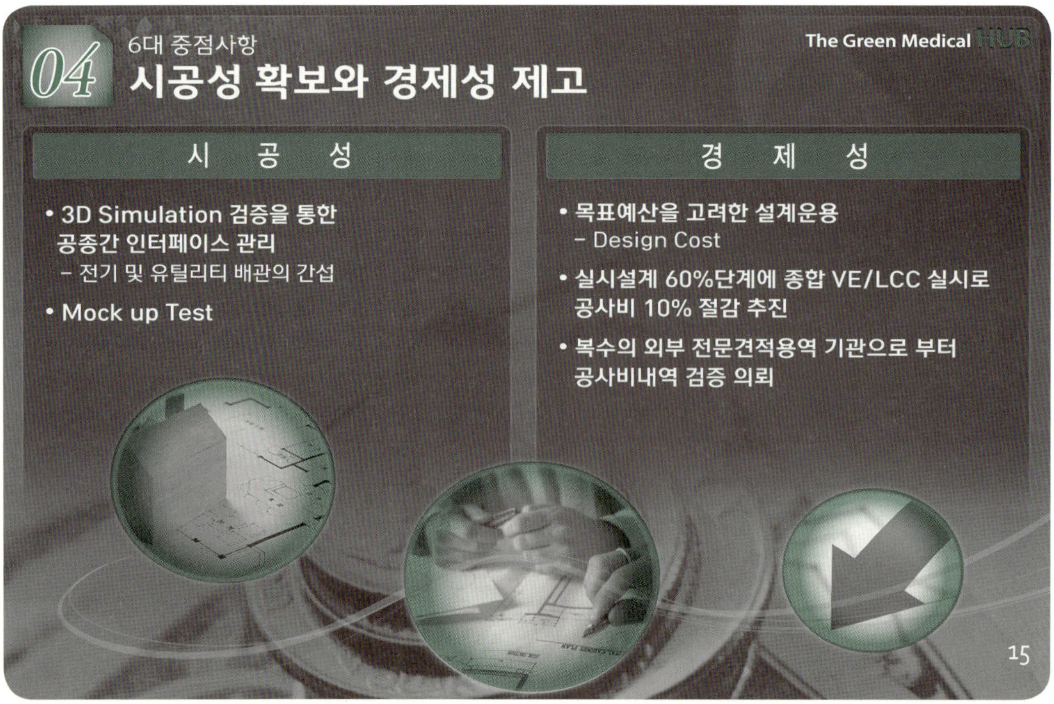

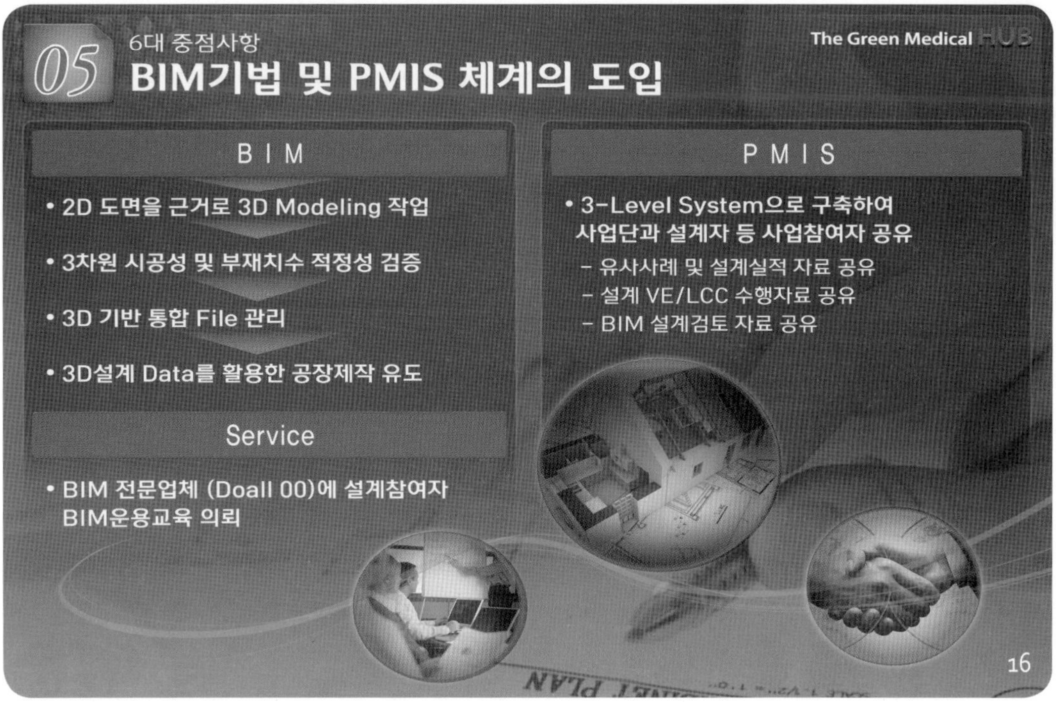

다섯 번째, BIM과 PMIS 체계를 도입하여 시행착오를 예방하고 사업참여자 모두가 On-Line으로 설계정보를 공유하는 의사소통 체계를 구축하겠습니다.

마지막으로 보건의료 및 건축분야에 글로벌 성능의 인증기준을 구체화시켜 적용함으로써 설계도서의 완성도를 높이도록 할 계획입니다.

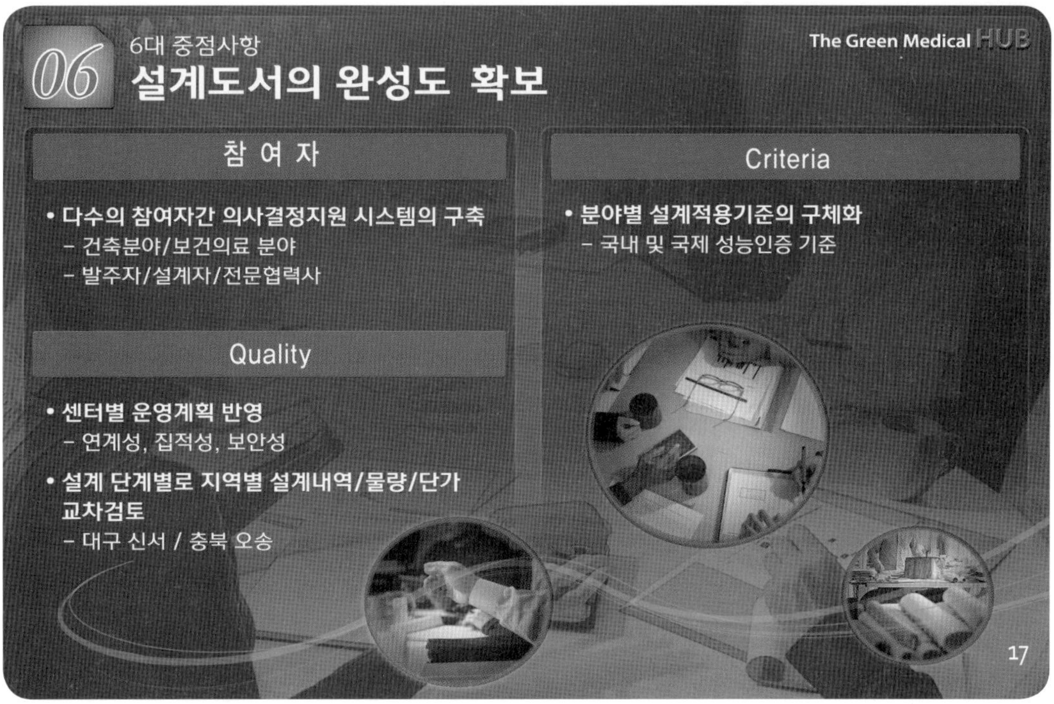

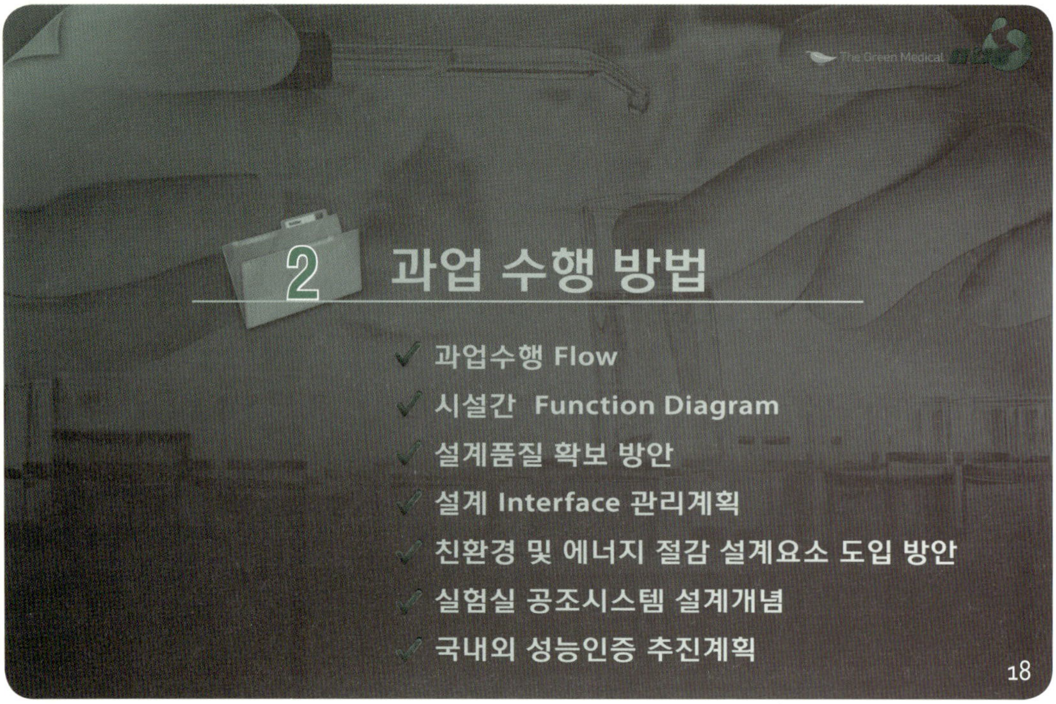

△ 다음은 과업수행 방법을 보고 드리겠습니다.

▽ 먼저 과업 수행의 Flow를 간단히 말씀드리겠습니다. Master Plan 수립 단계입니다. 대구 신서/충북 오송 단지별로 3개 이상의 계획안을 만들어 장단점을 비교, 검토한 후 Master Plan을 확정하도록 하겠습니다. 고베, 싱가폴 등 외국 사례도 건축설계자 입장에서 다시 현장 조사를 다녀오겠습니다.

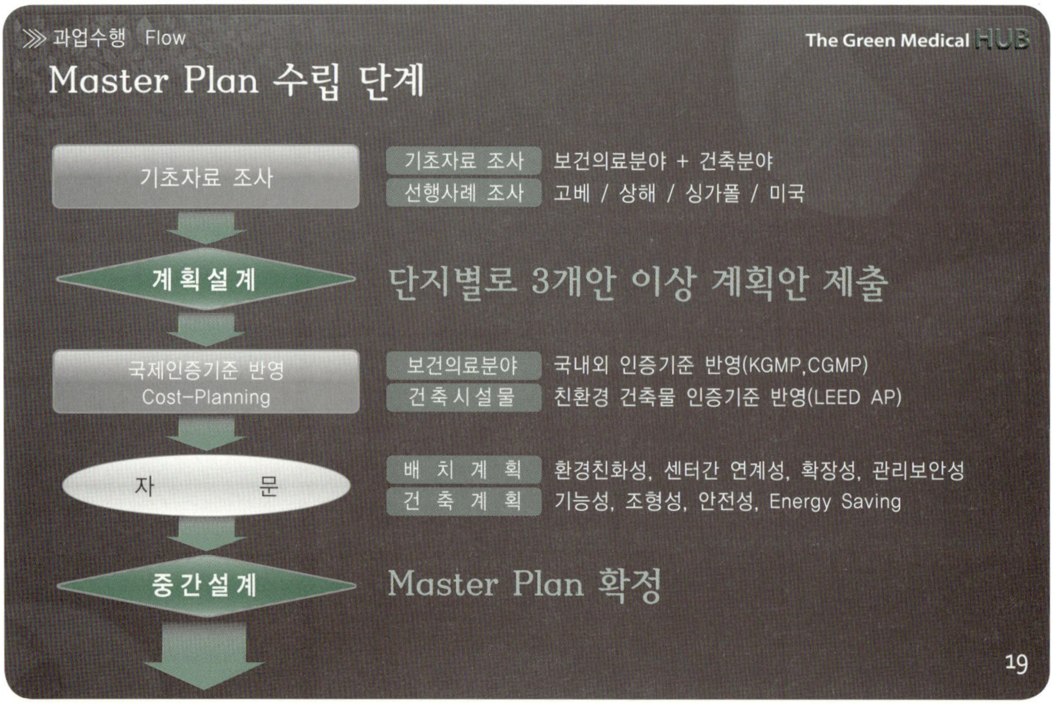

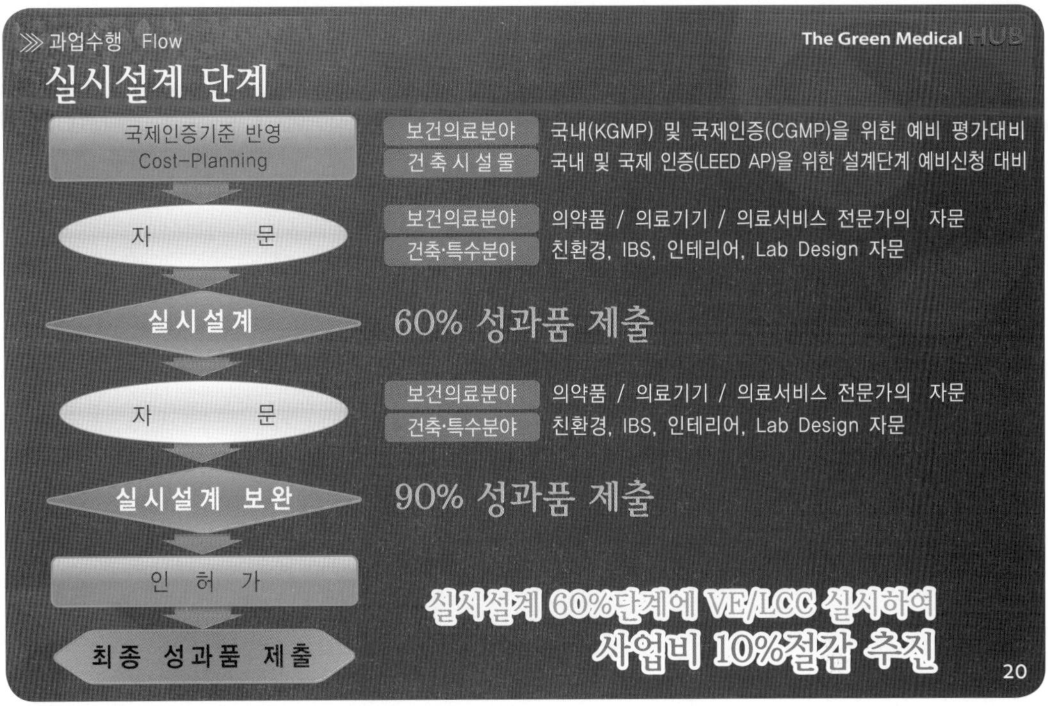

실시 설계에서는 보건의료 분야 및 건축의 특수 분야에 대하여 전문가의 자문을 충분히 구하고 실시설계 도서를 만든 후 VE를 실시, 완성도 높은 실시설계 성과품을 창출하도록 하겠습니다. 대구 신서단지와 충북오송단지의 기능 분석은 저희들이 수립한 계획안을 보고드릴 때 함께 설명드리도록 하겠습니다.

다음 설계품질의 확보 방안입니다. 저희들은 당해 사업과 기능이 가장 유사한 보건의료 관련 6개 국책기관을 설계한 실적자료를 가지고 있습니다. 이러한 자료들을 바탕으로 실시설계 및 상세 설계상의 시행착오를 사전에 제거할 계획입니다.

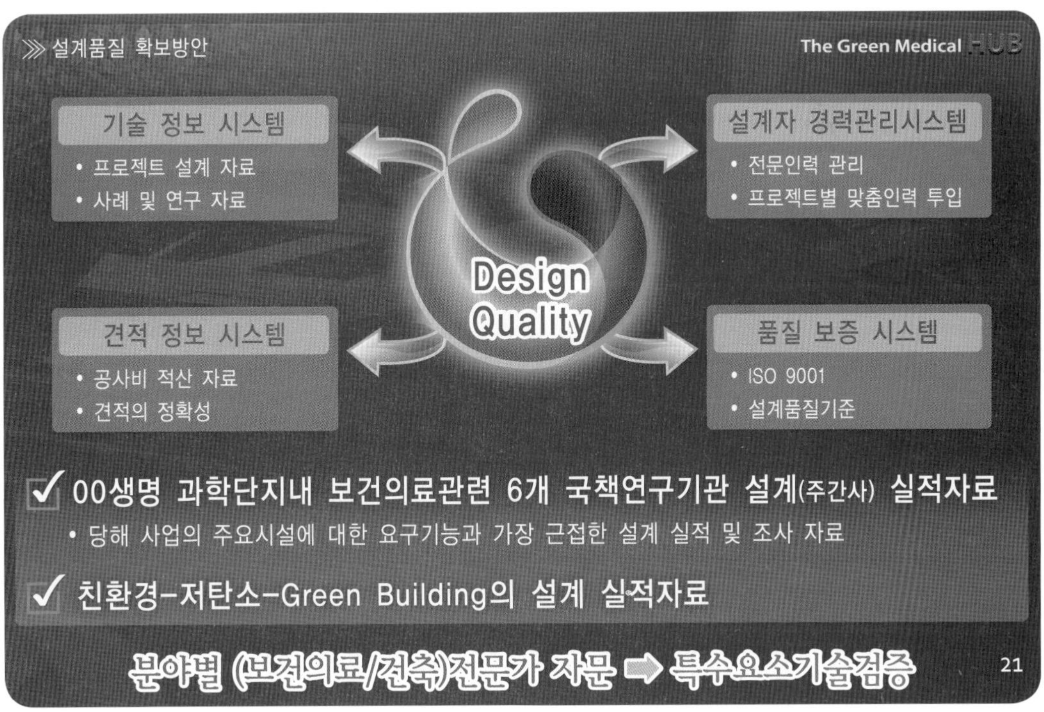

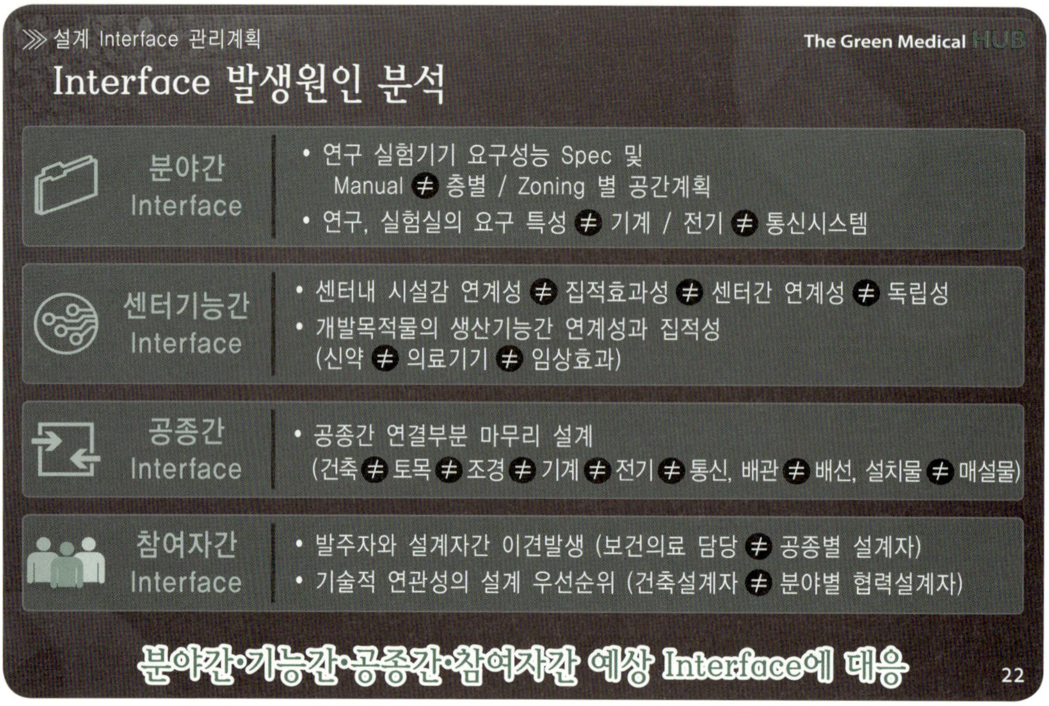

설계 인터페이스 관리 계획입니다. 저희들은 6개 국책기관 이외에도 보건의료관련 연구소, 신약공장 등 다양한 설계 경험을 갖고 있습니다. 분야간, 기능간, 공종간, 참여자간 예상 인터페이스의 발생원에 대하여 사전에 대응할 것입니다.

이를 위하여 설계조정실을 두어 2개 지역의 설계 인터페이스를 효율적으로 관리하도록 하겠습니다.

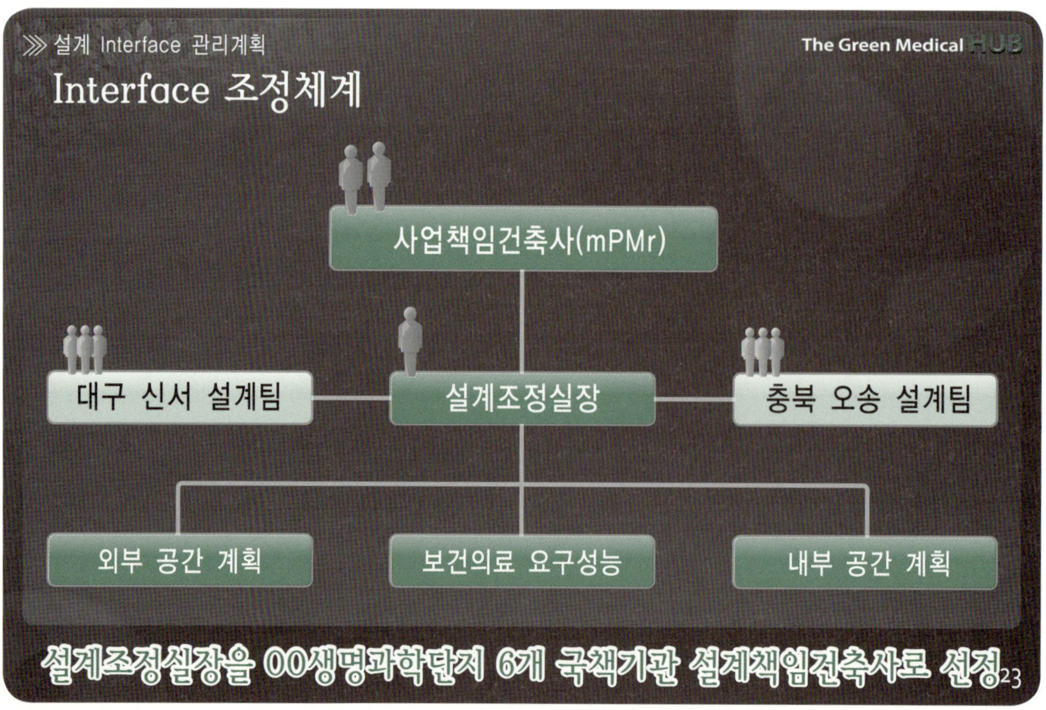

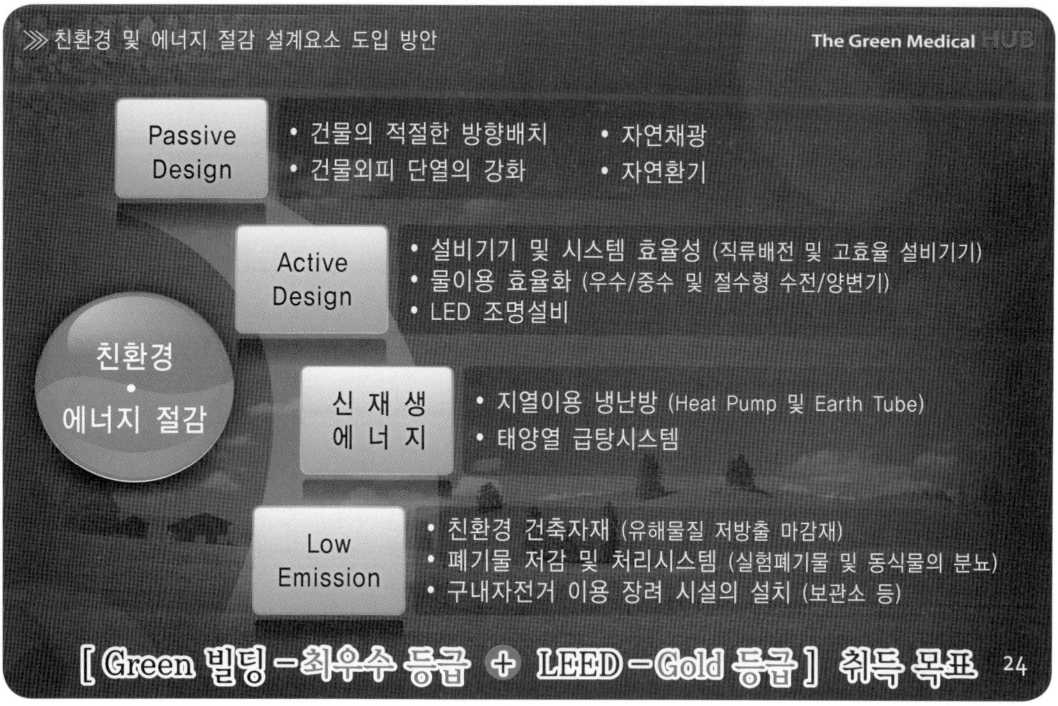

△ 다음은 친환경 및 에너지 절감 설계요소의 도입 방안입니다. 패시브 개념의 디자인, 액티브 디자인, 신재생에너지, 오염물질 저감 등 친환경, 저탄소의 설계요소 기법을 최대한 활용하겠습니다.

▽ 첨복단지의 설계는 앞서 말씀드린대로「쾌적한 연구환경」이 가장 중요하다고 생각합니다. 이를 위하여 신약 및 임상시험 후보물질로부터 연구자가 감염되지 않도록 실험실의 공조 시스템을 특화하도록 하겠습니다.

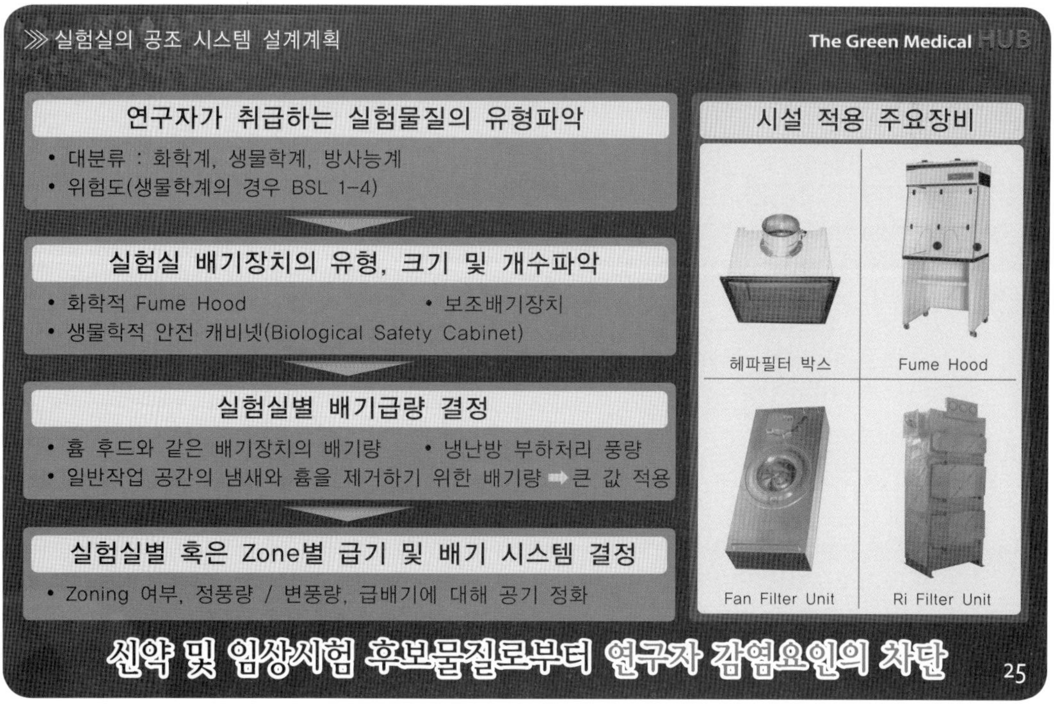

≫ 국내외 성능인증 The Green Medical HUB

건축물 분야 추진계획

✓ Green 빌딩 국내인증(국토해양부)

예비인증 신청 — 설계완료후
▼
심사
▼
예비인증 부여 — 최우수등급
▼
본인증 추진 — 시공사 추진
▼
본인증 취득

▶ 국내 인증 대비 설계중점검토 5개 항목

토지이용 및 교통 / 에너지 및 재료/자원 / 수자원/대기/관리 / 생태환경 / 실내환경

✓ LEED AP인증(USGBC)

LEED 추진팀 구성
▼
LEED 등록
▼
실시설계
▼
LEED Credit Simulation
▼
설계도서 제출
▼
LEED 심사
▼
LEED AP Gold 취득

▶ LEED 인증(설계단계) 대비 설계중점검토 6개 항목

Sustainability site / Water Savings / Energy Efficiency / Material Selection / Indoor Environment / Design Innovation

27

다음은 국내외 성능인증을 위한 추진계획입니다. 건축분야는 앞서 말씀드린 바 있어 여기서는 생략합니다.

보건의료분야는 센터별, 적용시설별로 인증기준을 세분화시켜 하나하나 구체적으로 추진할 방침입니다.

≫ 국내외 성능인증 The Green Medical HUB

보건의료분야 반영계획

센터별	적용시설	성능인증기준
신약개발센터 임상시험 신약생산 센터	실험실 (일반/특수)	• ISO17025(KOLAS)의 Lab Design 기준 • 약국 및 의약품의 제조관련 시설기준령 시설기준(국내) • CGMP의 제조기준 및 GLP의 시험관리 기준(국제)
첨단의료기기 개발지원센터	전기전자 평가실	• 전기전자 국제규격 IEC60601-2의 시설기준
	전자파 평가실	• 전파장해 국제규격 CISPR 16-2 의 시설기준
	생물학 평가실	• GMO(유전자 변형물질)관련 OECD GLP가이드 라인
실험동물센터 (바이오리소스 포함)	공간구획	• 실험동물에 관한 법률(국내) • NIH 설계기준(미국)
	감염동물 사육 및 실험실	• 유전자변형생물체 국가간이동에 관한 법률(LMO법)에 의한 생물안전등급(Bio Safety Level)별 안전 기준

보건의료분야 해당항목 전문가의 자문 및 검증

28

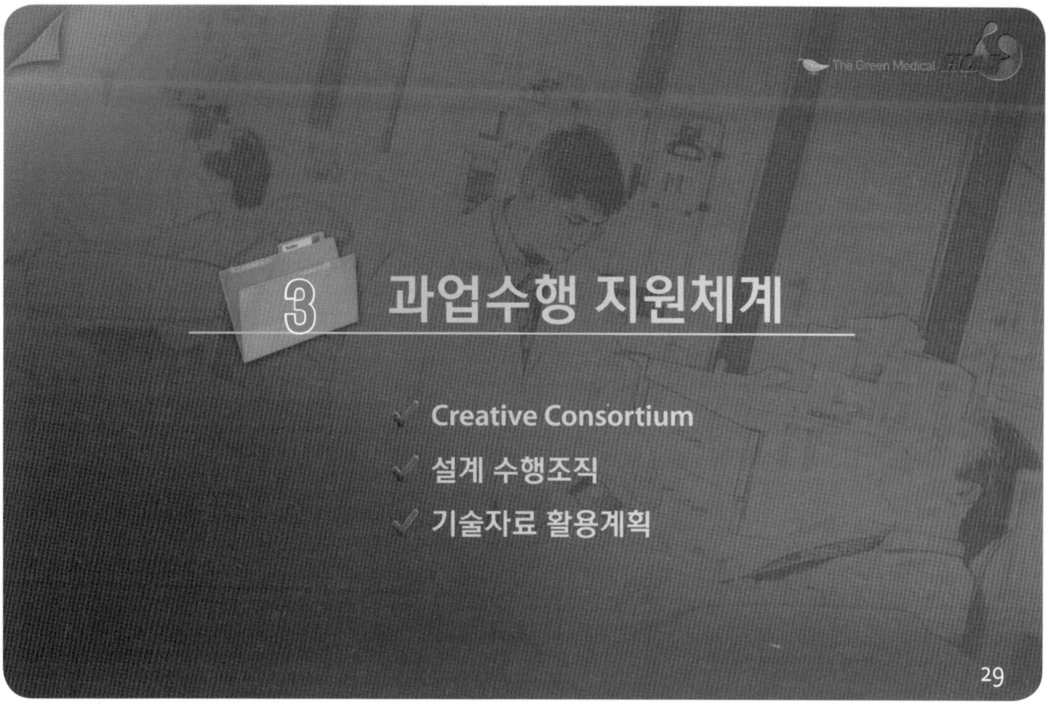

과업 수행을 위한 지원 체계를 보고드리겠습니다.

저희들은 당해 Project와 유사한 설계 실적을 비교적 많이 보유한 전문업체라고 자부합니다. 현상 설계를 통한 디자인의 경쟁력도 갖추고 있습니다.

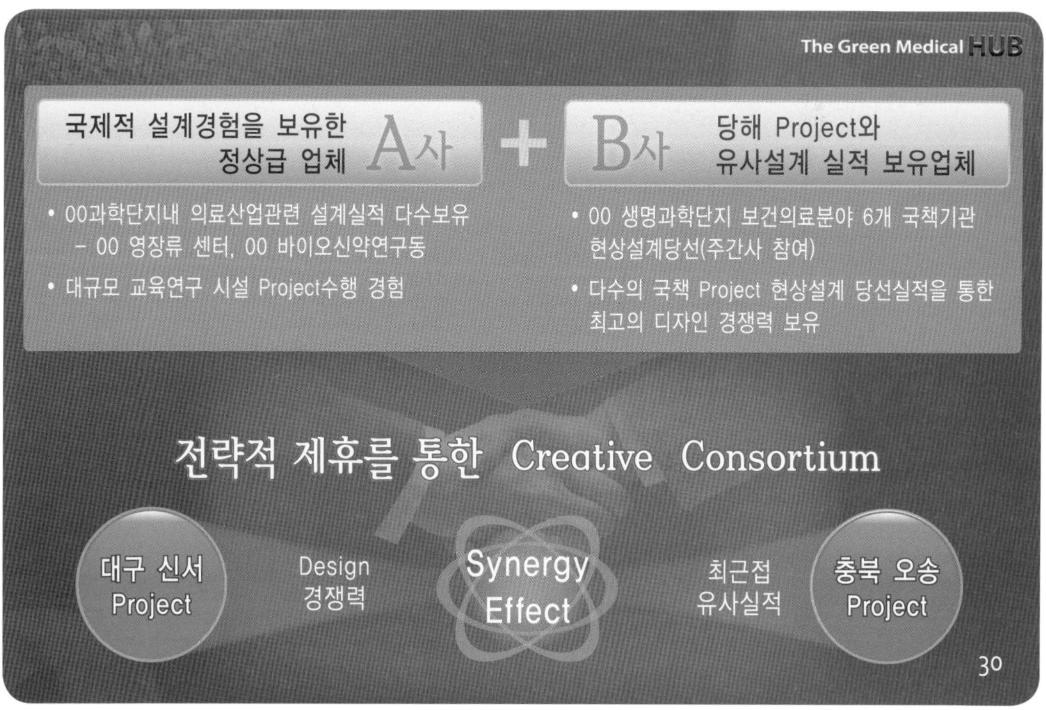

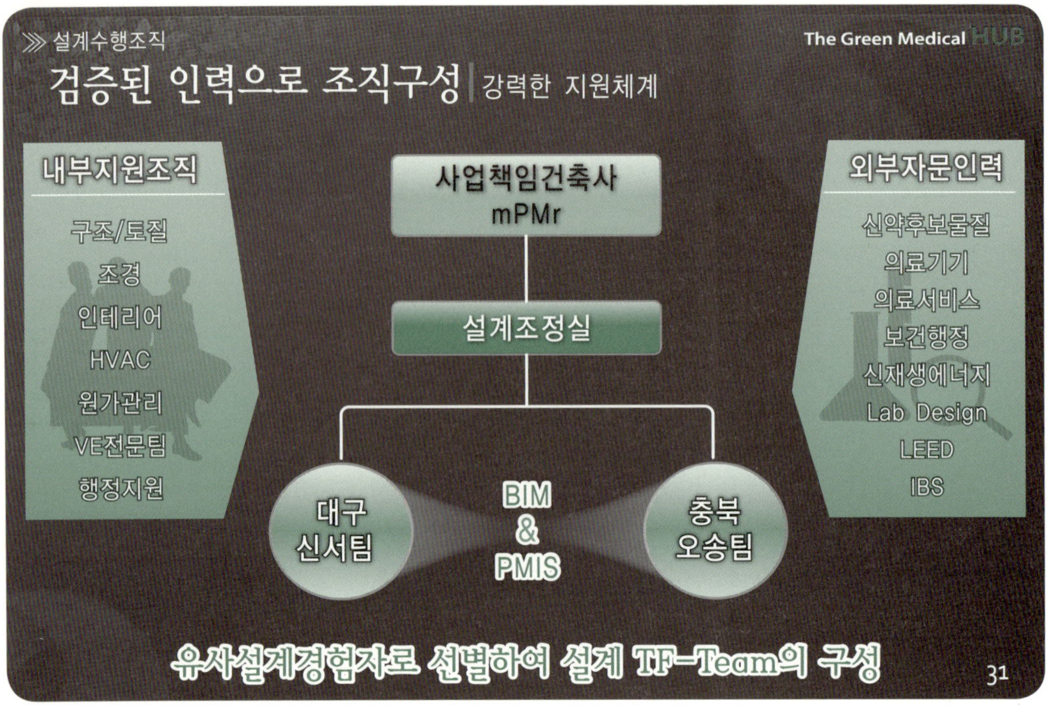

△ 이러함에 설계팀 구성은 검증된 인력이 투입되고 강력한 지원체계를 구축할수 있습니다. 그러나 사업의 특수성과 전문성에 비추어 볼 때 부족한 분야는 전문가를 물색하여 충분한 자문을 받아 분야간 간섭과 문제점을 사전에 개선토록 하겠습니다.

▽ 저희들은 이 사업을 준비하면서 이미 관련 설계자료를 정리해 Database를 구축해 두었습니다. PMIS에 공유시켜 설계자 모두가 활용할 수 있도록 하겠습니다.

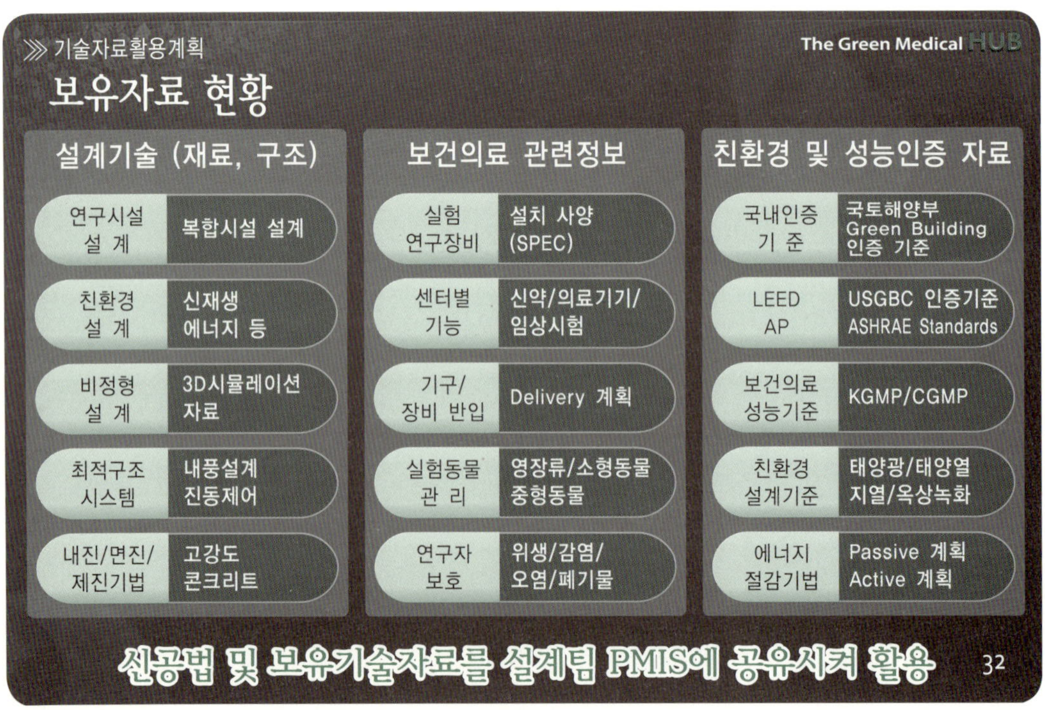

△ 마지막으로 저희들이 정성을 들여 준비한 마스터플랜을 보고 드리겠습니다.

▽ 마스터플랜 설명(시나리오)은 그림 Cuts을 보면서 발표자가 정해진 시간 내에서 최적의 프리젠테이션 연출

≫ 대구 신서 | 입지현황 분석
The Green Medical HUB
Site
N
연구시설
Site
커뮤니티 센터
상업시설
연구시설
주변시설과의 기능적, 공간적 연계성이 밀접한 지역
35

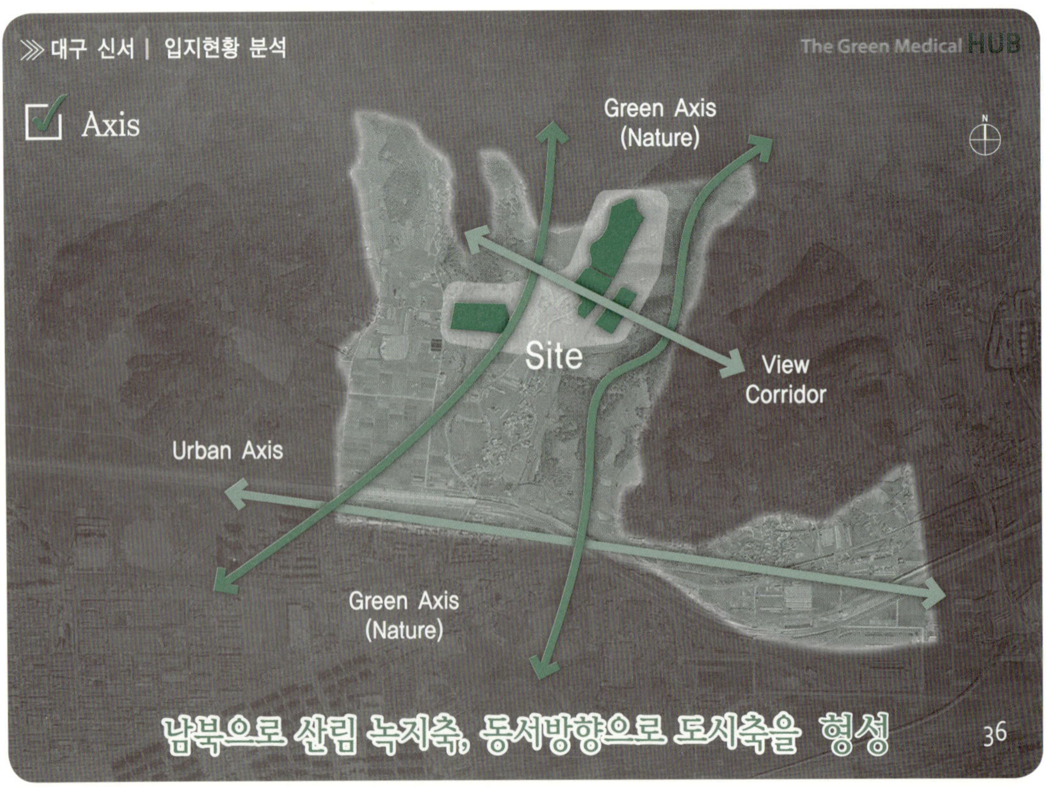
≫ 대구 신서 | 입지현황 분석
The Green Medical HUB
Axis
Green Axis (Nature)
N
Site
View Corridor
Urban Axis
Green Axis (Nature)
남북으로 산림 녹지축, 동서방향으로 도시축을 형성
36

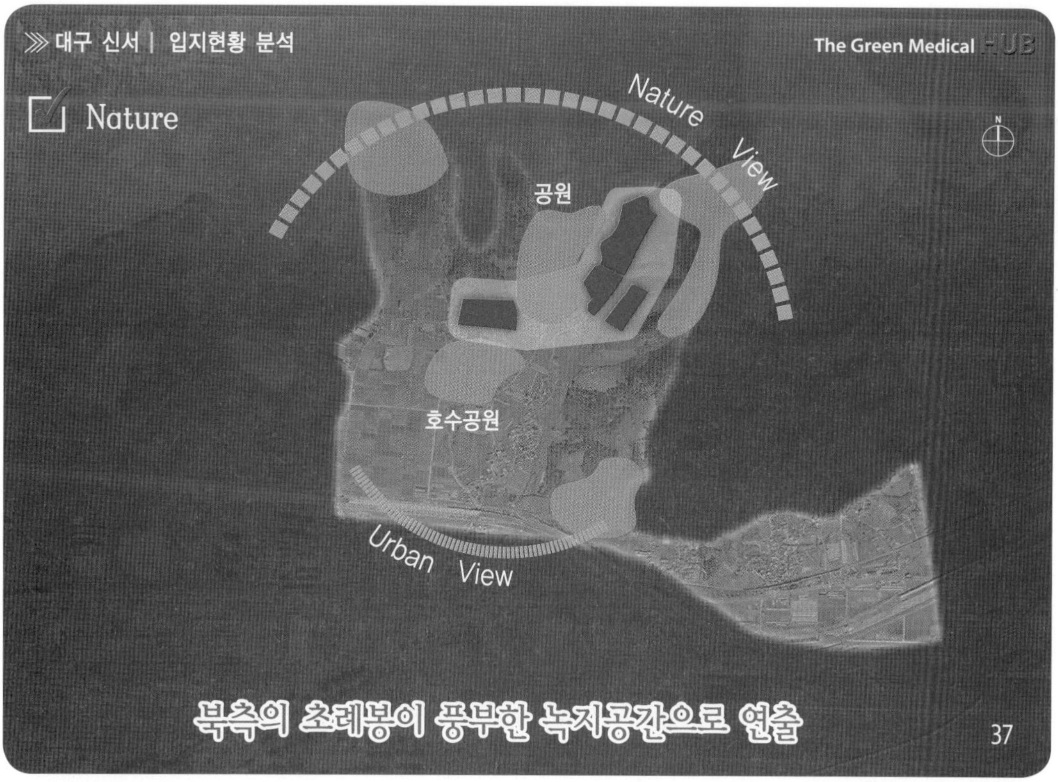
≫ 대구 신서 | 입지현황 분석
The Green Medical HUB
Nature
Nature View
공원
호수공원
Urban View
북측의 초례봉이 풍부한 녹지공간으로 연출
37

≫ 대구 신서 | 입지현황 분석
The Green Medical HUB
Access
Site
버스연계예정
서울
동대구
영천
부산
안심역
각산역
경부고속도로와 지하철 안심역으로 연계
38

≫대구 신서 | 배치의 주안점
The Green Medical HUB
신약개발지원센터
실험동물센터
임상시험
신약생산센터
첨단의료기기개발지원센터
임상시험센터
39

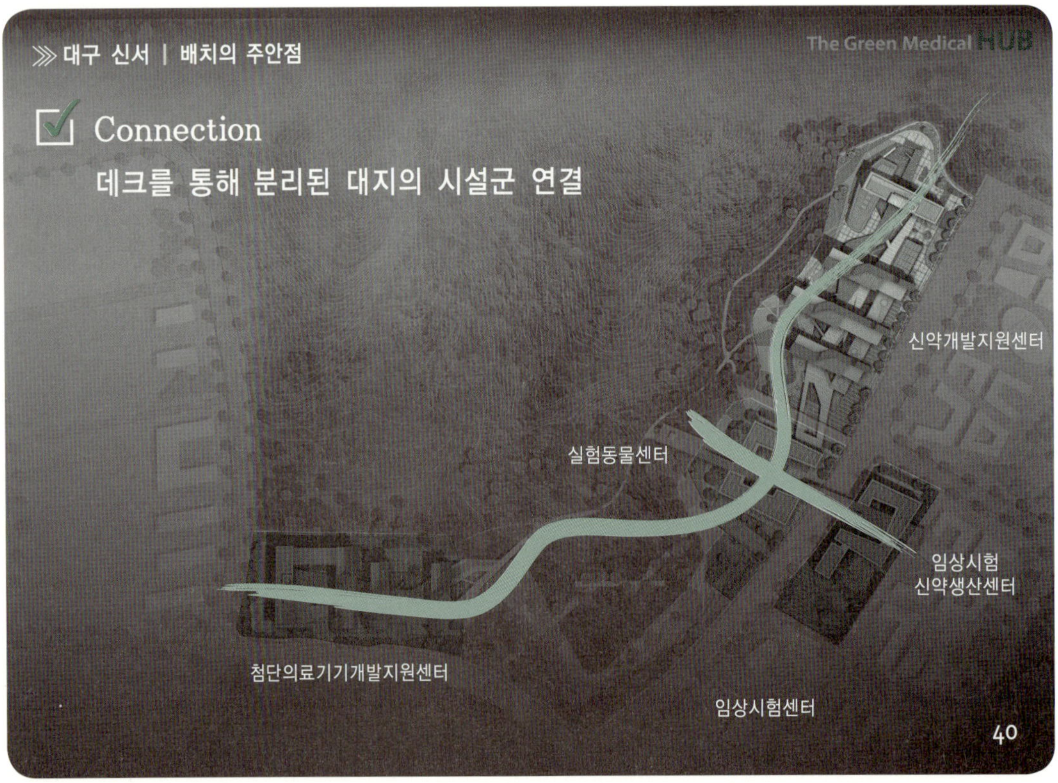
≫대구 신서 | 배치의 주안점
The Green Medical HUB
Connection
데크를 통해 분리된 대지의 시설군 연결
신약개발지원센터
실험동물센터
임상시험
신약생산센터
첨단의료기기개발지원센터
임상시험센터
40

≫ 대구 신서 | 배치의 주안점
The Green Medical HUB
Security-1
도로에서의 진출입을 통제하여 보안성 강화
NATURE
보안통제영역
연구원영역
일반영역
신약개발지원센터
실험동물센터
임상시험
신약생산센터
첨단의료기기개발지원센터
임상시험센터
41

≫ 대구 신서 | 배치의 주안점
The Green Medical HUB
Security-2
데크를 통한 수직적 동선분리로 보안통제 강화
PRIVATE
PUBLIC
연구동
공용공간
연구동
통제영역
일반영역
신약개발지원센터
실험동물센터
임상시험
신약생산센터
첨단의료기기개발지원센터
임상시험센터
42

≫ 대구 신서 | 배치의 주안점
The Green Medical HUB
Green
녹지를 대지로 유입하여 Open Space 확보
Nature
신약개발지원센터
실험동물센터
첨단의료기기개발센터
임상시험
신약생산센터
임상시험센터
43

≫ 대구 신서 | 배치의 주안점
The Green Medical HUB
Program
프로그램간 연계와 위계를 고려한 시설군 배치
(추후 개발계획 고려)
신약개발지원센터
실험동물센터
첨단의료기기개발센터
임상시험
신약생산센터
임상시험센터
44

≫대구 신서 | 배치의 주안점
The Green Medical HUB
Direction
남향배치를 배치로 쾌적한 연구환경 조성
신약개발지원센터
실험동물센터
임상시험
신약생산센터
첨단의료기기개발지원센터
임상시험센터
45

≫대구 신서 | 배치의 주안점
The Green Medical HUB
Module
대동물사
소동물사
Bio Resource
10200
10200
9000
7200
7200
신약개발지원센터
실험동물센터
임상시험
신약생산센터
첨단의료기기개발지원센터
임상시험센터
46

≫충북 오송 | Design Concept
The Green Medical HUB
Link_Community Deck 데크를 이용하여 커뮤니티 공간을 조성
Layer_Security 3단계의 독립영역으로 구분하여 보안성 강화
Axis_Function 각각의 축에 대응하는 기능적인 건물배치

≫충북 오송 | 입지현황 분석
The Green Medical HUB
Site
연구시설
Site
생산시설
생산시설
주 거
오송단지 초입에 위치하여 연구 및 생산시설의 거점 역할

≫충북 오송 | 입지현황 분석
The Green Medical HUB
Access
오창과학산업단지
서울/천안
청주시
Site
고속철도
청주시
국철
청주시
조치원
오송고속철도역사 예정(KTX)
고속철도와 청주시 주 간선도로에 인접하여 접근성이 용이

≫충북 오송 | 입지현황 분석
The Green Medical HUB
Nature
Nature View
생태공원 및 하천
Site
호수공원
Urban View
생태공원과 호수공원을 연계하는 경관녹지축 선상에 위치

≫충북 오송 | 입지현황 분석
The Green Medical HUB
Axis
View Corridor
Green Axis
Site
Urban Axis
Green Axis
남북 녹지축과 동서 도시축의 교차점에 위치

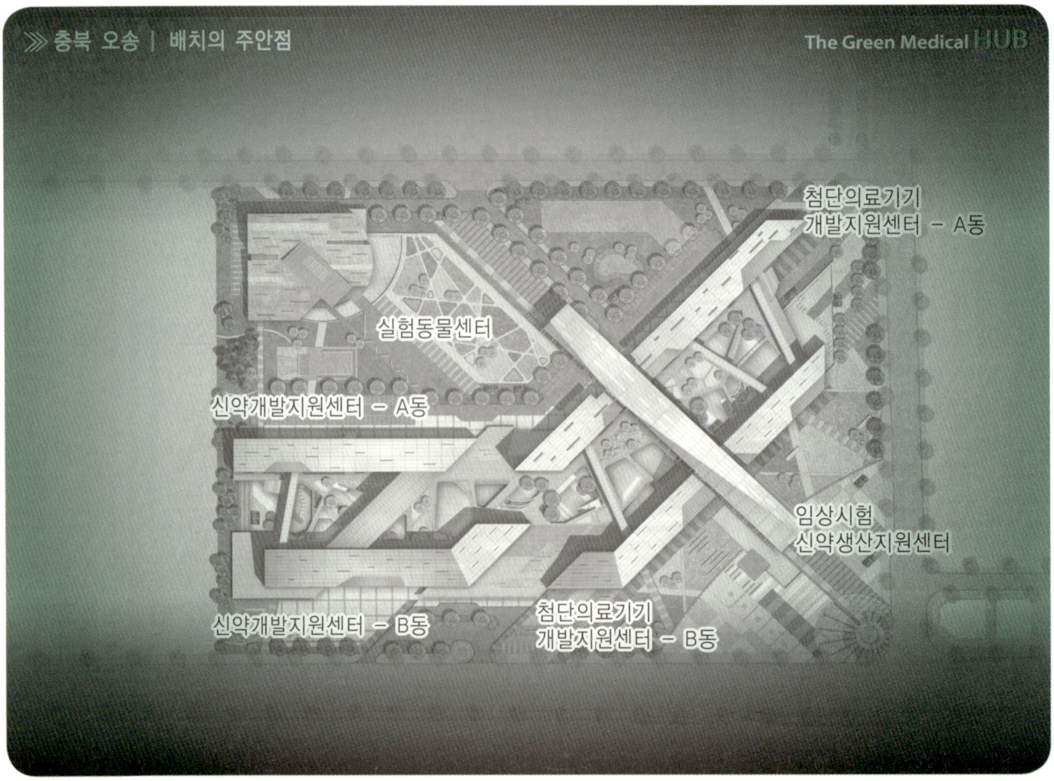
≫충북 오송 | 배치의 주안점
The Green Medical HUB
첨단의료기기
개발지원센터 - A동
실험동물센터
신약개발지원센터 - A동
임상시험
신약생산지원센터
신약개발지원센터 - B동
첨단의료기기
개발지원센터 - B동

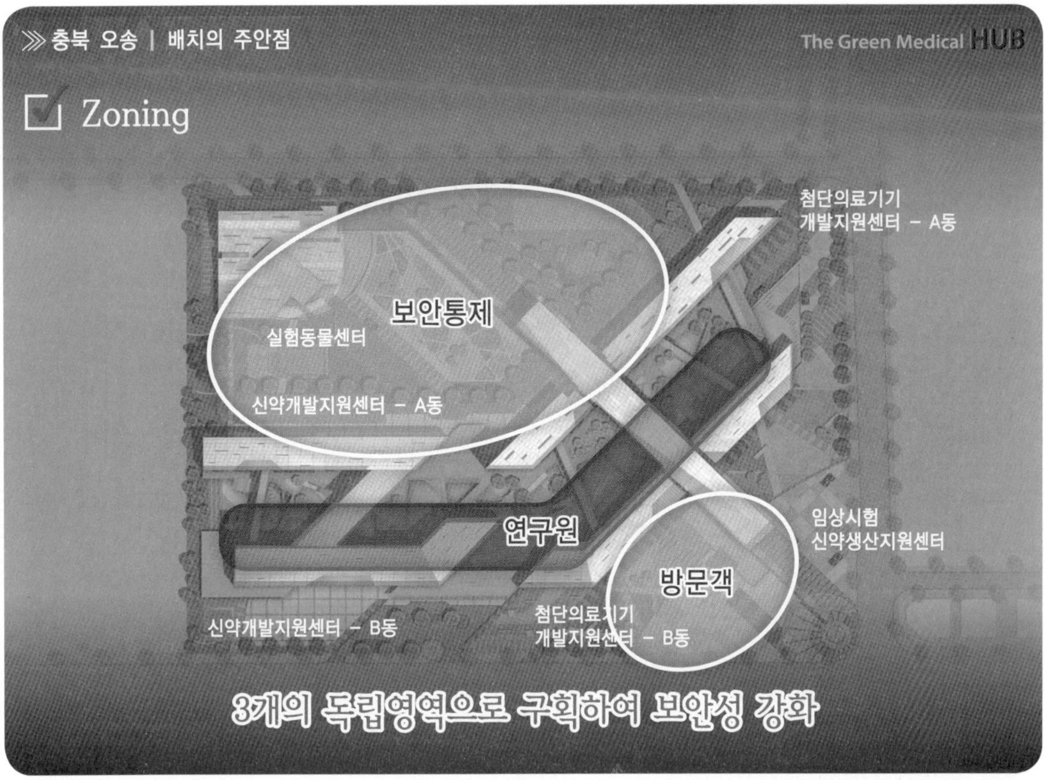
≫충북 오송 | 배치의 주안점
The Green Medical HUB
Zoning
첨단의료기기
개발지원센터 - A동
보안통제
실험동물센터
신약개발지원센터 - A동
연구원
임상시험
신약생산지원센터
방문객
신약개발지원센터 - B동
첨단의료기기
개발지원센터 - B동
3개의 독립영역으로 구획하여 보안성 강화

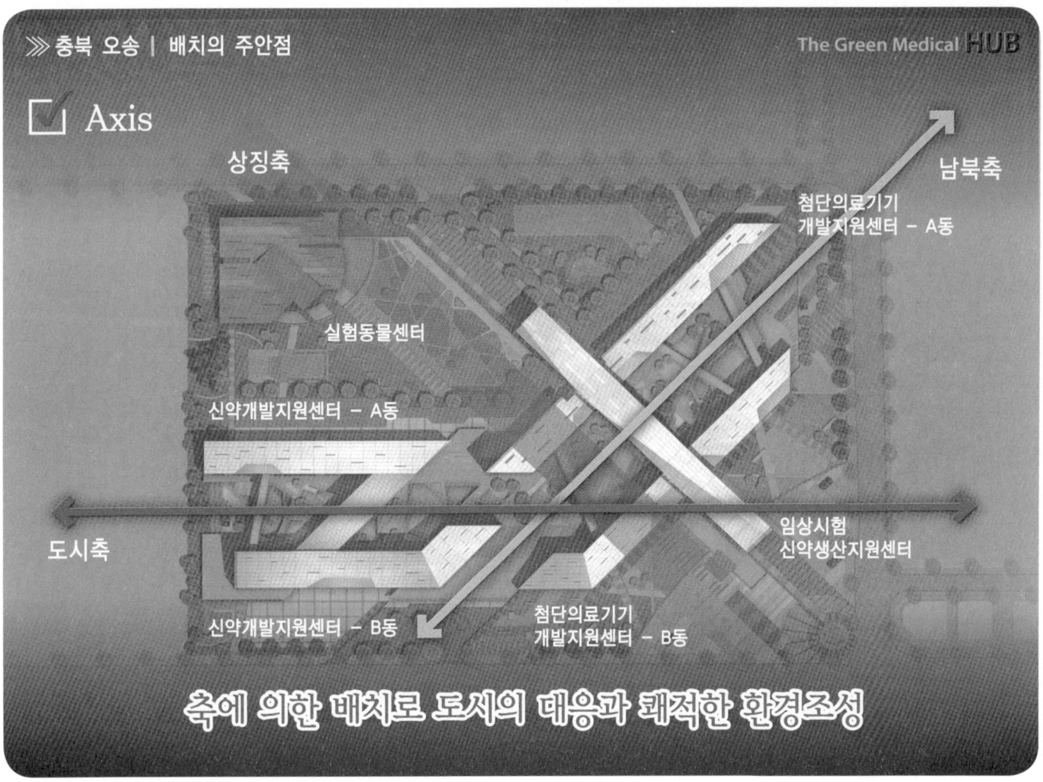
≫충북 오송 | 배치의 주안점
The Green Medical HUB
Axis
상징축
남북축
첨단의료기기
개발지원센터 - A동
실험동물센터
신약개발지원센터 - A동
도시축
임상시험
신약생산지원센터
신약개발지원센터 - B동
첨단의료기기
개발지원센터 - B동
축에 의한 배치로 도시의 대응과 쾌적한 환경조성

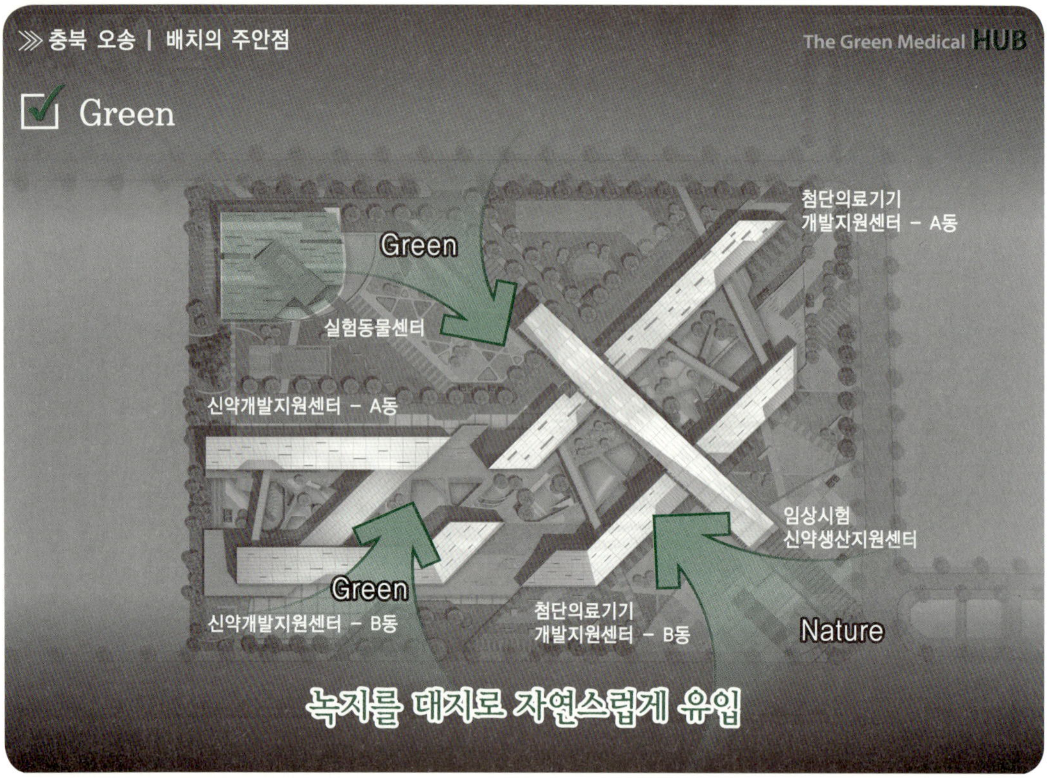
≫충북 오송 | 배치의 주안점
The Green Medical HUB
Green
Green
첨단의료기기
개발지원센터 – A동
실험동물센터
신약개발지원센터 – A동
임상시험
신약생산지원센터
Green
신약개발지원센터 – B동
첨단의료기기
개발지원센터 – B동
Nature
녹지를 대지로 자연스럽게 유입

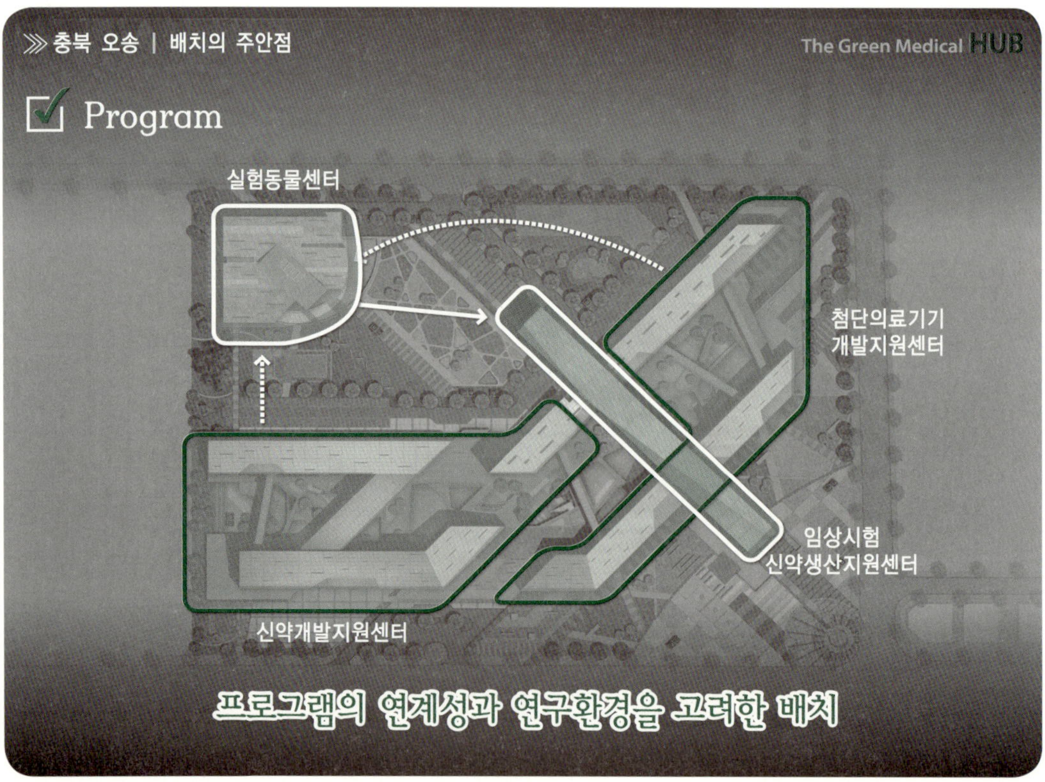
≫충북 오송 | 배치의 주안점
The Green Medical HUB
Program
실험동물센터
첨단의료기기
개발지원센터
임상시험
신약생산지원센터
신약개발지원센터
프로그램의 연계성과 연구환경을 고려한 배치

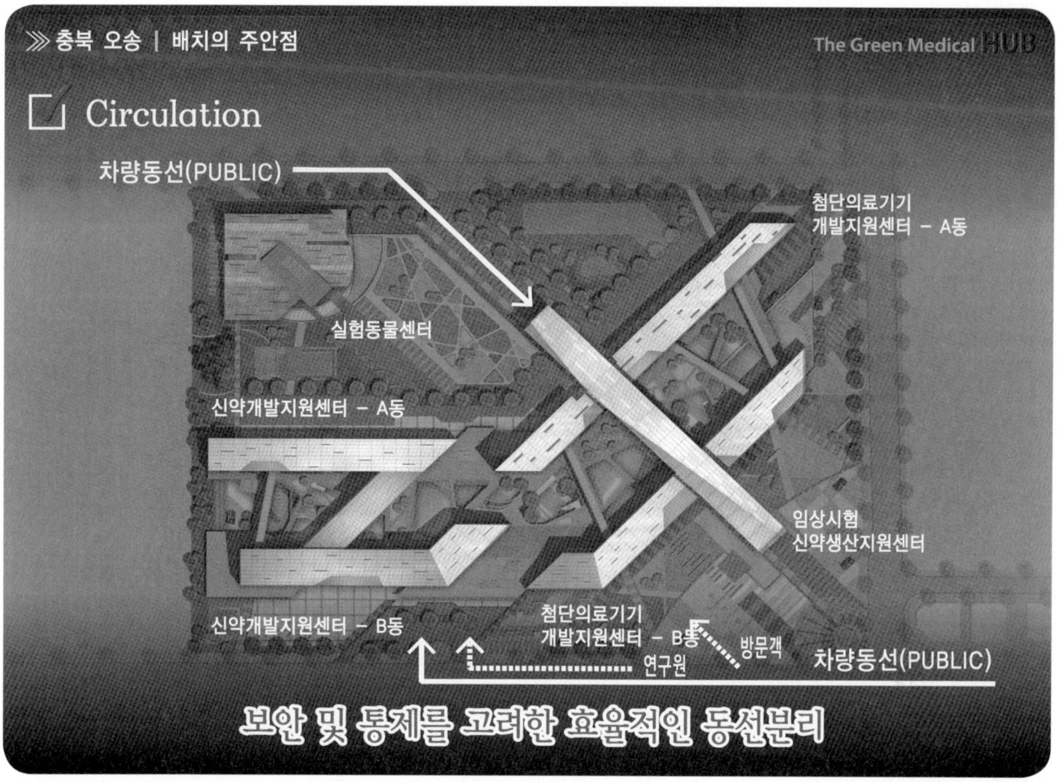
≫충북 오송 | 배치의 주안점
The Green Medical HUB
Circulation
차량동선(PUBLIC)
첨단의료기기
개발지원센터 - A동
실험동물센터
신약개발지원센터 - A동
임상시험
신약생산지원센터
신약개발지원센터 - B동
첨단의료기기
개발지원센터 - B동
방문객
연구원
차량동선(PUBLIC)
보안 및 통제를 고려한 효율적인 동선분리

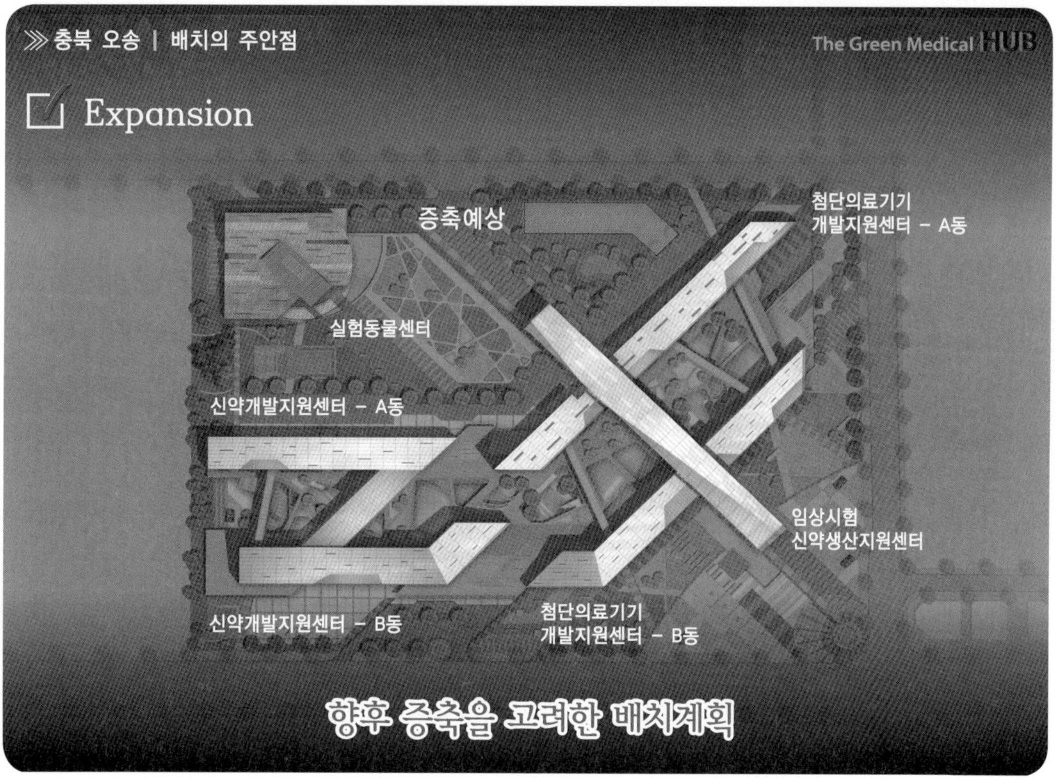
≫충북 오송 | 배치의 주안점
The Green Medical HUB
Expansion
증축예상
첨단의료기기
개발지원센터 - A동
실험동물센터
신약개발지원센터 - A동
임상시험
신약생산지원센터
신약개발지원센터 - B동
첨단의료기기
개발지원센터 - B동
향후 증축을 고려한 배치계획

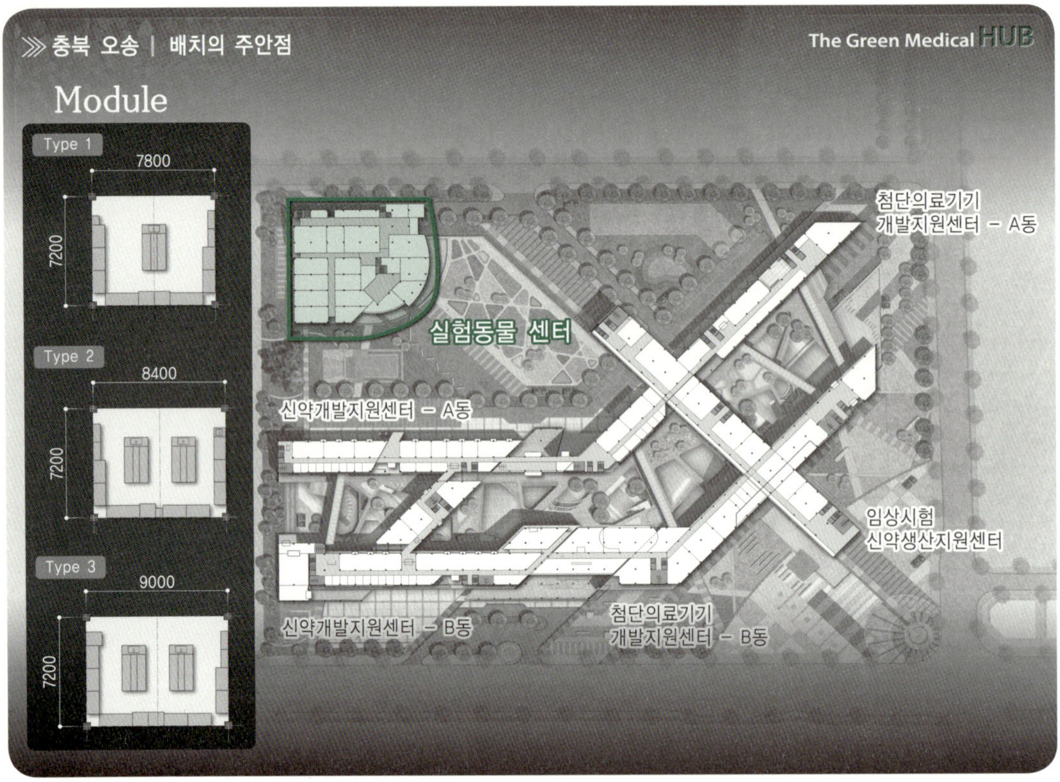
충북 오송 | 배치의 주안점
The Green Medical HUB
Module
Type 1
7800
7200
Type 2
8400
7200
Type 3
9000
7200
첨단의료기기
개발지원센터 – A동
실험동물 센터
신약개발지원센터 – A동
임상시험
신약생산지원센터
첨단의료기기
개발지원센터 – B동
신약개발지원센터 – B동

The Green Medical
단지별로 특화된 첨단의료복합단지의 Needs를
건축 Design에 융합시켜 최적의 작품 을 창출하겠습니다
감·사·합·니·다

책임감리 분야

Chapter 2

□ 한국은행 부산본부 행사 신축공사 전면책임감리 용역

▯ 공사개요

가. 대　　지 : 위치 - 부산광역시 남구 문현동 1,230 / 면적 : 8,188.10㎡

나. 건　　물 : 규모 - 지하1층, 지상4층 철근콘크리트조 / 연면적 : 9,988.62㎡

다. 사업기간 : 367억원 / 30개월

▯ 입찰개요

1. 발주기관 : 한국은행 재산관리실
2. 입찰방식 : 입찰참가자격 사전심사 사업수행능력 - 기술제안서 평가

summary

사업배경 및 목적

한 국 은 행 미래전략완수		한국은행 위상 공 고 화
	한 국 은 행 부산본부행사	
부 산 신금융단지		미래공간 수요 기능변화 대응

과업개요

부지위치	부산시 남구 문현동 1230
건축규모	지하1층, 지상4층
연 면 적	9,988.62㎡
용역기간	31개월

과업환경분석

지 역 요 인

입지여건	• 부산국제금융센터 및 금융단지 • 혁신도시지구(지구단위계획)
기상여건	• 일최대강우량 : 439mm • 순간최대풍속 : 43m/s

부 지 요 인

내부여건	• 금융단지 내 부지조성 완료 • 매립지 오염토양 치환 완료
외부여건	• 부지북측 기술보증기금 공사중 • 부지남측 대형할인마트위치

사업특성분석 및 중점관리방안

1. 해안, 도심지역 건설

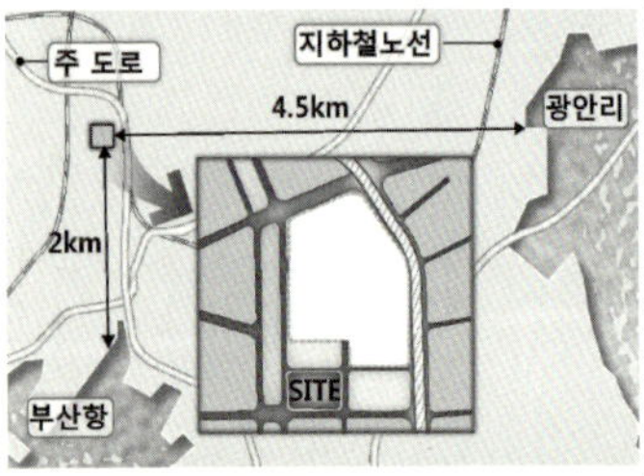

➲ 주변지반 침하 방지
소음 등 환경피해 방지
➲ 염해방지대책 수립

2. 흙막이 및 파일공사

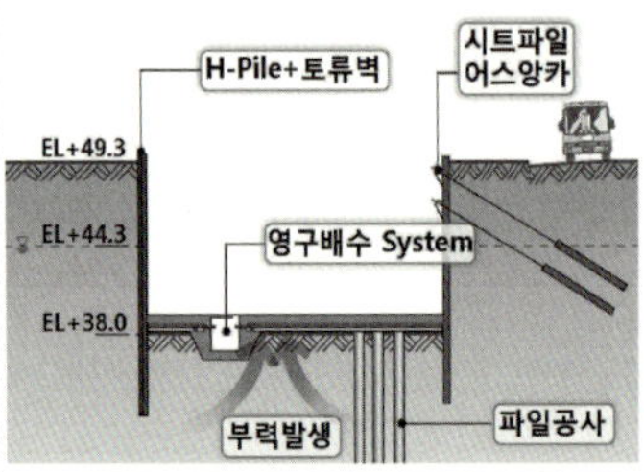

➲ 주변매설물 보호
➲ 흙막이 계측관리
➲ 파일공사 지지력 확보

3. 국가보안 목표시설

• 중앙 및 발권은행시설
• 화폐보관 및 관리금고시설
• 현금탑재 및 수송업무
• 기타 금융보안

➲ 도면 보관 및 유출 방지
➲ 공사참여자 보안교육

□ summary

예상문제점

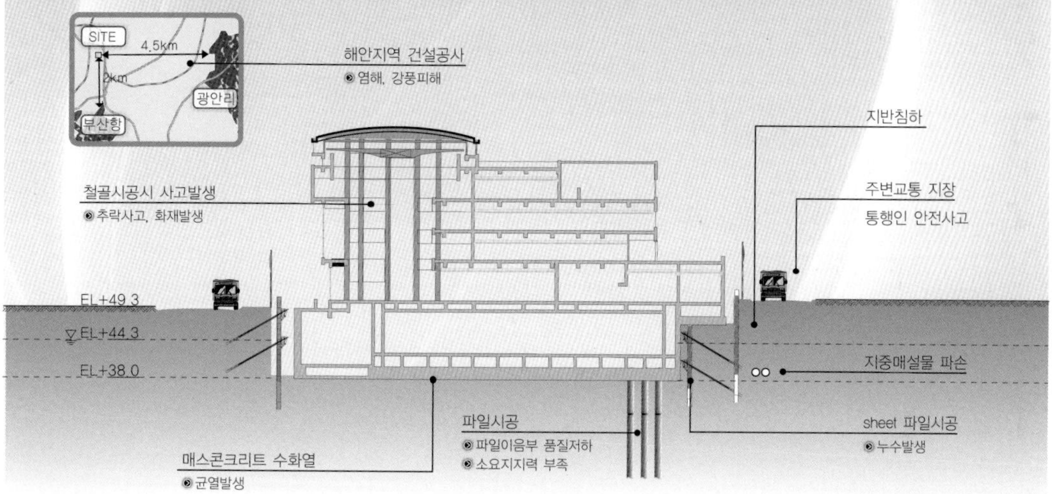

조직구성 및 업무분장

책임감리원 — 감리업무수행 관련 업무총괄

- 본사지원단
  - 기술연구소
  - 기술지원팀
- 보조감리원 / 분야별 업무분담

공 무	공 사	품 질	안 전	환 경
건 축	해당감리	토 목	전 기	기 계

- 비상주감리원
  - ·건축 ·토목 ·기계 ·조경
  - ·전기 ·정보통신 ·소방

감리원 선정

서 류 검 토

- 사업특성을 감안 유사시설경험자 선발
- 기술자격 보유자 우선 선발

인 터 뷰 실 시

- 선정위원회 개최 개별 인터뷰 실시
- 현장관리능력, 기술능력, 성품 등 평가

- 공공청사시설 유경험자
- 공사전반에 걸친 전문지식
- 관련법령, 설계도서 이해

- 책임감, 소속감 소유자
- 부조리에 대한 청렴성
- 교양, 인품 등 인화단결

□ summary

본사의 지원체계

보유기술지원
- 신 기 술 : 3건
- 특허공법 : 30건
- 실용신안 : 14건

소프트웨어
- 공정관리 소프트웨어
- 그래픽
- 구조관련 소프트웨어

VE기술자료(12개 현장)
- 원가절감 : 457건
- 기능향상 : 262건
- 절 감 액 : 58,506,746(천원)

현장점검
- 기초공사시 점검실시
- 골조1층 완료시 점검
- 정기점검 실시

전문인력지원
- 토질 및 기초기술사
- 건축구조기술사
- 외부전문가

감리자교육
- 착수전 위탁교육
- 착수시 교육
- 책임감리원 정기교육

과업수행목표

사업특성 분 석

발 주 자 요구분석

체 계 적 조직구성

발 주 자 권한대행

Step 1 고품질 확보 및 하자발생 방지
- 중점품질관리 – 파일, 콘크리트, 누수
- 사용자재 품질관리, 사용자 만족도 제고
- 부실시공방지 세부실천계획 수립

Step 2 무사고 현장조성
- 중점안전관리 – 흙막이, 추락방지, 취약관리
- 공종별 안전사고 요인분석 및 대책수립
- 안전관리계획수립 및 안전관리활동

무 재 해

Step 3 공사기간 준수
- 공정관리계획 수립 및 단계별 시행
- CP에 따른 공사일정 연관관계 분석
- 적정 시공속도 유지 및 공정지연 방지

Step 4 친환경 현장조성
- 분야별 환경관리대책 수립 및 시행
- 환경관리의 체계화, 환경민원발생방지
- 폐기물 처리 및 저감방안 수립

↘ 사용자 감동 한국은행 부산본부 행사 건립

1. 과업내용의 이해도

❍ 과업내용의 파악

☑ 과업개요

한국은행 부산본부 행사 신축공사

부지위치	부산시 남구 문현동 1230
건축규모	지하1층, 지상4층
연 면 적	9,988.62㎡
용역기간	31개월

사업배경 및 목적

- 한 국 은 행 미래전략완수
- 부 산 신금융단지
- → 한 국 은 행 부산본부행사 ←
- 한국은행 위상 공 고 화
- 미래공간 수요 기능변화 대응

☑ 사업특성 분석

해안, 도심지역 건설

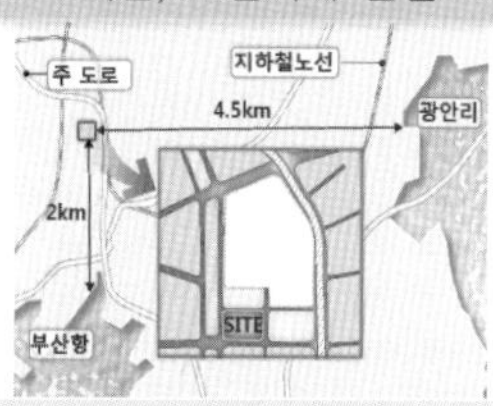

- ➲ 지반침하 등 주변피해발행
- ➲ 염해로 내구성 저하

흙막이 및 파일공사

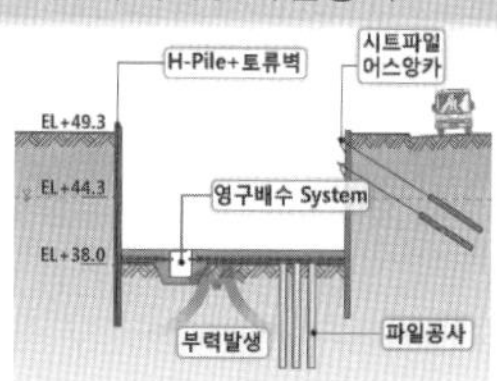

- ➲ 흙막이 붕괴, 변형 발생
- ➲ 파일공사 소요지지력 부족

국가보안 목표시설

- 중앙 및 발권은행시설
- 화폐보관 및 관리금고시설
- 현금탑재 및 수송업무
- 기타 금융보안

- ➲ 시설물 보안 누설
- ➲ 도면 외부 유출

☑ 사업특성을 고려한 중점관리방안

1 도심지 건설공사
- 주변지반 침하방지
- 소음, 진동 등 환경피해 방지
- 염해방지 대책 수립

2 흙막이 및 파일공사
- 주변 매설물 보호
- 흙막이 계측관리
- 근거리 사토장 선정

3 보안유지
- 도면보관, 유출방지
- 공사참여자 보안교육

4 교통, 통행관리
- 주변 통행지장 방지
- 통행인 안전사고 방지

○ 과업환경 분석

☑ 부지여건 분석

지 역 요 인	
입지여건	• 부산국제금융센터 및 금융단지 • 바다와 2.0km 이격
기상여건	• 일최대강우량 : 439mm • 순간최대풍속 : 43m/s
부 지 요 인	
내부여건	• 금융단지 내 부지조성 완료 • 매립지 오염토양 치환 완료
외부여건	• 부지북측 기술보증기금 공사중 • 부지남측 대형할인마트위치

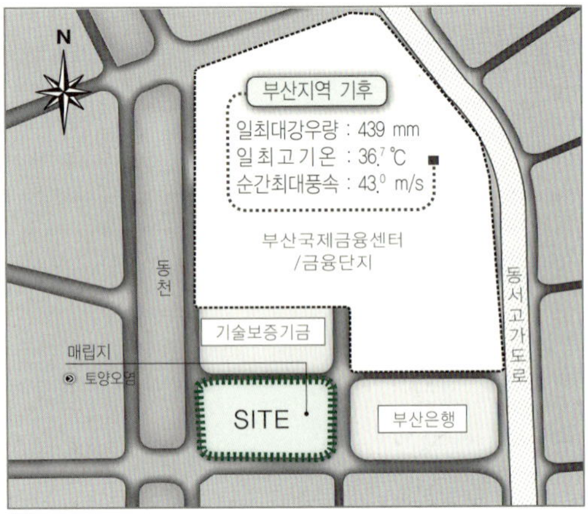

☑ 공사기간 분석

여건분석	• 공사여건 및 공사규모 분석결과 주어진 공기내 준공이 가능할 것으로 판단 • 퇴적층의 지반 상태 및 매립층 토양치환 불확실 등으로 공정지연 예상

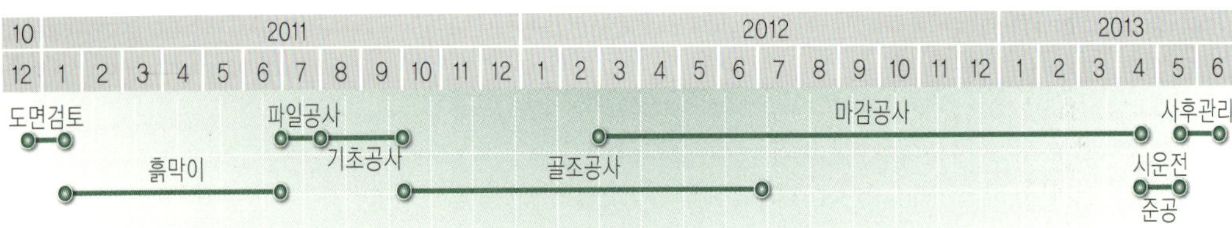

관리방안

- 토공사계획 수립시 퇴적층의 지반상태 및 치환토양 오염여부 사전 확인
- 공사지연 요인을 사전 도출하여 대응책 마련으로 공정지연 방지
- 외부창호를 조기에 설치하여 마감공사기간 확보로 공사기한내 준공

☑ 시공여건 분석

내 부 요 인

① 부지온통 터파기 실시
  ⇨ 가설공간 부족
  ⇨ 사토장 선정 필요
② 어스앙카 시공
  ⇨ 주변매설물 파손,
  ⇨ 주변부지 사용동의
③ 토양오염 치환지역

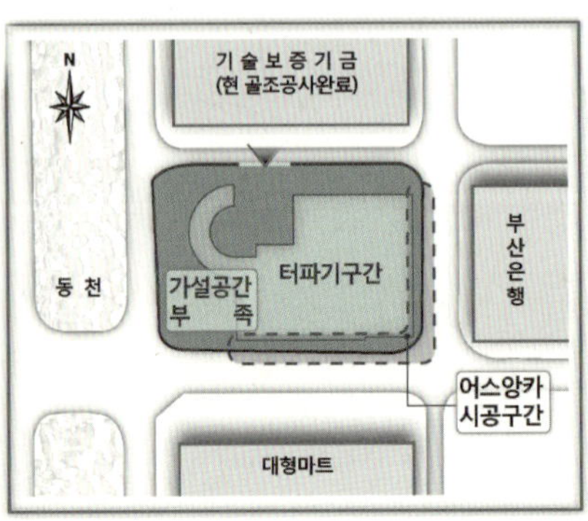

외 부 요 인

❶ 바다로부터 2km이격
  ⇨ 해사사용, 해풍피해
❷ 남측 대형마트 위치
  ⇨ 통행혼잡, 안전사고
❸ 북측 신축 현장 근접
  ⇨ 공사중 상호간섭

❍ 예상문제점 및 개선대책

주 안 점	◦ 부지 및 주변 여건 조사 결과 시공시 예상되는 문제점 도출 ◦ 시공 및 감리용역시 예상되는 문제점에 대한 개선대책 마련

☑ 공사여건 분석

1. 해안지역 건설공사

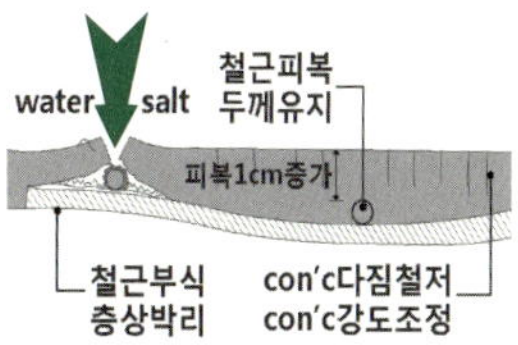

◦ 해풍, 해사사용으로 노출철물 부식
◦ 콘크리트 균열시 내구성 저하

➲ 철근피복확보, 콘크리트 다짐 철저
➲ 염분관리 및 노출철물 재질변경

2. 가설물 설치공간 부족

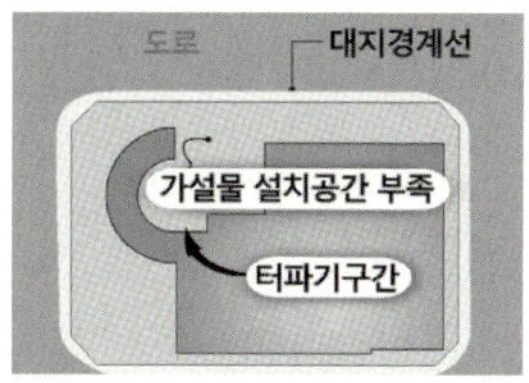

◦ 부지 온통터파기 시행
 -> 가설사무소설치
 -> 가설작업 공간 부족

➲ 착공초기 주변부지 임차 활용
➲ 지하주차장 완료후 상부공간 활용

3. 경기침체로 부도, 저가낙찰

◦ 공정지연 발생 우려
◦ 품질저하 및 하자발생 우려
◦ 부도 발생 등으로 건물사용 지연

➲ 자금흐름 등 업체동향 철저 확인
➲ 시공확인 업무 철저 시행
➲ 부도발생시 발주자와 협의 문제점 해결

4. 실내공기질 저하

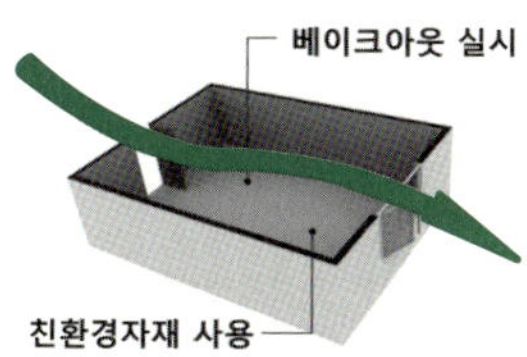

◦ 재료에 유해물질이 포함되어 인체에 유해
 -> 휘발성 물질 등

➲ 실내온도를 높여 오염 물질의 발생량을 일시적으로 증가시킨 후 환기를 통해 유해물질 제거(Bake-out 실시)

☑ 주요예상 민원

1.주변 교통, 통행인 안전

◦ 부지남측 대형마트 위치
 -> 주변교통 지장
 -> 통행인 안전사고

➲ 주출입구 교통 신호수 배치
➲ 주출입구 교통안전시설물 설치
➲ 차량서행 및 운전자 교육 실시

2. 공사관련 민원발생

◦ 하도급 대금 등 하도급관련 민원
◦ 노임지급관련 민원
◦ 공사 참여자간 분쟁으로 클레임 발생

➲ 하도급서류검토, 불법하도급 신고제도
➲ 노임체불여부 수시 확인
➲ 도면/시방서 검토 및 문제점 명확히 처리

☑ 건축 및 구조분야

1. 파일 이음

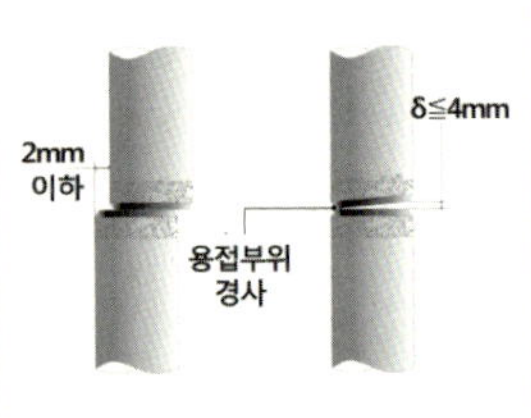

- 파일 시공심도가 13.1~15.1m로 파일이음시공 필요
  -> 이음부위 용접, 수직불량 발생

➲ 파일 이음시 수직도 확인 철저
➲ 이음부위 용접검사 실시

2. 매스콘크리트 수화열

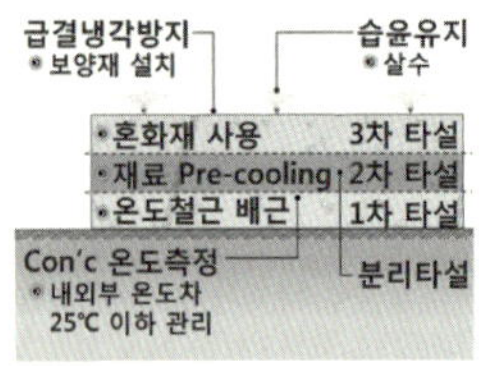

- 기초두께가 600~1800mm로 매스콘크리트 수화열 발생시 균열발생

➲ 온도철근 배근 및 수화열 측정
➲ 배합 및 상하부 분리타설, 양생관리

3. 기초 이어치기

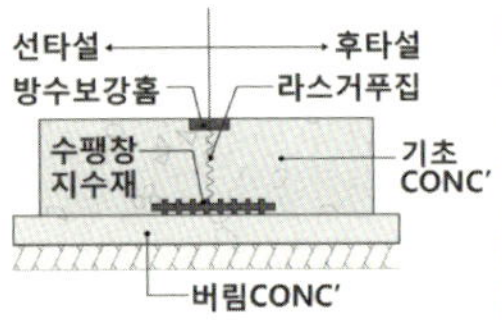

- 기초 이어치기부위 균열 및 누수하자 발생

➲ 이어치기부위 라스거푸집 시공
➲ 수팽창지수재, 방수홈 설치 및 방수보강

4. 기초단차이 발생부위 지지력 저하

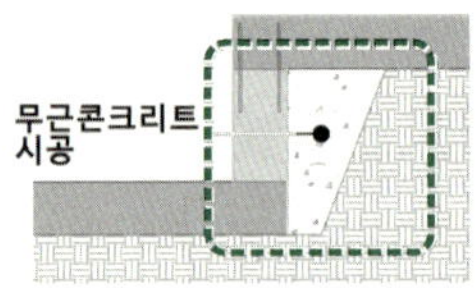

- 지하층 기계, 전기실 터파기시 지내력 부위 훼손
- 소요 지지력 저하

➲ 기초터파기시 법면각도 최소화
➲ 지내력 훼손부위 무근콘크리트 보강

5. 지하층 옹벽 누수발생

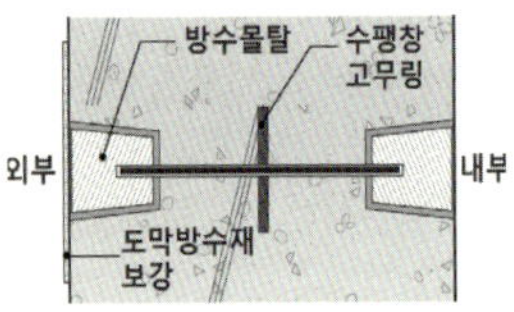

- 지하층 옹벽 시공시 거푸집 고정용 폼타이 부위로 누수

➲ 폼타이 시공시 수팽창 고무링 시공
➲ 외부 콘 부위에 방수몰탈로 보강

6. 1층 슬래브 건조수축균열

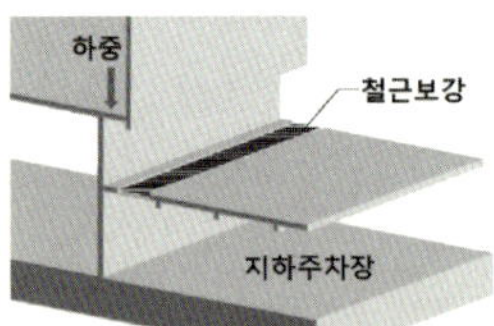

- 지하층 1층 단면 차이 및 콘크리트 건조수축으로 균열 발생

➲ 지연 죠인트 시공
➲ 건조수축 완료후 콘크리트 타설

7. 철골 시공시 안전성 확보

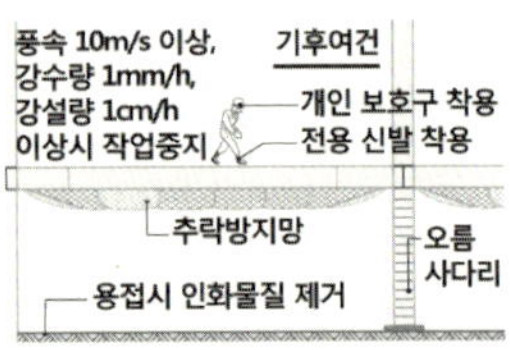

- 양중장비전도 및 양중자재 추락
- 철골 조립공 추락
- 용접시 화재발생

➲ 강풍 및 강우 등 기상여건 감안 공사시행
➲ 조립공 전용신발 등 개인보호구 착용

8. 벽체 액체방수 두께 부족

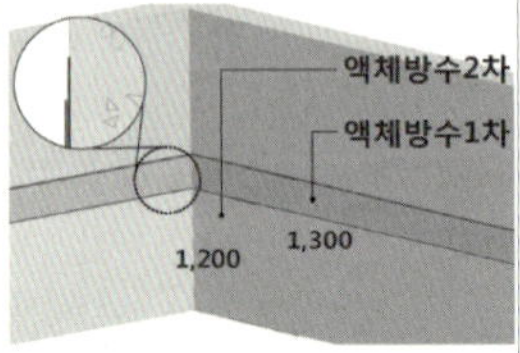

- 액체방수 2차 시공시 시공순서 및 두께 확인 곤란

➲ 액체방수 시공시 1차, 2차 시공범위를 구별하여 시공토록하여 확인

토목 및 조경분야

1. 사토장선정 및 흙막이 과적관리

◦ 원거리 사토장 선정시 공사비 과다
◦ 과적으로 인한 도로 파손 발생

➲ 토석공유시스템 활용, 근거리 선정
➲ 이동식 축중계를 설치하여 과적 관리

2. 어스앵커 시공시 매설물 보호

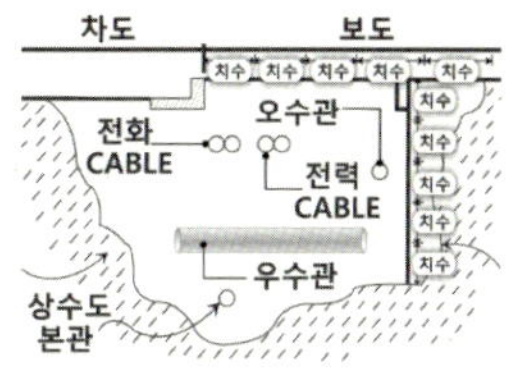

◦ 흙막이 지지를 위한 어스앵커 시공시 지중매설물 파손

➲ 유관기관과 협의 지중매설물 조사 실시
➲ 조사결과에 따라 지중매설물 도면 작성

3. 흙막이 계측관리

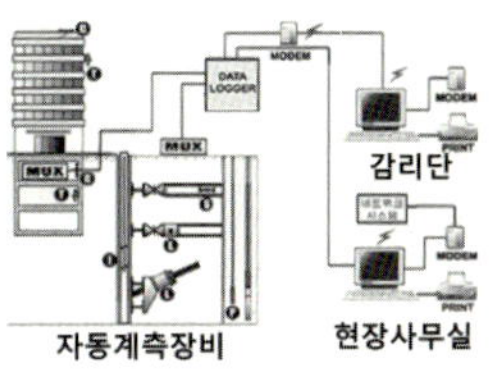

◦ 종래의 방법으로 계측관리시 변형에 대한 즉각적인 대처 곤란

➲ 컴퓨터를 이용한 자동화 계측시스템
➲ 실시간 변형 확인 및 대처 가능

4. 조경공사 시뮬레이션

◦ 평면도만으로 식재 수목 및 라인예상 곤란
->시공비용의 과다

➲ 시공전 3D시각화를 통한 시뮬레이션으로 식재 수목과 라인을 쉽게 예상

기계 및 전기분야

1. 냉각탑 용량 부족

◦ 냉온수 유닛 120 RT에 대한 냉각탑 175 RT의 용량부족
->혹서기에 냉방용량 부족 현상

➲ 냉각탑 용량을 200 RT로 변경
->냉온수 유닛의 냉방능력을 향상

2. 지열시스템

◦ 천공방식이 우물통형으로 설계
->수질이 나쁘면, 1년 후에 교환기가 막혀 시스템 가동이 곤란

➲ 지하수질을 검토하여 별도의 수처리 여과장치, 혹은 수직형 폐회로 시스템 으로 변경

3. 에너지 절약

◦ 에너지 절약 기자재의 활용이 충분하지 못함(녹색 성장 정책)
->에너지 절약을 기할 수 없음

➲ 고 천정부분에 고효율 LED등 적용
➲ 복도 계단 통로에 센서등을 설치하여 에너지 절약

4. CCTV 방식

◦ CCTV가 동축케이블을 사용한 아날로그 방식
->배선공사의 과다로 공사비 상승
->시대변화에 대비 미흡

➲ CCTV를 UTP 배선 방식으로 변경
->디지털 제어방식 도입으로 공사비 절약 및 화질 향상

2. 과업수행 조직

❍ 배치인력의 적정성

주 안 점	◦ 유사시설 경험자, 기술자격 보유자, 관리능력 보유자 우선선발 ◦ 사업특성 및 주요 공정계획을 감안한 최적의 인력 배치

☑ 조직구성 기본방향

구분	내용	배치방향
사업특성 분석	• 도심지역 건설공사 • 해안지역 건설공사 • 시트파일 흙막이 공사	➲ 해안 및 도심지역 건설경험자 ➲ 시트파일 시공 유경험자 ➲ 토질 및 기초기술사 지원
시공여건 분석	• 부지 온통 기초터파기 실시 • 파일 이음시공 실시 • 철골 및 철근콘크리트 구조	➲ 파일 이음시공 유경험자 ➲ 철골시공 유경험자 ➲ 건축구조기술사 지원
발주자 배치요구	• 상주감리 6명, 비상주감리 7명 • 배치인월수 : 185.271	➲ 상주감리 6명, 비상주감리 7명 ➲ 배치인월수 : 256.529

☑ 조직구성

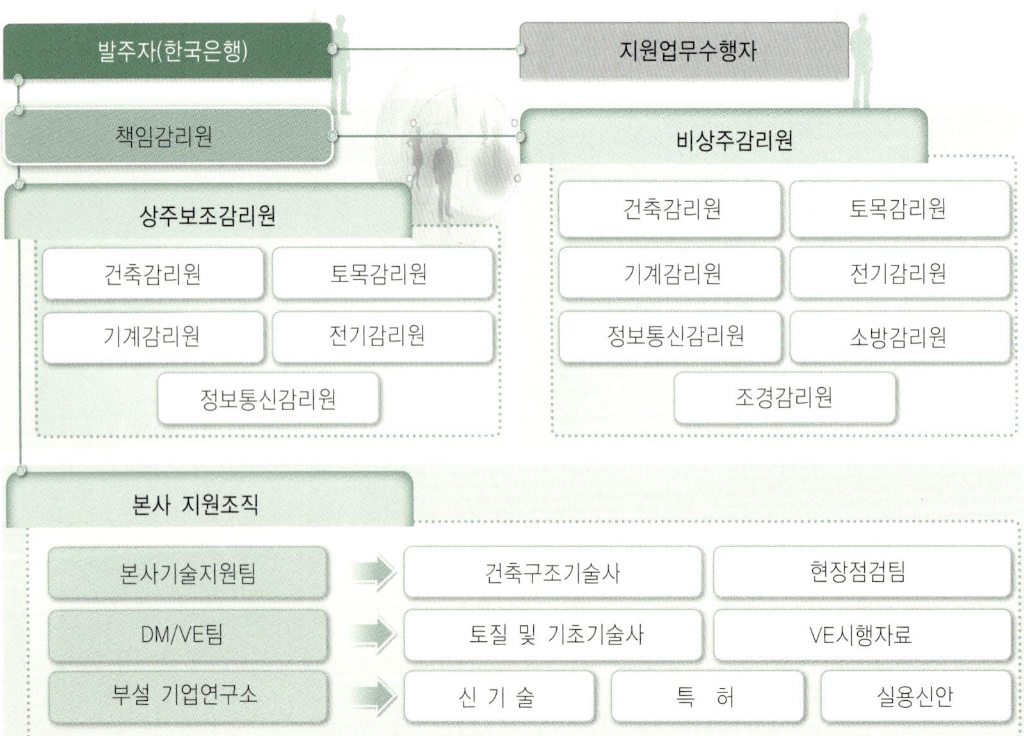

조직간 역할수행

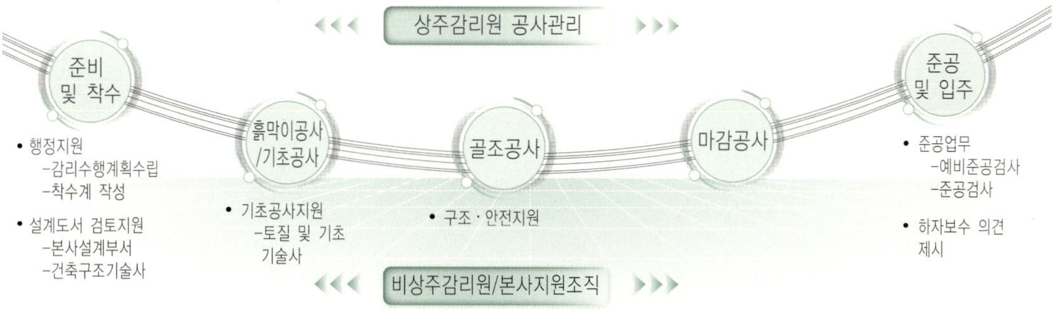

감리원 배치계획

분야	기준등급	배치등급	배치기간 (2 4 6 8 10 12 14 16 18 20 22 24 26 28 30 31)	투입월수	환산비	인월수	평가여부
마 일 스 톤			도면검토 / 시 공 관 리 / 시운전 / 사후관리 흙막이공사, 기초공사, 파일공사, 골조공사, 마감공사, 준공 기계 각종 슬리브 매입 각종 배관공사, 기구취부		• 문서 인수인계 - 책임감리원 - 건축감리원 배치 • 시설물 인수인계		
상주감리원	책임	수 석		31.00	1.241	38.471	
	건축	감리사		31.00	1.000	31.000	
	토목	수 석		31.00	1.241	38.471	
	기계	수 석		31.00	1.241	38.471	
	전기	특 급		31.00	1.153	35.743	
	통신	특 급		26.00	1.153	29.978	
소 계					212.134		
비상주감리원	건축	수 석		수시감리		25.837	
	토목	수 석					
	기계	감리사					
	조경	수 석					
	전기	특 급		수시감리		11.597	
	통신	특 급					
	소방	특 급		주1회감리		6.961	
소 계					44.395		
총 계					256.529		

* 본 감리원 배치계획서는 발주청의 상황에 따라 조정될 수 있음

❍ 조직구성원의 자질

☑ 감리원 선정

서 류 검 토

- 사업특성을 감안 유사시설경험자 선발
- 기술자격 보유자 우선 선발

인 터 뷰 실 시

- 선정위원회 개최 개별 인터뷰 실시
- 현장관리능력, 기술능력, 성품 등 평가

- 공공청사시설 유경험자
- 공사전반에 걸친 전문지식
- 관련법령, 설계도서 이해

- 책임감, 소속감 소유자
- 부조리에 대한 청렴성
- 교양, 인품 등 인화단결

☑ 구성원 자질

구 분	공종	건설경력	등급	기술자격	특 기 사 항
책 임 감리원	–	24년	수석 감리사	건축시공 기술사	◦ 부산지역 거주로 현장관리 용이 ◦ CM현장 단장 근무 ◦ 부지인접 남구청사 시공경험
상 주 보 조 감리원	건축	21년	감리사	건축기사	◦ 교육연구시설, 운동시설, 공동주택 등 풍부한 감리경험
	토목	25년	수석 감리사	토목기사	◦ 지하철공사, 도로공사, 부대토목 등 다양한 시공경험 보유
	기계	31년	수석 감리사	건축설비기사 소방설비기사	◦ 업무시설, 해외공용청사 계획, 설계, 시공, 감리 등 풍부한 경험
	전기	19년	특급	전기공사기사	◦ 공공업무시설, 방송국, 산업시설, 공동주택 등 풍부한 감리경험
	통신	38년	특급	유선설비기사	◦ 체신부, 한국통신 근무 등 정보통신 분야의 풍부한 경험
비상주 감리원	건축	28년	수석 감리사	건축사	◦ 업무시설, 교육연구시설, 근린생활 시설 설계 및 감리경험 풍부
	토목	28년	수석 감리사	토목산업기사	◦ 공용청사, 업무시설, 교육시설 등 풍부한 시공 및 감리경험

❍ 업무분장의 적정성

☑ 공사단계별 업무수행계획

1Step 착공단계
- 관계규정 등 내용숙지
  - 계약문서, 과업지시서
- 당해공사 특수성 파악
- 설계도서 검토 보고
- 감리관련 서류 작성
- 현지여건조사 실시

2Step 시공단계
- 당해공사가 설계서, 계약서, 공정계획표, 발주자 지시사항대로 시공되는지 확인 및 입회
- 시공단계별 확인, 검측
- 기술지도 및 이행확인

3Step 준공단계
- 시설물 시운전 실시
- 예비준공검사 실시
- 준공도면 검토
- 준공검사 실시
- 시설물 인수 · 인계 입회
- 하자보수 의견 제시

☑ 업무분장

책임감리원 — 감리업무수행 관련 업무총괄

- **본사지원단**: 기술연구소, 기술지원팀
- **보조감리원 / 분야별 업무분담**: 공무 – 건축, 공사 – 해당감리, 품질 – 토목, 안전 – 전기, 환경 – 기계
- **비상주감리원**: ·건축 ·토목 ·기계 ·조경 ·전기 ·정보통신 ·소방

책 임 감 리 원
- 감리업무소행과 관련한 업무 총괄
- 발주자 및 관련기관 협의 및 보고
- 사업 참여자간 업무협의 주관
- 감리원 업무분장

비 상 주 감 리 원
- 정기적 현장 방문 점검 · 확인 · 평가, 기술지도
- 발주자가 요구한 기술적 사항 검토
- 책임감리원이 요청한 지원업무
- 기성검사, 준공검사 실시

책임감, 소속감을 갖고 감리업무의 효율적 수행

보 조 감 리 원
- 설계도서 및 각종 시공기준에 의거 시공확인
- 시공계획, 시공상세도의 검토
- 품질시험계획 수립 및 성과검토
- 안전, 환경관련 활동 확인

본 사 지 원 단
- 설계 및 감리업무 지원
- 기술자문단 및 행정업무 지원
- 토질 및 기초기술사 지원
- 건축구조기술사 지원

3. 과업수행 세부계획

○ 품질관리계획

☑ 품질관리계획 검토

Check Point		
	• 계약서, 시방서, 관계법령 등 요구사항 반영여부 • 품질관리자자격, 시험실설치, 품질시험계획 적정성 • 시공계획서, 시공상세도 작성 및 검측계획 적정성	➲ 사용자재 품질관리 ➲ 하자발생 저감 ➲ 사용자 만족도 제고

☑ 설계도서 검토

검토조직구성

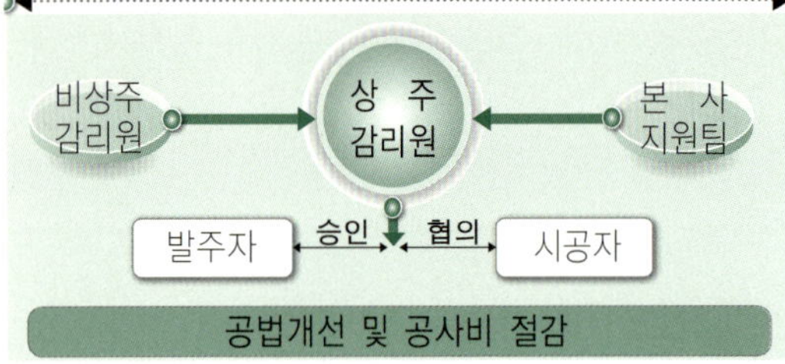

검토요소별 주안점

구분	주안점
설계도서	• 설계도서 상호간 일치 여부 • 누락, 오류 등 불분명 부위
현장조건	• 현장실정과 부합 여부
시 공	• 시공의 실제가능 여부 • 시공시 문제점 발생 여부

☑ 자재관리

자재선정 → 승인요청 → 사용승인 → 품질시험 → 자재검수 → 시 공

구분	내용	효과
자재선정	• 원활한 자재수급을 위해 2개업체 이상 자재승인	투명성확보
사용승인	• 설계도면, 시방서조건 등에 적합여부 확인 • 레미콘공장, 공장제작 자재는 사전공장 점검	고품질 자재확보
자재검수	• 반입한 자재가 승인된 제품과 일치여부 확인 • 반입자재 품질시험성적서 확인, 품질시험 실시	재시공 하자방지

☑ 검측계획

검측기준 설정	→	검측업무지침 작성	→	시공자 교육	→	검사 및 결과처리
• 시공단계별 세분화 • 검측항목의 설정		• 검측시기 및 빈도 • 검측체크리스트		• 신규공종 착수 전 • 공사 관계자 교육		• 검측 결과 통보 • 승인/재시공/보완

주 안 점	◦ 시공 전·중·후 시공확인 철저로 재시공 및 보완시공 방지 ◦ 콘크리트 타설 및 방수공사시 입회 및 단열, 타일공사, 창호공사 중점 검측

☑ 부실시공 방지계획

매월 부실시공방지 세부실천계획 수립 및 이행으로 하자발생 Zero화

부실공사 요인도출	원인분석 / 대책수립	실 천 방 안
• 매월 마지막주 회의개최 • 감리자, 시공자 협의 • 각 공종별로 도출	• 익월공사에 대한 대책수립 • 기능공 숙련도, 작업습관요인 • 기상여건 등에 대한 대비	• 현장종사 전직원 교육실시 • 공사업무수행시 전직원 휴대 • 검측 및 현장 확인시 활용

☑ 중점 품질관리계획

파일공사 소요지지력확보

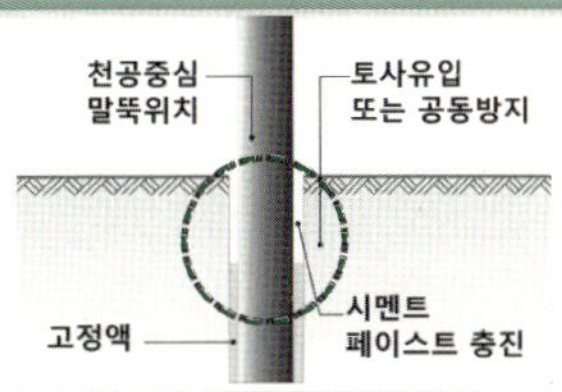

➲ 고정액 채움 확인 철저
➲ 동재하, 정재하 시험 실시

콘크리트 품질관리

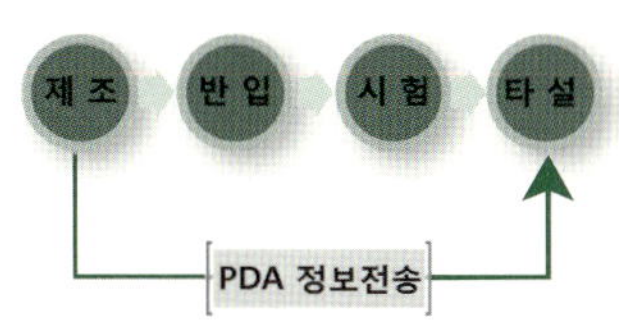

➲ 생콘크리트 염화물 관리
➲ 제조, 운반, 타설, 양생관리

누수하자 방지

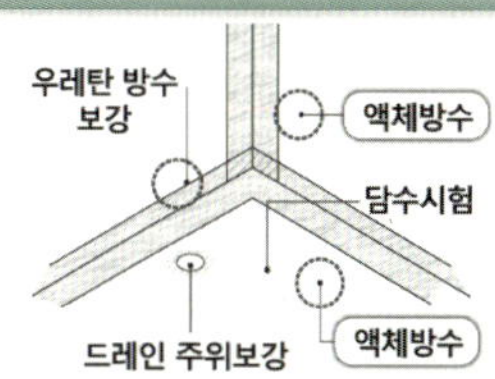

➲ 시모서리 방수보강 실시
➲ 담수시험 실시

☑ 품질시험관리 계획

1) 품질시험 일정

공 종	2 4 6 8 10 12 14 16 18 20 22 24 26 28 30 31	중급품질관리대상
건축공사	파일시험, 지내력시험 콘크리트, 단열재, 방수재, 조적재시험, 담수, 타일시험	◦총공사비 100억 이상 건설공사
토목공사	흙막이계측관리 / 아스콘, 들밀도시험, 오수관로 CCTV	◦품질관리자 2인 배치
기계설비	자재, 기기성능확인, 수압검사, TAB	시험실
전기/통신	접지저항시험 / 기기성능확인	◦30㎡ 이상 설치

2) 품질시험관리

품질시험계획 검토

• 품질관리자 배치계획 및 자격검정 여부
• 시험실 면적 적정 여부
• 시험장비 배치 적정 여부 및 시험장비 검·교정계획

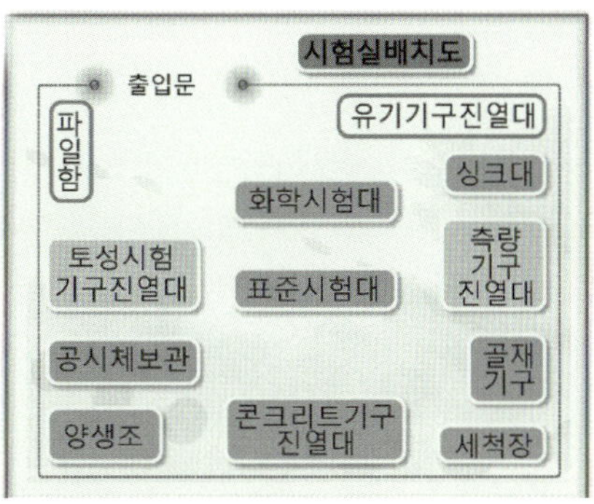

품질시험관리

• 품질시험의 검사종류, 종목, 방법, 빈도 결정
• 시료채취입회 및 품질시험 확인
• 품질시험 실시후 결과확인 및 기록 유지

○ 안전관리계획

안전관리계획 검토

Check Point

- 안전조치를 구체적이고 명료하게 계획
- 안전관리계획서의 내용과 실제공사 내용과 부합
- 안전관리비 사용계획의 적정성 여부

➲ 안전사고방지
➲ 효율적인 관리로 부실시공 방지

안전사고 요인분석

가 설 공 사	토공사, 기초공사	철근콘크리트공사
• 가설물 전도, 설치시 추락 • 자재 양중시 낙하, 비래	• 터파기 및 굴착주변 추락 • 흙막이붕괴, 항타기 전도	• 강풍에 의한 자재 비래, 낙하 • 고소작업시 추락사고

안전관리계획

1 가설자재 성능확인
- 가설자재 안전성검토
- 재활용품 사용시 검정 확인

2 안전시설물 설치
- 8대 가시설물 상태 확인
- 위험물 저장소 설치 확인

3 안전관리 활동
- 매월 안전의 날 행사 실시
- 정기적 안전점검/교육 실시

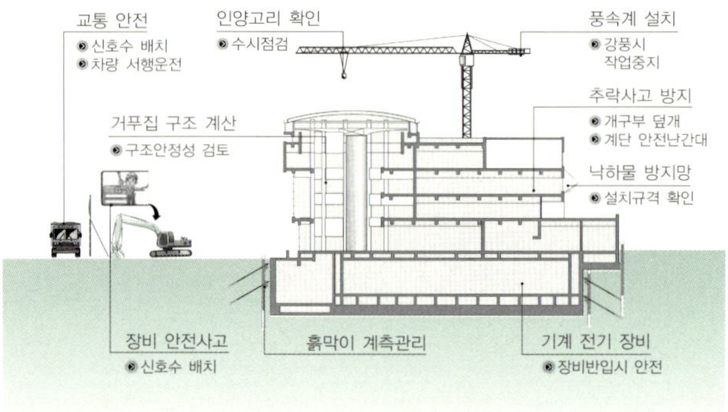

중점 안전관리계획

흙막이 안정성확보
- 흙막이 구조 검토
  ⇨ 토질 및 기초기술사
- 흙막이 공사시 입회
- 흙막이 계측관리 실시
  ⇨ 자동화계측시스템 도입

추락사고 방지

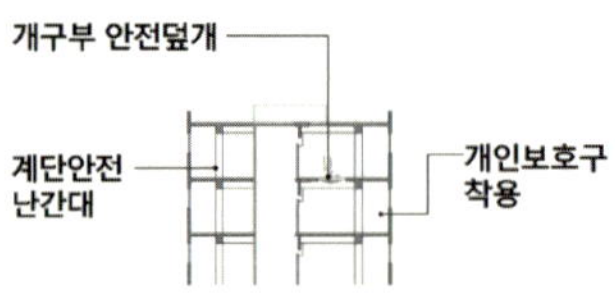

8대 가시설물 설치, 관리

취약시기 안전관리

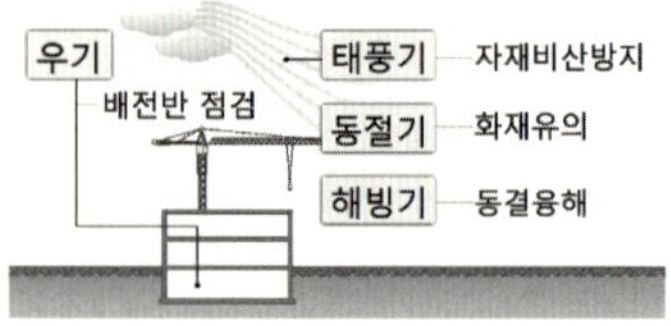

우기, 태풍기, 동절기, 해빙기

재해 발생시 응급조치

1 Step 재 해 발 생
- 인명사고 발생
  ⇨ 사망 및 중상사고

2 Step 응 급 조 치
- 부상자 조치 및 후송
- 사고 확대 방지 안전조치

3 Step 사 후 조 치
- 사고처리 결과 보고
- 사고 재발 방지대책

❍ 공정관리 계획

☑ 공정관리 절차

1 Step 착 수 단 계	2 Step 시 공 단 계	3 Step 준 공 단 계
• 공정 지연현황 파악 • 공사 예정공정표 검토	• 공정현황 파악 및 분석 • 부진공정 만회대책 수립	• 준공관련 일정 관리 • 하자예방을 위한 관리

☑ 공정계획검토

Check Point

- 주요공종의 단계별 착수 및 완료시점 적정여부
- CP에 따라 공사일정에 대한 상호 연관관계
- 동절기, 중추절, 우기 등 공사불능기간 산정

➲ 공정지연방지
➲ 적정 시공속도로 고품질 확보

☑ 공종별 일정관리 및 공기단축방안

토공사, 기초공사	골 조 공 사	마 감 공 사
착공일~2011.9.30	2011.10.1~2012.6.30	2011.07~준공일
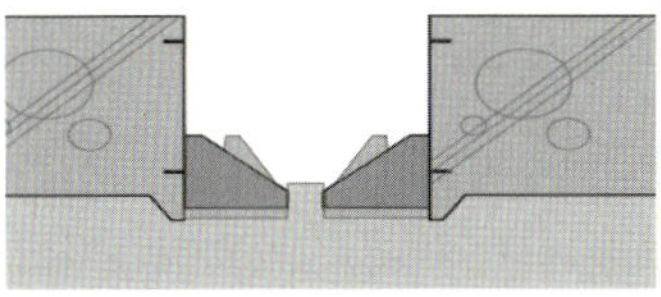	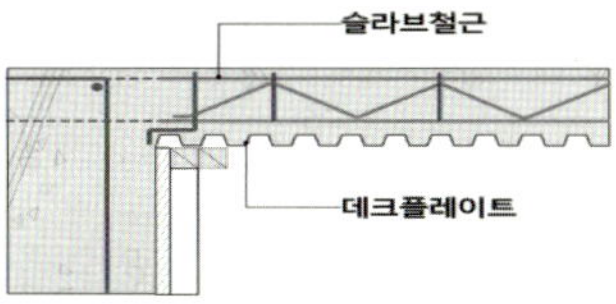	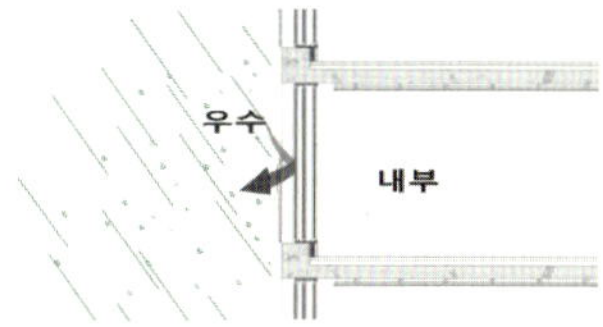
➲ 강제 집수정설치	➲ 데크플레이트 거푸집	➲ 외부창호 조기 설치

☑ 공정지연 분석 및 대응방안

A. 초기 착수지연	B. 기 상 여 건	C. 사회적 여건
• 시공조직구성, 하도급선정지연	• 폭우, 강풍 등 이상기후	• 부도, 하도급, 노임지급지연
➲ 공사착수회의시 촉구	➲ 기상여건파악 대책수립	➲ 하도급 동향파악, 노임확인

☑ 공정지연 만회대책 수립

1. 공 정 지 연	2. 공정회의실시	3. 만회대책시행	주요만회대책
• 월간공정 10%이상 • 누계공정 5%이상	• 주간공정회의 • 월간공정회의	• 이행상태 추적관리 • 주간단위 점검/평가	• 계획공정의 Logic 변경 • 작업조 추가투입 • 연장근무 및 돌관작업 • 공법의 변경
→ 지연원인파악	→ 만회대책 수립	→ 지연공정 만회	

○ 환경관리계획

환경관리절차

1 Step 현장여건조사
- 부지주변 시설/건물
- 공해유발 공법/설계

2 Step 환경관리대책
- 가시설물 설치 및 관리
- 소음 · 진동 수시 측정

3 Step 이행 및 관리
- 주기적 환경점검
- 환경사고 발생시 처리

환경관리계획 검토

Check Point

- 현장조사에 따른 환경관리 목표 및 방향 적정성
- 환경요인별 시공관리 및 환경시설물 설치, 관리계획
- 폐기물 처리 및 폐기물 저감방안 수립 적정여부

➲ 환경관리의 체계화
➲ 환경민원 발생방지
➲ 폐기물 감량화

환경관리계획

1 환경시설물 설치, 관리
- 세륜시설, 환경요원배치
- 간이정화조, 폐유저장소

2 환경관리 활동 전개
- 정기적 환경점검 및 교육
- 매월 환경의날 행사 실시

3 환경보호 활동
- 주변지역 청소 실시
- 친환경 가설물설치 및 녹화

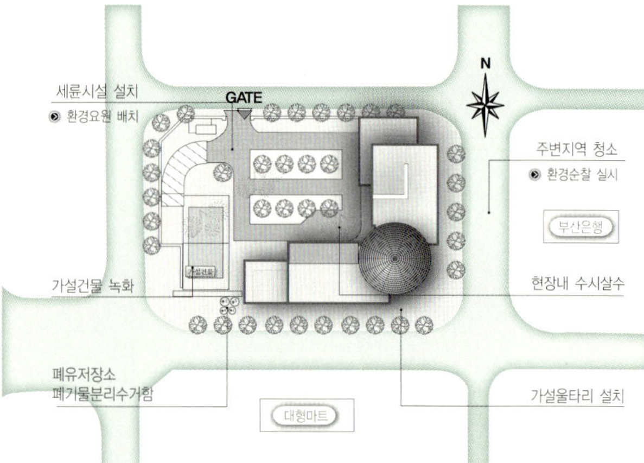

분야별 환경관리대책

소음 · 진동 저감대책

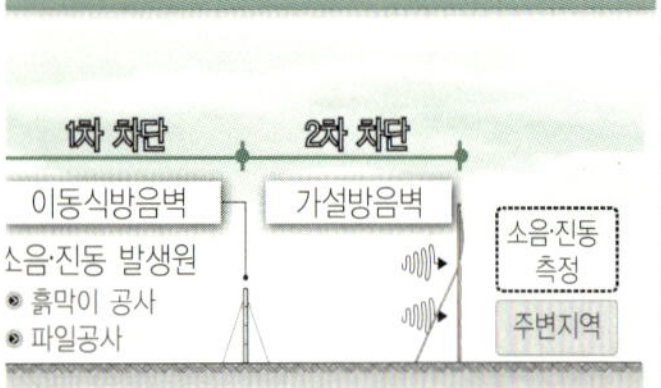

대기환경 보전대책

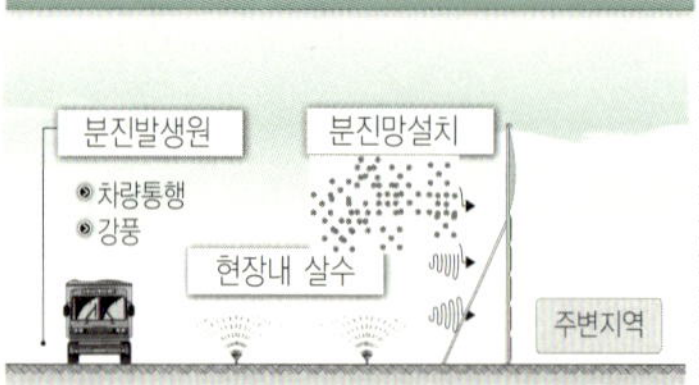

수질오염 방지대책

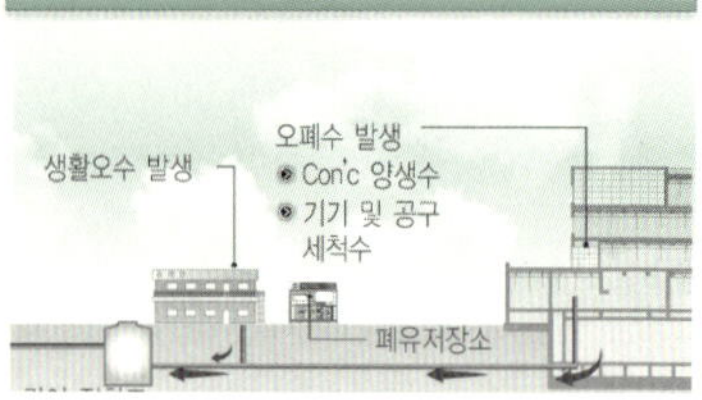

폐기물 처리 및 저감방안

폐기물 처리

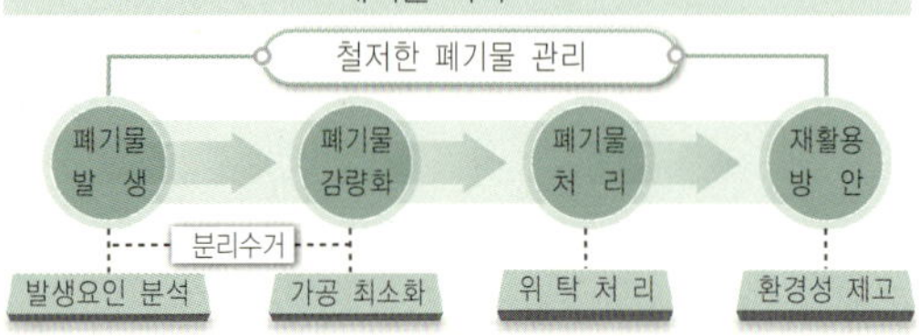

폐기물 감량화

반입제품	포장최소화, 포장재 재활용
규격자재활용	자재규격화, 현장가공최소화
재활용생활화	분리수거강화, 폐기물재활용

4. 과업수행 지원체계

❍ 관련기관과의 협력체계

☑ 관련기관 협조조직

협 조 부 서

- 감리본사
  ➪ 기술지원팀, DM/VE팀
  ➪ 부설기술연구소
- 설계사 및 관련용역사
- 인접 기술보증기금 현장
  ➪ 지하구조물 시공자료
  ➪ 터파기시 토양오염여부

유 관 기 관

- 부산광역 시청
  ➪ 051)888-2000
- 한국산업안전보건공단
  ➪ 055)371-7500
- 부산지방고용노동청
  ➪ 051)853-0009
- 부산 남부경찰서
  ➪ 051)610-8324
- 부산 남부소방서
  ➪ 051)760-4880

☑ 관련기관 협조방안

1 Step 착 수 단 계

- 종합공정표에 관련기관 협의일정을 표기
- 각종 신고사항에 대한 시공자 이행여부 확인
- 담당자와의 사전 협의

2 Step 시 공 단 계

- 각 단계별 협의사항에 대한 준비사항 확인
- 관련 행정절차, 시기 확인 발주자와 협의 및 업무수행
- 월1회 관련회의 실시

3 Step 완 료 단 계

- 협의 미비사항에 대한 발주처 보고
- 협의 내용의 적정이행 여부확인
- 기록물 유지 및 관리

❍ 본사의 지원체계

☑ 신기술, 특허 및 실용신안

신기술(3건)

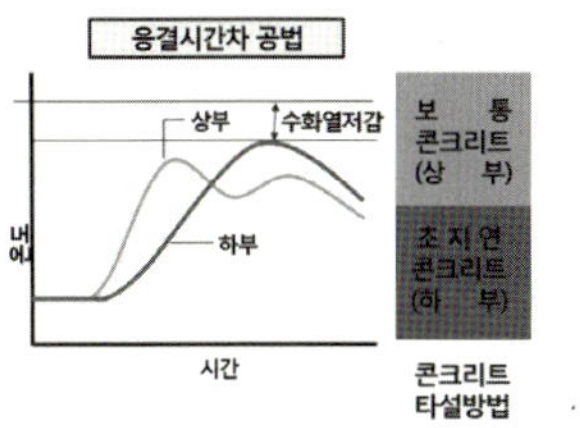

건설교통부(제353호)

➲ 매스콘크리트 수화열저감

특 허 (30건)

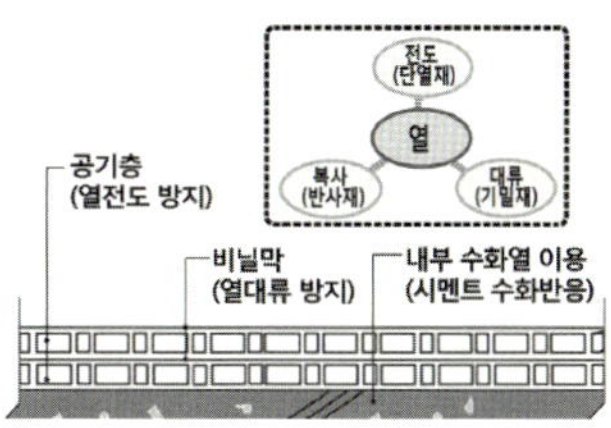

제0667103호

➲ 버블시트 콘크리트 보양재

실용신안(14건)

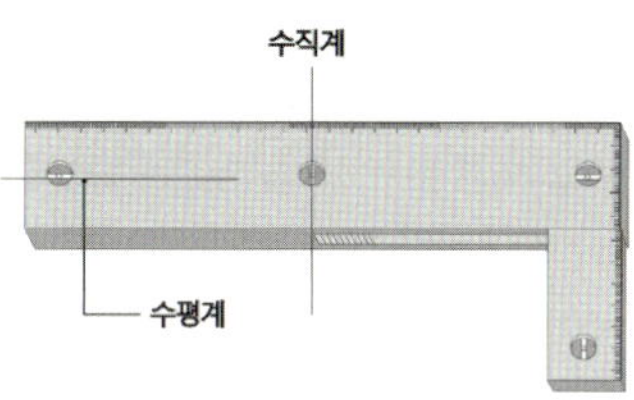

제0207112호

➲ 감리휴대용 수평 · 수직검측자

VE기술자료 및 보유장비

VE기술자료(12개현장)	
원가절감	457건
기능향상	262건
절감액	58,506,746(천원)

보 유 장 비	
구조,마감	◦ 철근탐지기, 균열측정기 등
환경	◦ 소음, 진동 측정기 등
전기,소방	◦ 방수압력 측정계기 등

현장점검 및 교육

점검계획	점 검 내 용
기초공사	◦ 기초구조 안정성 검토 ◦ 기초 시공상태 확인
골조1층	◦ 골조공사 시공기준 확립 ◦ 마감공사 가능여부 확인
정기점검	◦ 현장시공상태의 종합적인 점검, 확인, 평가

교육계획	교 육 내 용
착수전위탁	◦ 시공기술 관련 교육 ◦ 감리원 자질향상 교육
착수시교육	◦ 현장관리 교육 실시 ◦ 관계법령 및 제도
책임감리원 정기교육	◦ 부조리 방지 교육 ◦ 인성 및 소양 교육

소프트웨어

구 분	소프트웨어
공정관리	◦ Primavera V5.0
	◦ EMS 2005
	◦ Neo-Plan

구 분	소프트웨어
그래픽	◦ Photoshop
	◦ Illustrator
구조	◦ MIDAS

○ 정보체계 활용

PMIS 구축

➲ 체계적이고 효율적인 DB 구축
➲ 신속정확한 정보관리 및 효율적인 의사결정
➲ 인력 및 비용의 절감

화상회의 시스템 구축

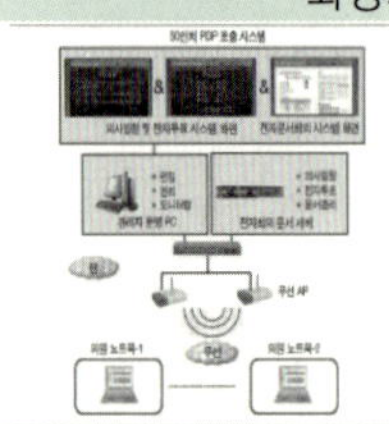

시스템구축

• 비즈누리 화상회의 시스템 Ver. 4.0
• PC와 화상카메라를 이용

➲ 본사와 현장간 전문지식 공유
➲ 현장 문제발생시 본사 기술지원단 즉시 지원으로 문제점 해결

건설사업관리 분야 Chapter 3

□ 디지털방송콘텐츠 지원센터 건립공사 건설사업관리 용역

▢ 공사개요

가. 대　　지 : 위치 – 고양시 한류월드 지역 / 면적 : 10,702㎡

나. 건　　물 : 규모 – 연면적 : 55,942㎡

다. 사업기간 : 1,991억원 / 25개월

▢ 입찰개요

1. 발주기관 : 조달청 수요기관-방송통신위원회
2. 입찰방식 : 입찰참가자격 사전심사 사업수행능력-기술제안서 평가

저희들이 준비한 기술제안을 보고 드리겠습니다.

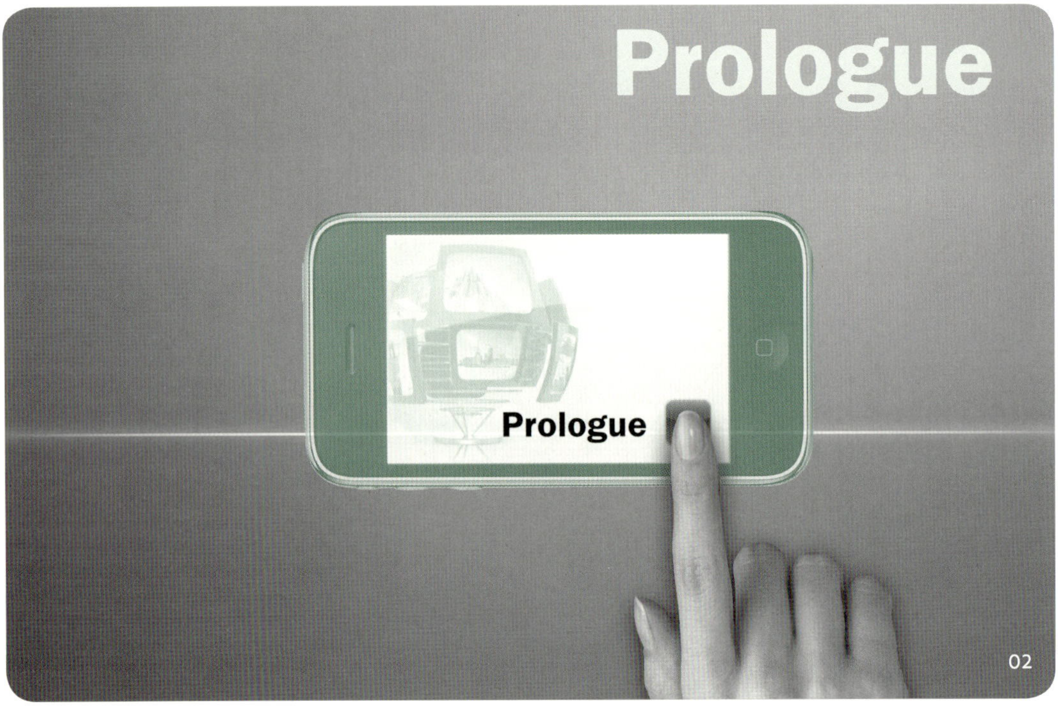

△ 제안내용을 보고 드리기에 앞서...

▽ [디지털방송콘텐츠지원센터]를 왜 지어야 하며 무슨 기능을 해야 하는 곳인지를 알아 보았습니다. IT기술과 더불어 방송콘텐츠 시장의 패러다임도 급격히 변하고 있습니다. 특히, 전 문화부장관 이어령 선생님의 국경없는 상품 "한류", "콘텐츠" 라는 말씀이 매우 인상적입니다.

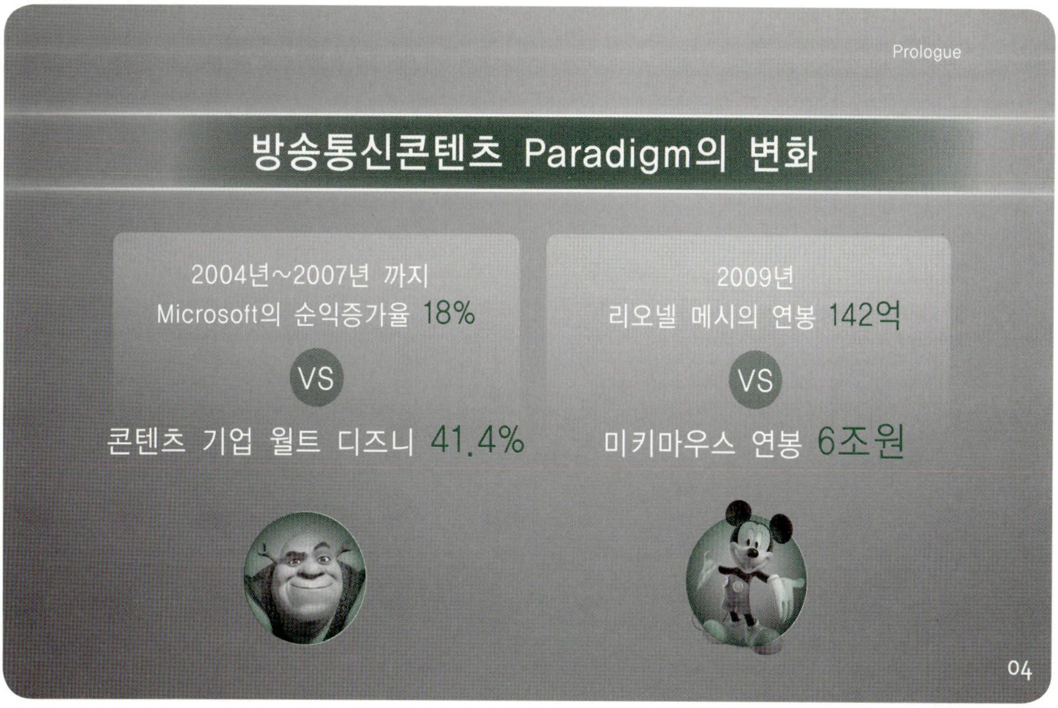

바로 얼마전 우리나라를 방문한 축구황제 리오넬 메시의 연봉이 142억원, 디즈니가 제작한 영화 콘텐츠의 주인공 미키마우스의 연봉 6조원 방송 콘텐츠의 경쟁력을 극명하게 보여주고 있습니다.

21세기 경쟁력의 Key Word! 바로 '디지털 콘텐츠' 입니다

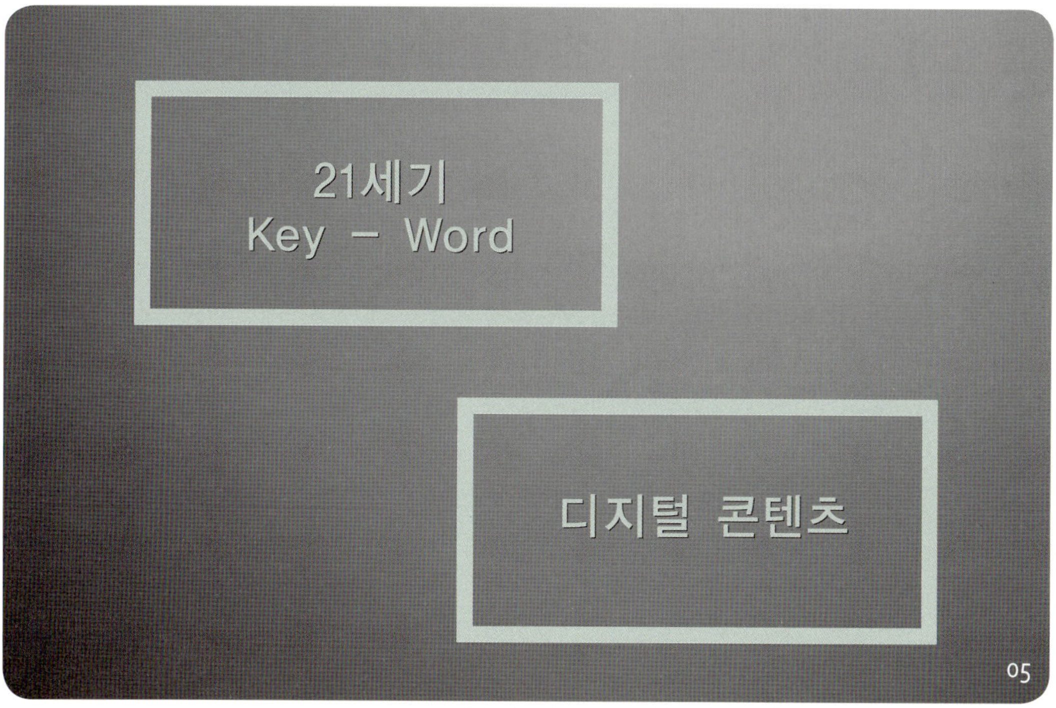

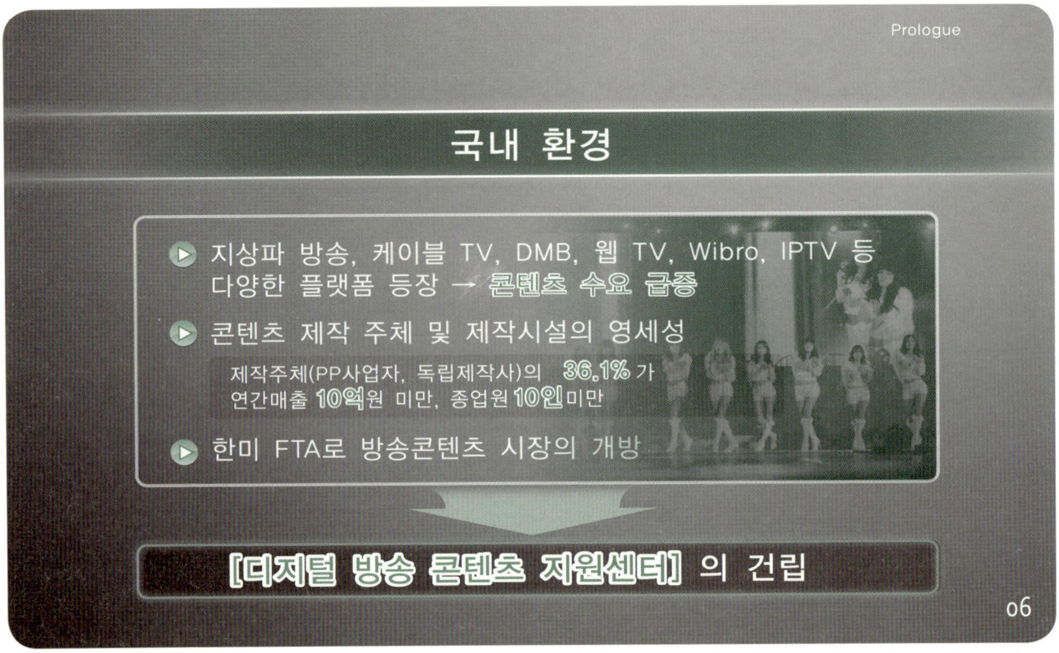

국내의 환경을 살펴 보겠습니다. KBS, MBC 등 지상파 방송 이외에 케이블 방송, DMB방송, 웹 TV 등 다양한 플랫폼이 등장하고 있습니다. 시장이 커지면 수요는 급증할 수밖에 없습니다. 이제 한미 FTA로 방송콘텐츠 시장이 무차별적으로 개방됩니다. 아날로그 방송도 2012년 말이면 끝나고 앞으로 2년 후에는 디지털 방송 혁명이 일어납니다. 그러나 방송채널사업자 독립제작사와 같은 콘텐츠제작주체는 영세하기 짝이 없고 제작시설은 취약함으로 「볼만한 콘텐츠」의 제작은 물론 콘텐츠 수요에도 따라가지 못하는 실정입니다. 이것이 바로 정부가 디지털방송콘텐츠 지원센터를 건립해서 지원해주어야하는 이유입니다.

이제, 사업의 이해로부터 준비와 각오순으로 보고 드리겠습니다.

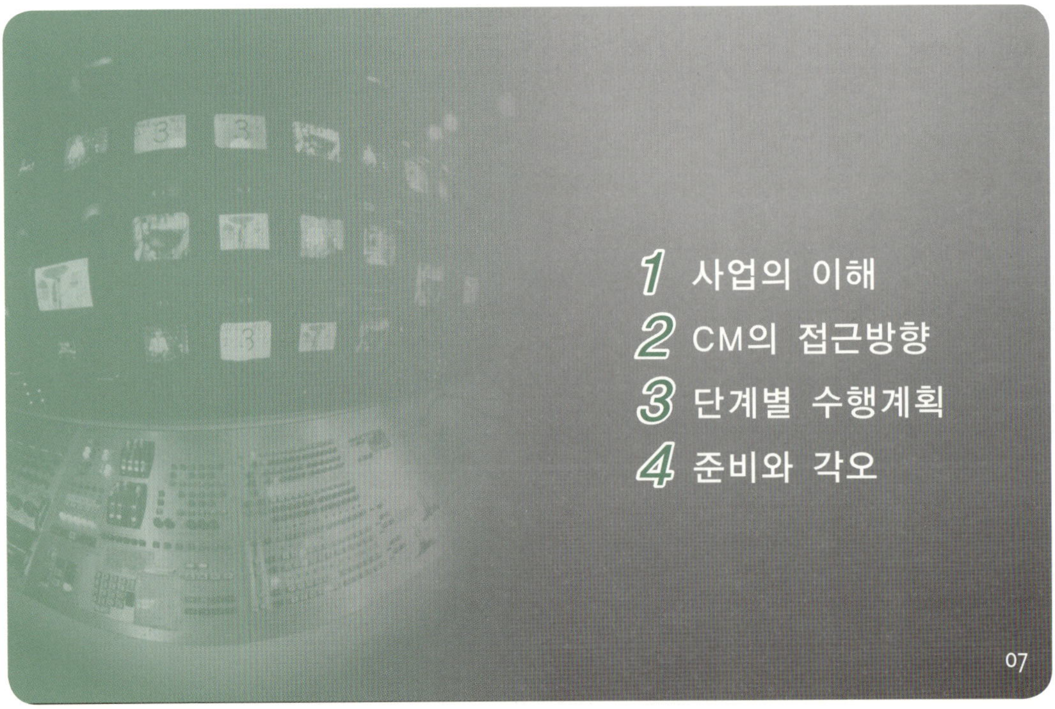

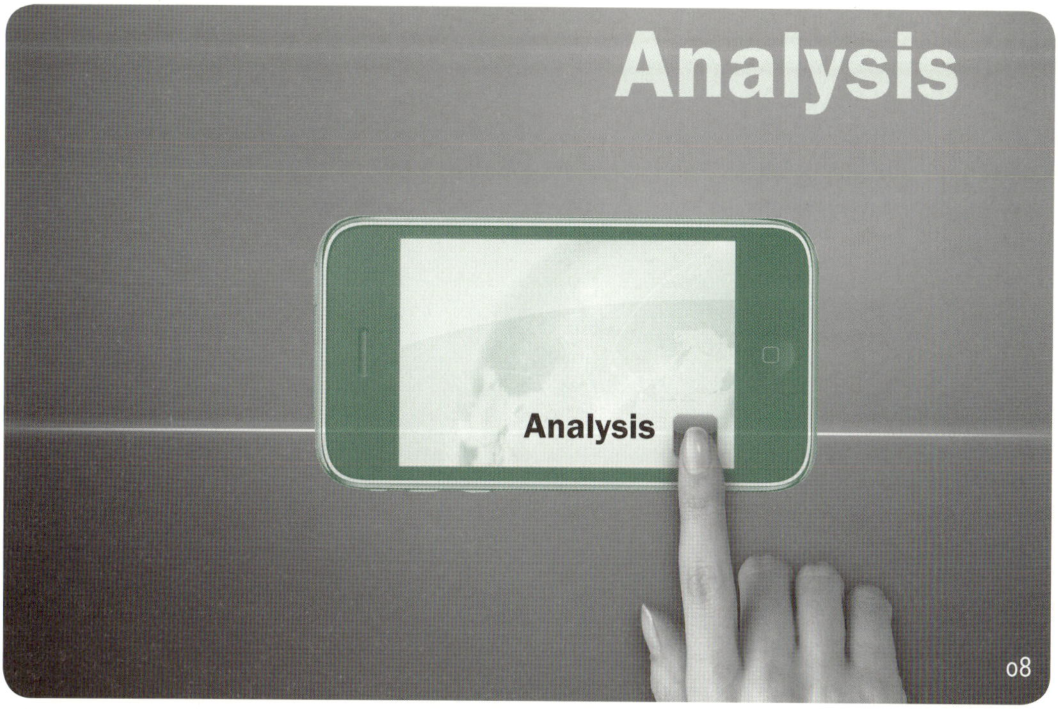

△ 사업의 이해입니다.

▽ 이 지원센터는 디지털방송콘텐츠의 기획에서부터 제작, 유통까지 One Stop으로 서비스하는 종합지원 시설입니다. 고양시 한류월드 지역에 시설규모 56,000㎡를 디지털 방송이 시작되는 2012년 12월 말까지 준공해야만 하는 사업입니다. 따라서 전체 사업기간 단축을 위하여 턴키방식으로 발주하며, 이용주체는 방송채널사업자, 독립제작사 등 방송콘텐츠 관련업종입니다.

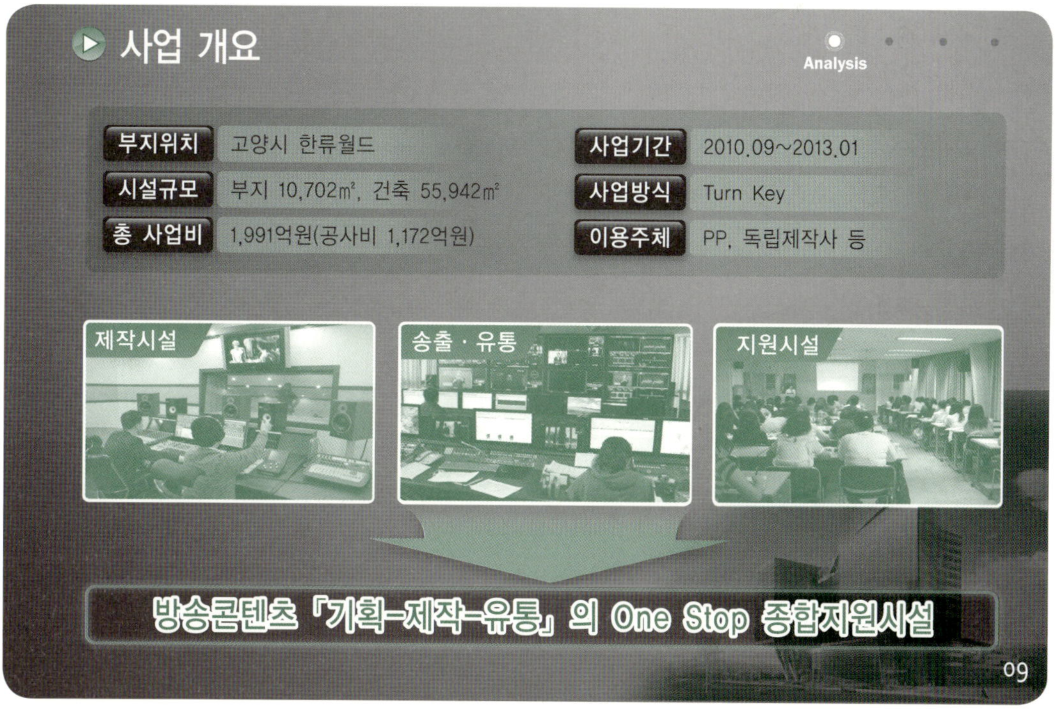

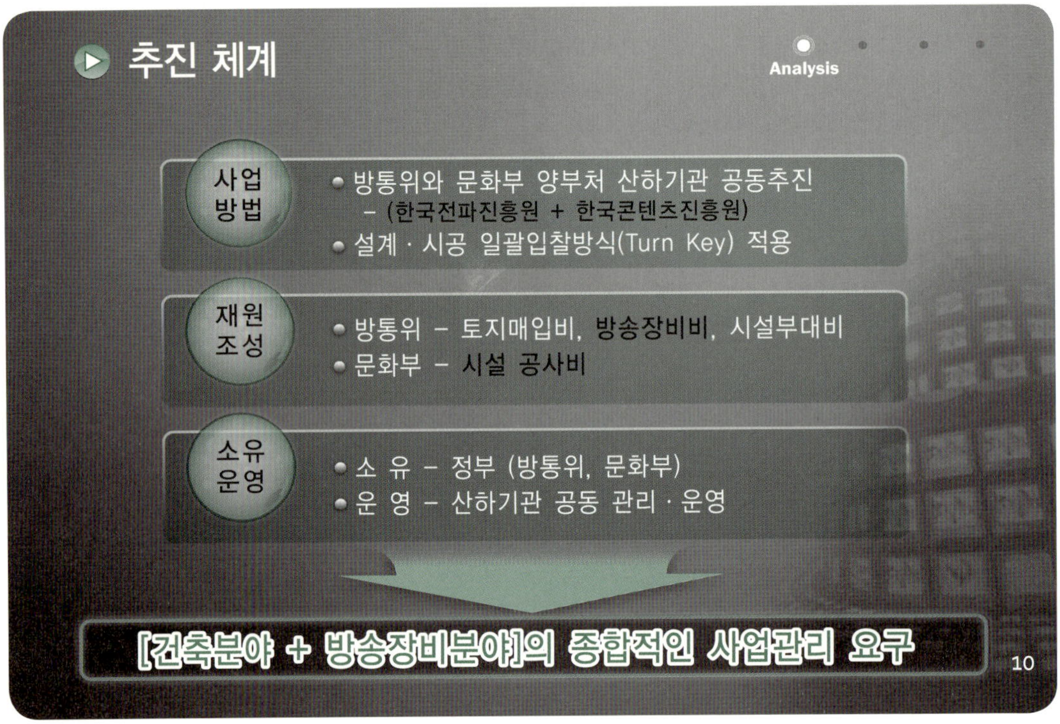

방통위와 문화부의 양 부처 산하기관이 공동 추진 및 운영하고 재원 조성 역시 방통위는 방송장비비 등을 문화부는 시설 공사비를 부담합니다. 따라서 건축분야 이외에 방송장비 분야까지 종합적인 사업관리가 요구되는 사업입니다.

디지털 콘텐츠 지원센터의 추진방향은 한마디로 지속가능성의 추구라고 할 수 있습니다. 첨단 IT기술의 하이테크 성능과 수많은 기능간 네트워크의 연계성 그리고 랜드마크적인 위상를 갖춘 친환경 녹색기술의 총화입니다.

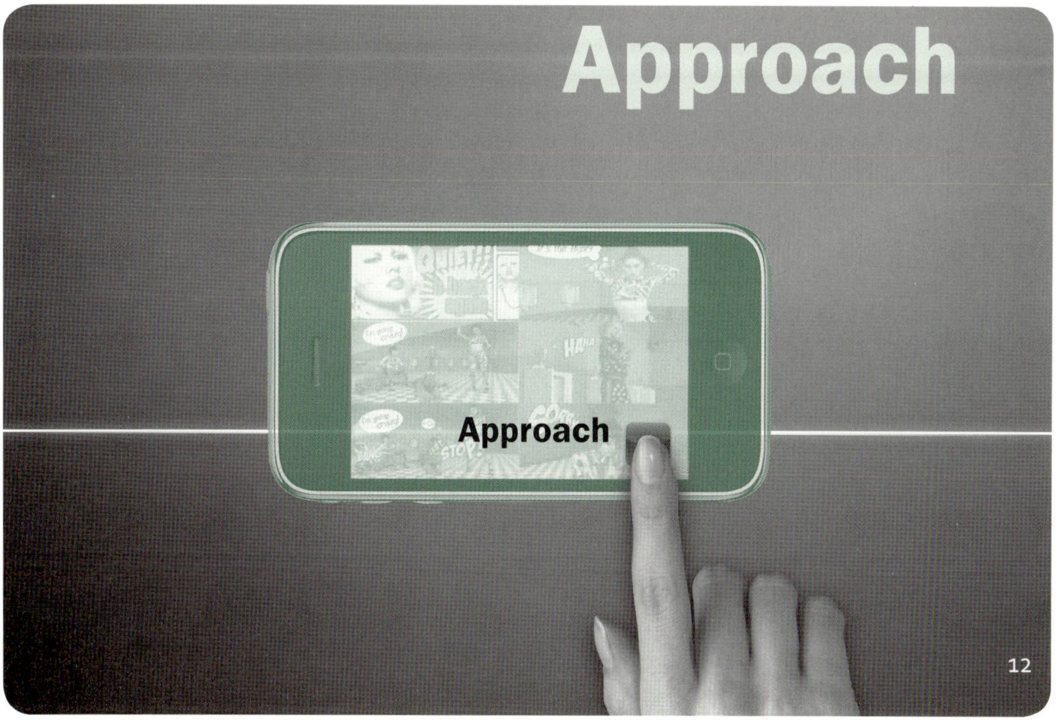

사업의 접근방향입니다.

수요기관의 추진방향에 따라 첨단 디자인의 창출 지원, 방송장비의 요구성능 발현을 우선한 사업관리, 하자없는 품질구현을 위한 공사관리, 그리고 준공목표일 준수 등 4가지 목표를 세워 접근하겠습니다.

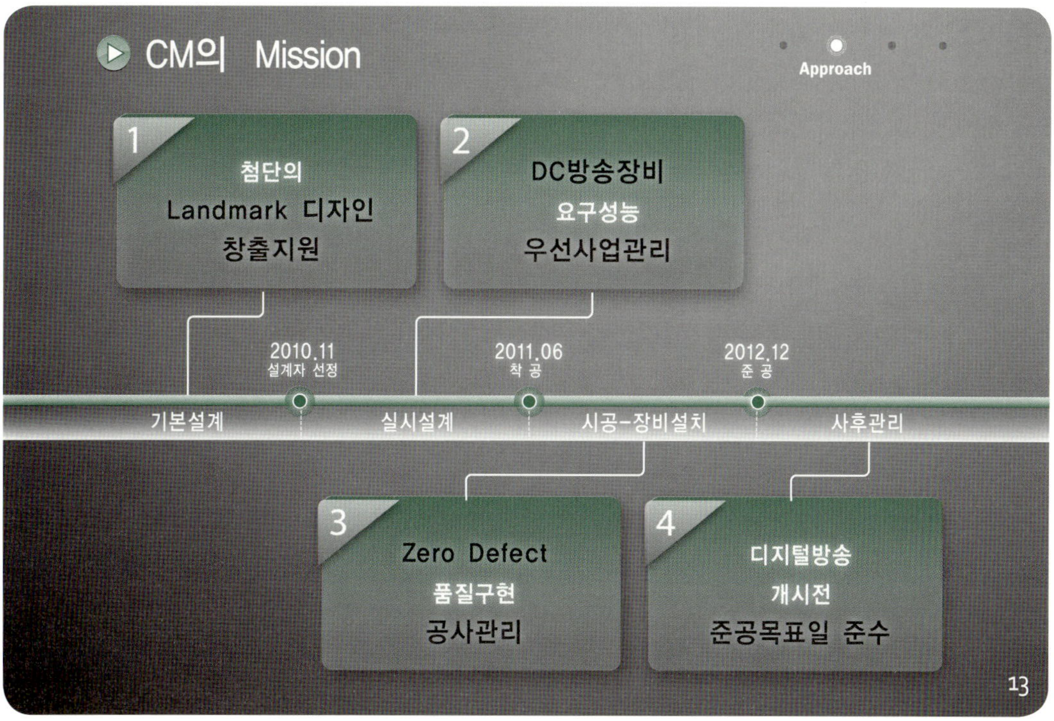

이러한 목표를 달성하기 위하여 컨소시엄과 CM단 조직은 BIM 활용을 전제로 구성하고, 품질, 공기, 사업비 뿐만아니라 나아가 지속가능성 측면에서 수요기관의 요구를 하나하나 수렴하겠습니다.

사업관리 수행계획입니다.

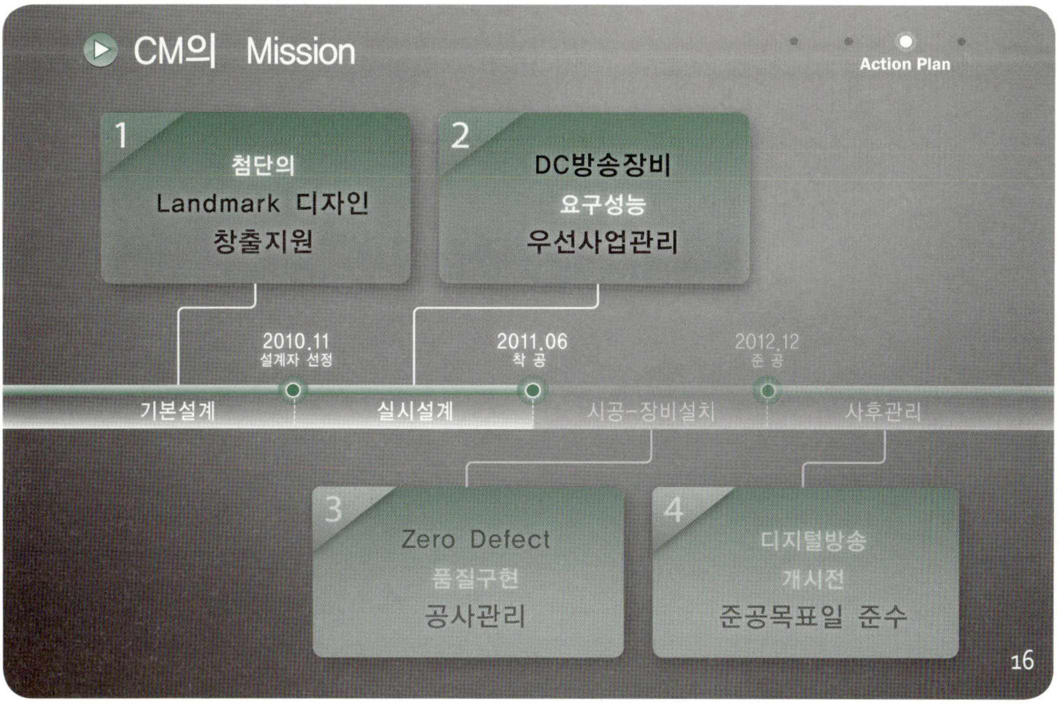

△ 설계단계 미션인 첨단의 Land Mark 디자인 창출 지원과 방송장비 요구성능 우선사업관리입니다.

▽ 금년 9월부터 2011년 6월 본공사 착공시까지 9개월이 설계관리 활동기간입니다. 사업성격에 비추어 볼 때 상당히 촉박한 관리 일정입니다. CM착수 시점부터 전략설계팀, VE전문팀, 인허가 전문가를 상주 투입시키겠습니다. 턴키사업자 선정, Fast Track 발주 등 수요기관 기술 행정 업무를 지원하고 설계조정실을 조기에 구축, 가동시키겠습니다.

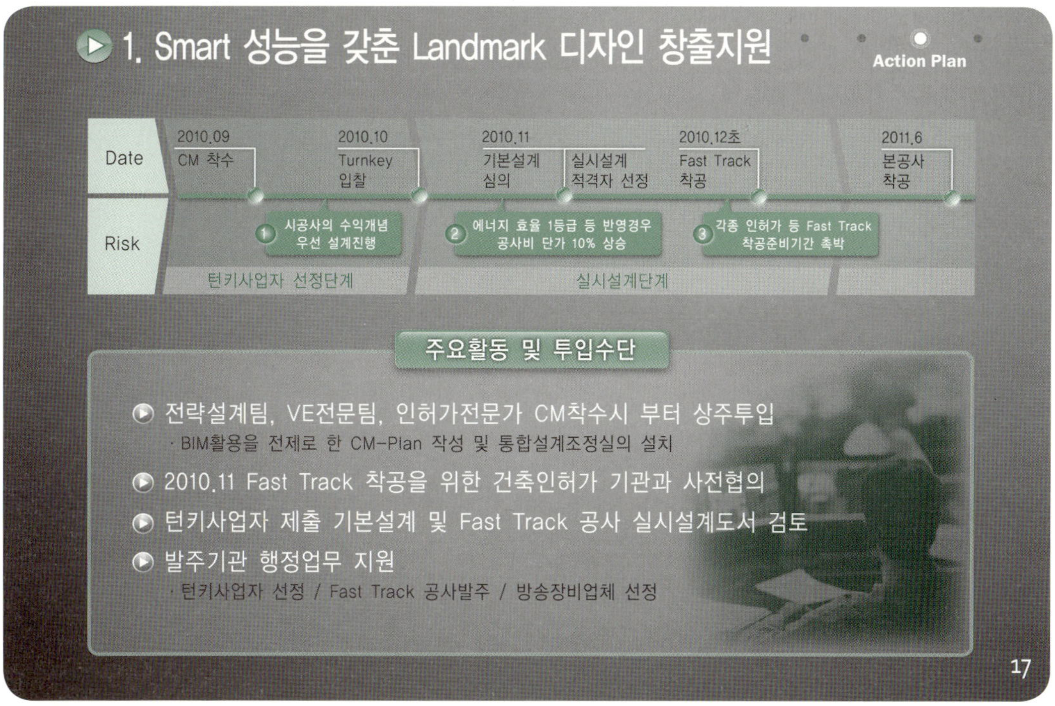

1-1 설계관리 착안사항

Action Plan

▶ 최적디자인 창출 Network – Hightech – Eco – Landmark

- 기 능: 사용자 중심의 인본적 개념 반영 ➡ Barrier Free - Universal Design
- 성 능: 지능형/친환경 설계요소반영 ➡ IBS 설비/에너지 절약 신기술 적용
- 미 관: 디지털콘텐츠의 첨단성과 Landmark ➡ 첨단성과 상징성의 절제된 조화

▶ 방송장비와 건축시설의 간섭관리 **제작/송출장비의 설치 및 성능 발현 우선고려**

- DC 장비: 780억원 상당의 방송 장비 반입 ➡ 설치 ➡ 시운전관리
- 건축시설: IBS시스템 / Fly Set Batten / 건축음향과 전기음향 / 조명설비의 인터페이스 관리

18

△ 설계관리의 착안사항입니다. 이 지원센터의 발주자나 관리운영자 입장보다는 시설물 사용자의 입장에서 설계 관리업무를 수행하겠습니다. 따라서 방송장비의 성능 발현을 우선적으로 고려할 것입니다. '건축물은 방송장비의 성능을 담는 그릇'이다 라는 인식에서 출발하겠습니다. 디자인은 턴키설계자의 전문성과 아이디어를 존중하는 방향으로 관리하겠습니다.

▽ 저희 본사는 2012년부터 공사비 500억원 이상 「공공건물 BIM설계 의무화」에 대비하여 BIM 관리체계를 금년 5월부터 가동시키고 있습니다. 건축분야와 방송장비 분야와의 간섭체크, 의사결정지원을 위한 가상체험 즉 VBE 관리 등에 본사의 전문팀을 적극 활용하겠습니다.

1-2 BIM기법의 활용

Action Plan

확보 S/W ➡

- Revit 및 Archi CAD - Basic S/W
- Navisworks, Solibri Model Checker
- Architecture, Structure, MEP
- Ecotect, Fluent, Radiance
- MQC/EQC/EBS-C/RC, Primavera, EMS 2009

설계관리 적용 ➡

- 건축분야와 방송장비 분야의 간섭체크
  - 건축시설공간-장비설치공간 / 건축-설비 / 구조-설비 /설비간
- 분야별 BIM모델/통합 BIM 모델 완성도 검토
- 의사결정지원을 위한 VBE 가상체험 관리

분야별 간섭체크 | 공종별 간섭체크 | 공정 Simulation | 시공성 검토

19

1-3 에너지 절액 - 친환경 녹색 기술의 반영

Action Plan

에너지 효율 인증실적

1등급 예비인증 획득

1등급 예비인증 신청

친환경 최우수 등급 인증

성능 기준 목표

연간 에너지 소요량 300kwh/m² 미만

- 창호 열관류율 2.0W/m².K
- 벽체 열관류율 0.3W/m².K
- 기밀성능 3.0ACH@50pa
- 환기량 0.6ACH
- 난방 피크부하 40W/m²
- 냉방 피크부하 30W/m²

도입 설계 기법

- Passive Design: 건물의 배치, 성능 향상 / 자연 채광, 자연환기
- \+ Active Design: 직류(DC) 배전, 고효율 / 설비기기등 시스템 개선
- \+ 신재생 에너지: 태양열 급탕, 지열 냉난방 / 태양광 발전, 연료전지

20

공공기관 에너지이용 합리화 추진지침에 의해 연간에너지 소요량 300kwh/m² 미만의 「에너지 효율 1등급」 달성이 정부의 방침입니다. 저희들이 경험한 각종 설계기법을 설계자와 공유하여 반영시키겠습니다.

지원센터의 핵심기능인 스튜디오의 설계 중점검토 사항입니다. 스튜디오는 HD드라마, 방청객이 있는 대형 쇼 및 시상식 프로그램 등을 제작하는 대형 스튜디오와, 오락 및 대담 프로그램을 제작하는 중, 소형 Studio가 있습니다. 공연자와 제작자, 즉 사용자 중심의 인본적인 관점에서 Barrier Free 디자인 원칙이 가장 중요합니다. 시설이용의 가변성과 연계성을 고려하게 되면 방송장비와의 간섭문제로 충돌하게 됩니다. 저희들은 상암동 누리꿈 스퀘어에서 천정부분 조명 Batten의 인양하중과 속도문제, 다양한 장르를 소화하기 위한 층고의 설정 문제 등 설계단계의 착안 사항을 시설관리자와 함께 제작 현장에서 직접 보고 배웠습니다.

1-4-1 실시설계 중점 검토사항 - (DC 제작 스튜디오)

Action Plan

- 건 축 - **사용자 중심의 인본적 계획**
  - Barrier Free & Universal Design
  - 시설이용의 가변성, 연계성
  - 다양한 장르 고려, 층고 문제
- 방송장비 우선 고려한 간섭관리
- 기계/전기 - **확장성, 각종 제어시스템**
  - Batten의 인양 하중, 속도
  - 공연자의 심리적 부담감
- 음향/조명 - **기능성, 가변성**
  - 음향 반사판의 탈착 용이성
  - 3D등 다양한 가상 장르의 대비

21

1-4-2 실시설계 중점 검토사항 - (편집실, 녹음실등 지원시설)

Action Plan

종합편집실

녹음실 · 더빙실

- 건 축 - **Audio, Video 등 편집 및 녹음 장비의 성능발현 우선고려**
  - 장비별 소요공간, 연계성
  - 바닥, 벽, 천정의 마감재
  - 콘텐츠 Backup system
- 기계/전기 - **방송장비의 우선적 고려**
  - 3D 등 다양한 콘텐츠를 고려한 확장성
  - 신규 방송장비 교체 대비 가변성
  - 송출과 정합 테스트 베드의 시스템
  - 유통지원을 위한 컨버젼스 시스템

22

촬영한 영상을 편집하고 녹음하는 지원시설의 중점검토 사항입니다. 지원센터의 각 기능 중 가장 정밀하고 다종 다양한 방송장비가 네트워크로 연결된 복잡한 구조입니다. 각종 방송장비들이 제 성능을 발현할 수 있도록 건축구조물 보다 우선적으로 고려해야 합니다. 새로운 방송장비와의 교체도 대비해야 하기 때문에 가변성과 확장성 측면에서 건축시설공간을 종합적으로 검토하겠습니다.

지상 8층 이상은 방송채널사업자 및 독립제작사들의 임대사무실이고 지하 1층은 주차장을 제외하고 상가시설이 입주하게 됩니다. 임대사무실은 IBS성능이 확보되어야 하므로 일반사무실의 개념을 넘어섭니다. 가변성 있는 모듈계획과 충분한 OA Floor 그리고 에너지 절약 문제가 중점검토 대상입니다.

1-4-3 실시설계 중점 검토사항 - (임대사무실 및 지하상가)

Action Plan

임대사무실

지하상가

- 건 축 - **사용자 입장의 업무효율성**
  - 유효층고 및 OA Floor
  - 가변성있는 모듈계획
- 기계/전기 - **IBS 기능의 확보**
  - 네트워크 접속시스템
  - 호환성, 에너지 절약성
- 건 축 - **접근성, 환경성, 방재성**
  - 테넌트의 마감시공을 고려한 마감자재의 선정
  - 방재시설 시스템
- 기계/전기 - **에너지 절약, 유지 관리성**
  - Zoning별, 시간대별 인프라 공급 설비 시스템

23

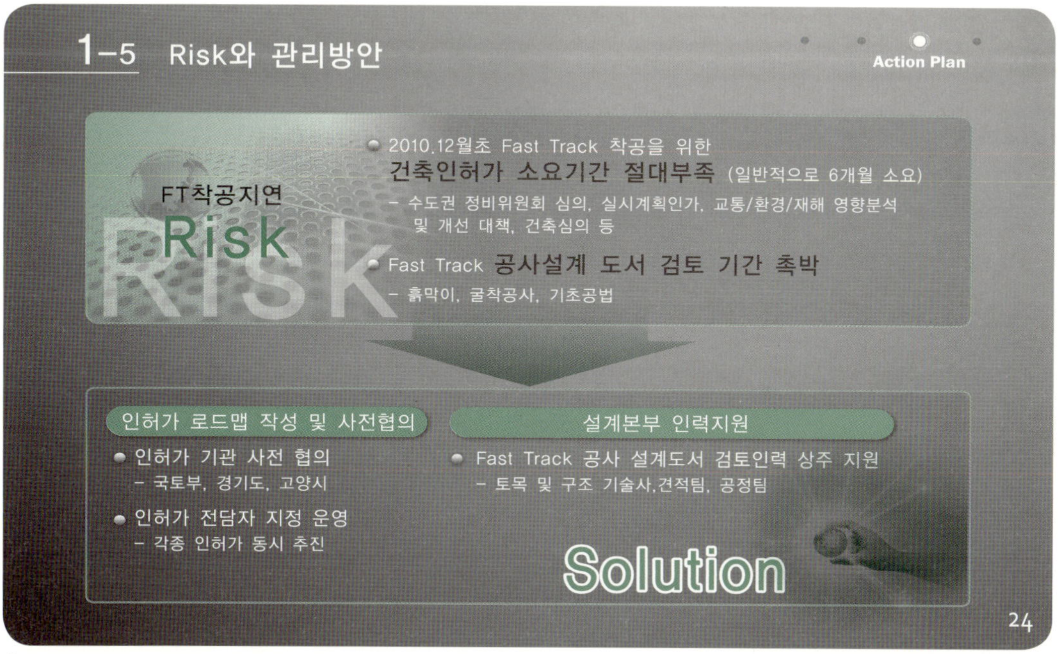

설계관리 단계의 Risk와 관리 방안입니다. 수요기관은 금년 12월 초 Fast Track 공사 즉 흙막이 및 토공사의 착공을 요구하고 있습니다. 불과 3개월 후입니다. 일정이 너무 촉박합니다. 각종 인허가 관련 업무는 6개월 정도 걸리는 것이 일반적인 사례입니다. 저희는 턴키사업자가 선정되기를 앉아서 기다리지 않겠습니다. CM 착수시부터 인허가 관계기관 즉 국토부, 경기도, 고양시와 사전협의할 계획입니다. 2012년 말 아날로그 방송이 끝나고 2013년 디지털 방송이 전면 시작됩니다. 정부의 모든 방송정책은 여기에 초점이 맞추어져 톱니바퀴 처럼 굴러가고 있습니다. 반드시 착공일정을 지킬 수 있도록 추진하겠습니다. 수요기관과 함께 뛰겠습니다.

다음은 시공단계 목표인 하자없는 공사관리와 준공목표일 준수를 위한 사업관리계획입니다.

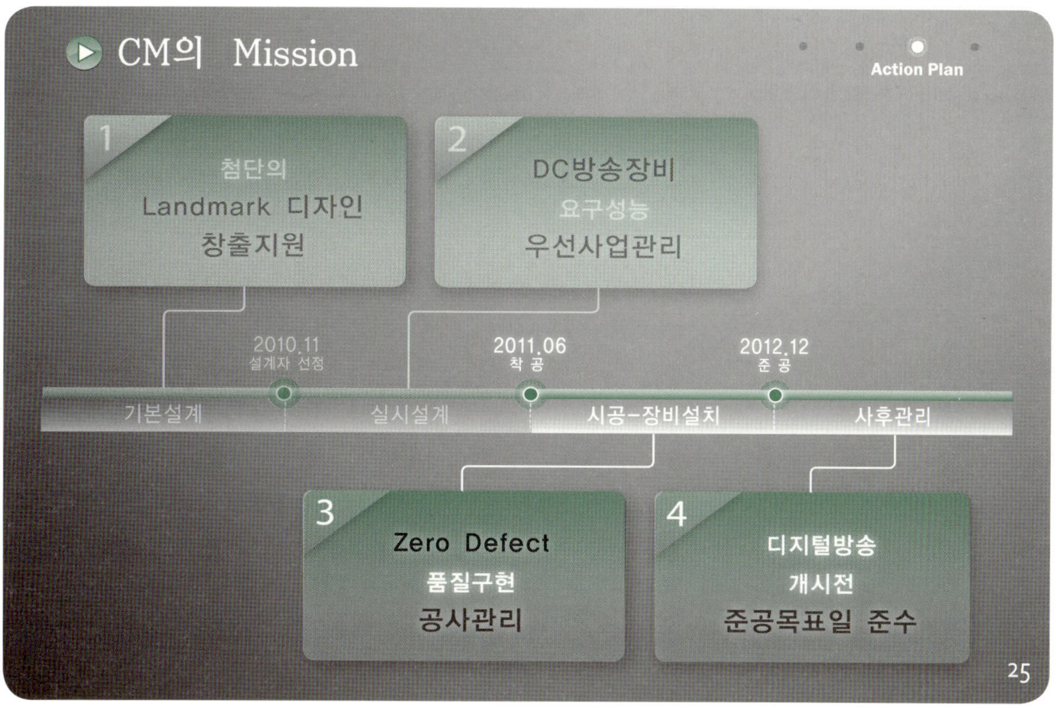

2. Zero Defect 시공관리

Action Plan

	2011.6 본공사 착공	2012.05 골조공사 완료	2012.12 준공	2013.01 CM 종료
Date				
Risk	① 사업참여자간 이해관계 상충	② 건축과 장비 분야간 간섭에 의한 시공성 저하	③ DC장비 설치 지연 및 작동오류 Claim	
	시공단계		유지관리단계	

주요활동 및 투입수단

- (건축+방송장비)분야 통합건설상황실 운영→DC장비 성능발현 우선고려
  - 방송장비의 발주 → 반입 → 설치 → 시운전 일정을 고려한 공정 및 품질관리
  - BIM Data를 사업참여자와 공유할 수 있도록 PMIS와 연계 → 신속한 간섭관리
- 방송장비 요구성능 발현을 위한 외부전문가의 자문
- 3 Step Inspection System에 의한 품질-성능점검 실시
  - Preparatory Inspection → Initial Inspection → Following Inspection

26

2011년 6월부터 2012년 12월까지 18개월의 활동기간입니다. 건축과 방송장비 분야를 통합하여 건설상황실을 설치, 운영하겠습니다. 방송장비의 발주부터 시운전까지 전일정을 건축분야 공정계획에 포함시켜 공정표를 짜겠습니다. 방송장비의 성능발현을 우선하여 공사관리 함은 당연한 원칙이며, 이를 위해 외부전문가의 자문을 아끼지 않겠습니다.

마일스톤 중심의 일정관리가 공정관리의 핵심적인 착안사항이고 건축음향과 전기음향, 방음, 차음, 흡음 등 건축마감 공정과 방송장비 시설과의 연계성 및 간섭관리가 품질관리의 핵심적인 착안사항입니다.

2-1 시공관리 착안사항

Action Plan

준공일정준수 마일스톤중심의 일정관리, 방송장비설치 일정을 고려한 Schedule update

Master Schedule	마일스톤 중심의 Master Schedule ➡ CP중심의 공종별 공정계획
DC장비 설치	DC장비별 발주 ➡ 제작 ➡ 설치 ➡ 시운전 과정의 추적관리

품질성능확보 첨단 DC제작 성능, HD송출 및 유통성능, 방송 인프라지원성능

전문가 자문	Studio/편집/녹음/송출/조명장비 설치 매뉴얼 숙지 및 전문가 자문
건축시설과 연계	건축음향 - 전기음향, 3D 영상, 방음/차음/흡음

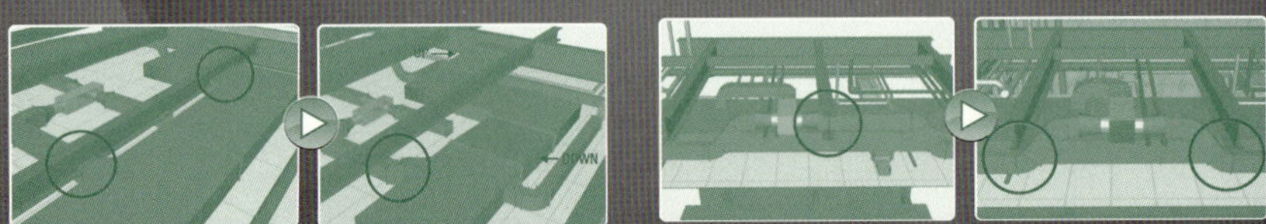

27

2-2 공정관리 Simulation

Action Plan

구 분	2011 (0 · 7 · 11 · 13)	2012 (20 · 25)	흙막이/굴착공사
흙막이/굴착공사	2010.12 FT 착공		
지하층 골조공사			
지상층 골조공사			
마감/부대공사			

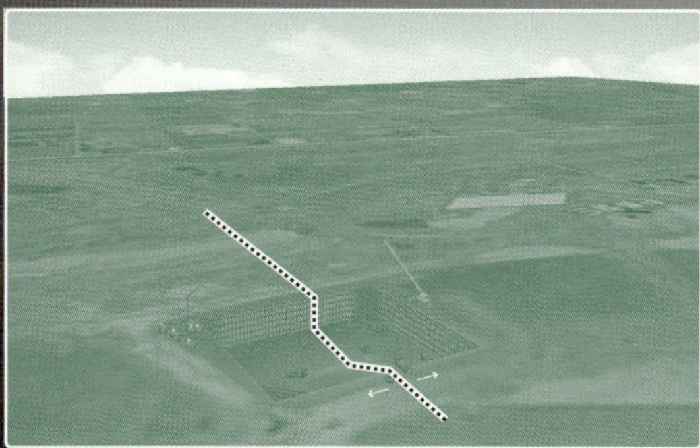

흙막이
- 매립층(2~3m) - 사질/풍화토
- SCW/CIP - 어스앵커 공법

굴착공사
- 2개공구 분할
- 중앙부 집토 - 양방향 방출

작업조
- 공구별 3개 작업조 운영
- H-Auger Drill
- Crawler Crane

28

기본계획 도면을 참고, BIM기법으로 모델링한 공정단계별 시뮬레이션입니다. 흙막이는 지질구조상 차수성능이 확보되는 SCW/CIP 등의 공법으로 하고 굴착공사는 두개 공구로 분할하여 공구별로 세개팀의 작업조를 운영합니다.

2-2 공정관리 Simulation

Action Plan

구 분	2011 (0 · 7 · 11 · 13)	2012 (20 · 25)	지하층 골조공사
흙막이/굴착공사	2010.12 FT 착공		
지하층 골조공사	VE/LCC		
기상층 골조공사			
마감/부대공사			

주요자재 발주/제작/반입/설치일정 Follow up
- 지하수 유출 및 차수계획

계측관리 및 부력 대책
- 철근, 레미콘, 철골

안전/환경관리
- 소음/분진 등 환경대책
- 민원 및 주변 교통대책

29

2-2 공정관리 Simulation

Action Plan

구 분	2011 (0 · 7 · 11 · 13)	2012 (20 · 25)	지상SRC골조공사
흙막이/굴착 공사	2010.12 FT 착공		
지하층 골조공사	VE/LCC		
기상층 골조공사			
마감/부대공사			

- 2개공구 분할 시공관리
  - 저층부와 고층부
- 층별 Cycle 공정계획 수행
  - Milestone 중심 CP관리
- 건기법에 의한 책임감리 절차의 준수

30

지하층 골조공사 단계를 거쳐 지상층 골조공사 단계는 저층부와 고층부의 2개 공구로 분할하여 시공 관리함이 효율적이라고 생각합니다.

2-2 공정관리 Simulation

Action Plan

구 분	2011 (0 · 7 · 11 · 13)	2012 (20 · 25)	커튼월 공사
흙막이/굴착공사	2010.12 FT 착공		
지하층 골조공사	VE/LCC		
지상층 골조공사			
마감/부대공사			

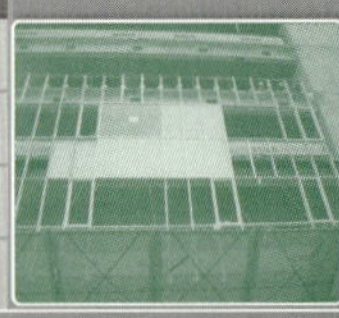

- 방송장비 설치일정 관리
  - 장비별 전기/통신 인입규격
  - 시설공간과의 인터페이스
- 커튼월 제작 및 설치공법 관리
  - 설치공법/작업계획
  - Mock up Test

31

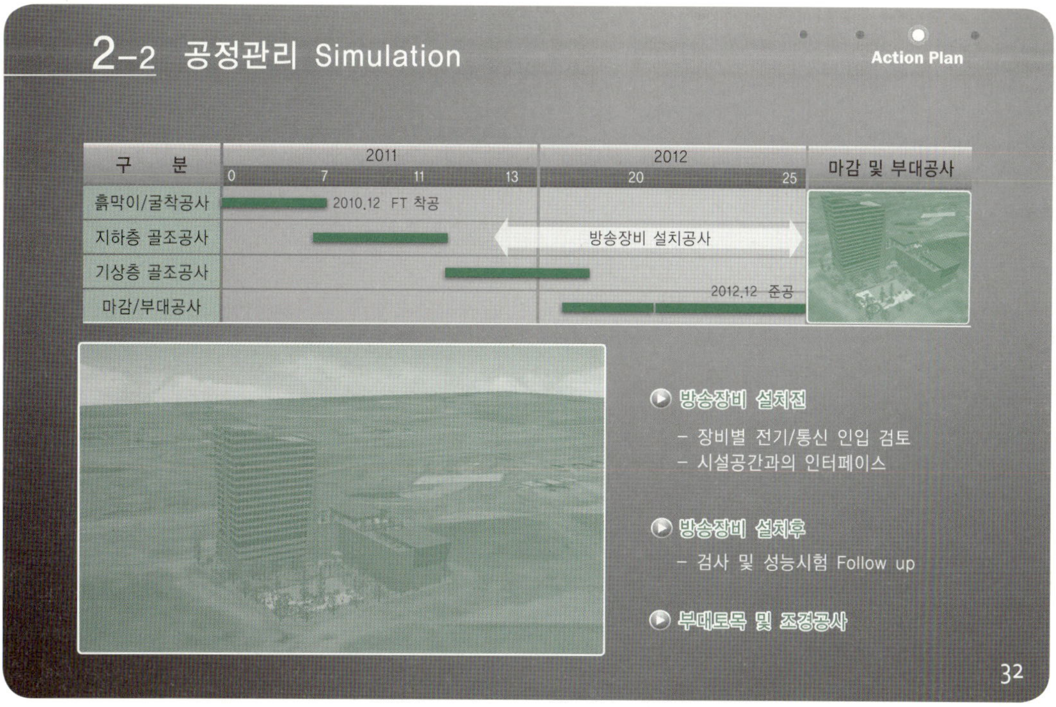

마감공사 단계는 방송장비 설치 일정이 준공일정 준수에 가장 큰 변수가 될 것입니다.

과업내용서에서 적시한 3대 성능 인증업무는 본공사 착공 이전에 예비인증 절차부터 밟아 나가도록 하겠습니다. Smart 빌딩의 이정표입니다.

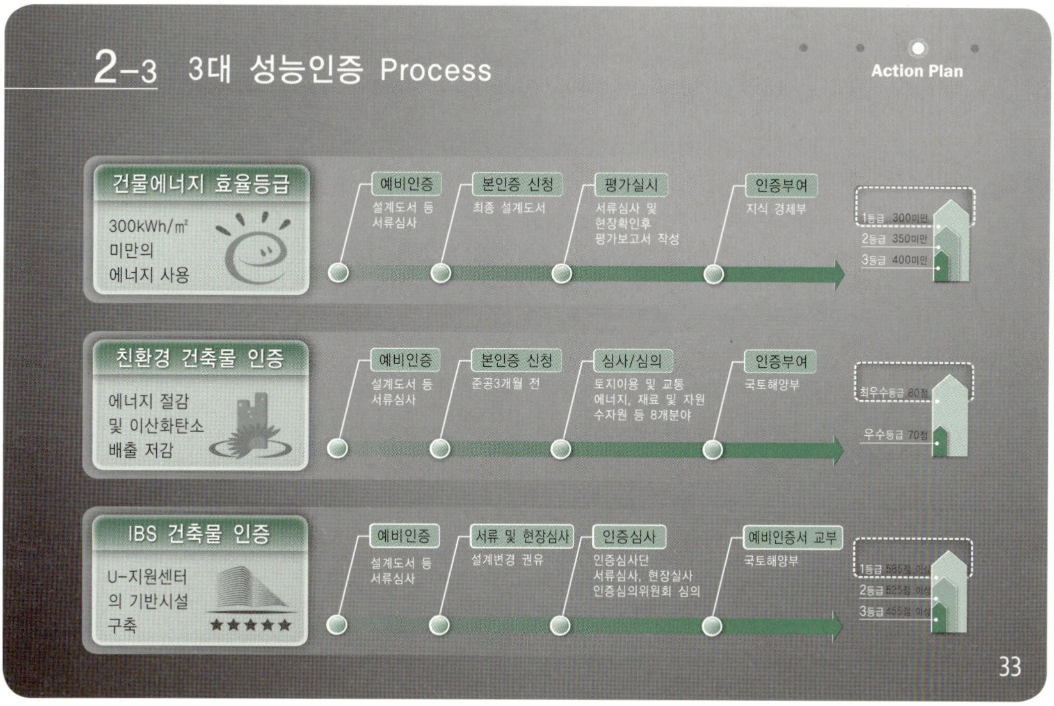

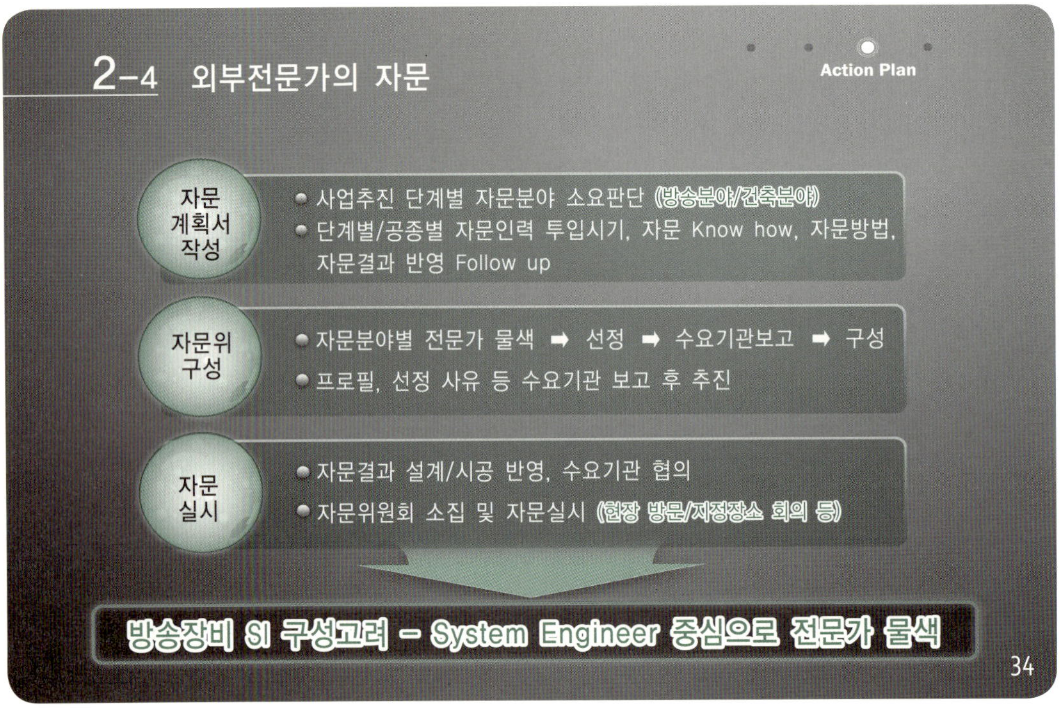

외부전문가는 각종 방송장비가 System적으로 Integration되어야 하기 때문에 System Engineering 중심의 실무전문가로 선정하겠습니다.

이 지원센터의 성공 여부는 발주자보다는 시설이용 주체의 평가에 달렸습니다. 준공 3개월 전부터 세차례에 걸쳐 입주예정 고객으로부터 모니터링을 실시하겠습니다. 이에 따라 요구수준 만족도, 개선사항, 입주 요구조건 등을 시설물 유지관리계획에 반영할 것입니다.

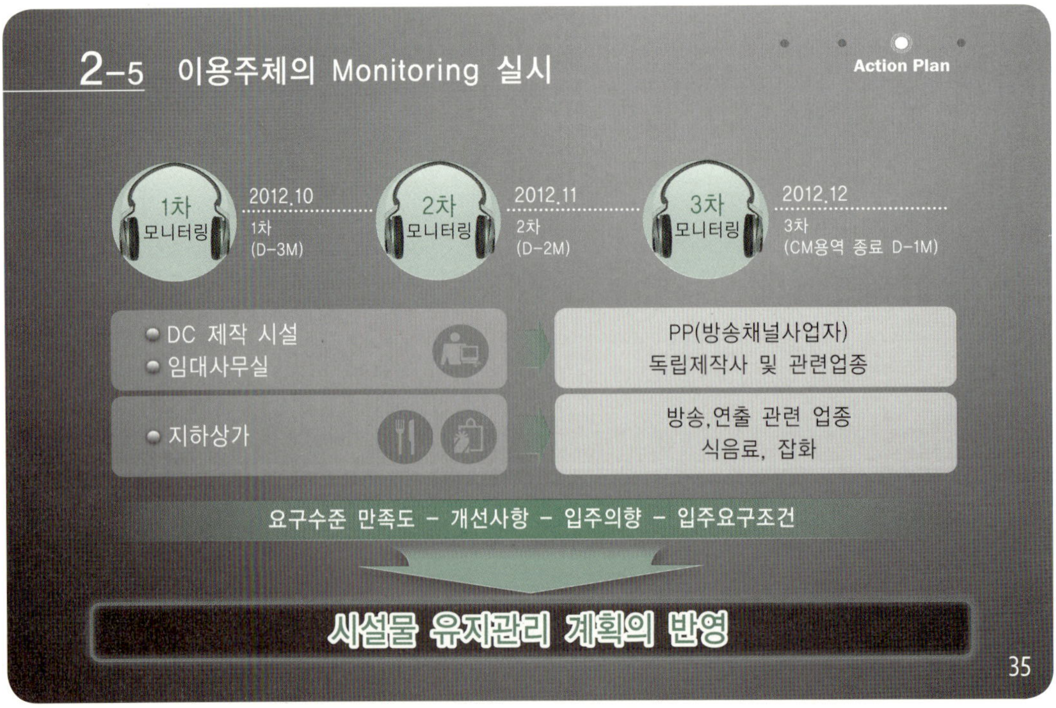

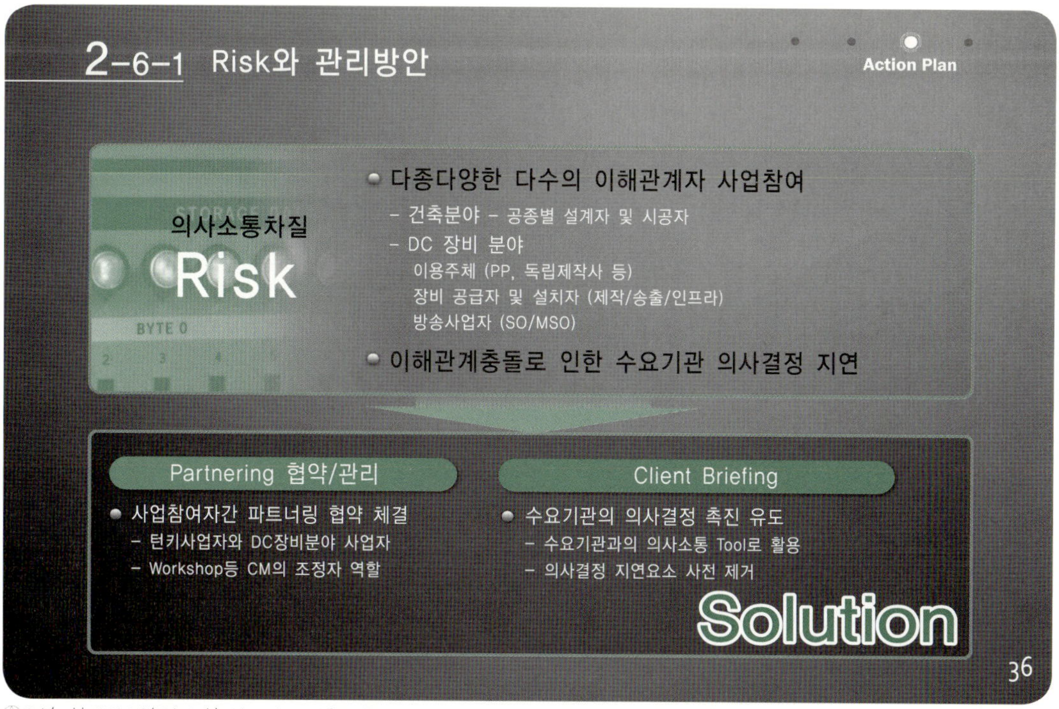

건축 분야와 방송장비 분야는 결코 같은 업종이 아닙니다. 다종다양한 다수의 이해관계자가 이 사업에 참여합니다. 서로의 이해관계의 충돌로 인해 의사결정이 다른 건축물보다 더 지연될 소지가 있습니다. 사업 참여자간 파트너링 협약 체결과 체결된 협약을 지켜나가는 것은 저희 CM단의 몫입니다. 양보와 타협의 조정자 역할에 최선을 다하겠습니다.

방송장비의 설치지연 및 작동오류 등은 향후 클래임 문제로 연결될 수 있는 위험 요인입니다. 방송장비별로 설치 로드맵을 작성하여 위험 요소를 사전에 제거하겠습니다.

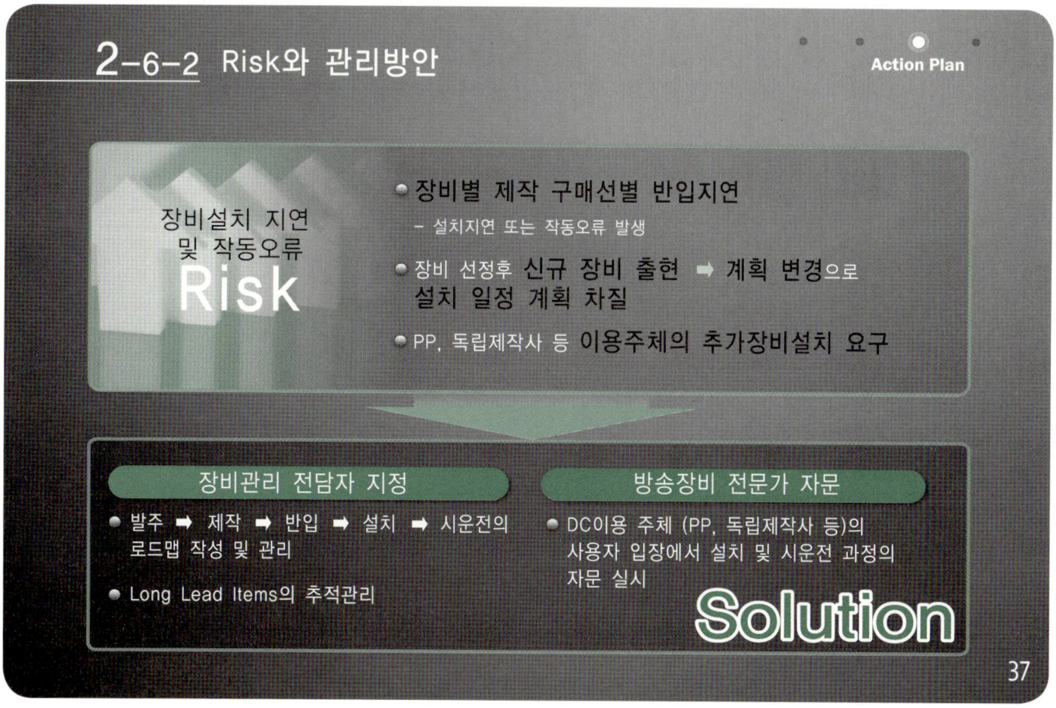

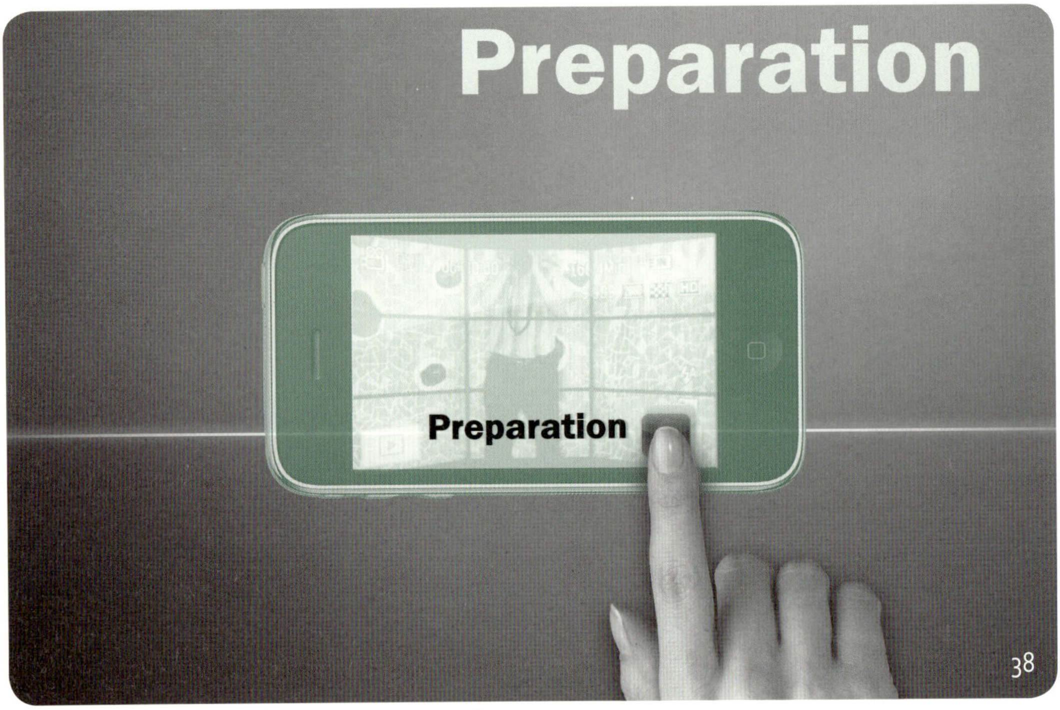

이번 기술제안서를 발표하기까지 저희들이 준비한 내용들과 각오를 보고드리겠습니다.

저희들이 성취한 실적과 경험 Project입니다. 여러 개의 방송국 시설이 있습니다.

저희들이 유사 사례에서 조사, 분석한 착안사항입니다. 상암동의 두 시설을 외부만이 아닌 내부 속속들이 집중적으로 조사·분석하였습니다. Batten의 인양 하중과 속도, 천정 조명시설과의 간섭 문제 천정속의 닥트 및 케츠워크의 공간 확보 문제 등 방송제작시설 부문에서 나타나는 문제와 하나의 프로그램으로 고착되어 운영되고 있는 홍보관의 볼거리 문제 무질서한 음식점 중심의 지하상가 등 사업관리시 착안해야 할 사항을 건축, 기계, 전기, 통신분야별로 정리해 두었습니다.

저희들이 공부한 방송장비 분야입니다. 분야별로 상당히 많은 장비가 있습니다. 대부분 외산장비로서 주요장비는 설치 매뉴얼을 입수해 두었습니다. 설치시에는 시스템 엔지니어의 자문을 아끼지 않겠습니다.

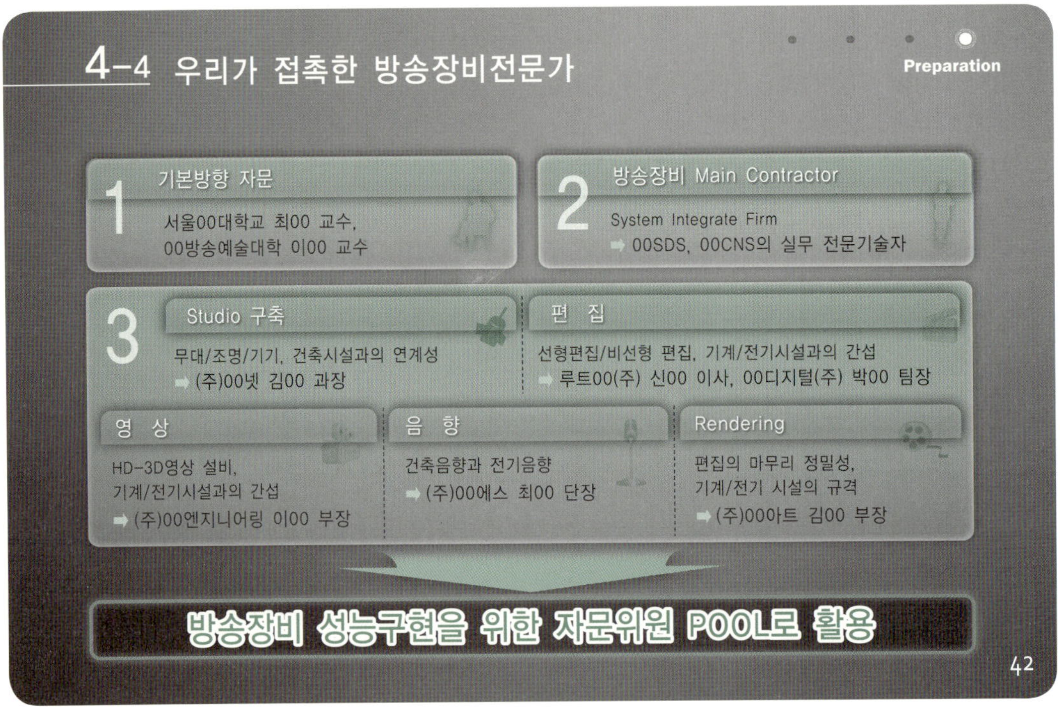

저희들이 만나서 자문을 구한 방송장비 전문가 현황입니다. 대부분이 부장, 과장, 팀장 등 실무 전문가입니다. 저희들이 자문위원 Pool로 활용할 계획입니다.

우리 CM단이 추구하는 Motto는 "건축물은 방송장비를 담는 그릇이다" 라는 것입니다. 이 Motto를 항상 잊지 않고 견지하면서 780억 상당의 각종 장비가 모두 제기능을 발현할 수 있도록 모든 역량을 다하여 사업관리 할 것입니다.

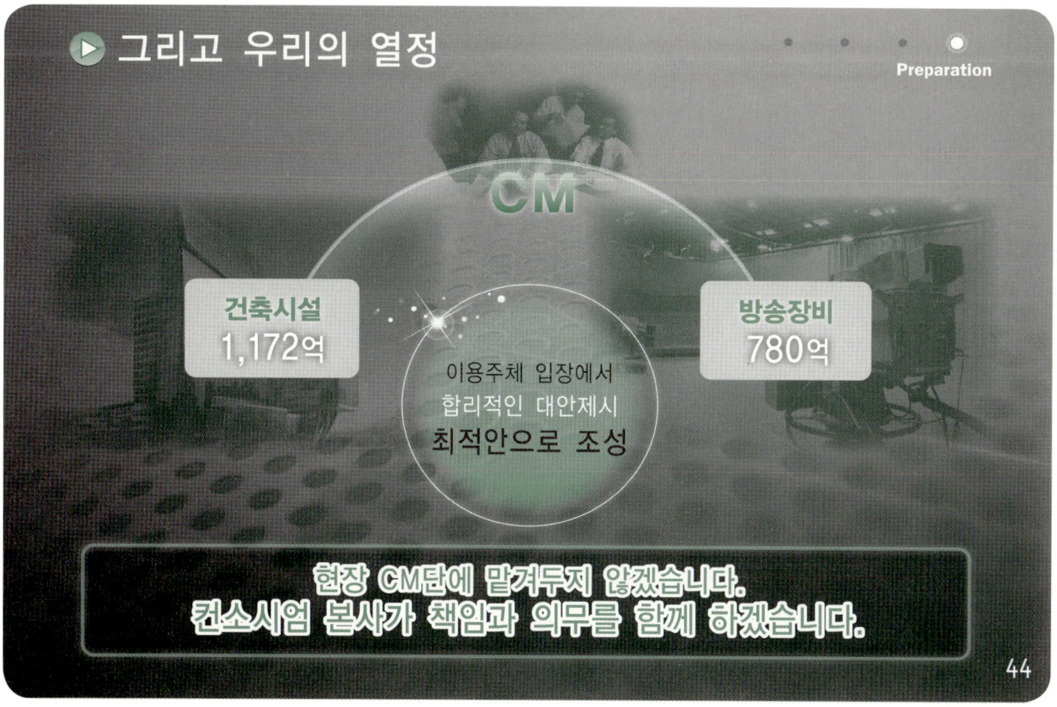

현장 CM단 혼자 뛰게 하지 않는다는 것이 저희 컨소시엄 경영층의 일치된 방침입니다. 처음부터 끝까지 책임과 의무를 함께 할 각오가 되어있습니다. 그 전면에 제가 열정을 갖고 선두에 서겠습니다.

경청해 주셔서 감사합니다.

□ summary

Mission & Vision

과업내용의 이해 I장

기획-제작-유통의 가치사슬 전반에 걸친
One-Stop Service 디지털 방송콘텐츠 지원센터 건립

제작지원	송출/유통지원	방송인프라 활용
첨단디지털콘텐츠 제작시설	*다채널 HD방송 송출 및 OSMU콘텐츠유통*	*컨버전스 Multi-Space*
◦ 스튜디오(6실) ◦ 편집실(16실) ◦ 포맷변환실(2실) ◦ 정합테스트베드(15실)	◦ 콘텐츠 아카이빙실(1실) ◦ On-Line Market(4실) ◦ 서버실(1실) ◦ ABC(송출자동화시스템)	◦ 미디어트레이닝실(15실) ◦ 인큐베이팅센터(5실) ◦ 국제회의장, 회견장(각1실) ◦ 시청자 체험관(1실)

디지털 방송통신콘텐츠 선진강국 실현

NETWORK

기획제작송출 네트워크화
One Stop Service

LANDMARK

첨단방송센터 위상제고
21세기 종합영상매체 상징

ECO

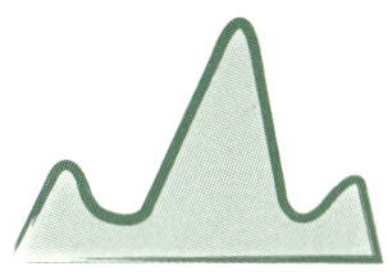

친환경 녹색시설
환경 친화적 외부공간

부지위치	고양시 장항동 한류월드 제3구역 - 제1종 지구단위계획구역
시설규모	부지면적 - 10,702㎡, 건축연면적 - 55,952㎡
주요시설	콘텐츠제작시설, 송출 및 유통시설, 방송인프라지원시설
사업방식	설계 · 시공 일괄입찰방식(Turn Key)
공사비예산	117,210백만원(부가세 포함)
용역기간	착수일로부터 29개월(2010.09~2013.01)

방송통신위원회
KOREA COMMUNICATIONS COMMISSION

□ summary

시공전단계의 사업관리 II장

최적의 Land Mark
디자인 창출지원

Goal 1

ECO & Smart 성능의
DC지원기능 구현

Goal 2

Go

Strategy 1 System
BIM관리체계 구축과 적극적인 활용

Strategy 2 Time
사업추진단계별 소요일정 최적화

Strate
공사비의 확정사업

추진일정 (제안)

- 2010.09 C M 착 수
- 2010.10말 기본설계 입찰
- 2010.11말 기본설계 심의
- 실시설계 적격자 선정
- 인 · 허가
- 2010.12초 Fast Track 착공

Risk 요 인

1. 시공사의 수익개념 우선 설계진행
2. 에너지 효율 1등급 등 추가요구 반영경우 공사비 단가 10% 상승
3. 각종 인허가 등 Fast Trac 착공준비기간 촉박

턴키사업자 선정단계 / 실시설계단계

설계단계 CM
최적디자인의 창출지원, 건축시설과 DC장비의 간섭관리

최적디자인 창출 - 최적디자인 창출 -Network-Hightech-ECO-Landmark

1. 기 능	• 사용자 중심의 인본적 개념반영 ➡ Barrier free-Universal Design
2. 성 능	• 지능형/친환경 설계요소반영 ➡ IBS설비/에너지 절약 신기술 적용
3. 미 관	• 디지털콘텐츠의 첨단성과 Landmark-첨단성과 상징성의 절제된 조화

방송장비와 건축시설의 간섭관리 - 디지털콘텐츠제작/송출장비의 설치 및 성능 발현 우선고려

1. DC장비	• 780억원 상당의 제작/편집/비디오/오디오 장비별 적기 반입 ➡ 설치 ➡ 시운전관리
2. 건축시설	• IBS시스템/Fly Set Batten/건축음향과 전기음향/조명설비의 인터페이스 관리

기본

본사의 지원체계 IV장

C M 사업관리단

CM사업본부
- CM 기술지원 총괄
- 외부전문가 섭외
- 방송분야 전문가 자문

엔지니어링실
- CM요소기술 지원
- QM/VE 전문팀 파견
- 공종별 전문가 파견

설계본부
- TK업체 선정지원
- 설계도서 검토 지원
- 설계대안 제시

기술 연구소
- 방송장비 설치안전
- 흙막이 안전성 검토

BIM기법 활

C M 착 수 단 계
- 2012년 공사비 500억 이상 공공건물 BIM 의무화
- 턴키입찰안내서의 BIM요구수준 파악
- 설계자의 BIM성과품 검토계획 수립
- BIM의 PMIS연계 운영계획수립

설 계 단 계 활 용
- 분야간 간섭체크 및 설계대안 제시
- 의사결정 지원을 위한 VBE제공
- 분야별 BIM모델/통합 BIM모델 완성도 검토
- 친환경/에너지 Simulation 결과 검토
- 턴키공사에 대한 4D/5D 계획수립

summary

III장 시공이후단계의 사업관리

ra
gy

Goal 3 — Zero Defect의 공사관리

Goal 4 — 2012. 12 아나로그 방송종료 준공목표일 준수

Cost — 정성 검증 및 준수

Strategy 4 Quality — 설계-시공 요구품질 성능의 확보

Strategy 5 Sustainability — 지능형-친환경 에너지 절감요소 반영

2011.6말 본공사 착공

2012.05 골조공사 완료

2012.12말 준공

2013.01 CM 종료

④ 사업참여자간 이해관계 상충

⑤ 건축과 장비 분야간/공종간 간섭에 의한 시공성 저하 위험

⑥ DC장비 설치 지연 및 작동오류 발생

시공단계 / 유지관리단계

시공단계 CM — 준공목표일 준수 공기관리, 요구성능 발현의 품질관리

방향

준공일정준수 – 마일스톤중심의 일정관리, 방송장비설치 일정을 고려한 Schedule update

1. Master Schedule	• 마일스톤 중심의 Master Schedule ➡ CP중심의 공종별 공정계획
2. DC장비설치	• DC장비별 발주 ➡ 제작 ➡ 설치 ➡ 시운전 과정의 일정 추적관리

품질성능확보 – 첨단DC제작 성능, HD송출 및 유통성능, 방송 인프라지원성능

BIM기법 활용 – 설계자가 사용하는 어떠한 Software도 관리할수 있는 Program을 확보

- 건축일반 – Revit, ArchiCAD, Navisworks
- 구조 – Revit Structure, Midas
- 에너지 – Ecotect
- 기계,전기 – MEP

– 준비사항

비된 S/W
- Revit과 ArchiCAD 기본 S/W
- Navisworks, Solibri Model Checker
- Architecture, Structure, MEP
- Ecotect, Fluent, Radiance
- MQC/EQC/EBS-C/RC, Primavera, EMS2009

공 계 용
- 실시설계의 사전시공성 검토
- 공종간 시설간의 간섭체크 (건축-방송장비)
- 복잡한 시설공간의 Digital Mock-up 관리
- 4D(공정관리)/5D(원가관리)계획의 Follow up

V장 조직 및 인원투입

방송통신 위원회 — CM 단장 — 컨소시움 현장모니터링팀

본사 지원조직 — 현장 CM단 (상주 · 비상주) — 특수분야 자문단

준비된 맞춤형 – CEO급 CM단장

- 건축시공기술사/수석감리사
- 도곡동○○초고층 복합빌딩 CM 단장
- 대규모 공공사업등 건설분야 경력 32년

1. 과업내용의 이해

❍ 과업수행 환경분석

☑ 대상사업의 이해

1) 사업배경 및 목적

2) 사업개요 및 사업일정 분석

사업명	디지털방송콘텐츠지원센터 건립공사 건설사업관리 용역
부지위치	고양시 장항동 한류월드 제3구역 03지역 – 제1종 지구단위계획구역
시설규모	부지면적 – 10,702㎡, 건축연면적 – 55,952㎡
주요시설	콘텐츠제작시설, 송출 및 유통시설, 방송인프라지원시설
사업방식	설계 · 시공 일괄입찰방식(Turn Key)
공사비예산	117,210백만원(부가세 포함)
용역기간	착수일로부터 29개월(2010.09~2013.01)

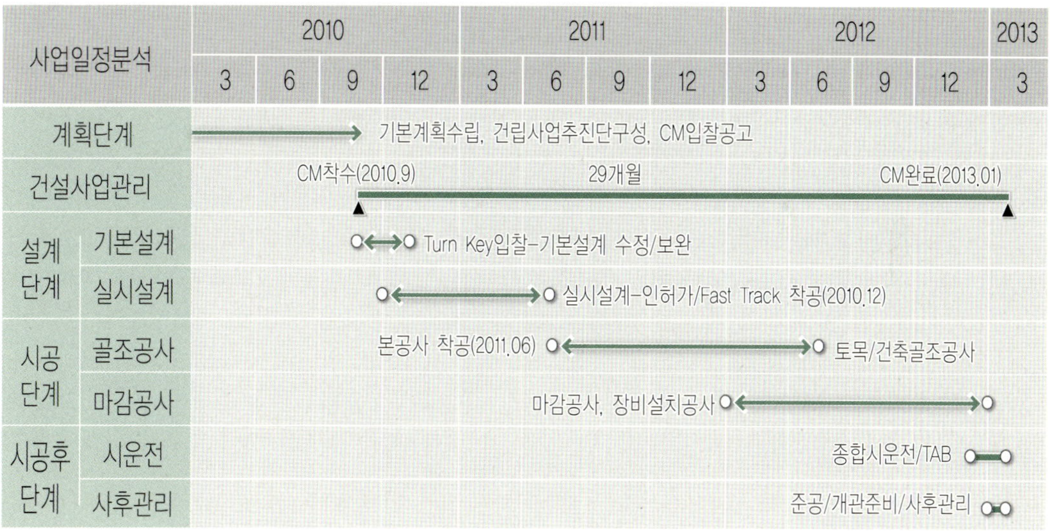

☑ 기본계획 내용분석을 통한 건설사업관리 착안사항

공간체계

- 방송통신시설이 인접하고 숙박시설, 상업시설 등 다기능 복합시설들이 망라되어 있는 핵심지역
  → *인접시설과의 기능적, 경관적 연계*

도로체계

- 킨텍스 IC를 통해 접근되는 주요 차량 동선을 포함한 3면의 인접 차량도로와의 관계성 고려
  → *차량 진입시 가시성 및 접근성 확보*

보행체계

- 하천을 따라 생기는 보행자 도로와 대지에 인접한 보행자 도로 및 광장에서의 접근
  → *보행자 접근과 인접광장에서의 인지성 고려*

녹지체계

- 남쪽으로 하천과 수변공원이 접하고 있어서 개방적 시야 확보 가능
  → *하천 및 수변공원을 향한 개방적 시야 적극 활용*

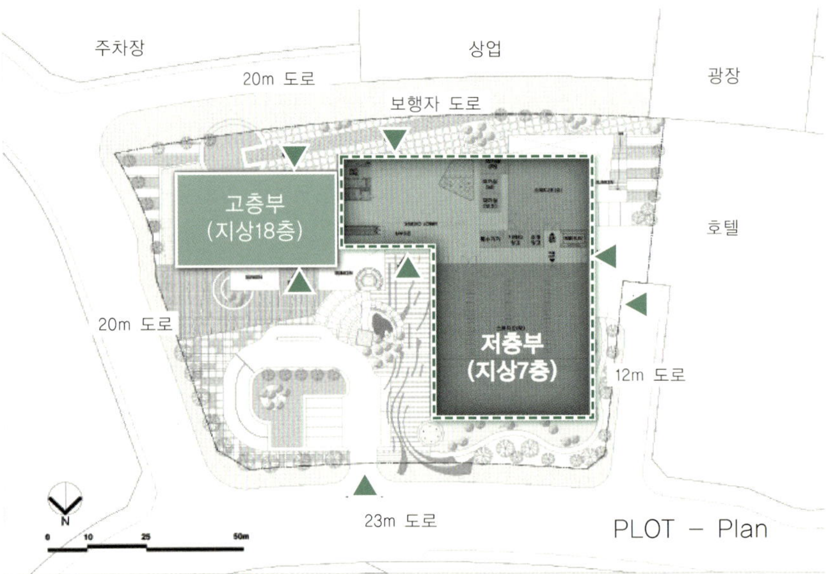

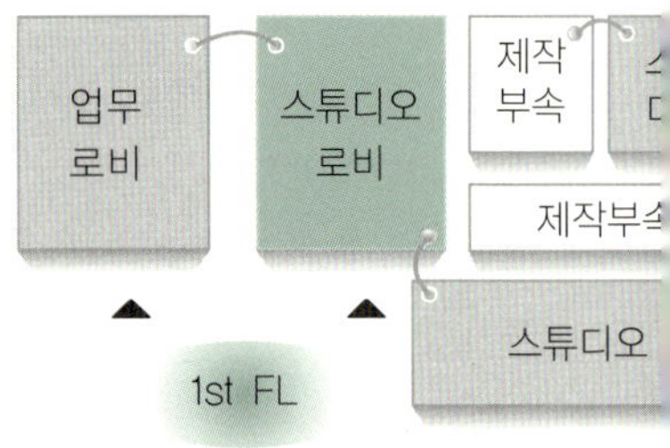

Function Allocation

층별	주기능	지원기능
지상1층	대형 스튜디오	로비, 카
2~3층	방송기획/제작	제작 부
4~5층	편집, 녹음	중소형 스튜
6~7층	송출, 유통	대중소 회
8~15층	업무시설	임대공긴

설계단계착안사항 _최적디자인의 창출지원, 건축시설과 DC장비의 간섭관리

최적디자인 창출 → 최적디자인 창출 –Network–Hightech–ECO–Landmark

1. 기능	• 사용자 중심의 인본적 개념반영 – Barrier free–Universal Design
2. 성능	• 지능형/친환경 설계요소반영 – BS설비/에너지 절약 신기술 적용
3. 미관	• 디지털콘텐츠의 첨단성과 Landmark–첨단성과 상징성의 절제된 조화

방송장비와 건축시설의 간섭관리 → 디지털콘텐츠제작/송출장비의 설치 및 성능 발현 우선고려

1. DC장비	• 780억원 상당의 제작/편집/송출/서버 장비별 적기 반입 → 설치 → 시운전관리
2. 건축시설	• IBS시스템/Fly Set Batten/건축음향과 전기음향/조명설비의 인터페이스 관리

'등 방송시설 인접
등 DC문화시설 인접

Function Analysis

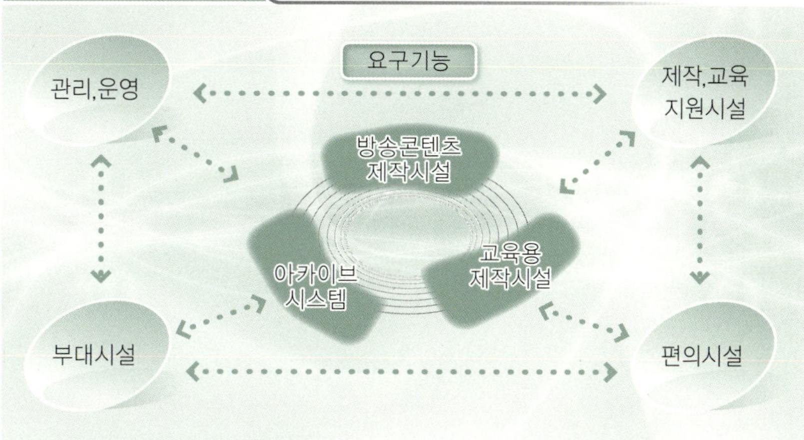

Approaching Direction

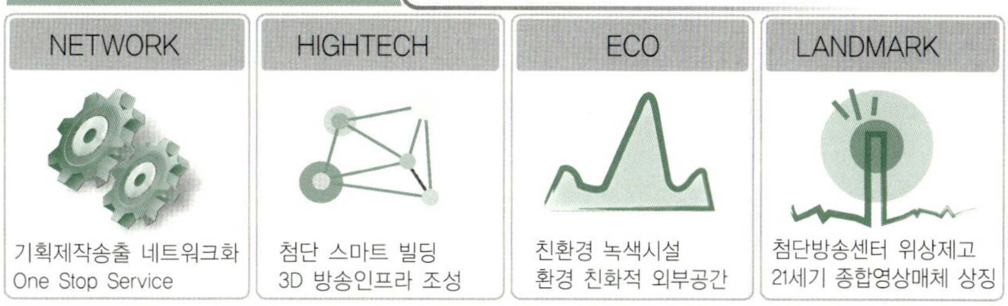

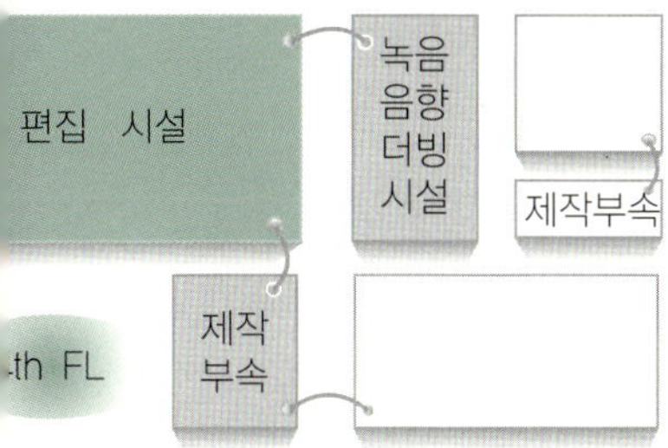

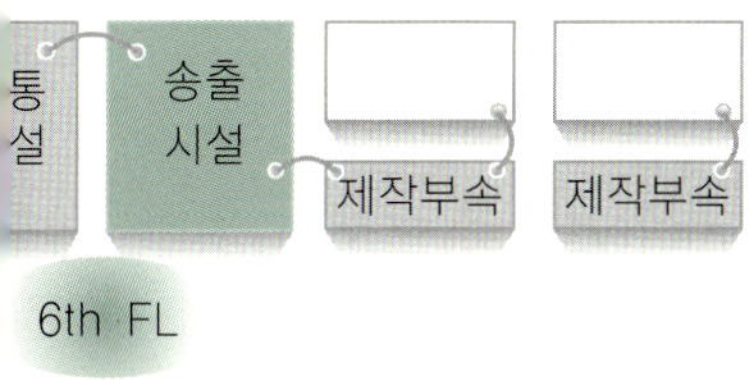

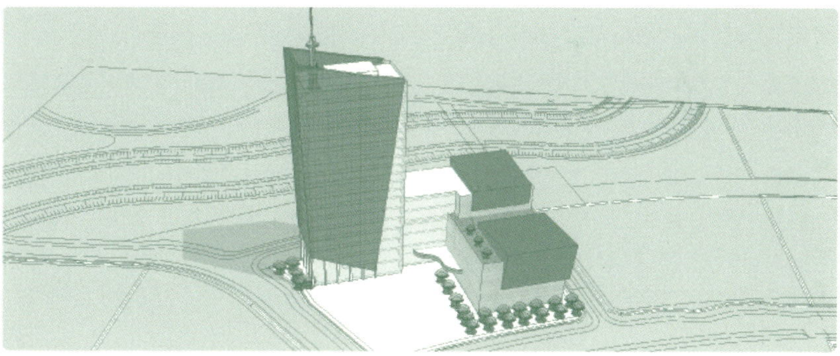

시공단계 착안사항 – 준공목표일 준수 공기관리, 요구성능 발현의 품질관리

준공일정준수 마일스톤 중심의 일정관리, 방송장비설치 일정을 고려한 Schedule update

- 1. Master Schedule
  - 마일스톤 중심의 Master Schedule → CP중심의 공종별 공정계획
- 2. DC장비설치
  - DC장비별 발주 → 제작 → 설치 → 시운전 과정의 일정 추적 관리

품질성능확보 첨단DC제작 성능, HD송출 및 유통성능, 방송 인프라지원성능

BIM기법 활용 설계자가 사용하는 어떠한 S/W 관리할수 있는 Program 확보

- 건축일반 – Revit, ArchiCAD, Navisworks
- 구조 – Revit Structure, Midas
- 에너지 – Ecotect
- 기계,전기 – MEP

과업특성 및 요구사항을 고려한 주요 추진전략 수립

과업수행 여건

Condition_ 1

- 한류월드의 입지적 특성과 디지털의 첨단성이 조화된 외관 디자인의 창출

Check Point 1
- (첨단성+상징성)의 Land Mark적인 절제된 디자인 도출지원

Condition_ 2

- DC제작 → 송출 → 유통 관련 방송장비(780억 상당)의 요구성능 발현

Check Point 2
- 요구성능확보를 위한 전문가 물색 및 자문
  - 첨단 DC제작 설비 및 HD 송출 설비

Condition_ 3

- DC의 기획→제작→송출 네트워크의 Tapeless One-Stop 환경구축

Check Point 3
- IBS 시스템 구축을 위한 천정/벽/바닥(Access Floor 등)의 세부 건축환경 검토

Condition_ 4

- 턴키 발주방식상의 단점 보완을 위한 지속적인 Risk 관리가 필요함

Check Point 4
- Risk 요인
  - ➡시공사의 수익개념 우선 설계진행
  - ➡계약후 발주자 요구의 반

과업수행 특성 및 발주자
효과적 CM업무 수행

Goal 1 첨단의 Land Mark 디자인 창출지원

Goal 2 ECO & Smart 성능의 DC 지원기능 구현

Strategy 01 *System & Tool_ BIM활용을 전제로한 CM단 조직구성*

BIM관리 체계의 구축과 적극적인 활용

- 설계자가 사용하는 어떠한 S/W도 운용할수 있는 Program및 전문가 확보
  - Software : Revit, ArchiCAD, Navisworks, Solibri 등
- 유사실무경험자 중심의 분야별 최우수 전문기술인력으로 CM단 구성

특수분야에 외부전문가의 효율적인 자문

- DC제작/HD송출/아카이빙 장비별 요구성능 확보를 위한 외부자문
  - 발주→제작→반입→설치→시운전 과정의 추적관리
- IBS / Ubiquitous / 신재생에너지 분야의 특수요소기술 자문
  - 분야별 전문가 기선정 및 POOL 관리중

Strategy 03 *Cost_ 공사비의 적정성 검토 및 확정 사업비의 준수*

최적 공사비의 검증

- 턴키발주의 단점인 시공사 수익개념을 우선시하는 설계진행 과정의 적절한 통제 - 통합설계조정실의 설치
- VE전문팀의 2단계 설계VE 수행으로 공사비의 최적화 검증
  - 절감액을 시설성능 향상으로 설계 반영

사업비 초과 Risk의 관리

- 780억 상당의 별도 발주 방송장비의 「반입-설치-시운전」 과정의 부대 비용초과 Risk 관리
- 공사비 확정 계약후 수요기관 설계 변경 요구의 적절한 통제

Strategy 04 *Quality_ 요구품질*

(건축+장비 설치)통합관리체계 구축

- DC장비 설치의 우선적인 고려
  - 첨단 DC제작 성능/HD송출 성능/방송 인프라 지원 성능
- DC 장비의 설치 및 시운전 과정에 외부전문가의 적극적인 현장자문 실시

발주기관 요구사항

Needs_ 1

친환경 요소 및 에너지 절감으로 지속가능한 경제성 및 유지관리성 추구

Check Point 1

- 에너지 효율 1등급 및 친환경 건축물 인증 획득
- Smart Building구현

Needs_ 2

- 준공목표일정의 준수
  - Fast Track 일정관리
  - 건축분야와 방송장비 분야간 간섭관리

Check Point 2

- F/T착공일 이전 건축인허가 소요일정 절대부족
- 방송장비설치 일정의 우선적인 고려

Needs_ 3

- DC제작 및 HD송출장비의 품질성능 확보를 위한 전문가 자문

Check Point 3

- 「발주→제작→반입→설치→시운전」의 추적관리
- Delivery System

Needs_ 4

- 시운전과 유지관리 및 운영업무 지원 → 임대공간의 입주유치 지원계획

Check Point 4

- DC장비 및 주요 시설물의 시스템별, Zoning별 TAB 실시

구사항을 고려하여 한 핵심목표 설정

Zero Defect 품질확보를 위한 공사관리 — Goal 3

준공 목표일 준수 — Goal 4

rategy 02 *Time_ 공사추진 단계별 소요일정 최적화*

공사추진 단계별 Milestone일정준수

- 실시설계 적격자 선정-실시설계 확정 -Fast Track착공-본공사 착공 -장비 반입 및 설치-준공 및 시운전 과정별 세부마일스톤 설정 관리
- F/T 착공이전(2010.12초)건축 인허가 소요일정 절대부족 →인허가 기관과 사전협의

공기지연 Risk요인 선제관리

- Master Schedule 관리시 공기지연예상 기간을 고려한 공정계획의 Updating 관리
- BIM 및 3D-Modeling기법을 활용하여 건축분야와 장비분야/공종별 공정간 인터페이스(건축-기계설비-전기설비)의 간섭관리로 공기지연 Risk 요인의 선제적 조치

·확보를 위한 시스템 구축 및 가동

기법 활용으로 분야간 간섭 및 공정관리

M-3D 시뮬레이션 기법을 활용한 설공간의 간섭요인 사전제거로 축기능 공간과 장비성능의 최적화

Step Inspection System 관리
Preparatory Inspection
nitial Inspection
Follow Inspection

Strategy 05 *Sustainability_ 지능형-친환경-녹색성장의 구현*

Smart Building 구현

- (BA+OA+Telecom)시스템이 집적된 Smart Building System의 Solution 검토 지원
- 지능형(IBS)1등급 건물 인증취득

에너지 절감 요소의 적극 반영

- 친환경 및 신재생 에너지의 적극도입을 위한 Passive & Active 디자인 기법의 반영
- 공공기관 에너지 이용 합리화 추진 계획에 따른 에너지 효율 1등급 및 친환경 건축물 최우수 등급 인증 취득검토

❍ 예상문제점 및 대책

☑ 사업추진 단계별 예상 Risk 및 관리 대책

추진 일정(제안)
- 2010.09 CM 착수
- 2010.10말 기본설계 입찰
- 2010.11말 기본설계 심의
- 실시설계 적격자 선정
- 인·허가
- 2010.12초 Fast Track 착공

Risk 요인
- ① 시공사의 수익개념 우선 설계진행
- ② 에너지 효율 1등급 등 추가요구 반영경우 공사비 단가 10% 상승
- ③ 각종 인허가 등 Fast Track 착공준비기간 촉박

턴키사업자 선정단계 / 실시설계단계

① 실시설계 부실 Risk

설계내용의 부실 및 최적화 지연우려 _Risk

- 설계시공 일괄방식의 단점
  - 시공사의 수익개념에 따라 설계진행 소지
  - 계약이후 수요기관의 요구반영 불리
- 실시설계 적격자(턴키사업자)선정 기간 촉박
  - 2010.10월말 입찰 : 11월말 선정계약
  - 기본설계의 수정/보완 기간이 짧음

Solution

통합설계조정실의 조기 설치 운영

전략 설계팀 상주투입	• 본사 전략설계팀 및 VE전문팀의 상주투입 – 입찰안내서에 따른 계약 당사자간 책임 한계 검토 및 설계대안 제시
수요기관 요구 반영	• PP, 독립제작사 등 이용 주체입장에서 검토 – 제작/송출/아카이빙 성능 요구의 반영 • 친환경–저에너지를 위한 지속가능성의 추구

② 사업비 초과 Risk

사업비 상승요인 잠재 _Risk

- 친환경, 에너지 효율1등급 요구 반영 경우 공사비 단가 10%이상 상승
  - 문화부 예산 편성시 한국감정원(2008년)의 「건물신축 단가표」 공사비 단가 적용
- 정부의 계획 변경으로 새로운 기능의 추가
- 점토성 사질 연약지반으로 지하층 흙막이 및 토공사비의 상승요인 잠재

Solution

공종별 적정공사비의 철저한 검증

사업비 적정성 검증	• 턴키일괄 사업자 선정시 본사 견적전문가 및 유사사례 DB를 통한 공사비의 철저한 검증 – 고의적 과다 과소 및 누락 내역 유무
현실적 추진대안 제시	• VE전담팀에 의한 체계적 VE수행으로 공사비 절감방안 수립 및 Follow up • 공사중 설계변경 발생을 고려하여 관리 상한기준 설정 및 범위내 조정계획 수립

③ 착공준비 업무 지연 Risk

착공일정 지연으로 준공계획 차질 _Risk

- 2010.12월초 Fast Track 착공을 위한 건축인허가 소요기간 절대부족(일반적으로 6개월 소요)
  - 지구단위계획 변경, 실시계획인가, 교통/환경/재해 영향분석 및 개선 대책, 건축심의 등
- Fast Track 부분 설계 검토 기간 촉박
  - 사질 점토성 연약지반으로 인한 흙막이, 굴착 및 기초 Pile공법 검토

Solution

인허가 업무 로드맵 작성 및 관리

인허가 로드맵 작성 및 사전협의	• 인허가 관계기간 사전 협의 F/T 선착공 – 국토부, 경기도, 고양시 • 인허가 전담자 지정 운영 – 각종 인허가 동시 추진
본사 설계본부 인력지원	• Fast Track 공사관련 설계도서 검토인력 상주 지원 – 토목 및 구조 기술사,견적팀, 공정팀

2012.05 골조공사 완료	2012.12말 준공	2013.01 CM 종료

④ 사업참여자간 이해관계 상충

⑤ 건축과 장비 분야간/공종간 간섭에 의한 시공성 저하 위험

⑥ DC장비 설치 지연 및 작동오류 발생

시공단계 · 유지관리단계

④ 의사소통 Risk

사업참여자간 의사소통 차질 우려 _Risk

- 다종다양한 다수의 이해관계자 사업참여
  - 건축분야 : 공종별 설계자 및 시공자
  - DC 장비 분야 :
    - 이용주체(PP, 독립제작사 등)
    - 장비 공급자 및 설치(제작/송출/인프라)
    - 방송사업자(SO/MSO)
- 이해관계충돌로 인한 수요기관 의사결정 지연

Solution: 의사결정체계 조기 구축

Partnering 협약체결/관리	• 사업참여자간 파트너링 협약 체결 – 턴키사업자와 DC장비분야 사업자 – Workshop등 CM단의 조정자 역할
Client Briefing	• 수요기관의 의사결정 촉진 유도 – 수요기관과의 의사소통 Tool로 활용 – 의사결정 지연요소 사전 제거

⑤ 인터페이스 Risk

분야간/공종간 간섭 발생 _Risk

- 분야간 간섭 : 건축분야와 DC장비 분야
- 공종간 간섭
  - 건축분야 : 건축/기계설비/전기통신 등
  - DC장비 분야 : 제작/송출/인프라 장비
- 설계단계에 공종간 연계성 검토 부족으로 일정 지연
  - 천정/벽체/바닥(Access Floor)등 시설공간

Solution: DC장비 분야 설치공정의 우선적 고려

DC장비별 설치매뉴얼 숙지	• 스튜디오/편집/송출/조명 장비 설치 매뉴얼 숙지 및 전문가 자문 • 건축공정과 장비설치 공정의 연계성 고려
간섭관리 Tool의 활용	• 사업참여자간 동일 시스템의 PMIS 공유 및 적극 활용 • BIM기반 3D Modeling에 의한 공종간 시설공간의 입체적인 간섭관리

⑥ DC장비설치 지연 및 작동오류 Risk

장비설치 지연 및 작동오류 _Risk

- 장비별 제작 및 구매선별 반입지연 → 설치지연 → 작동오류 발생
- 장비 선정후 신종 장비 출현 또는 계획 변경으로 설치 일정 계획 차질
- PP, 독립제작사 등 이용주체의 추가장비설치 요구와 기 설치장비 변경요구

Solution: DC장비별 추적관리

장비관리 전담자 지정	• 방송장비별 선정 → 발주 → 반입 → 설치 → 시운전의 로드맵 작성 및 관리 • Long Lead Items의 추적관리
방송장비 전문가 자문	• DC이용 주체(PP, 독립제작사 등)의 사용자 입장에서 설치 및 시운전 과정의 자문 실시

유사사례분석을 통한 착안사항

1) 유사사례 조사내용과 비교

구 분	디지털방송콘텐츠 지원센터	디지털매직스페이스(DMS)	누리꿈스퀘어
대 지	10,720㎡	3,305㎡	18,145㎡
건 물	연면적 55,592㎡ (지상18층, 지하4층 예정)	연면적 16,341㎡ (지상12층, 지하2층)	연면적 152,569㎡ (지상22층, 지하4층)
제작시설	스튜디오 6개 (1,768㎡ 1/1,057㎡ 1/528㎡ 4)	스튜디오 3개 (595㎡/476㎡/198㎡)	스튜디오 2개 (특수촬영 2,975㎡/E-러닝 231㎡)
	종합편집실 6, 개인편집실 10, 녹음/더빙실 4, 중계차 1, 인큐베이팅센터 5, 송출실 (15채널), 교육시설 273평	종합편집실 2, 개인편집실 9, 녹음/더빙실 1	종합편집실 3, 영상편집실 3

※ *독일, 스페인, 호주 등 외국의 경우 SD급 방송 콘텐츠 제작시설은 지원되고 있으나 당해 사업과 같이 HD, 3D급 방송통신콘텐츠의 Value Chain(가치사슬)기술 전반을 종합지원할수 있는 시설은 없음*

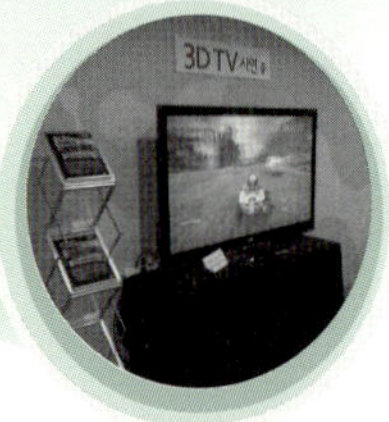

2) 착안사항 -> 기본계획에 반영 또는 관리점의 주안점

착안사항	실 태	관리의 주안점
• DC제작환경 변화에 대응 다목적 제작시설로 전환 곤란 - 대형 스튜디오의 층고 - Fly Set Batten 하중 - 암막커튼 등 부대시설 부족	• Batten의 Winch인양하중이 부족하여 증강 - 300kg ➡ 500kg • 암막커튼 시설부재 • 분장실 부족 • Fly Set Batten과 공조닥트의 간섭	• 대형장르의 컨텐츠 예상하여 여유 층고 고려 • Batten의 인양하중 증강고려 • 암막커튼, 분장실 등 부속시설 소요 분석 및 반영 • 천정부분의 간섭 공정 정리 - Batten, Cat Walk, 공조시설
• 홍보관 이용율 저조 - 시설 프로그램의 가변성	• 3D, IT등 첨단정보 분야의 홍보 프로그램이 고정되어 운영중 - 하나의 볼거리만 운영	• 한류월드와 연계성 고려하여 첨단 비디오/오디오 시설프로그램의 가변성 확대 ➡ 한류의 확산 보급
• 무질서한 음식점 중심의 지하상가 형성 • 지상층 임대사무실의 임대율 저조 - 공실다수	• 음식점 이외 고객유도시설 및 쇼핑을 위한 환경 프로그램 부재 • 앵커 및 키테넌트 업종의 입주자 부재 (영세업자 난립)	• 단지내 집객을 유도할수 있는 활성화 요소의 연구 검토 - 다양한 상업환경 프로그램 • 앵커 및 이용주체별 키테넌트 유치 계획 수립 - DC제작업체/공급업체/방송사업자 등

2. 시공전단계의 사업관리

○ 시공전 단계의 사업관리 세부계획 및 방법

☑ 과업착수 -> 기본설계 -> 실시설계 단계의 사업관리추진 방향

☑ 사업관리체계의 구축

기본 방향	• 방송통신시장의 환경변화에 따른 사업추진 여건과 요구조건을 고려한 사업관리 주안점을 도출하고, 이를 기반으로 과업수행체계 및 일정계획을 수립함으로써 효율적 업무수행 도모 • BIM기법을 활용한 설계관리, 발주자 브리핑, 파트너링 등 성과가 입증된 CM요소 기법을 체계적으로 도입하고 사업프로세스상의 낭비요소 최소화하기 위하여 건설사업 종합 상황실의 설치

1) 업무추진 로드맵

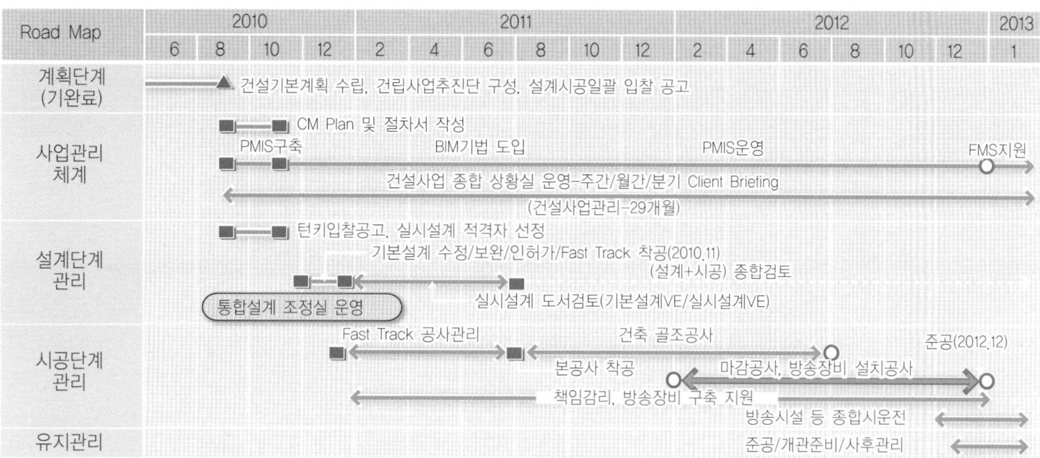

2) 과업수행체계 수립

step 1 사업관리 기준수립	step 2 CM Plan 작성	step 3 CM절차서 작성	step 4 사업분류체계 구축	step 5 PMIS 구축
사업계획 및 여건분석	단계별 업무 List – up	자체개발 표준절차서 조정 및 보완	사업분류체계 PNS	사업계획 및 여건 분석 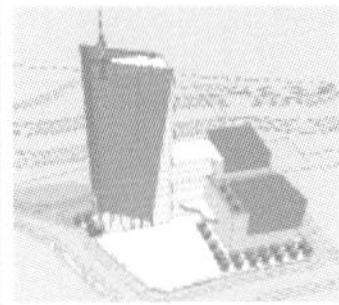
발주기관 요구수렴	업무분류 및 업무분장	+	작업분류체계 WBS	
관리수준 / 범위설정	BIM관리 체계 도입	건설사업관리 실무지침 반영 	문서분류체계 DBS	
분야별 관리기준 작성	필요양식 작성 / 보완		자재번호체계 MNS	사업특성을 반영하여 시스템 일부 재구성

3) CM요소 기법의 활용

▷ 건설사업 종합상황실 설치 운영 – Client Briefing

설치 운영 → CM 단장

- (기본계획 + 설계 + 방송장비 구축지원 + 운영)의 CM업무 종합 조정
- Client Briefing – 사업참여자간 Partnering System – 의사결정 촉진

사업참여자

- 발주기관 ↔ (관련자료 제공 / 기본계획 자료) ↔ CM
- 설계자 / 시공자 ↔ (협조/조정 / 설계일정/성과관리) ↔ CM
- 방송장비 공급자/설치자 ↔ (관련자료 제공 / 반입/설치/시험) ↔ CM

C M

(계획+설계+시공) 종합 조정

비상주 기술자 · 본사 DM/QM팀

CM지원 조직

- CM ↔ (기술지원 / 특수분야) ↔ 외부 자문단
- CM ↔ (기술지원 / VE/LCC, 공정) ↔ 본사 지원단
- CM ↔ (기술지원 / 전문분야별) ↔ 방송분야 전문가

▷ Partnering System

활 용 목 적

다수의 사업참여자들이 하나의 공동체를 이루어 각자의 역량을 결집

Partnering

발주기관 · 설계사 · 시공사 · 방송장비 공급자 · 방송장치 설치자 · C M

- 협업체계 강화 및 명확한 책임분담
- 의사전달 및 정보공유체계 개선
- 공동의 목표의식 공유로
- 사업전반의 시너지 효과 증대

운 영 계 획

Step 1	커뮤니케이션 활성화	정보세미나/ Workshop	
Step 2	공동목표 발굴/ 구체화	업무협약관련 협약체결/ RAM 작성	
Step 3	정보공유체계 구축	PMIS 통합 연계 운영	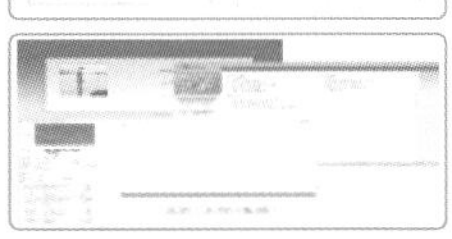
Step 4	성과측정/ 추적관리	계획성취율 분석/평가	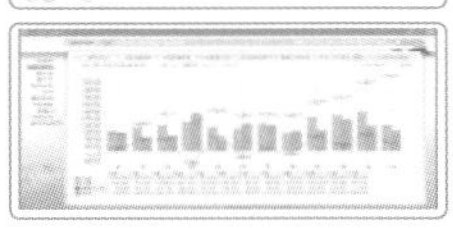

4) PMIS 조기구축 및 정보관리 계획

기본 방향

- 수요기관 홈페이지 및 현장 Web카메리와 연동시켜 실시간 사업참여자 정보공유
- BIM 모델링을 PMIS에 연계시켜 공정·공사비 통합관리 및 의사결정 지원도구로 활용
- 사업추진 일정에 따라 3단계(홍보/전략/운영)로 설치 운영하고 준공 후 FMS에 연계

▷ 3-Level PMIS의 구축 및 운영계획

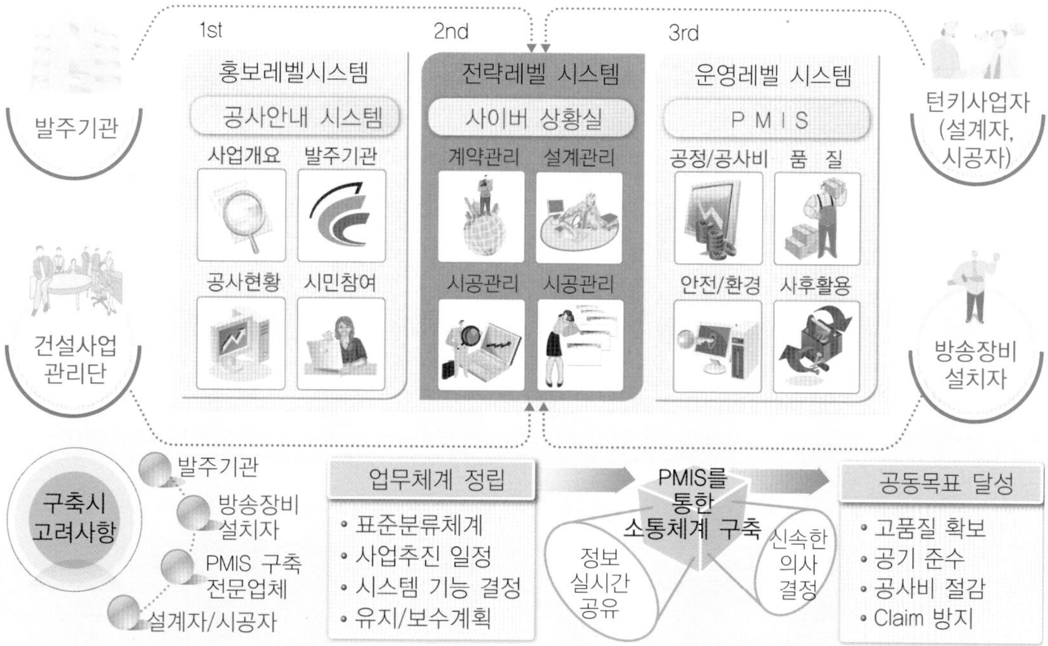

▷ BIM과 PMIS 연계 관리계획

- 설계자가 사용하는 어떠한 Software도 운용할수 있는 Program 및 전문가 확보
  - Software : Revit, ArchiCAD, Navisworks, Solibri Model Checker, Ecotect 등 8종 30set
  - 당사는 CM본부에 박사급 전문가를 영입하여 BIM사업팀을 설계관리업무에 가동하고 있음

☑ BIM Data를 교환·공유·열람할 수 있는 메뉴/BIM Viewer 프로그램을 설치하여 BIM과 연계한 PMIS 운용

☑ BIM모델과 공정을 연계하여 4D 시뮬레이션을 수행하고 그 결과를 PMIS메뉴에 등재하여 관리

BIM을 PMIS에 연계 작동

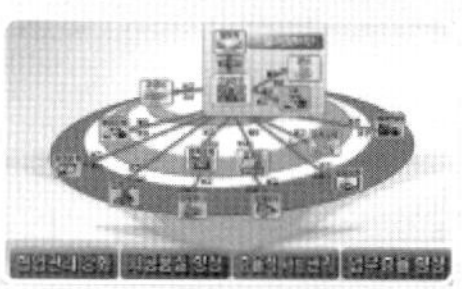

• PMIS를 활용한 프로젝트 개요

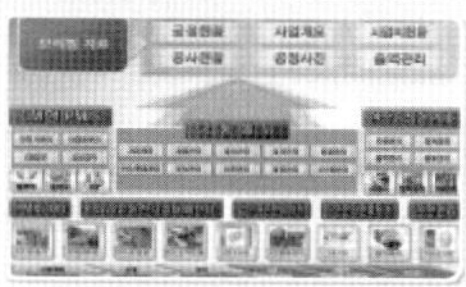

• 기존 PMIS의 기능

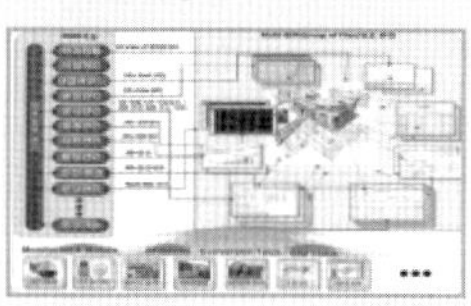

• PMIS + BIM과 연계

• 4/5D Tool과 PMIS와 연계

BIM기반 PMIS연계 운영 예시

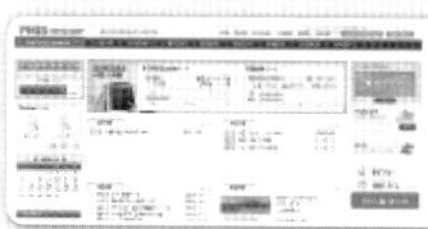

• BIM으로 작성된 도면을 PMIS의 "설계도면/도서" 메뉴를 통해 연결/승인

• "4D시뮬레이션" 메뉴를 통해 조회하여 의사결정 필요 공정의 비교분석

• PMIS와 연계한 5D (BIM+공정+공사비)조회
• 월별 공사진척도 산출 공정과 공사비 진행상황 표현

건설사업관리 Master Schedule - CM Proposal

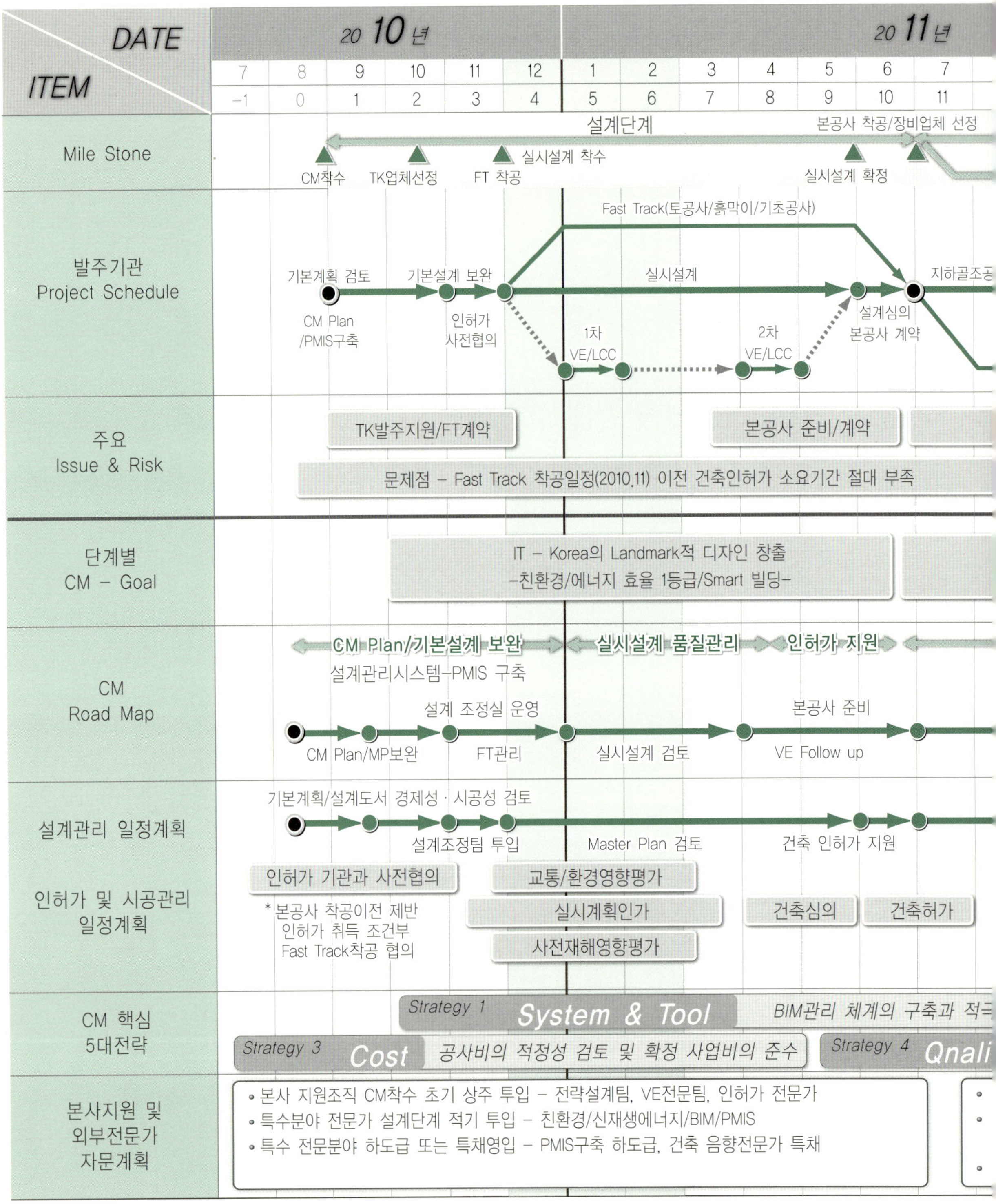

* 이 일정 계획은 CM 입찰안내서를 기준으로 작성하였으며 추후 수요기관과 협의하여 수정/보완할 예정임

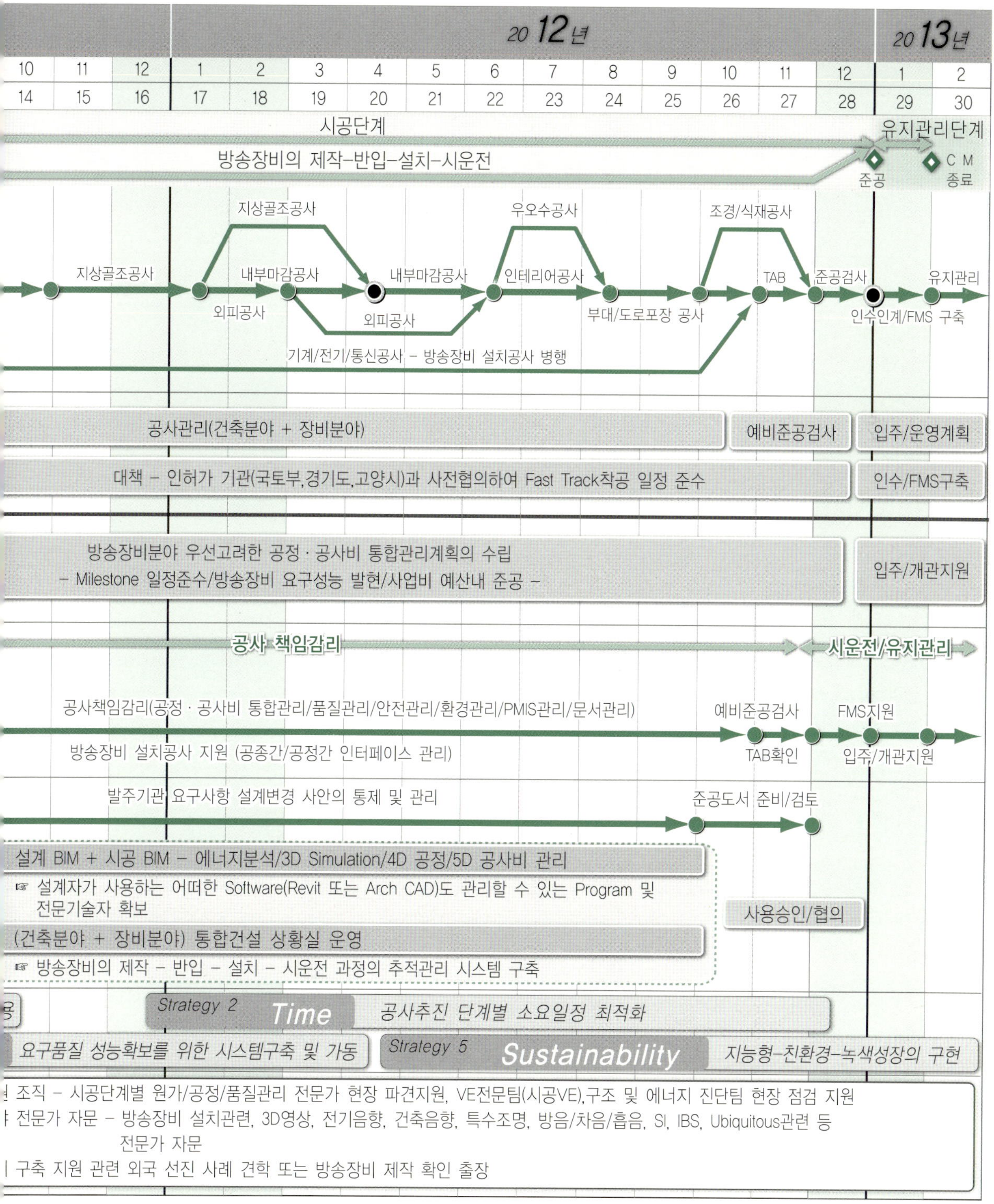
2012년
2013년
10 11 12 1 2 3 4 5 6 7 8 9 10 11 12 1 2
14 15 16 17 18 19 20 21 22 23 24 25 26 27 28 29 30
시공단계
유지관리단계
방송장비의 제작-반입-설치-시운전
준공
CM 종료
지상골조공사
지상골조공사
내부마감공사
외피공사
내부마감공사
외피공사
우오수공사
인테리어공사
부대/도로포장 공사
조경/식재공사
TAB
준공검사
유지관리
인수인계/FMS 구축
기계/전기/통신공사 - 방송장비 설치공사 병행
공사관리(건축분야 + 장비분야)
예비준공검사
입주/운영계획
대책 - 인허가 기관(국토부,경기도,고양시)과 사전협의하여 Fast Track착공 일정 준수
인수/FMS구축
방송장비분야 우선고려한 공정 · 공사비 통합관리계획의 수립
- Milestone 일정준수/방송장비 요구성능 발현/사업비 예산내 준공 -
입주/개관지원
공사 책임감리
시운전/유지관리
공사책임감리(공정 · 공사비 통합관리/품질관리/안전관리/환경관리/PMIS관리/문서관리)
예비준공검사
FMS지원
방송장비 설치공사 지원 (공종간/공정간 인터페이스 관리)
TAB확인
입주/개관지원
발주기관 요구사항 설계변경 사안의 통제 및 관리
준공도서 준비/검토
설계 BIM + 시공 BIM - 에너지분석/3D Simulation/4D 공정/5D 공사비 관리
☞ 설계자가 사용하는 어떠한 Software(Revit 또는 Arch CAD)도 관리할 수 있는 Program 및 전문기술자 확보
사용승인/협의
(건축분야 + 장비분야) 통합건설 상황실 운영
☞ 방송장비의 제작 - 반입 - 설치 - 시운전 과정의 추적관리 시스템 구축
Strategy 2 Time 공사추진 단계별 소요일정 최적화
요구품질 성능확보를 위한 시스템구축 및 가동
Strategy 5 Sustainability 지능형-친환경-녹색성장의 구현
조직 - 시공단계별 원가/공정/품질관리 전문가 현장 파견지원, VE전문팀(시공VE),구조 및 에너지 진단팀 현장 점검 지원
전문가 자문 - 방송장비 설치관련, 3D영상, 전기음향, 건축음향, 특수조명, 방음/차음/흡음, SI, IBS, Ubiquitous관련 등 전문가 자문
구축 지원 관련 외국 선진 사례 견학 또는 방송장비 제작 확인 출장

○ 기본설계단계의 사업관리계획 및 방법

기본 방향

- CM착수 이후 Fast Track 착공일(2011. 12초)까지의 촉박한 준비일정을 고려하여 본사인력 집중 투입
- (건축+방송)분야를 통합한 설계 조정실의 설치와 이너페이스 관리체계의 조기구축 및 운영
- 턴키계약 당사자간 책임한계에 따른 구체적 설계검토로 Claim 요인 사전 제거

☑ 설계관리 Road Map

Road Map	2010					2011						
	8	9	10	11	12	1	2	3	4	5	6	7
사업일정	CM사 선정 ▲		TK사업자 선정 ▲		FT 착공 ▲						본공사 착공 ▲	장비업체 선정
설계 일정	TK발주지원 / 입찰안내서 검토 ▲◀──▶		기본설계 조정 인허가 지원 / FT설계검토 ▲◀──▶		실시설계 종합 검토/조정 / 본공사 착공 준비 ▲◀──▶							▲◀──▶
설계 관리 (Fast Track)	기본설계 ▲◀──▶		기본설계 수정 ▲◀──▶ / FT실시설계/인허가		기본설계 확정 / 실시설계 ▲◀──▶							▲◀──▶

☑ 통합설계조정실 운영 및 인터페이스 관리체계

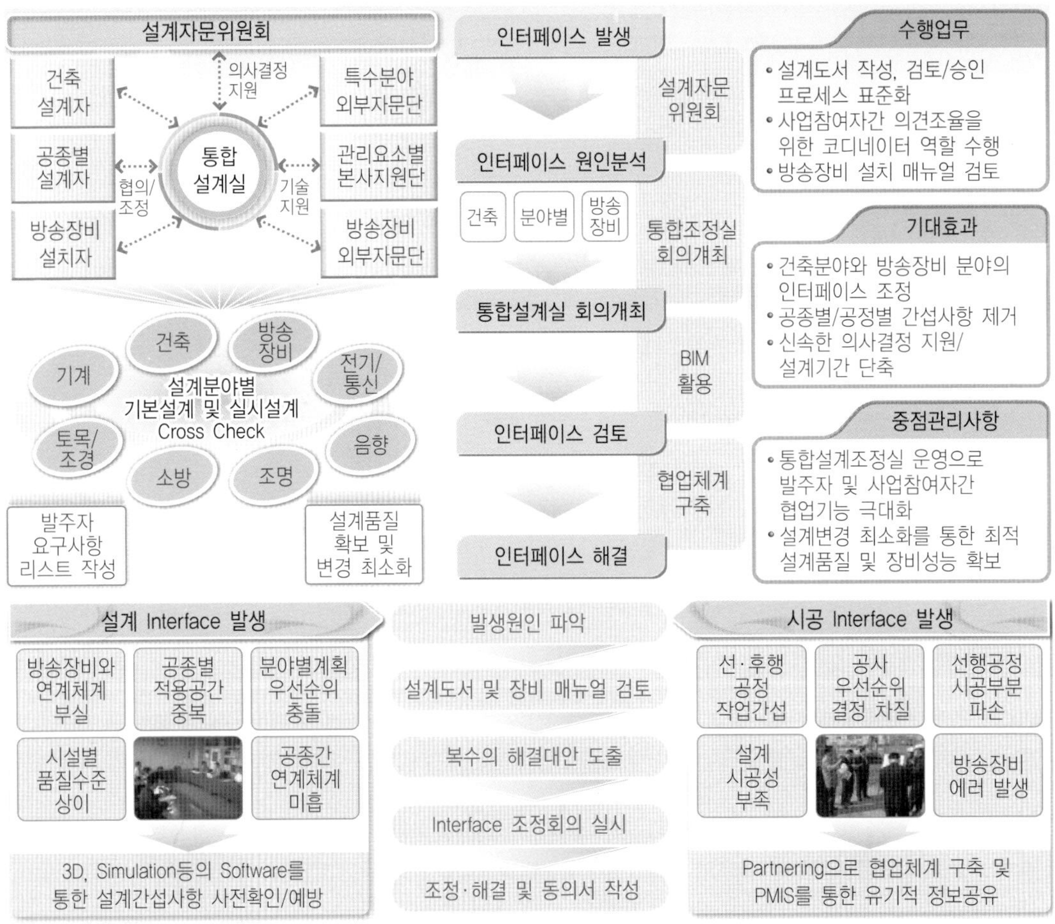

☑ 에너지 절약 및 친환경 녹색기술 반영 계획

1) 에너지 절감 성능 기준의 목표설정과 도입 설계 기법

성능 기준 목표

⊕ 2010년 법규수준 대비 총 에너지 20%절감 – 연간 에너지 사용량 300kwh/m² 이하

- 창호 열관류율 2.0W/m².K
- 벽체 열관류율 0.3W/m².K
- 기밀성능 3.0ACH@50pa
- 환기량 0.6ACH
- 난방 피크부하 40W/m²
- 냉방 피크부하 30W/m²

※ 서울시 신청사 연간 에너지 사용계획 – 274kwh/m²으로 실시설계 중

도입 설계 기법

- Passive Design: 건물의 배치, 성능 향상 자연 채광, 자연환기
- \+ Active Design: 직류(DC) 배전, 고효율 설비기기등 시스템 개선
- \+ 신재생 에너지: 태양열 급탕, 지열 냉난방 태양광 발전, 연료전지

2) 녹색 핵심요소 기술의 설계반영계획

SITE
외부환경 조성기술

건물 외부친환경 여건의 이용 열섬현상 저감으로 에너지부하 저감

녹화계획	• 경사형 녹화 유니트 시스템 • 벽면 녹화 시스템 • 친환경/에너지 절약형 식재
물 순환 시스템	• 우수 침투 시스템 • 우수활용 및 단지내 수순환 시스템 • 중수 처리 시스템 • 절수형 기기
단지계획	• 친환경 통합 단지계획

BUILDING
저에너지 건물기술

건축물 단열,기밀 설계 및 시공 자연형 냉난방 기법

평면계획	• 가변형 경량 벽체 시스템
외피 시스템 계획	• 외단열 시스템 • 열교차단 시스템 • 진공단열재 • 지능형 이중창호 시스템
실내 마감재	• 친환경 건강벽지 • 기능성 무기질 도료 • 기능성 석고보드 • PMC 보드/몰탈

SYSTEM
고효율 설비기술

에너지 효율적 설비 시스템 구축 효율적 조명 제어 시스템 구축 신재생 에너지의 사용

냉난방 시스템	• 바닥복사 냉난방 시스템 • 모세관복사 냉난방 시스템 • 고효율 온수 분배기 • 지능형 난방제어 시스템
환기 시스템	• 하이브리드 환기 시스템 • 저압손 고효율 필터 • 자연환기구
신재생 에너지 시스템	• 태양열 급탕시스템 • 건물일체형 태양광발전 시스템(BIPV) • 건물 일체형 지열+우수열원 시스템
전기설비 시스템	• 대기전력 차단 장치/일괄 소등 스위치 • LED 조명

➲ 위 기술은 우리 컨소시움의 주간사가 국토해양부 R&D Project 「저에너지 친환경 공동주택 기술개발」 연구단에 참여기업으로 가입하여 공동연구중인 요소 기술임

○ 실시설계 단계의 사업관리 세부계획 및 방법

기본 방향

- 설계 · 시공 일괄입찰아내서에 발주기관 요구사항 누락여부를 검토, 실시설계 적격자선정 지원업무 수행
- VE/LCC 수행으로 기본 및 실시설계의 경제성 검토 → 절감액을 시설물의 성능향상으로 전용
- 실시설계 검토시 방송장비 설치와의 인터페이스 검토 → BIM기법의 활용
- 각종 평가 분석 및 인허가 업무는 본사의 인허가 TF팀의 지원을 받아 수행

☑ 설계의 경제성 검토(VE/LCC)

1) VE/LCC 수행일정 및 수행체계

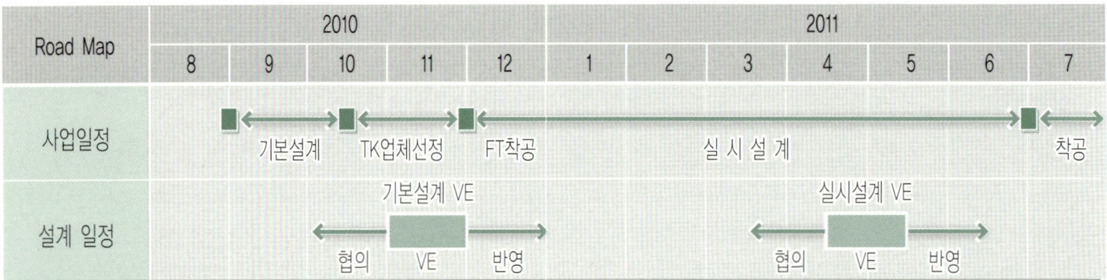

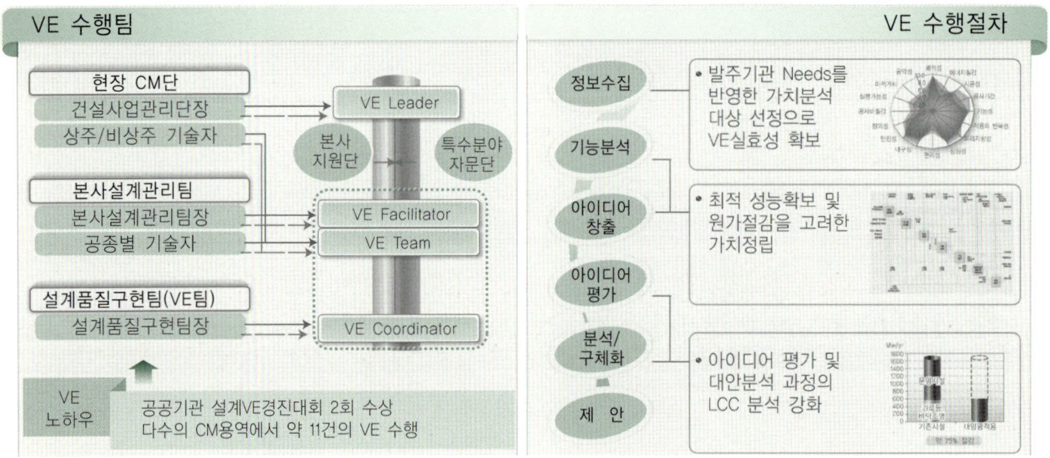

2) BIM의 3D-Modeling 검토자료와 VE와 연계 활동

중점 VE 항목	3D-Modeling 검토항목
• 지반 굴착공사/기초공사/옥외 토목 및 부대공사 • 철근 콘크리트/철골 골조공사 • 외벽 시스템/커튼월 공사/에너지관련 설비공사 • 방송콘텐츠 제작/편집/송출/지원 장비 설치공사	• 시공성/경제성/유지관리성 • 공종별/공종간 인터페이스/디자인 프로세스 • 과다/과소/누락/오류/중복 여부 • 에너지 분석/음향/조명 및 실내거주 환경

공사비 절감 목표 설정 : 총공사비 예산 대비 7% 원가 절감 목표

총 공사비 7% 절감

건축/구조	토목/조경	전기설비	기계설비
3.0%	1.5%	1.0%	1.5%

Function Cost

VE결과의 공사비 절감액의 설계반영 : 발주기관과 협의하여 품질성능 향상을 위한 설계 반영

☑ 실시설계 중점검토 사항

저층부(B1~7F)-DC제작실(Studio)

주요 시설
- Studio – 대형, 중형, 소형
- 부속실 – 연습실, 분장실

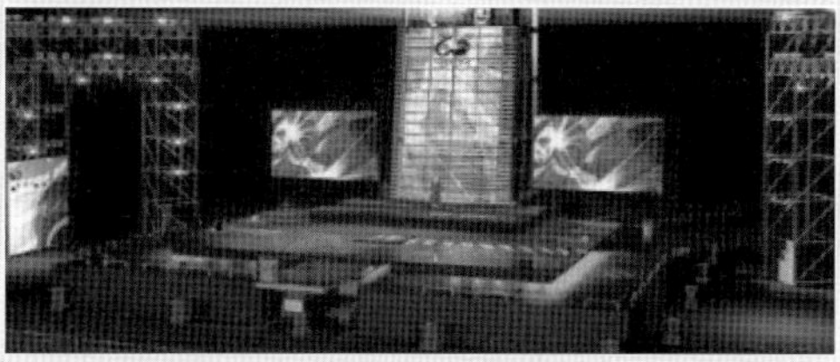

- 건축 – 사용자 중심의 인본적 계획
  - Universal Design & Barrier Free
  - 시설이용의 가변성,접근성,연계성,시각적 개방감
  - 다양한 장르의 제작 고려하여 여유 층고 고려
- 기계/전기 – 확장성과 각종 제어 시스템
  - Batten의 인양하중과 속도 검토
  - 공연자의 심리적 부담 최소화 및 안전성
- 음향/조명–기능적이고 가변성 있는 시스템
  - 음향 반사판의 탈착 용이성과 가변성
  - 3D등 다양한 장르에 대비한 기능성, 호환성

저층부(B1~7F)-편집,녹음등 지원시설

주요 시설
- 편집실 – 종합,개인,LE,NLE
- 지원실 – 녹음실,더빙실,조정실

- 건축 – 각종 편집 및 녹음 장비의 성능 우선고려
  - 장비별 소요공간, 주변 장비와의 연계성, 간섭요소
  - 바닥, 벽, 천정의 마감재 선정, 친환경성
  - 컨텐츠의 보관관리를 위한 Back-up시스템
- 기계/전기 – 방송장비의 정밀성을 고려한 인프라
  - 방송장비의 교체에 적응할수 있는 가변성
  - 3D등 첨단 콘텐츠를 고려한 용량과 확장성
  - 송출과 접합 테스트베드의 시스템 고려

고층부(8F~18F)-PP,독립제작사등 임대사무실

주요 시설
- 임대 사무실
  – PP, 독립제작사, 방송관련사

- 건축 – 업무환경의 쾌적성, 효율성 및 가변성
  - 높은 층고계획(유효높이≒3M), 충분한 OA Floor
  - 방송시설 성격에 부합되는 공간 배치
  - 임대를 고려한 가변성 있는 모듈계획
  - 방송제작 시설과의 동선 분리 및 독립적인 동선체계
- 기계/전기 – IBS 기능의 확보
  - 정밀 콘텐츠제작, 편집,송출 장비를 접속할 수 있는 용량과 규격
  - 건물내 각종 네트워크와 연결할수 있는 시스템
  - 경제성, 호환성, 친환경성, 에너지 절약성의 고려

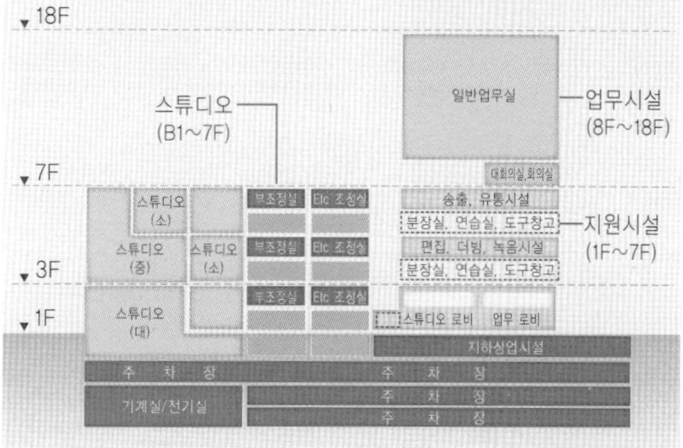

지하층(B4~B1)-주차장,상가 등 분양시설

주요 시설
- 주차장
- 상가 – 식음료,방송관련 잡화

- 건축 – 접근성,지하공간의 환경성,방재성
  - HD중계차(H = 3.5M) 출입의 고려
  - 입출 주차의 편리성과 차량/보행자의 동선분리
  - 업종별 Key테넌트의 배치를 고려한 가변적 공간계획
  - 테넌트의 마감재 시공을 고려한 자재 선정
  - 자재 동선을 고려한 적정한 방재설비 시스템
- 기계/전기 – 에너지 절약,유지관리의 편의성
  - Zoning별, 사용시간대별 효율적인 공급설비 시스템
  - 화재 사전예방, 화재발생시 조기감지

BIM기법을 활용한 단계별 수용업무 추진계획

단계	업무	적용 Program
CM 착수단계	◎ 턴키입찰안내서의 BIM적용 요구수준 파악 ◎ BIM 성과품 검토계획 수립 ◎ BIM의 PMIS 연계 운영 계획 수립	• 설계자의 사용 System 적용 (Revit or ArchiCAD)
기본설계 검토단계 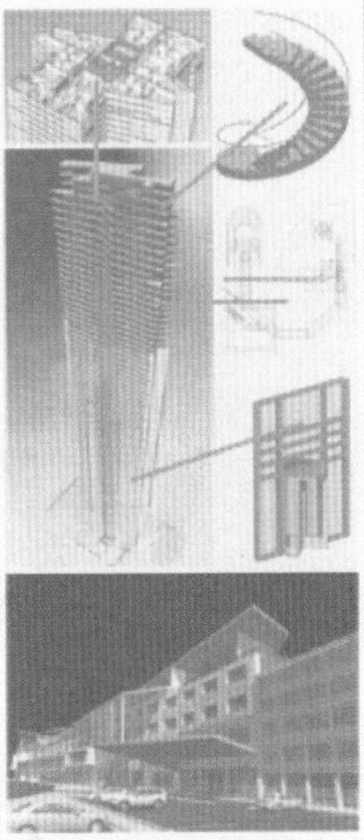	◎ 분야간 간섭체크 : 건축-구조/건축-설비/구조-설비/설비간 ◎ 기본설계 디자인 대안 검토 ◎ 대안검토에 의한 기본설계VE ◎ 의사결정 지원을 위한 VBE 관리 ◎ 분야별BIM모델/통합BIM모델 완성도 검토 - 건축/구조/설비/토목 ◎ 친환경/에너지 Simulation 결과 검토 - 에너지/일조/기류/조도 ◎ 분야별 물량산출 내역 검토 - 건축/구조/설비/토목 ◎ 기본설계/턴키공사분 사전시공성 검토 ◎ 턴키 공사분 4D(공정)/5D(원가) 계획수립	• Navisworks • Solibri Model Checker • ArchiCAD/Revit • ArchiCAD/Revit • ArchiCAD/Revit • ArchiCAD/Revit • Architecture/Structure/MEP • Ecotect • Fluent/ Radiance • EMS2009 • MQC/EQC/EBS-C/RC • ArchiCAD/Revit • Primavera/EMS2009
실시설계 단계 	◎ 분야간 시설공간의 간섭체크 : 건축-구조/건축-설비/구조-설비/설비간 ◎ 대안검토에 의한 실시설계VE ◎ 의사결정 지원을 위한 VBE 관리 ◎ 분야별BIM모델/통합BIM모델 완성도 검토 ◎ 분야별 물량산출 내역 검토 - 건축/구조/설비/토목 ◎ 실시설계 사전시공성 검토	• Navisworks • Solibri Model Checker • ArchiCAD/Revit • ArchiCAD/Revit • ArchiCAD/Revit • EMS2009 • MQC/EQC/EBS-C/RC • ArchiCAD/Revit
시공 및 시공이후 단계 	◎ 실시설계 사전시공성 검토 ◎ Digital Mock-up ◎ 4D/5D 계획 수립 및 실시 ◎ 설계변경 관리 ◎ 준공도면 관리 ◎ BIM의 FMS와의 연계 시스템 구축 지원	• ArchiCAD/Revit • ArchiCAD/Revit • Primavera/EMS2009 • ArchiCAD/Revit • ArchiCAD/Revit • ArchiCAD/Revit/FMS

우리 컨소시움의 주간사는 설계사가 사용하는 어떠한 Software (Revit 또는 Archi CAD)도 설계 및 시공 관리할 수 있는 각종 Program 및 전문기술자를 확보하여 「BIM 사업팀」을 가동중에 있음

3. 시공이후단계의 사업관리

○ 시공단계의 사업관리 계획 및 방법

☑ 사업관리 기본방향

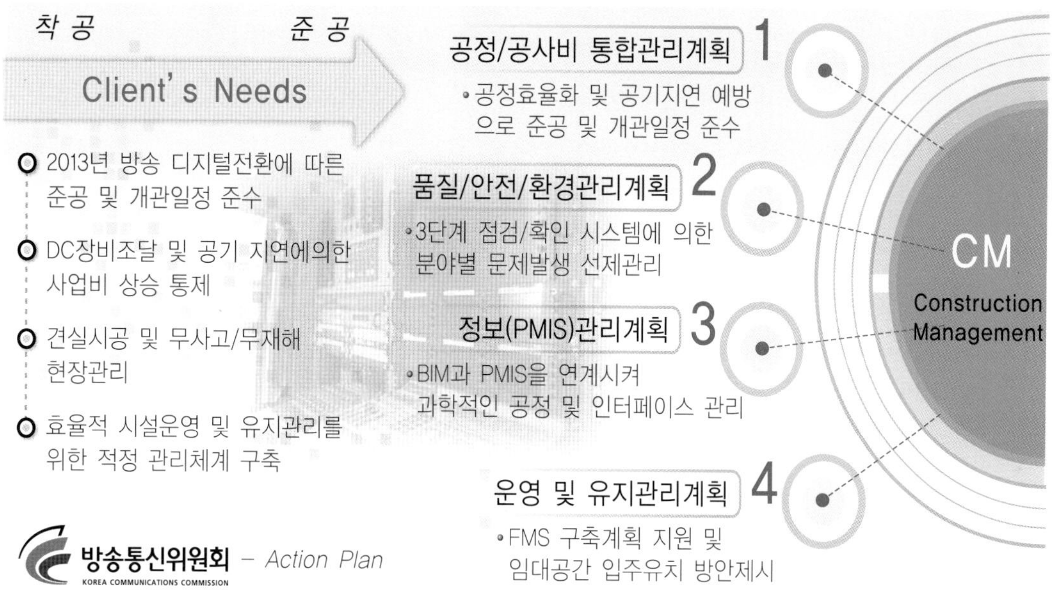

☑ 공정·공사비 통합관리 계획

기본 방향

- 부지 여건 및 시설특성 – 각종 방송장비의 설치를 고려하여 건축분야와의 방송분야를 통합한 공정 / 공사비 통합관리계획 수립으로 준공일정 준수 및 사업비 예산내 완공
- 방송장비의 선정–제작–반입–설치–시운전에 따른 특수분야의 기술적인 문제에 대하여는 적기에 외부 전문가의 자문

1) 공정관리 체계 구축

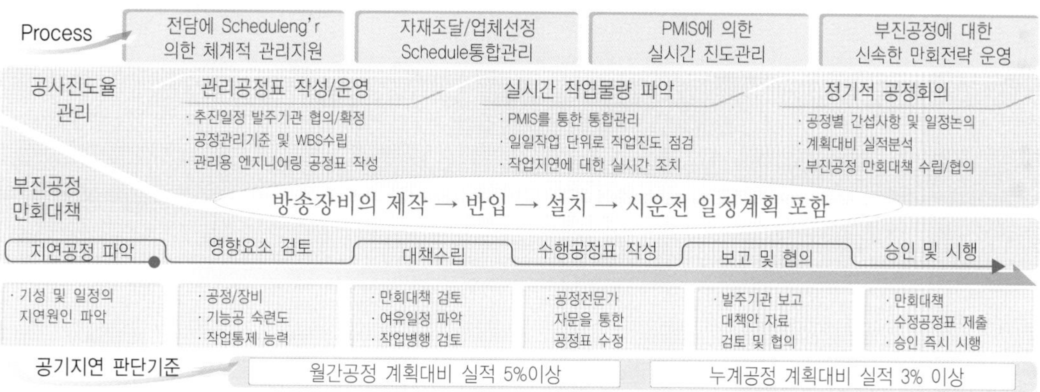

2) 프로젝트 특성을 고려한 단계별 / Zoning별 시공관리 계획

골조/외피 공사단계

세부공정	지하굴착공사	관리주안점
∘가시설 공사 ∘차수벽 및 흙막이 공사 ∘굴토공사 ∘영구배수공사		∘하천, 수변공원지역 지반 ∘지반지지력, 부력검토 ∘흙막이 및 가시설의 안전성 ∘지하수 유출 방지 대책 ∘주변재해, 환경 피해

중점관리항목

- 시공관리 – Fast Track으로 진행되는 우선공사 배분의 적정성
  – 공법선정 및 신기술 신공법의 적용 검토
- 공정관리 – 작업순서, 작업방법, 작업조 편성에 따라 일일공정 Update 관리
- 안전/환경관리 – 토사운반에 따른 민원관리, 소음/분진 등 환경대책
- 계측관리 – 계측항목 선정, 계측기기 배치, 계측방법 등 계측관리

토공사 → 지하골조 공

세부공정	지상층 골조공사	관리주안점
∘철근콘크리트 공사 ∘철골공사 ∘특수 구조물 공사		∘가설/양중계획의 효율성 ∘시공방법/시공순서 ∘시공상세도/작업계획 ∘신기술, 신공법의 적용 ∘공기 단축계획의 수립

중점관리항목

- 공정관리 – 동하절기공사 수행방안 검토→공기단축 계획 수립
  – 예정공정과 실시공정의 비교 분석 및 공정부진 만회대책
- 품질관리 – 철근, 레미콘, 철골 등 주요자재 시험 및 검수 계획
  – 품질기준 및 규격관리를 통한 정밀시공
- 안전/환경관리 – 안전의식 교육, 사고예방대책, 공사장 주변 교통처리계획

세부공정	외피외장공사	관리주안점
∘특수 외장재 공사 ∘석공사, 판넬공사 ∘커튼월공사 ∘유리공사		∘에너지절약 외피시스템 (외단열, 로이유리 등) ∘커튼월 제작/설치 공정 ∘설치공법, 설치순서 ∘시공 상세도

중점관리항목

- 공정관리 – 현장설치기간 단축공법 선정 및 양중/설치계획 점검
- 품질관리 – 커튼월/외장재 시험기관 및 현장 Mock-Up Test
  – 부위별 요구성능 방수재료 시험 및 담수 Test
- 안전/환경 관리 – 재해발생 빈도가 높은 가시설 및 보호구 착용
  – Man to Man 안전관리 제도 등 안전점검단 활용

지상골조 → 마감공

마감/방송장비 설치단계

2개공구 시공관리

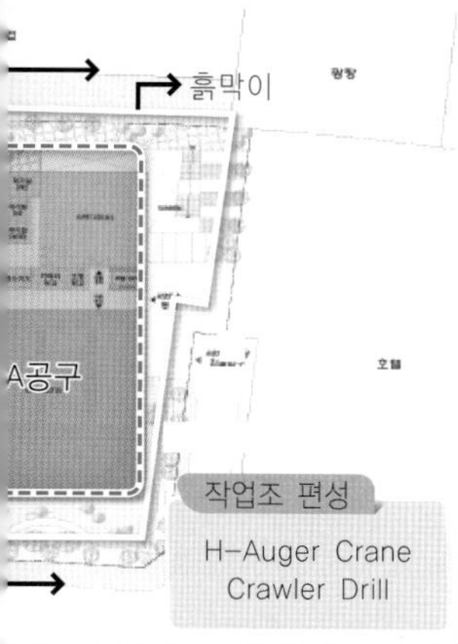

세부공정

- 조적/미장공사
- 바닥/벽체/천정공사
- 기계/전기 공사
- IBS/통신공사
- 인테리어 공사

내부마감공사

관리주안점

- 기능별 요구성능 확보
  - 스튜디오 등 제작시설
  - 녹음, 더빙 등 제작지원시설
  - 송출, 아카이빙 등 부대시설
- 건축 분야와 장비분야의 인터페이스

중점관리항목

- 공정관리 – 방송장비설치 공정과 건축(기계/전기/통신)공정과의 인터페이스관리
  – 방송장비 설치를 우선 고려한 건축공정계획의 Follow up
- 품질관리 – 시공시뮬레이션을 통한 사전 품질확보
  – 검사 및 시험계획 수행 → 방송장비 설치후 성능실험결과 반영
- 안전/환경관리 – 작업공종별 안전관리절차 및 환경관리계획 이행여부 점검

장비구분

- HD Stand/EFP Camera
- HDCAM VCR
- Digital AMU
- HD Server/Router
- HD LE/NLE System

DC장비설치공사지원

관리주안점

- 장비별 설치 Manual
- 제작→ 반입일정계획
- 설치관련 인터페이스
- 시운전 결과 확인

중점관리항목

- 인터페이스 관리 – 방송장비의 요구성능 확보를 우선 고려한 시공관리계획
  (스튜디오 제작성능+편집, 녹음 등 지원성능+송출, 아카이빙 성능)
  – 기능별 연계성/가변성/확장성을 고려
- 설치공사 지원 – 장비별 외부전문가 자문
  – 장비별 제작→반입→설치→시운전 과정의 추적관리

개공구 시공관리

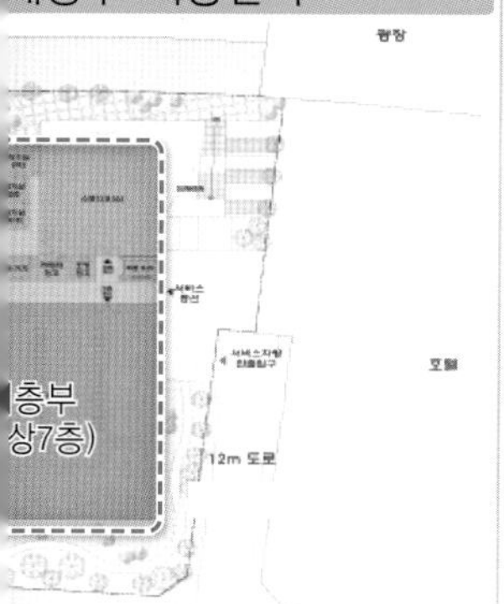

세부공정

- 인프라 인입공사
  (급수/하수/전기/통신)
- 공동구
- 포장공사
- 조경공사

옥외 부대/조경공사

관리주안점

- 주변 생태환경 고려
- Open Public Park 기능
- 내구성, 안전성
- 친환경, 에너지 절약

중점관리항목

- 공정관리 – 지원센터 내부공정과 연계하여 공정관리
  – 방송장비 시설로 공급되는 전기/통신 인프라의 점검
- 친환경 요소 – 옥외 물순환시스템으로 에너지절약 방안 검토
  (우수 침수 시스템, 우수활용 및 단지내 물순환 시스템, 친환경 포장자재 사용 등)
- 품질관리 – 친환경자재의 내구성/교체용이성 검토

3) Fast Track 관리계획

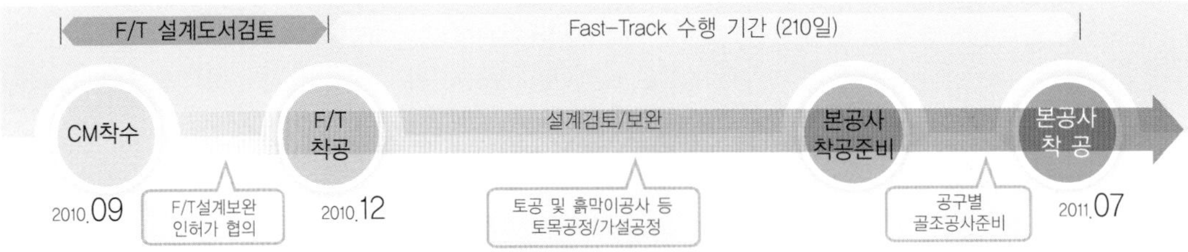

Fast Track 범위	
	· 준비공정 → 가설공사(현장사무소, 가설울타리, 가시설물 공사 일체) · 토목공정 → 토공 및 흙막이공사, 지반보강공사, 토목구조물공사, 기초공사 등 · 환경오염 저감시설 → 비산먼지 방지시설, 특정공사 신고 등

▷ Fast Track 중점관리 사항

구 분	세 부 검 토
사업관리 및 시공계획	◦ 총공사 및 부분공사에 대한 공사비 배분의 적정성 ◦ 신기술·신공법 적용 ◦ 가설도로 개설, 공사용수 확보 계획의 적정성 ◦ 장비투입계획 및 공정관리계획 ◦ Pile 및 지하매설용 자재선정 계획 ◦ 지질조사 내용의 검토
구 조 및 안전계획	◦ 지반의 지지력 및 부력에 대한 검토 – 하천 및 수변공원 지역 지반상태, 지하수 유출차수 계획 ◦ 흙막이 또는 가시설의 안전성 ◦ 기초공법선정의 합리성·시공성
토취장 및 성토계획	◦ 토취장에서 현장까지 토사운반계획의 경제성 ◦ 터파기 및 잔토처리계획의 적정성과 효율성(토공량≒200,000㎥) ◦ 토공사 실시설계도서의 완성도 및 관련법규 준수
계측계획	◦ 계측항목 선정 / 계측기기 배치 / 계측방법 선정 및 계측관리
민원 및 환경계획	◦ 지하수 유출 방지 대책 ◦ 장비 및 공법의 소음저감 대책 ◦ 지하매설물 보호 방안 ◦ 비산분지 방지대책 및 작업폐수 처리 방법 ◦ 주변 교통장애 처리 대책 ◦ 대지 내 작업공간 확보 및 폐자재 처리계획

▷ Fast Track 수행시 설계/시공 Interface 관리 방안

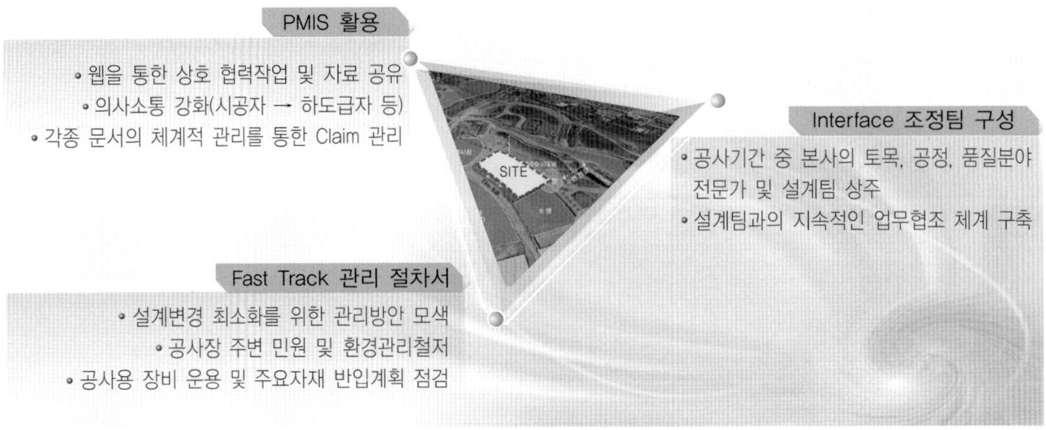

☑ 공사품질관리 계획

기본 방향

- 체계적인 품질관리시스템 구축 – PMIS에 의한 3 Step Inspection System
- 단계별 품질관리 활동 수행 – 방송장비 설치를 고려한 품질관리계획 수립 및 수행
- 중점품질관리항목 설정관리 – 공정별/공종별 품질관리 취약 부문 중점관리

1) 체계적인 건축분야+방송분야 통합품질관리시스템 구축

체계적인 품질관리시스템 구축	지속적인 품질개선 활동
◦ 품질관리 운영체계 수립 ◦ 시공 단계별 (건축분야+방송분야)통합품질관리계획서 검토 ◦ 현장 중점품질관리 항목 설정관리	◦ 설계/공법 검토 ◦ 3D–BIM Tool의 활용 ◦ 시공계획서 및 상세도 검토 및 승인 ◦ 시공 및 방송장비 검측 확인업무 시스템화

Step1 Preparatory Inspection (준비 점검)	Step2 Initial Inspection (입회 점검)	Step3 Following Inspection (최종 검사)
→ 세부공종별 작업착수전 관련자 참석하에 준비사항 점검 → 도면, 시방서, 시공계획서, 장비 매뉴얼, 자재, 작업조 기능도 공법	→ 세부공정작업진행중 현장에서 사용 자재, 마무리정도, 안전확보 점검 → 승인자재 사용여부, 현장작업 여건 반영 여부, 방송장비 설치 적정성 등	→ 관련공사간 작업완료여부 포함 해당공종 최종 Close Up → 기계, 전기, 통신, 배관, 박스설치, 앵커, 보강철물, 소요강도 확인 등

(건축분야+방송분야)의 통합 품질관리 활동으로 품질보증 및 요구성능 확보

2) 사업추진단계별 품질관리 수행계획

단계	항목	내용
착수단계	도면검토	◎ 도면검토 시트(Sheet)작성, 설계문제점, 개선사항 분석
	공종별 시공계획수립	◎ 시공상세도(Shop Drawing)작성 및 시공단계별 검사 포인트 선정 ◎ 시방서에 따른 시공계획 및 작업 절차 수립 ◎ 방송장비별 반입–설치–시운전 매뉴얼 검토
	품질관리 계획수립	◎ 공종별 세부적인 품질관리계획 및 품질시험계획 수립 ◎ 공사 진행에 따른 품질점검계획 수립 ◎ 공사진행 공정별로 방송장비설치 및 점검에 따른 품질관리계획 수립
시공단계	도면과 시방에 따른 시공 현장내 품질시험	◎ 도면, 시방서에 따른 공종별 Check List 작성 ◎ 체크리스트에 의한 체계적이고 정기적인 품질점검 시행 ◎ 방송장비별 요구성능/품질점검
	방송 DC장비 설치점검 종합품질점검 실시	품질 System구축: ◦ 품질기준 및 목표설정 ◦ 품질계획서 작성 ◦ KSA/ISO 9001 운영 및 정착: ◦ 운영 · 관리의 체계화 ◦ 계획 준수 활동 정착 ◦ 방송장비 TAB
준공후단계	준공평가회 실시 방송 DC장비별 시운전	효율성 검토 및 계산: ◦ 하자발생 사례분석 ◦ 재발방지 대책수립 ◦ 지속적인 System 개선 평가 및 Monitoring: ◦ 검사시험 독립적 운영 ◦ NCR기록 및 조치 확인 ◦ 품질검사 기준준수
	인수 인계	◎ 준공 2개월 전 예비사용검사 ◎ 인수인계 계획서 작성 ◎ 시공상태와 준공도면 확인 ◎ 사용검사서류 제출

☑ 안전 및 환경관리 계획

기본 방향

- 안전과 환경을 통합관리Safety & Clean = SC 하는 시스템 구축
- 중점안전관리 대상항목 선정관리 및 사전예방차원의 안전감시단 상시 운영
- 현장 및 주변도로의 환경관리 철저로 Creen ECO – 무재해 최우수 현장 구현

1) 통합 안전/환경관리 SC=Safety&Clean 수행계획

1 SC교육실시

- ➡ 일일 SC 조회시 당일 안전작업 및 환경활동 방법지시
- ➡ 안전하고 쾌적한 작업공간 형성을 위한 각종 홍보활동

안전&환경 점검	환경오염 발생도 측정
⊙ 중점관리항목에 대한 집중관리	⊙ 해당공정에 대한 오염발생원 선제관리

2 현장 SC관리 활동

- ➡ SC위원회 구성 회의주기 월 1회
- ➡ 정기점검/특별점검 및 환경오염 물질 측정

SC 위원회 운영

- ⊙ 사전 예방 계획 수립과 관리성 검토

3 SC관리 활동 결과 평가

- ➡ 계획대비 수행실적 분석, 평가
- ➡ 부적합 유형별 분석보고 작성

안전&환경 점검 일일/주간/월간

- ⊙ 부적합 보고서 시공사에게 발송
- ⊙ 시공사는 처리결과를 건설사업관리자에게 통보
- ⊙ 건설사업관리자는 처리결과 확인 후 조치

2) 안전/환경 중점관리 항목 설정 관리

작업자 안전 (S1C)
- 고소 작업시 안전String 설치 및 추락방지망 설치 유지 보수
- 지붕공사 등 추락위험지역 Safety Line 설치
- PIT, SHAFT 등 개구부 방호시설 관리

안전 시설 (S2C)
- CRANE 양중용 박스관리, 크레인 작업반경내 방호울타리 설치 관리
- 낙하물 방지망 설치 및 유지관리
- 안전통로 설치 및 Safety Zone운용

화재 위험물 (S3C)
- 현장 내 일반 소화기 비치 및 상태유지관리
- 위험물 저장소 지정 운용
- 진입도로의 경사(최대8%) 로 공사차량의 속도 제한(20Km/h)

차량 관리 (S4C)
- 건설장비 동선과 작업자 동선과의 분리계획 및 안전시설물 설치
- 작업자 공간 우선확보 및 사고발생 예상 부분 신호수 배치
- 장비 작업전 작업계획 철저 및 현장내 장비사용 규정 준수

비산 분진억제
- 차량 운행속도 제한/방진덮개 설치
- 주기적인 살수 실시
- 세륜,세차시설 설치
- 가설 방진망 설치

수질
- 토사 유출 방지를 위해 건거서 부지정지 작업 시행
- 가배수로 및 침사지 설치
- 개인오수 처리시설을 설치

소음 진동
- 장비의 효율적 분산 투입
- 저소음/저진동 장비 사용
- 가설방음 판넬 설치

교육
- 지속적인 교육실시
- 환경보존의식 고취

3) 재난·재해발생시 관리체계

단계				
응급조치 단계	경보발송 및 출입통제 ➡	인원/장비 적소배치 ➡	임시복구 실시 ➡	즉시 신고 이행
초동응급 처리단계	신고접수 안전팀 상황실 ➡	협조요청 구조/지원/통제반 협조 ➡	통보 일산경찰서 ➡	점검/진단 피해규모 현황파악

동원확대 방재보수

- ⊙ 긴급상황 우선순위 결정
- ⊙ 보수작업실시 및 공조체제 구축
- ⊙ 인접현장에 대한 협조 요청

➡

- ⊙ 보수 방법 선택
- ⊙ 대책 협의회 개최
- ⊙ 후속작업 계획 수립

Risk & Claim 관리계획

기본 방향	
	• 사업특성, 현장여건 등의 종합검토를 통해 사업단계별 발생가능 위험요인 예측 및 사전통제 • 고가 방송장비의 경우 설치 전 후 과정에서 발생한 파손 → 성능 상실 위험요인의 예방관리 • 턴키입찰안내서상 책임한계의 불분명으로 시공 후 발생가능한 클레임요인의 선제관리

1) 주요 예상 클레임 관리 계획축

예상 클레임	발생원인
공기지연에 대한 책임소재	◦ 사고/재해로 인한 공사불능, 설계변경, 대외적 요인 등에 의한 공사중단 ◦ 현장조건 상이, 시공오류로 인한 공정 차질
설계변경에 의한 공사비 변동	◦ 발주기관의 과도한 요구에 의한 설계변경 ◦ 불합리한 설계도서에 의한 시공성 결여
계약내용의 상이한 해석	◦ 모호한 계약내용 및 구체적 계약조건의 미포함 ◦ 계약대상자별 이익보전을 위한 자의적 판단/주장 ◦ 법률적 전문검토능력 부족으로 명확한 해석불가
준공 후 요구 품질구현 미흡	◦ 시공능력 부족에 따른 적정 품질확보 미흡 및 다수의 하자사항 발생 ◦ 시공측면 불주기관 요구반영 미흡으로 클레임 발생
방송장비의 작동 불량	◦ 방송장비의 제작→반입→설치→시운전 과정에서 불량발생으로 운영단계에 작동불량 ◦ 문제발생시 원인제공 불분명 및 책임한계 모호

관리계획

1 클레임 요인 예측
- → 클레임 유발요인 예측 및 문서화
- → 유발요인별 최소화 대책 수립
- → 법률 전문가 계약내용 사전검토

2 클레임 예방활동
- → 사업참여자간 파트너쉽 유지
- → 사업의 공동목표의식의 공유
- → 분쟁조정위원회 발족

3 체계적 클레임 대응
- → 방송장비 매뉴얼의 확보
- → 대응 시나리오 작성/운영
- → 관리절차에 의한 조치

사업영향 최소화

2) Claim 관리 프로세스 및 분쟁발생시 대응 방안

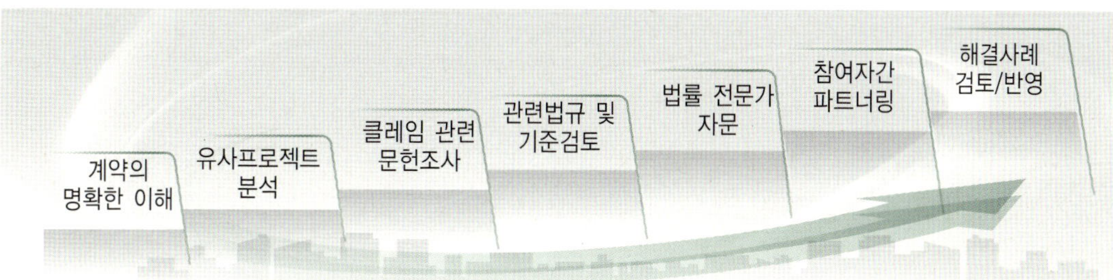

Claim 분석
- 정확한 목적/Claim 당사자의 과실정도
  - 지출경비에 대한 증빙요구/상세한 산출근거요구
- 각종 문서 검토/공사비 검토/공정 검토

소송대비 지원
- 중재 및 소송 등에 대비한 문서 및 각종자료의 수집, 관리 및 증거화 작업
  - 공문발송 회의록의 녹취, 협상기록의 공증 등

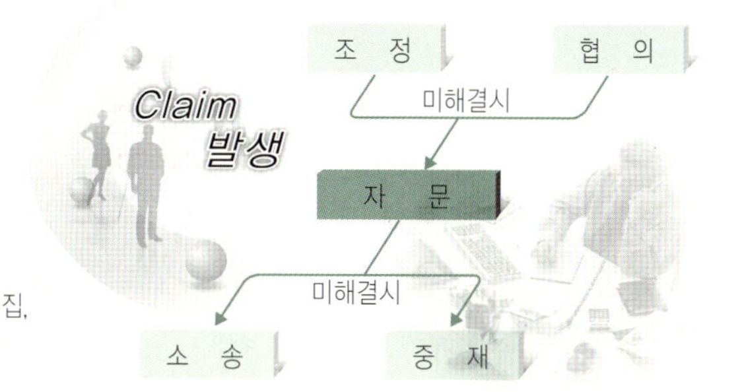

건축물 요구성능 인증추진계획

1) 추진방향

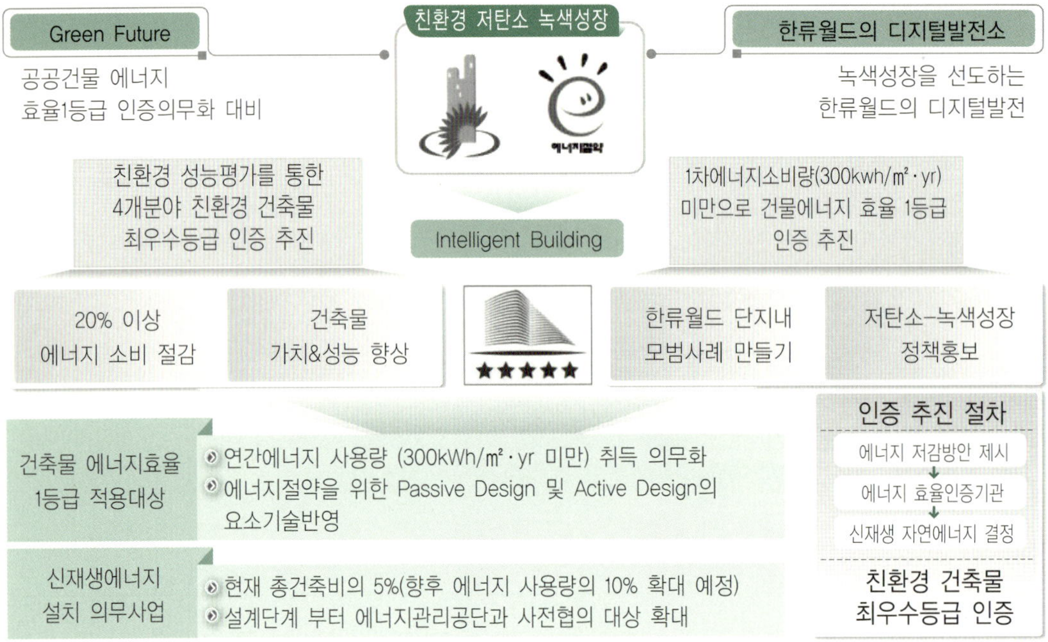

2) 건축물 성능향상을 위한 3대 등급 인증 추진계획

인증분야	친환경 건축물 인증	건물에너지 효율등급	IBS 건축물 인증
목 표 성 능 설 정	• 친환경 건축물의 인증에 관한 규칙의 인증기준에 따라 80점 이상 획득을 통한 최우수등급 취득 에너지 절감 및 이산화탄소 배출 저감	• 실질적인 에너지 성능평가에 의한 300kWh/㎡·yr 미만의 에너지 소요량 계획으로 1등급 취득 기존 공공청사 대비 20% 이상 에너지 절감	• 건축계획 및 환경/기계설비 전기설비/정보통신 시스템 통합/시설경영관리 등 평가항목 인증 u – 디지털지원센터의 기반시설 구축
인증절차 및 항 목	예비인증 본인증 신청 (준공3개월 전) 심사/심의 – 평가항목: 토지이용 및 교통, 에너지, 재료 및 자원, 수자원, 대기오염, 유지관리, 생태환경, 실내환경 인증부여 (국토해양부) 최우수등급 80점 / 우수 등급 70점	예비인증 (설계도서 등 서류심사) 본인증 신청 (최종 설계도서) 평가실시 (서류심사 및 현장확인후 평가보고서 작성) 인증부여 (지식 경제부) 1등급 300 미만 / 2등급 350 미만 / 3등급 400 미만	예비인증 서류 및 현장심사 (설계변경 권유) 인증심사 – 평가항목: 인증심사단 서류심사, 현장실사, 인증심의위원회 심의 예비인증서 교부 (국토해양부) 1등급 585점 이상 / 2등급 525점 이상 / 3등급 455점 이상

친환경 분야별 최우수 등급 인증으로 한류월드단지내 모범 첨단 Smart 빌딩건립

❍ 시공이후단계의 사업관리계획 및 방법

기 본 방 향	• 이용주체로부터 모니터링 실시결과를 바탕으로 상가 및 임대사무실의 분양전략 제안 • 발주기관 요구 성능발현 여부 검증 및 하자요인 색출을 위해 철저한 종합시운전 실시 • 발주기관 조직체계를 고려한 DC지원센터의 운영 및 유지관리계획 수립 지원

☑ 이용주체의 의견반영을 위한 Monitoring 실시

1차 Monitoring 2012. 10 1차(D-3M)

- 컨소시엄 내 특수분야 자문단 및 외부전문가로 구성된 전문가 집단의 시설성능 및 운영에 대한 사항 점검 및 보완 실시

2차 Monitoring 2012. 11 2차(D-2M)

- 이용주체별(지하상가, PP 및 독립 제작사)시설 사용자 만족도 조사 실시를 통한 요구수준 및 불만 사항 점검 및 보완

3차 Monitoring 2012. 12 3차(CM용역종료 D-1M)

- 주차시설,업무시설의 임대신청시 요구사항에 대한 모니터링 실시를 통해 도출된 결과를 시설물 유지 관리 계획에 반영

☑ 지하상가 및 임대사무실의 성공적 분양 전략

지하상가 임대분양시설의 결정조건	임대사무실 임대분양의 결정조건
⊙ 한류월드를 찾는 일반고객 및 관광객의 매력Point인지도 ⊙ 키테넌트로서 상가를 활성화시킬수 있는 차별적인 업종 ⊙ 방송인, 연예인 및 연출관련 직종이 선호하는 인테리어	⊙ DC지원센터의 제작-송출-지원 Value Chain의 영업성 ⊙ 방송장비 및 지원시설의 가변적 시설 이용성 ⊙ 입주후 정책적인 지원시책과 임대분양 가격조건

구 분	준공 3개월전 부터 집중적인 홍보계획 실시 지원			
지하상가 임대사무실	◦이미지홍보 및 ◦각종 이벤트성 홍보 ◦잠재 투자자 사업설명회	◦브랜드 이미지 홍보 ◦DM발송, CI제작 홍보 방송통신 위원회 및 문화부 홈페이지와 연결	◦실수요자/투자자 대상 분양개시	◦외부전문가 영업을 통한 미분양 소진 전략 추진
마 케 팅 전 략	Mass-Marketing ◦경쟁력 및 수익창출 ◦강한 집객력 ◦영업이익 예측성	Pro-Marketing Key Tenant →	Main-Marketing Link Mix & Match ← General Tenant	Post-Marketing ◦Tenant상생구조 ◦활성화 유도

종합시운전 관리계획

관련자료 및 정보분석 → 종합시운전 계획 수립 → DC제작 및 지원시설 점검 → 종합시운전 실시 → 부적격 사항 보완조치 → 사용승인 신청

- 중점 점검사항 도출 (관련자료 및 정보분석 → 종합시운전 계획 수립)
- 시운전 계획 보고 (종합시운전 계획 수립 → DC제작 및 지원시설 점검)
- Check-List 작성 (DC제작 및 지원시설 점검 → 종합시운전 실시)
- 부분시운전/확인 (→ 종합시운전 실시)
- 시운전 결과 보고 (종합시운전 실시 → 부적격 사항 보완조치)
- 최종 성과 보고 (부적격 사항 보완조치 → 사용승인 신청)

• 설계도서 검토 • 시공계획서 검토 • 관련규정 확인	• 시운전 일정 및 방법 시공사 협의 • 시운전 업무절차서 작성 및 업무분장 • 공종별, 시설별 종합 Check-List 작성	• 분야별 전담기술자에 의한 세부점검 • 점검항목별 성능검사 및 결과 기록 • 요구성능 미흡사항 조치 및 결과 확인	• Studio 장비 • 녹음, 더빙 장비 • 편집, 송출장비

운영 및 유지관리 교육계획

운영 및 유지보수 요원 교육훈련

이론 → 운전 → 정비/수리 → 사후관리

운영관리 및 유지관리 능력향상

교육방향

- 운영자 노하우 및 기술지도 전수
- 운영지침서 및 유지관리계획서 제공 및 활용방법 제시

교육내용

- 운영지침서(매뉴얼) 운용요령
- 시설물 안전 및 유지관리 세부/실무 지침과 FMS 운용 요령

시설물 유지관리 시스템(FMS)구축 기술지원

시설물 관리시스템 FMS

- 시설물 가치향상
- 업무능률 향상
- 체계적 유지관리

에너지 관리

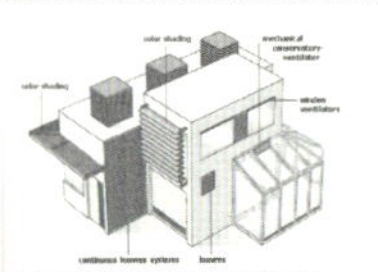

IBS 정보관리

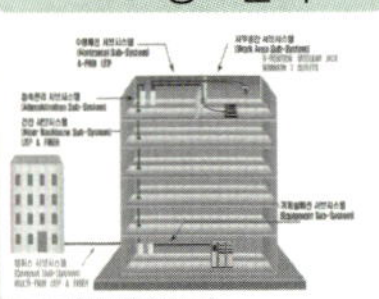

DC방송장비 관리

시설 정보관리

공간 정보관리

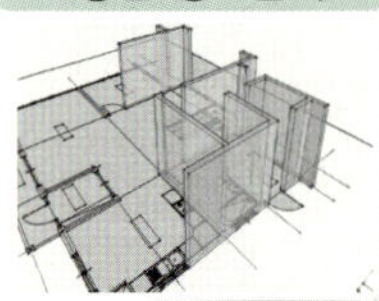

DB 구축

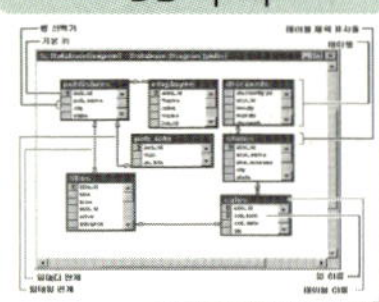

기 대 효 과

- → 에너지비용 약 7~11%, 보수/교체 빈도율 약 10~20% 감소
- → 설비의 정비교체시기 자료활용으로 계획적 예방정비 가능
- → 시설물 관리인원의 최소화로 경제적 시설 운영 가능

사업단계별 FMS구축 지원체계

설계단계
- 각종 도면의 전산화
- 기계설비 및 장비 선정시 LCC 고려/검토

시공단계
- 장비별 필요 보수용 부품코드 정의
- 최소 보유수량 및 단가/공급처 정의

운영단계
- 작업지시서 발생 및 자재/인력의 통계관리
- 에너지 비용관련 계약정보 관리

4. 기술자료 활용 및 지원체계

기본 방향

- 유사 프로젝트 실적자료와 제반기술 DB 및 각종 소프트웨어를 활용한 사업수행 단계별 지원체계수립을 통해 사업관리 단계별 CM 수행능력의 극대화 도모
- 본사의 사업관리 전산 시스템에 축적된 자료를 현장 PMIS와 연동시켜 체계적인 현장 지원계획 수립 및 실시간 Monitoring으로 신속한 기술자료 지원업무 수행

○ 기술자료 활용계획

☑ 기술자료 활용방안

방통융합 방송통신위원회 KOREA COMMUNICATIONS COMMISSION - 디지털방송콘텐츠지원센터 건립

- 사업 참여자간 전산 네트워크 구축
- Chartering을 위한 지식경영시스템 구축 지원

제작시설
- 스튜디오(대,중,소)
- 편집실(LE,NLE)
- 녹음더빙실
- 정합 테스트베드

송출/유통시설
- 컨텐츠 아카이빙실
- On-Line Market
- 서버실
- 포멧 변환실

교육/지원시설
- 미디어 트레이닝
- 인큐베이팅
- 국제회의장
- 시청자 체험관

장비 및 프로그램

성공적인 CM 업무 수행

메뉴얼 및 절차서

실적 기술자료

체계적인 업무절차 수립
- 프로젝트 관리 메뉴얼
- 프로젝트 분야별 절차서
  - 공정관리 절차서
  - 원가관리 절차서
  - 품질관리 절차서
  - 자료관리 절차서

전문분야 기술지원
- CM수행자료
- 유사사업 수행자료
- 설계검토 수행자료
- 설계정보 관리자료
- 특허 및 신기술, 공법적용 검토 자료

기술자료 활용방안

보유기술 활용
- CM 수행 실적
- CM 요소기술자료
- 신기술/신공법 선별 도입

프로그램 활용
- 공정관리 전문 SW
- 설계관리 전문 SW
- 도면관리 전문 SW

☑ 유사프로젝트 기술자료 활용계획

KBS OO방송총국 신사옥	TBN OO교통방송국	OO교통방송국	OO방송국 센텀신사옥

(기본설계-실시설계-착공-장비반입-마감공사-시운전)단계별 기술자료

• 사업관리 매뉴얼 • 타당성 검토 보고서 • 유사시설 건설기본 계획 보고서 • 기본계획 검토 자료	• 유사시설 설계도서 • 유사시설 설계검토 자료 • 설계관리지침 • 관련법규/계약문서	• CM 및 책감실적 자료 • 공정관리 자료 • 품질향상 실적DB • 소송/중재 사례분석	• 유지관리 매뉴얼 • 인수인계 Check-List • 운영홍보자료 • 건설사업관리 백서

❍ 본사의 지원체계 및 보유신기술의 활용

☑ 본사의 지원조직 체계

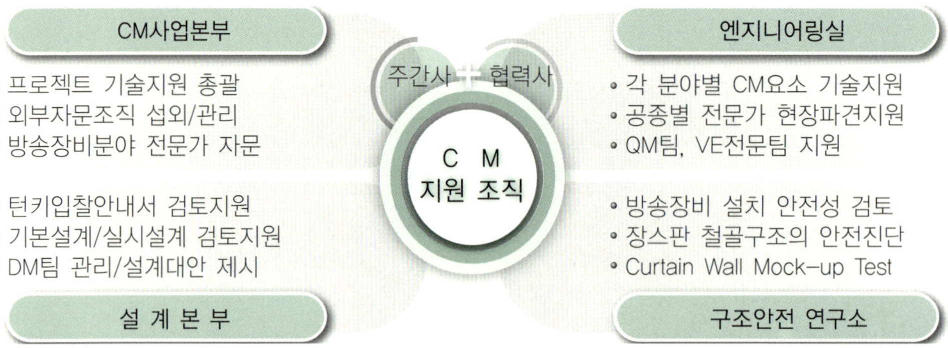

지원조직	주요수행업무
CM사업 본부	◦ 조직 활성화 프로그램 운영 및 자문/분쟁조정 등 컨소시엄 운영위원회의 운영 ◦ CM프로젝트 수행실적/분야별 기술검토 자료 및 Data보유 관리 ◦ 대규모 공공 CM사업 및 정보통신시설에 관한 분야별 전문기술자료 DB관리 ◦ 인테리어/음향/조명/영상/경관/방송장비 등 요소기술 전문가의 섭외 및 선정관리
엔지니어링실	◦ 분야별/공정별 CM요소 기술지원 및 공종별 전문기술자 파견 지원 – 구조/품질/원가/공정/안전/조경 등 분야의 요소기술 지원 ◦ QM팀, VE전문팀의 파견 지원
설계본부	◦ 설계·시공 일괄입찰신청자가 제출한 기본설계도서의 검토 및 검토기준 작성지원 ◦ 실시설계 대안 검토지원 및 VE Follow-Up을 위한 실시설계 변경대안의 작성 ◦ 현장 투입DM Design Management 팀의 관리
구조안전 연구소	◦ 지질조사 업무 및 Curtain Wall Mock-Up Test 지원 ◦ 대규모 공용공간의 구조안전성/지속가능성 검토

☑ 본사보유 신기술, 특허, 실용신안의 선별적인 활용

신 기 술(제264호)	• 혼합형 분리저감형유동화제 및 준 고유동콘크리트의 개발
신 기 술(제305호)	• 식재용 재생콘크리트 블록을 이용한 건물옥상 잔디 녹화 공법
신 기 술(제353호)	• 수평 분할타설 건축기초 매스콘크리트의 수화열 조정공법
특 허(제0337712호)	• 식재용 콘크리트를 이용한 옥상 식재공법
특 허(제0360822호)	• 콘크리트용 분리 저감형 유동화재
특 허(제0436235호)	• 콘크리트용 초지연제와 매스콘크리트의 수화열 조정 방법
특 허(제0581148호)	• 건축단지내 잔디구간의 블록구조
실용신안(제0332463호)	• 식생콘크리트 블록을 이용한 점적 관수시스템

* 위 목록은 우리 회사의 신기술 6건, 특허 24건, 실용신안 26건 등 총 56건의 기술자료 중 일부이며, 본 사업에 적용할 경우 기술자료 활용시의 기술료는 무료로 제공할 예정임.

☑ 보유 Software 및 장비 활용

1) Software 지원체계 구축

디지털방송콘텐츠 지원센터

Office 현장사무실
- 문서작성 : MS office 2007, 한글 2007
- 도면검토 : AutoCAD 2007
- 공정관리 : Neo-Plan
- 문서관리 : e-DMS (현장문서통합관리)
- 품질관리 : One Stop System (품질관리 프로그램)

입력 → / 조회

PMIS Server
- 공사안내
- 종합현황 보고
- 건설관리:사업관리 일반
  - 인 · 허가관리
  - 설계관리
  - 시공관리
  - 품질관리

전송 ← / 보고 ←

Site 현장부지
- PDA
- Web Camera 설치

Process 관리지원
- Primavera V5.0
- RFID System
- 재해 · 재난 방지 시스템

↑ Streaming 사용 / 요청 ↓ ↑ 결과 Upload / 요청 ↓ ↑ 보고서 제출

본사 지원조직

Streaming System
- 문서작성 : MS office, 한글2007
- 도면검토 : AUTOCAD 2007 ArchiCAD, Revit
- 공정관리 : Neo-Plan
- 문서관리 : e-DMS (현장문서통합관리)
- 품질관리 : One Stop System (품질관리 프로그램)

CM본부 직접 지원
- 내역검토 : EMS-2009
- 구조검토 : MIDAS 7.21
- 3D Simulation : BIM(협력사A)
- 전산지원 시스템
- 건립기본계획 수립 자료
- 유사공공기관 이전 관련 자료
- 유사기능 조사자료

외부자문

Simulation 외부지원
- 디지털 집음시스템 자료
- 경관 조명(전기)
- 스튜디오, 녹음, 음향(기계)
- 장스팬 Deck 진동(구조)
- 내진성능평가(구조)
- 피난, 방재(소방)
- 방송 지원 시설

2) Software 보유현황

구 분	소프트웨어		구 분	소프트웨어	
공정관리	Primavera V5.0	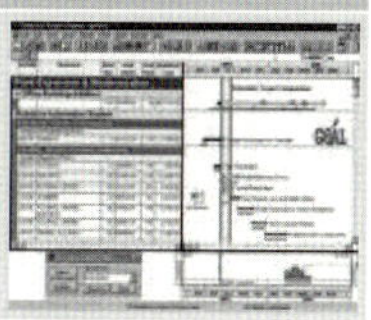	그래픽	Photoshop	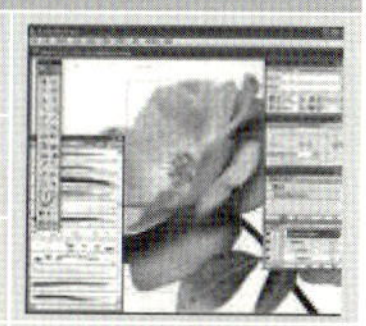
	EMS 2009			Illustrator	
	Neo-Plan		구 조	MIDAS	
3D 및 4D 시뮬레이션	Revit		문서작성	MS Excel	
	Auto-CAD			MS Visio	
Data Base	MS Access			한글 Office	
	SQL Server		일반	V3 Pro	

IT 신기술 활 용

- PDA : 요약현황 정보조회/각종 체크리스트 등
- RFID : 노무출력 관리/창고자재 입출고 관리 등
- Web Camera : 현장 실시간 조회/안전환경감시 등
- 무선재해예방시스템 : 추락 재해 예방등

5. 과업수행조직 및 인원투입계획

❍ 조직구성

☑ 조직구성의 기본방향

" 첨단디지털방송콘텐츠의 One-Stop Service 발전소 "

첨단방송설비의 설치가 우선적으로 고려되어야하는 방송지원시설
- 제작 → 송출 → 컨버전스

다종다양한 사업참여자
- 설계, 시공 일괄사업자
- 각종 방송콘텐츠 장비업체

친환경-저탄소-녹색성장을 지향하는 에너지 절약의 Smart Building
- 에너지효율 1등급의 IBS Building

Cost Management
- 종합 VE/LCC 수행
- 공정, 공사비 통합관리

Duration Control
- 방송장비 설치우선 Schedule 관리
- BIM & PMIS구축 운영

Quality Control
- (건축분야+방송분야)통합건설상황실 운영
- 특수분야의 과감한 외부자문

사업특성, 발주자 요구사항, 현장여건을 반영한 건설사업관리 조직구성 및 운영으로 업무효율성 극대화

조직구성 전략

최적의 Consortium 구성
- 대형 복합 공공CM 경험 업체 + 친환경 분야의 정상급 설계-엔지니어링업체
- 유사프로젝트 유명 공공기관 설계업무 참여기술자로 CM단 운영

강력한 지원조직 구성
- 기술, 행정, 전문분야 등 현장 CM단의 성공적 업무수행을 위한 강력한 지원 조직
- 현장 업무수행 성과의 지속적인 모니터링으로 발주자 만족도 향상

전문성 있는 현장 CM단 구성
- 사업특성과 투입인력간 Team Work을 고려한 인력투입 및 배치
- 유사실무경험이 풍부한 분야별 최우수 전문기술인력의 선별 투입

차별적인 외부자문조직의 지원
- 사업추진단계별로 특수분야의 외부 전문가 초빙 자문
  - 음향/조명/인테리어/영상
  - 친환경/신재생에너지/BIM
  - 방송통신장비의 설치/운영

☑ 건설사업관리단 조직 및 운영계획

1) 건설사업관리단 조직구성 방향

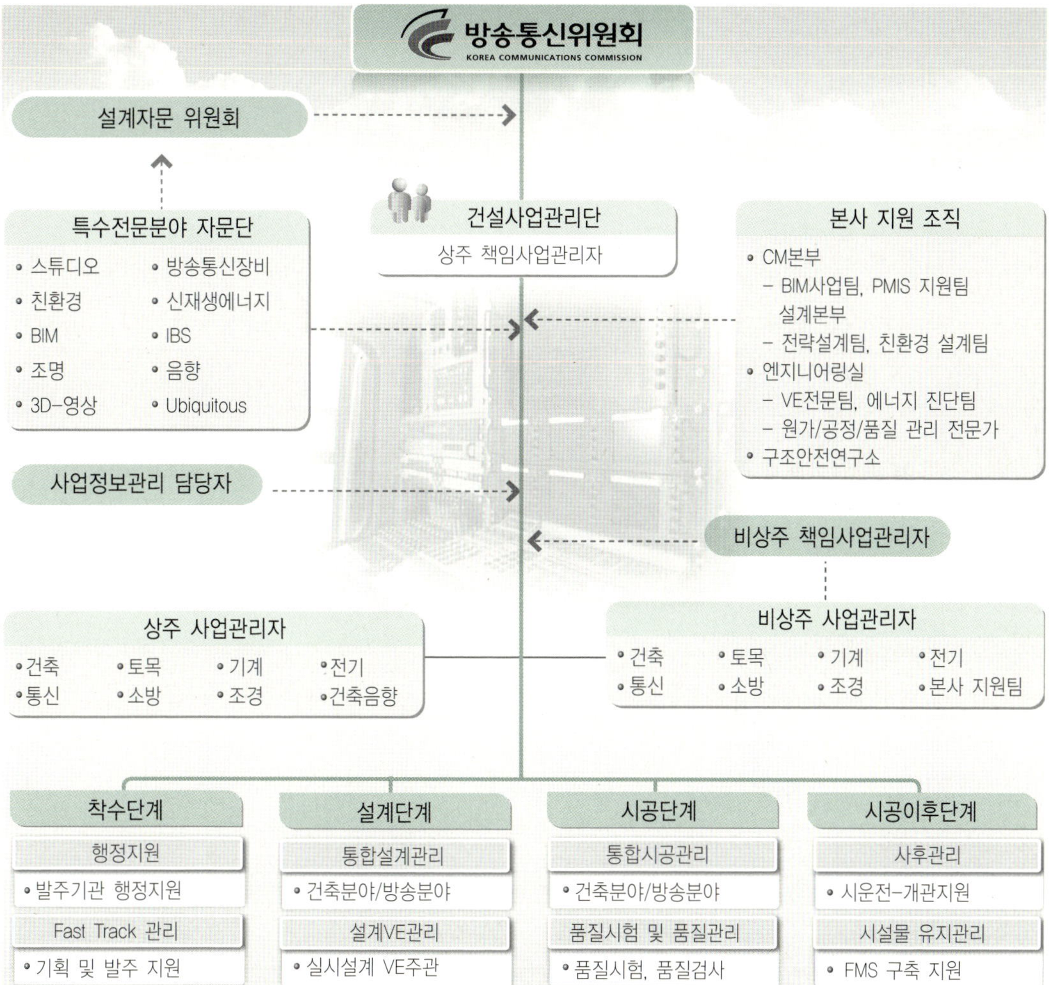

2) 건설사업관리단 운영계획

통합설계관리	통합공사관리	Partnering	Smart 빌딩 구현
• 다종다양한 사업참여자의 파트너링 소통 체계 구축 • BIM의 적극활용	• 방송장비 설치우선 시공관리계획 수립/실시 • 공정/공사비 통합관리 계획 수립/실시	• 수요기관의 요구사항 수용과 차별화된 PMIS 구축을 통한 현장정보 통합관리 및 의사결정의 신속화 도모 • 사업참여자간 소통체계 구축	• 친환경-저탄소-녹색성장을 지향하는 에너지 절약형 Smart Building의 건립 • IT-Korea의 Land Mark건립

❍ 외부 전문가 자문 및 조직적인 지원계획

☑ 자문계획

분야별 자문계획서 작성
CM본부

- 사업추진 단계별 자문분야 소요판단(방송분야/건축분야)
- 단계별/공종별 자문인력 투입시기, 자문 Know how, 자문방법, 자문결과 반영 Follow up

전문가 물색 및 자문위 구성
CM본부, 설계본부

- 자문분야별 전문가 물색 → 선정 → 수요기관보고 → 위촉 - 자문위 구성
- 프로필, 선정 사유 등 수요기관 보고 후 추진

분야별 자문 실시
현장 CM단

- 자문위원회 소집 및 자문실시(현장 방문/지정장소 회의 등)
- 자문결과 설계/시공 반영, 수요기관 협의

⊕ 스튜디오/방송분야

- 방송 스튜디오, 편집, 녹음, 더빙, 포맷 변환 등 디지털콘텐츠의 제작 및 송출, 시설운영 전문가
- 방송장비의 설치, 운전 전문가 컨설팅

음향 / 조명 / 영상분야 ⊕

- 전기음향/건축음향 전문가
- 조명기계기구/컨버젼스
- 스튜디오 조명/특수조명
- 특수 음향시설 및 LED 신기술 자문

⊕ PMIS 및 BIM 운용 자문

- PMIS와 BIM의 전문성을 동시에 갖춘 전문업체 (OOTech)와 기술 및 교육지원 협약
- BIM을 PMIS와 연계 운용할 수 있도록 시스템 구축 및 운영단계 자문

인테리어 분야 ⊕

- Zoning별 (제작/송출/임대사무실)용도 공간의 요구기능에 따른 인테리어 설계 및 적용공법 자문
- 체험전시/흡음 및 차음 인테리어 마감재 자문
- 3D-디지털방송연출기술의 인테리어 반영

⊕ 친환경, 신재생 에너지 분야

- 국토해양부 R&D 기술개발 과제-저에너지 친환경 기술개발-에 우리회사가 참여기업으로 참여중
- 동과제 전문가(OO대학교수)로 부터 신기술적용 자문

임대공간 유치분야 ⊕

- 지하상가, 지상8층 이상 임대사무실 공간의 키테넌트 입주유치 컨설팅

☑ 조직적인 지원계획

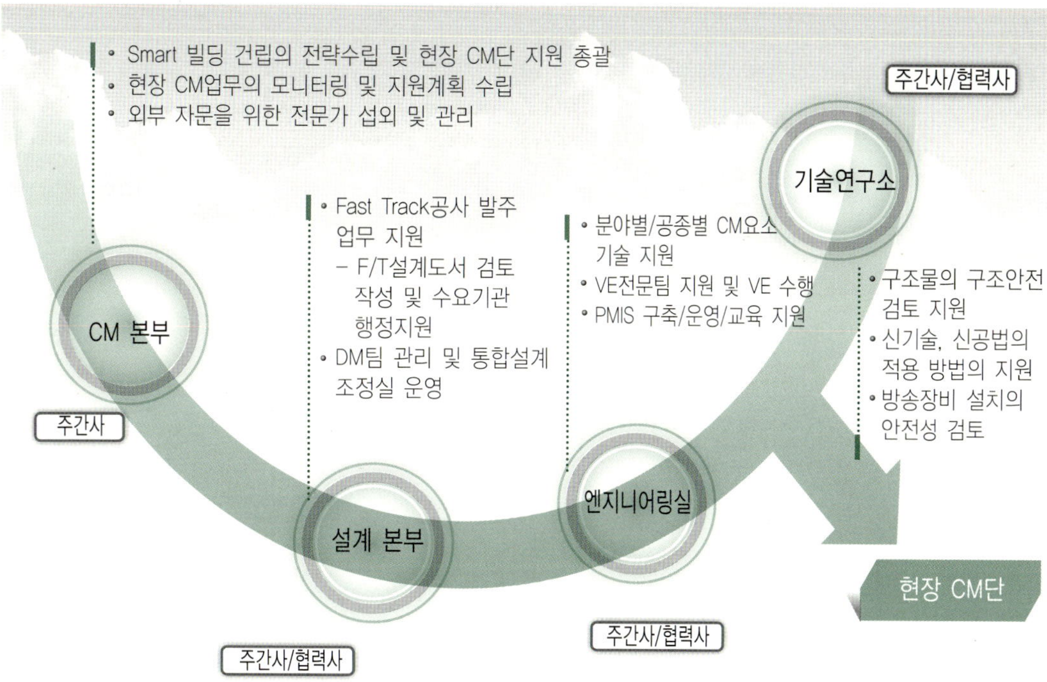

• Smart 빌딩 건립의 전략수립 및 현장 CM단 지원 총괄
• 현장 CM업무의 모니터링 및 지원계획 수립
• 외부 자문을 위한 전문가 섭외 및 관리
주간사/협력사
기술연구소
• Fast Track공사 발주 업무 지원
- F/T설계도서 검토 작성 및 수요기관 행정지원
• DM팀 관리 및 통합설계 조정실 운영
• 분야별/공종별 CM요소 기술 지원
• VE전문팀 지원 및 VE 수행
• PMIS 구축/운영/교육 지원
• 구조물의 구조안전 검토 지원
• 신기술, 신공법의 적용 방법의 지원
• 방송장비 설치의 안전성 검토
CM 본부
주간사
엔지니어링실
설계 본부
현장 CM단
주간사/협력사
주간사/협력사

☑ 인력투입계획표

구분		분야	등급	2010년 6월 (-2)	7월 (-1)	8월 (0)	9월 (1)	10월 (2)	11월 (3)	12월 (4)	2011년 1월 (5)	2월 (6)	3월 (7)	4월 (8)	5월 (9)	6월 (10)	7월 (11)	8월 (12)	9월 (13)	10월 (14)	11월 (15)	12월 (16)
				설계단계																		
상주사업관리원	공통	총괄책임(건축)	특급기술자(설계단계)	계약요청	제안서평가 등 계약기간		1.0	1.0	1.0	1.0	1.0	1.0	1.0	1.0	1.0							
			수석감리사(시공단계)													1.0	1.0	1.0	1.0	1.0	1.0	1.0
			특급기술자(시공이후)																			
	설계	토목설계	고급기술자					기본설계입찰								실시설계심의						
		기계설계	고급기술자 → 특급기술자						1.0	1.0			1.0	1.0	1.0							
		전기설계	고급기술자 → 특급기술자						1.0	1.0	1.0	1.0	1.0	1.0	1.0							
		통신설계	고급기술자 → 특급기술자						1.0				1.0	1.0	1.0							
	설계단계 소계(공통 포함)						1.0	1.0	4.0	3.0	2.0	2.0	4.0	4.0	4.0							
	시공	건축	감리사 → 수석감리사							1.0	1.0	1.0	1.0	1.0	1.0	1.0	1.0	1.0	1.0	1.0	1.0	1.0
		건축	감리사보 → 수석감리사											1.0	1.0	1.0	1.0	1.0	1.0	1.0	1.0	1.0
		건축(음향)	감리사																	1.0	1.0	1.0
		토목	감리사							1.0	1.0	1.0	1.0	1.0	1.0	1.0	1.0	1.0				
		조경	감리사 → 수석감리사																			
		기계	감리사											1.0	1.0	1.0	1.0	1.0	1.0	1.0	1.0	1.0
		전기	특급감리원											1.0	1.0	1.0	1.0	1.0	1.0	1.0	1.0	1.0
		전기	고급감리원 → 특급감리원																		1.0	1.0
		통신	특급감리원											1.0	1.0	1.0	1.0	1.0	1.0	1.0	1.0	1.0
		소방	특급감리원															1.0	1.0	1.0	1.0	1.0
	시공단계 소계(공통포함)									2.0	2.0	2.0	2.0	6.0	6.0	7.0	7.0	8.0	7.0	8.0	9.0	9.0
	시공이후	기계	고급기술자 → 특급기술자																			
		전기	고급기술자 → 특급기술자																			
	시공이후 단계 소계(공통포함)																					
상 주 합 계																						
비상주 사업관리원		건축	수석감리사																			
		토목	수석감리사																			
		조경	수석감리사																			
		기계	수석감리사																			
		전기	특급감리원																			
		통신	특급감리원																			
		소방	특급감리원																			
비상주 소계																						
컨소시엄 지원단		DM팀	건축사																			
		공정/원가	본사견적팀																			
		VE/LCC	CVS포함																			
		구조/안전	구조기술사																			
외부전문 분야자문		신재생에너지	전문가																			
		음향/조명	전문가																			
		3D-영상	전문가																			
		스튜디오	전문가																			
		방송장비	전문가																			
		BIM	전문가																			
총 계(상주+비상주)							CM 착수			Fast Track 착공				설계종료		본공사 착공						

- 사업초기 발주기관 단기간에 완성도 높은
- 실시설계 단계에 본사
- 본사의 VE전문팀과

- 유자격 전문가 특별채용 투입

- 해당분야 최고경험보유자 선발투입

- CM착수일 부터 상주투입하여 턴키사업자가 제출한 기본설계도서의 적
- 기계, 전기 및 통신감리원은 방송장비 설치 전후 기간에 현장상주하여

- 본사지원 – CM 착수초기 집중 투입하고 CM단의 요구에 따
- 전문가자문 – 전문분야별 자문소요발생시 CM전략에 따라

※본 사업관리 인력투입 계획은 건설사업관리단 제안사항으로 추후 사업여건 변화와 발주기관의 사업시행계획변경 등에 따라 발주기관

단 계	TK사업자선정 단계	설 계 단 계
주요업무	• CM Plan 및 절차서 작성 • 실시설계적격자 선정업무 지원 • Fast Track 인허가를 위한 행정지원 • 도시관리계획시설결정 관련 행정지원	• 설계일정/품질/분야별 간섭관리 • Fast Track 설계/시공 계획수립 • 본사 전문팀에 의한 설계VE/LCC • 건축분야와 방송장비 구축분야간 유기적 연
인력투입	• 설계자문위원회 구성 및 운영 • 사업 초기 비상주감리원의 적극지원	• 본사 설계 DM팀 투입 • 본사 VE전문팀 투입

2012년										13년		투입 월수
3월	4월	5월	6월	7월	8월	9월	10월	11월	12월	1월	2월	
19	20	21	22	23	24	25	26	27	28	29	30	
시공단계										유지관리단계		
												9.0
1.0	1.0	1.0	1.0	1.0	1.0	1.0	1.0	1.0	1.0			19.0
										1.0		1.0
												0.0
												5.0
												7.0
												4.0
												25.0
1.0	1.0	1.0	1.0	1.0	1.0	1.0	1.0	1.0	1.0			25.0
1.0	1.0	1.0	1.0	1.0	1.0	1.0	1.0					19.0
1.0	1.0	1.0	1.0	1.0	1.0	1.0	1.0	1.0	1.0			15.0
					1.0	1.0	1.0	1.0	1.0			14.0
					1.0	1.0	1.0	1.0	1.0			5.0
1.0	1.0	1.0	1.0	1.0	1.0	1.0	1.0	1.0	1.0			21.0
1.0	1.0	1.0	1.0	1.0	1.0	1.0	1.0	1.0	1.0			21.0
1.0	1.0	1.0	1.0	1.0	1.0	1.0	1.0	1.0	1.0			14.0
1.0	1.0	1.0	1.0	1.0	1.0	1.0	1.0	1.0	1.0			21.0
1.0	1.0	1.0	1.0	1.0	1.0	1.0	1.0	1.0	1.0			17.0
9.0	9.0	9.0	9.0	9.0	11.0	11.0	11.0	10.0	10.0			191.0
										1.0		1.0
										1.0		1.0
										3.0		3.0
												219.0
												상주 감리원의 15%
												42.9
								건물준공		CM 완료		261.9

을 상회하는 특급기술자 투입으로
설계 및 VE/LCC 분석 수행
과 통합설계조정실의 조기설치 및 운영
설계VE의 실시

ㅏ 지원

전문가 투입
투입

하여 조정될 수 있음

준비된 맞춤형 책임사업관리자 Profile

✔ Leadership과 통찰력을 갖춘 CEO급 CMr

학력자격

- 인하대학교 건축공학과 졸업
- 대림산업(주)/현장소장
- 건축시공기술사/수석감리사
- 32년간의 엔지니어링, 시공, 공정 관리경험

주요경력

- 국립 OO 청소년 수련원(현장소장)
- OO 초고층 주상복합빌딩(현장소장)
- 잠실 OO 타워(책임감리 단장)
- OO 복합빌딩 신축공사(CM단장)

특장점

STEP 01 *다수의 복합시설 수행경험*

Customizing

- 대형국책사업 수행 및 건설사업관리 업무 수행 경험

STEP 02 *다수의 복합시설 수행경험*

Engineering

- 건설사업관리 업무수행 경험과 전문성으로 검증된 CM전문가

STEP 03 *다수의 복합시설 수행경험*

Coordination & Leadership

- 대형 Project의 성공적인 수행으로 장관상 및 서울시장 표창장 수상 실적

시 공 단 계

- 공종별 시공계획서 검토 및 시공관리
- 3단계 점검시스템에 의한 품질관리
- 건축분야와 방송분야간 인터페이스관리
- 공종간 Interface관리

- 방송장비 등 특수분야 전문가 자문
- 본사 품질관리팀 지원

시공이후단계

- 시운전 및 TAB입회 확인
- 홍보/운영방안 지원
- 유지관리 시스템 구축 검토 및 유지관리계획서 검토

- 본사 예비준공검사팀 투입
- 상가 및 사무실 임대촉진을 위한 전문가 자문

part Ⅳ

부 록

1. 박정희 대통령의 리더십 – 김정렴 비서실장, –『1969.10~1978.2』의 증언

박정희[1] 대통령의 리더십은 핵심을 쉽게 설명하는 데서 나온다. 그는 누구보다도 정확한 말과 글을 사용했다. 말을 옮기면 바로 글이 될 정도였다. 그는『희로애락을 표현하지 않는다』,『과묵하고 말이 많지 않다』,『심사숙고하며 충동적 결정이 없다』,『현장지도식 방법을 운영한다』,『구체적 사안에 대한 이해가 빠르다』,『역사에 대한 이해, 영웅들의 철학에 대한 이해가 탁월하다』,『가신家臣을 쓰지 않는다』,『문제가 있으면 회의를 소집한다』,『조직을 간결하게 하고 사람을 잘 쓴다』,『구체적 사안에 대해 장관, 국장, 과장의 답변을 차별하지 않고 듣는다』,『각 부처의 연두보고서는 연중 틈나는 대로 되풀이해서 읽는다』와 같은 특징을 가지고 있다.

서독에 도착한 박대통령 일행은 뤼브케 대통령과 함께 광부들을 위로, 격려차 탄광에 갔다.

대통령이 연설을 했다. 단지 나라가 가난하다는 이유로 이억만리 타국에 와서 땅속 1000m도 더 되는 탄광에서 힘든 일을 하고 있는 제 나라 광부들을 보니 목이 메어 말이 잘 나오지 않았다.

그리고 고국에서 배곯는 내나라 국민들이 생각나서 대통령 신분도 잊은 채 눈물을 흘렸다.

광부와 간호사도 모두 울었다.

"우리 열심히 일합시다!

후손들을 위해서 열심히 일합시다!"

눈물에 잠긴 목소리로 박 대통령은 계속 일하자는 이 말을 반복했다.

그리고 박대통령은 서독의 국회의 연설에서 "돈 좀 빌려주세요. 여러분들의 나라처럼 한국은 공산주의와 싸우고 있습니다. 한국이 공산주의와 대결하여 이기려면 경제를 일으켜야 합니다."

당시 경제적으로 최하위국이었던 한국은 1964년 국민소득 100달러를 돌파하고, 1965년 1억 달러 수출을 이루어 내어 이른바 한강의 기적이라는 찬사와 더불어 전 세계 각국의 조명을 집중적으로 받게 되었다.

오늘날 넘치는 풍요 속에 살고 있는 우리는 5, 60대 이상의 세대가 흘린 피와 땀과 눈물을 결코, 잊어서는 안 될 것이다.

–김찬재님의 글,『사고뭉치』중에서–

☞ 1) 박정희朴正熙, 경북 선산 생, 1917~1979 ; 군인. 정치가. 대한민국 제 5·6·7·8·9대 대통령. 5.16 군사혁명을 주도하였다.『새마을 운동』,『경부고속도로 개통』등으로 우리나라의 경제적 기틀을 마련하였다.

2. 백범 김구의 『나의 소원-내가 원하는 우리나라』중에서

네 소원이 무엇이냐 하고 하느님이 내게 물으시면, 나는 서슴지 않고, "내 소원은 대한 독립이오." 하고 대답할 것이다. 그 다음 소원이 무엇이냐 하면, 나는 또 "우리나라의 독립이오." 할 것이요, 또 그 다음 소원이 무엇이냐 하는 세 번째 물음에도, 나는 더욱 소리를 높여서, "나의 소원은 우리나라 대한의 완전한 자주 독립이오." 하고 대답할 것이다.

-------------------------- <중 략> ----------------------------

① 나는 우리나라가 세계에서 가장 아름다운 나라가 되기를 원한다. 가장 부강한 나라가 되기를 원하는 것은 아니다. 내가 남의 침략에 가슴이 아팠으니 내 나라가 남을 침략하는 것을 원치 아니한다. 우리의 부력은 우리의 생활을 풍족히 할 만하고 우리의 강력은 남의 침략을 막을 만하면 족하다. 오직 한없이 가지고 싶은 것은 높은 문화의 힘이다. 문화의 힘은 우리 자신을 행복하게 하고 나아가서 남에게 행복을 주기 때문이다.

② 지금 인류에게 부족한 것은 무력도 아니오, 경제력도 아니다. 자연과학의 힘은 아무리 많아도 좋으나 인류 전체로 보면 현재의 자연과학만 가지고도 편안히 살아가기에 넉넉하다. 인류가 현재에 불행한 근본 이유는 인의가 부족하고 자비가 부족하고 사랑이 부족한 때문이다. 이 마음만 발달이 되면 현재의 물질력으로 20억이 다 편안히 살아갈 수 있을 것이다. 인류의 이 정신을 배양하는 것은 오직 문화이다.

③ 나는 우리나라가 남의 것을 모방하는 나라가 되지 말고 이러한 높고 새로운 문화의 근원이 되고 목표가 되고 모범이 되기를 원한다. 그래서 진정한 세계의 평화가 우리나라에서, 우리나라로 말미암아서 세계에 실현되기를 원한다. 홍익인간이라는 우리 국조 단군의 이상이 이것이라고 믿는다.

④ 또 우리 민족의 재주와 정신과 과거의 단련이 이 사명을 달성하기에 넉넉하고 우리 국토의 위치와 기타의 지리적 조건이 그러하며, 또 1차, 2차 세계대전을 치른 인류의 요구가 그러하며 이러한 시대에 새로 나라를 고쳐 세우는 우리의 시기가 그러하다고 믿는다. 우리 민족이 주연배우로 세계의 무대에 등장할 날이 눈앞에 보이지 아니하는가.

⑤ 이 일을 하기 위하여 우리가 할 일은 사상의 자유를 확보하는 정치 양식의 건립과 국민 교육의 완비다. 내가 위에서 자유의 나라를 강조하고 교육의 중요성을 말한 것은 이 때문이다.

⑥ 최고 문화 건설의 사명을 달할 민족은 일언이 폐지하면 모두 성인을 만드는 데 있다. 대한 사람이라면 간 데마다 신용을 받고 대접을 받아야 한다. 우리의 적이 우리를 누르고 있을 때에는 미워하고 분해하는 살벌, 투쟁의 정신을 길렀거니와 적은 이미 물러갔으니 우리는 증오니 투쟁을 버리고 화합의 건설을 일삼을 때다. 집안이 불화하면 망하고 나라안이 갈려서 싸우면 망한다. 동포간의 증오와 투쟁은 망조다. 우리의 용모에서는 화기가 빛나야 한다. 우리 국토 안에는 언제나 춘풍이 태탕하여야 한다. 이것은 우리 국민 각자가 한번 마음을 고쳐먹음으로써 되고 그러한 정신의 교육으로 영속될 것이다.

⑦ 최고 문화로 인류의 모범이 되기로 사명을 삼는 우리 민족의 각원은 이기적 개인주의자여서는 안 된다. 우리는 개인의 자유를 극도로 주장하되 그것은 저 짐승들과 같이 저마다 제 배를 채우기에 쓰는 자유가 아니요, 제 가족을, 제 이웃을, 제 국민을 잘살게 하기에 쓰이는 자유다. 공원의 꽃을 꺾는 자유가 아니라 공원에 꽃을 심는 자유다.

⑧ 우리는 남의 것을 빼앗거나 남의 덕을 입으려는 사람이 아니라 가족에게, 이웃에게, 동포에게 주는 것으로 낙을 삼는 사람이다. 우리말의 이른바 선비요, 점잖은 사람이다.

⑨ 그러므로 우리는 게으르지 아니하고 부지런하다. 사랑하는 처자를 가진 가장은 부지런할 수밖에 없다. 한없이 주기 위함이다. 힘 드는 일은 내가 앞서하니 사랑하는 동포를 아낌이요, 즐거운 것은 남에게 권하니 사랑하는 자를 위하기 때문이다. 우리 조상네가 좋아하던 인후지덕이란 것이다.

⑩ 이러함으로써 우리나라의 산에는 삼림이 무성하고 들에는 오곡백과가 풍성하며 촌락과 도시는 깨끗하고 풍성하고 화평할 것이다. 그리하여 우리 동포, 즉 대한 사람은 남자나 여자나 얼굴에는 항상 화기가 있고 몸에서는 덕의 향기를 발할 것이다. 이러한 나라는 불행하려 해도 불행할 수 없고 망하려 하여도 망할 수 없는 것이다.

⑪ 민족의 행복은 결코 계급투쟁에서 오는 것도 아니요, 개인의 행복이 이기심에서 오는 것이 아니다. 계급투쟁은 끝없는 계급투쟁을 낳아서 국토에 피가 마를 날이 없고 내가 이기심으로 남을 해하면 천하가 이기심으로 나를 해할 것이니, 이것은 조금 얻고 많이 빼앗기는 법이다. 일본의 이번 당한 보복은 국제적, 민족적으로도 그러함을 증명하는 가장 좋은 실례다.

⑫ 이상에 말한 것은 내가 바라는 새 나라의 용모의 일단을 그린 것이어니와 동포 여러분! 이러한 나라가 될진대 얼마나 좋겠는가. 우리네 자손을 이러한 나라에 남기고 가면 얼마나 만족하겠는가. 옛날 한토의 기자箕子가 우리나라를 사모하여 왔고, 공자께서도 우리 민족이 사는데 오고 싶다고 하였으며 우리 민족을 인仁을 좋아하는 민족이라 하였으니, 옛날에도 그러하였거니와 앞으로는 세계 인류가 모두 우리의 민족의 문화를 이렇게 사모하도록 하지 아니하려는가.

⑬ 나는 우리의 힘으로, 특히 교육의 힘으로 반드시 이 일이 이루어질 것을 믿는다. 우리나라의 젊은 남녀가 다 이 마음을 가질진대 아니 이루어지고 어찌하랴.

⑭ 나도 일찍 황해도에서 교육에 종사하였거니와 내가 교육에서 바라던 것이 이것이었다. 내 나이 이제 70이 넘었으니 몸소 국민 교육에 종사할 시일이 넉넉지 못하거니와 나는 천하의 교육자와 남녀 학도들이 한번 크게 마음을 고쳐먹기를 빌지 아니할 수 없다.

– 김구[1], 『백범일지』 에서 –

☞ 1) 김구金九, 황해도 해주 생, 1876~1949 ; 대한민국의 정치가. 독립운동가. 상하이로 망명, 대한민국임시정부 주석에 선임되었다. 신민회, 한인애국단 등에서 활발하게 활동하였고, 1962년 건국훈장 대한민국장이 추서되었다.

3. 에이브러햄 링컨의 『게티스버그 연설』 – Gettysburg Address

위대한 연설가들이 공통적으로 지킨 원칙을 정리한 말이 'KISS'이다.

이는 'Keep It Simple, Stupid단순하게, 그리고 머리 나쁜 사람도 알아듣게 하라'는 말을 축약한 것이다. 세계적 지도자들의 연설에는 진부한 표현, 과장된 문장, 전문용어, 유행어들이 거의 들어 있지 않다. 평이하고 단순한 표현으로 감동적인 연설을 하고 있다.

말은 간결함을 으뜸으로 친다.
Brevity is the soul of wit

–셰익스피어–

보고서는 한 장으로 족하다. 더 긴 것은 비서가 곧장 쓰레기통으로 보낼 것이다.
If it is just one page, I promise to read it with attention. If it is longer, my secretary will put it straight into a wastepaper basket

–처칠–

간결한 연설로는 링컨의 게티스버그 연설이 가장 유명하다. 간결하고면서도 강력하고 쉬운 말을 써서 이보다 감동적인 연설은 없다고 한다. 미국 국민이라면 누구나 암송할 정도의 이 연설문은 불과 266단어로 이루어져 있다. 링컨에 앞서 두 시간 연설했던 웅변가 에드워드 에버렛Edward Everett이 『나의 두 시간 연설이 당신의 2분 연설처럼 그렇게 의미를 잘 전달할 수 있었다면 얼마나 좋았겠습니까?』라고 탄식했다는 일화도 있다.

Four score and seven years ago our father brought forth on this continent, a new nation, conceived in liberty, and dedicated to the proposition that all men are created equal.
–지금으로부터 87년 전, 우리의 선조들은 이 대륙에서 자유 속에 잉태되고 만인은 평등하게 창조되었다는 명제에 봉헌된 한 새로운 나라를 탄생시켰습니다.–

Now we are engaged in a great civil war, testing whether that nation, or any nation so conceived and so dedicated, can long endure. We are met on a great battlefield of that war. We have come to dedicate a portion of that field, as a final resting place for those who here gave their lives that that nation might live. It is altogether fitting and proper that we should do this. But, in a larger sense, we cannot dedicate-we cannot consecrate-we cannot hallow-this ground. The brave men, living and dead, who struggled here, have consecrated it, far above our poor power to add or detract.
–우리는 지금 거대한 내전에 휩싸여 있고 우리 선조들이 세운 나라가, 아니 그렇게 잉태되고 그렇게 봉헌된 어떤 나라가, 과연 이 지상에 오랫동안 존재할 수 있는지 없는지를 시험받고 있습니다. 오늘 우리가 모인 이 자리는 남군과 북군 사이에 큰 싸움이 벌어졌던 곳입니다. 우리는 이 나라를 살리기 위해 목숨을 바친 사람들에게 마지막 안식처가 될 수 있도록 그 싸움터의 땅 한부분을 헌납하고자 여기 왔습니다. 우리의 이 행위는 너무도 마땅하고 적절한 것입니다. 그러나 더 큰 의미에서, 이 땅을 봉헌하고 축복하며 신성하게 하는 자는 우리가 아닙니다.

여기 목숨 바쳐 싸웠던 그 용감한 사람들, 전사자 혹은 생존자들이 이미 이곳을 신성한 땅으로 만들었기 때문에 우리로서는 더 이상 보탤거나 뺄 것이 없습니다. –

The world will little note, nor long remember, what we say here, but it can never forget what they did here. It is for us the living, rather, to be dedicated here to the unfinished work which they who fought here have thus far so nobly advanced. It is rather for us to be here dedicated to the great task remaining before us-That from these honored dead we take increased devotion to that cause for which they gave the last full measure of devotion-that we here highly resolve that these dead shall not have died in vain-that this nation, under God, shall have a new birth of freedom-and that government of the people, by the people, for the people, shall not perish from the earth.

–Abraham Lincon's Gettysburg Address(November 19, 1863)–

–세계는 오늘 우리가 여기 모여 무슨 말을 했는가를 별로 주목하지도, 오래 기억하지도 않겠지만 그 용감한 사람들이 여기서 수행한 일이 어떤 것이었던가는 결코 잊지 않을 것입니다. 그들이 싸워서 그토록 고결하게 이뤄 낸, 그러나 미완으로 남긴 일을 수행하는 데 헌납되어야 하는 것은 오히려 우리들 살아 있는 자들입니다. 우리 앞에 남겨진 그 미완으로 큰 과업을 다 하기 위해 지금 여기 이곳에 바쳐져야 하는 것은 우리들 자신입니다. 우리는 그 명예롭게 죽어간 이들로부터 더 큰 헌신의 힘을 얻어 그들이 마지막 신명을 다 바쳐 지키고자 한 대의에 우리 자신을 봉헌하고, 그들이 헛되이 죽어가지 않았다는 것을 굳게 굳게 다짐합니다. 신의 가호 아래 이 나라는 새로운 자유의 탄생을 보게 될 것이며, 시민의, 시민에 의한, 시민을 위한 정부는 이 지상에서 결코 사라지지 않을 것입니다. –

–에이브러햄 링컨의 게티스버그 연설–

4. 스티브 잡스의『스탠퍼드 대학 졸업식 연설문』

○ 스티브 잡스[1] Steven Paul Jobs

☞ 1) 상상력과 창의성으로 성공을 꿈꾸는 젊은이들이 가장 닮고 싶어하는 사람
「프리젠테이션의 전설」

스티브 잡스는 1955년 미국 캘리포니아 주 샌프란시스코에서 미혼모 대학원생의 아이로 태어났다. 아이가 없던 폴 잡스 부부에게 입양된 그는 실리콘밸리Silicon Valley에서 자라며 전자 기술의 세계에 대한 호기심을 키워갔다.

스무살에 부모님의 차고에서 전자공학도였던 워즈니악Stephen Gary Wozniak과 함께 애플컴퓨터 회사를 창업했다. 이후 획기적인 컴퓨터들을 세상에 선보였고 기업 공개와 함께 백만장자가 되었다.

자신이 창업한 애플에서 쫓겨나게 되었으나 그 위기를 기회로 삼아 애니메이션 장편영화를 제작하는 사업을 시작했다. 10년 만에 다시 애플 CEO로 복귀하여 아이맥과 아이팟, 그리고 아이폰을 차례로 성공시켰다. 컴퓨터와 영화와 음악산업의 중심에 있는 존재로서 성공한 기업인을 넘어 '우리시대의 아이콘'으로 불리운다. '차가운 전자 기기에 따뜻한 인간의 영혼을 불어넣은 사람' 이라는 평가를 받고 있다.

□『인생의 3가지 전환점』– 2005년 6월 12일, 스탠퍼드 대학 –

Thank you. I am honored to be with you today at your commencement from one of the finest universities in the world. Truth be told, I never graduated from college and this is the closest I've ever gotten to a college graduation. Today I want to tell you three stories from my life. That's it. No big deal. Just three stories.
–고맙습니다. 오늘 세계 최고의 대학으로 꼽히는 이곳에서 여러분의 졸업식에 참석하게 된 것을 영광으로 생각합니다. 사실 저는 대학을 나오지 않았습니다. 대학 졸업식을 이렇게 가까이 보는 것도 처음이네요.
오늘 여러분께 제가 살아오면서 겪었던 세 가지 이야기를 들려드릴까 합니다. 대단한 것은 아니에요. 딱 세가지만 이야기 하죠.–

The first story is about connecting the dots. I dropped out of Reed College after the first 6 month, but then stayed around as a drop-in for another 18 months or so before I really quit. So why did I drop out?
–첫 번째 이야기는 인생의 전환점에 관한 것입니다. 저는 리드 대학에 입학한지 6개월 만에 자퇴했습니다. 그래도 18개월 정도는 강의를 청강하며 학교 주변을 머무르다 정말로 그만뒀지요. 왜 그랬을까요? –

It started before I was born. My biological mother was a young, unwed graduate student, and she decided to put me up for adoption.

She felt very strongly that I should be adopted by college graduates, so everything was all set for me to be adopted at birth by a lawyer and his wife. Except that when I popped out they decided at the last minute that they really wanted a girl.
-그 대답을 하려면 제가 태어나기 전으로 거슬러 올라가야 합니다.
제 친어머니는 대학원에 다니던 젊은 미혼모였고 저를 입양시키기로 결심했습니다. 친어머니는 제가 반드시 대학을 나온 양부모에게 입양 되길 바랐어요. 그래서 태어나자마자 어느 변호사 가정에 입양되기로 되어 있었습니다. 그런데 그 변호사 부부가 마지막 순간에 딸을 원한다고 마음을 바꾸었지요.-

So my parents, who were on a waiting list, got a call in the middle of the night asking: "We got an unexcepted baby boy; do you want him?" They said: "Of couse." My biological mother found out later that my mother had never graduated from college and that my father had never graduated from high school. She refused to sign the final adoption paper. She only relented a few month later when my parents promised that I would go to college. This is the start in my life.
-그래서 대기자 명단에 있던 지금 제 양부모님이 한밤중에 전화를 받게 되었답니다. "예정에 없던 아들이 태어났어요. 그래도 입양하시겠어요?" 라고 말이죠. 양부모님은 "물론이죠" 라고 대답했습니다. 그런데 나의 양어머니는 대학을 나오지 않았고 양아버지는 고등학교도 나오지 않았다는 걸 친어머니가 알게 된 겁니다. 친어머니는 입양서류에 사인하는걸 거부했어요. 몇 달후 제 양부모님이 저를 꼭 대학에 보내겠다는 약속을 한 후에야 마음이 누그러졌죠. 이것이 제 인생의 시작이었습니다.-

And 17 years olds later I did go to college. But I naively chose a college that was almost sa expensive sa Stanford, and all of my working-class parents' saving were being spent on my college tuition.
After six months, I couldn't see the value in it. I had no idea what I wanted to do with my life and no idea how college was going to help me figure it out. And here I was spending all of the money my parents had saved their entire life. So I decided to drop out and trust that it would all work out OK.
-그리고 17년 후 저는 대학에 입학했습니다. 그런데 저는 순진하게도 바로 이곳, 스탠퍼드만큼 학비가 비싼 대학을 골랐지요. 평범한 노동자였던 양부모님이 모은 재산은 제 학비로 다 들어갔습니다.
결국 6개월 후, 저는 대학교가 그만한 가치가 없다고 생각을 하게 됐지요. 내가 진정으로 인생에서 원하는 게 무엇인지 대학교육이 내 인생에 얼마나 도움이 될지 판단할 수 없었습니다. 그런 곳에 부모님이 평생 모은 재산이 전부 제 학비로 들어가고 있었지요. 그래서 모든 것이 다 잘 될거라 믿고 자퇴를 결심했습니다.-

It was pretty scary at the time, but looking back it was one of the best decisions I ever made. The minute I dropped out I could stop taking the required classes that didn't interest me, and begin dropping in on the ones that looked far more interesting.

–지금 되돌아보면 참 두렵고 힘든 순간이었지만, 그것은 제 인생 최고의 결정 중 하나였던 것 같습니다. 학교를 그만두고 나니 평소에 흥미없던 필수 과목 대신 재미있어 보이는 강의를 들을 수 있었지요.–

It wasn't all romantic. I didn't have a dorm room, so I slept on the floor in friends' rooms, I returned coke bottles for the 5₵ deposits to buy food with, and I would walk the 7 miles across town every Sunday night to get one good meal a week at the Hare krishna temple. I loved it. And much of what I stumbled into by following my curiosity and intuition turned out to be priceless later on.
–그런 생활이 낭만적인 것만은 아니었습니다. 기숙사에서 한 병당 5센트씩 하는 콜라병을 팔아서 먹을 것을 사기도 했습니다. 또 매주 일요일이면 맛있는 음식을 먹기 위해 7마일이나 걸어서 할레 크리슈나 사원(힌두교 성당)에 가서 예배를 드렸습니다. 그건 정말 좋았습니다. 당시 호기심과 직관을 믿고 저지른 일들은 나중에 정말 큰 도움이 되었습니다.–

Let me give you one example: Reed College at that time offered perhaps the best calligraphy instruction in the country. Throughout the campus every poster, every label on every drawer, was beautifully hand calligraphed. Because I had dropped out and didn't have to take the normal classes, I decided to take a calligraphy class to learn how to do this. I learned about serif and sanserif typefaces, about varying the amount of space between different letter combinations, about what makes great typography great. It was beautiful, historical, artistically subtle in a way that science can't capture, and I found it fascinating
–한 가지 예를 들어보죠. 당시 리드 대학은 미국에서 가장 뛰어난 서체 교육을 하고 있었던 것 같습니다. 학교 곳곳에 붙어 있는 포스터, 서랍에 붙은 상표들은 너무 아름다운 서체들로 장식되어 있었지요. 전 자퇴를 해서 정규 과목을 들을 필요가 없었기 때문에 서체에 대해 배워보기로 했습니다. 그때 세리프와 산세리프체를 배웠는데, 서로 다른 문자끼리 결합될 때 다양한 형태의 자간으로 만들어지는 굉장히 멋진 글씨체였습니다. 그건 과학적인 방식으로는 따라 하기 힘든 아름답고 유서 깊고 예술적인 것이었고, 전 그것에 폭 빠지고 말았죠.–

Non of this had even a hope of any practical application in my life. But ten years later, when we were designing the first Macintosh computer, it all came back to me. And we designed it all into the Mac. It was the first computer with beautiful typography. If I had never dropped in on that single course in college, the Mac would have never had multiple typefaces or proportionally spaced fonts. And since Windows just copied the Mac, its likely that no personal computer would have them.
–사실 이것이 제 인생에 실제로 어떤 도움이 될지는 상상도 못했습니다. 그러나 10년 후, 우리가 매킨토시 컴퓨터를 처음 구상할 때 그때 경험들이 떠올랐죠.
우리는 맥 안에 이 모든 것을 디자인해 넣었습니다. 맥은 아름다운 타이포그래피를 지원하는 첫 번째 컴퓨터가 되었죠. 만약 제가 그 서체 수업을 듣지 않았다면, 맥을 따라한 윈도우도 그런 기능이 없었을 테고, 어쩌면 개인용 컴퓨터가 그런 서체를 가지지 못했을 수도 있습니다.–

If I had never dropped out, I would have never dropped in on this calligraphy class, and personal computers might not have the wonderful typography that they do. Of cause it was impossible to connect the dots looking forward when I was in college. But it was very clear looking backwards ten years later.
–만약 제가 학교를 자퇴하지 않았다면, 서체 수업을 듣지 못했을 거고 오늘날 개인용 컴퓨터가 아름다운 서체를 지원하지 못했을 지도 모릅니다. 물론 제가 대학에 있을 때는 그 순간들이 제 인생의 전환점이라는 것을 알 수 없었습니다. 그러나 10년이 지난 지금은 모든 것이 분명히 보이더군요.–

Again, you can't connect the dots looking forward; you can only connect them looking backwards. So you have to trust that the dots will somehow connect in your future. You have to trust in something - your gut, destiny, life, karma, whatever. Because believe in the dot connect down the road will give you the confidence to follow your heart even when it leads you off the well-worn path and that would make all the difference.
–달리 말하자면 지금 여러분은 미래를 알 수 없을 겁니다. 다만 현재와 과거의 사건들은 연관시켜 볼 수 있겠지요. 그러므로 여러분이 현재의 순간들은 미래에 어떤 식으로든 연결된 다는 걸 알았으면 좋겠습니다. 자신의 배짱, 운명, 인생, 카르마(업) 등 무엇이던 간에 말이죠. 이런 삶의 방식은 저를 실망시킨 적이 없습니다. 그리고 제 인생에서 남과 다른 것을 만들어냈지요.–

My second story is about love and loss
I was lucky. I found what I love to do early in life. Woz and I started Apple in my parents garage when I was 20. We worked hard, and in 10 years Apple had grown from just the two of us in garage into a $2 billion company with over 4,000 employees. We had just released our finest creation - the Macintosh - a year earlier, and I had just turned 30. And then I got fired. How can you get fired from a company you started?
–두 번째 이야기는 사랑과 상실에 대한 것입니다.
저는 운 좋게도 정말 하고 싶은 일을 일찍 발견했습니다. 스무 살 때 제 부모님의 차고에서 워즈와 함께 애플을 시작했죠. 우리는 열심히 일했고, 그 덕에 차고에서 2명으로 시작한 기업은 10년 후 4,000명의 직원이 있는 200억 달러짜리 기업이 되었습니다. 제가 스물아홉 살 때는 최고의 작품인 매킨토시를 출시했습니다. 그리고 그 다음해 저는 해고당했습니다. 어떻게 자기가 세운 회사에서 해고당할 수 있냐고요?–

Well, as Apple grew we hired someone who I thought was very talented to run the company with me, and for the first year or so things went well. But then our visions of the future began to diverge and eventually we had a falling out. When we did, our Board of Directors sided with him. So at 30 I was out. And very publicly out. What had been the focus of my entire adult life was gone, and it was devastating.
–당시 애플은 점점 성장해 나갔고 저는 저와 함께 회사를 경영할 유능한 경영자를 데려왔습니다.

그리고 1년 정도는 그런대로 괜찮았습니다. 그런데 그 후부터 그와 나는 서로 다른 애플의 비전을 갖기 시작했고, 결국 우리 사이도 어긋나기 시작했습니다. 그럴 때 이사회는 그의 편을 들어주었습니다. 저는 서른 살에 회사에서 쫓겨나게 되었죠. 아주 공공연하게 말입니다. 저는 인생의 방향을 잃어버렸고 아주 참담한 심정을 느껴야 했습니다.－

I really didn't know what to do for a few months. I felt that I had let the previous generation of entrepreneurs down - that I had dropped the baton as it was being passed to me. I met with David Packard and Bob Noyce and tried to apologize for screwing up so badly. I was a very public failure, and I even thought about running away from the valley. But something slowly began to dawn on me. I still loved what I did. the turn of events at Apple had not changed that one bit. I had been rejected, but I was still in love. And so I decided to start over.
－몇 개월 동안 정말 아무것도 할 수 없었습니다. 마치 선배 센처 기업들에게 받았던 바통을 놓쳐버린 것 같습니다. 데이비드 패커드와 밥 노이스를 만나 저의 실패를 사과하려고 하기도 했지요. 제 실패는 너무나 공개적인 것이었고 실리콘밸리에서 달아나고 싶기도 했습니다. 그러나 천천히 뭔가 보이기 시작했습니다. 저는 제가 했던 일을 여전히 사랑하고 있었거든요. 애플에서 겪었던 일들도 제 그런 마음을 변화시키진 못했습니다. 비록 해고당했지만 제 일을 아직 사랑하고 있었죠. 저는 다시 시작하기로 했습니다.－

I didn't see it then, but it turned out that getting fired from Apple was the best thing that could have ever happened to me. The heaviness of being successful was replaced by lightness of being a beginner again, less sure about everything. It freed me to enter one of the most creative periods of my life.
－그때는 몰랐지만 애플에서 해고당한 것은 제 인생 최고의 사건이었습니다. 애플에서 나오면서 성공에 대한 중압감을 다시 시작할 수 있다는 가벼움으로 대체할 수 있었죠. 그 시기는 내 인생에서 가장 창조적인 시기었습니다.－

During the next five years, I started a company named NeXT, another company named Pixar, and fell in love with an amazing woman who would became my wife. Pixar went on to create the words first computer animated feature film, Toy Story, and is now the most successful animation studio in the world. In a remarkable turn of events, Apple bought NeXT, I returned to Apple, and the technology we developed at NeXT is at the heart of Apple's current renaissance. And Laurene and I have a wonderful family together.
－그로부터 5년 동안 저는 넥스트와 픽사를 창립했고 지금 네 아내가 되어준 여성을 만나 사랑에 빠졌습니다. 픽사는 세계 최초의 컴퓨터 애니메이션 영화인 토이 스토리를 만들어 냈고 세계에서 가장 유명한 애니메이션 제작사가 되었습니다. 그리고 주목할 만한 사건이었던 애플의 넥스트 인수로 저는 애플로 다시 돌아갔습니다. 넥스트에서 우리가 개발했던 기술은 애플의 중추적인 역할을 하고 있습니다. 그리고 로렌과 저는 멋진 가족을 이루었죠.－

I'm pretty sure none of this would have happened if I hadn't been fired from Apple. It was awful tasting medicine, but I guess the patient needed it. Sometimes life hits you in the head with a brick. Don't lose faith. I'm convinced that the only thing that kept me going was that I loved what I did. You've got to fine what you love. And that is as true for your work as it is for your lovers.
-만약 제가 애플에서 해고당하지 않았다면 이 모든 일은 일어나지 않았을 겁니다. 몸에 좋은 약은 입에 쓰다고 하지요. 아마 제가 약이 필요했던 시기였나 봅니다. 때로 인생이 당신을 벽돌로 내리치는 것 같은 시기가 있습니다. 그래도 여러분의 신념을 잃기 마세요. 제가 포기하지 않고 계속 나아갈 수 있었던 유일한 힘은 제가 하는 일을 사랑했기 때문입니다. 여러분이 사랑하는 일은 스스로 찾아야 합니다. 사랑 앞에 진실하듯 일도 마찬가지입니다.-

Your work is going to fill a large part of your life, and the only way to be truly satisfied is to do what you believe is great work. And the only way to do great work is to love what you do. If you haven't found it yet, keep looking, and don't settle. As with all matters of the heart, you'll know when you find it. And, like any great relationship, it just gets betters and better as the years roll on. So keep looking. Don't settle.
-일은 여러분 인생의 대부분을 차지합니다. 그리고 그 속에서 진정한 만족을 누리려면 당신이 가치 있다고 믿는 일을 해야 하죠. 그리고 가치 있는 일을 하는 유일한 방법은 스스로 하는 일을 사랑하는 겁니다. 만약 그런 일은 못 찾았다면 안주하지 말고 계속 찾아보세요. 그것을 찾아낸다면 스스로 느끼게 될 것입니다. 그리고 일단 찾게 되면 다른 좋은 관계들이 그렇듯 여러분과 그 좋은 일과의 관계는 더욱 깊어질 거예요. 그러니 안주하지 말고 계속 찾아다니세요.-

My third story is about death.
when I was 17, I read a quote that went something like: "If you live each day as if it was your last, someday you'll most certainly be right." It made an impression on me, and since then, for the past 33 years, I have looked in the mirror every morning and asked myself: 'If today were the last day of my life, would I want to go what I am about to do today?' And whenever the answer has been 'No' for too many days in a row, I know I need to change something.
-세 번째 이야기는 죽음에 관한 겁니다.
열일곱 살 때 이런 글을 읽었습니다. "만약 하루하루를 인생의 마지막 날처럼 살아간다면 언젠가는 틀림없이 성공할 것이다" 이 글에 감명을 받은 저는 33년 동안 매일 아침 거울을 보며 제게 말하곤 했습니다. '오늘이 내 인생의 마지막 날이라면 오늘 내가 하려고 했던 일을 할 것인가' 라고 말이죠. 그리고 '아니오' 라는 대답이 여러 날 계속되면 변화가 필요한 때라는 걸 깨달았습니다.-

Remembering that I'll be dead soon is the most important tool I've ever encountered to help me make the big choices in life. Because almost everything - all external expectations, all pride, all fear of embarrassment of failure - these things just fall away in the face of death, leaving only what is truly important.

Remembering that you are going to die is the best way I know to avoid the trap og thinking you have something go lose. you are already naked. There is no reason not to follow your heart.
–인생의 중요한 순간마다 곧 죽을 지도 모른다는 사실을 상기하는 것은 제게 커다란 도움이 되었습니다. 왜냐하면 거의 모든 것, 남들의 기대나 자존심, 실패에 대한 두려움 등은 죽음이라는 것 앞에선 떨어져 나가고 오직 진실로 중요한 것만 남기 때문입니다. 죽음을 기억한다는 것은 무엇을 잃을지도 모른다는 두려움에서 벗어나는 최고의 방법입니다. 여러분이 벌거숭이처럼 모든 것을 잃어버린 상태라면 본능에 충실할 수밖에 없습니다.–

Remembering that I'll be dead soon is the most important tool I've ever encountered to help me make the big choices in life. Because almost everything - all external expectations, all pride, all fear of embarrassment of failure - these things just fall away in the face of death, leaving only what is truly important. Remembering that you are going to die is the best way I know to avoid the trap og thinking you have something go lose. you are already naked. There is no reason not to follow your heart.
–1년 전쯤에 저는 암 진단을 받았습니다. 아침 7시 반에 검사를 받았는데 췌장에 악성 종양이 있었지요. 그전까지는 췌장이란 게 뭔지도 잘 몰랐습니다. 의사들은 고칠 수 없는 종류의 암이라고 말하며 제게 남은 시간이 3개월에서 6개월이라고 말했습니다. 주치의는 집으로 돌아가 신변정리를 하라고 했습니다. 죽음을 준비하라는 뜻이었죠. 그건 아이들에게 앞으로 10년 동안 해줄 수 있는 것을 몇 달 안에 모두 해줘야 한다는 뜻이었습니다. 모든 것을 확실하게 정리해서 가족들이 좀 더 쉽게 제 임종을 맞이할 수 있게 하라는 것이었죠. 작별 인사를 하란 말이었습니다.–

I lived with that diagnosis all day. Later that evening I had a biopsy, where they stuck an endoscope down my throat, through my stomach and into my intestines, put a needle in to my pancreas and got a few cells from the tumor. I was sedated, but my wife, who was there, told me that when they viewed the cells under a microscope the doctors started crying because it turned out to be a very rare form of pancreatic cancer that is curable with surgery. I had the surgery and thankfully I'm fine now.
–저는 하루 종일 진단을 받았습니다. 그날 저녁 이후엔 내시경을 위장을 지나 장까지 넣어서 종양에서 암세포를 채취해 조직검사를 받았어요. 그때 저는 마취 상태였는데 나중에 아내가 말해주길, 현미경으로 세포를 분석한 결과 치료가 가능한 아주 희귀한 췌장암이었고 의사들도 기뻐서 눈물을 글썽였다고 합니다. 저는 수술을 받았고 지금은 괜찮습니다.–

This was the closet I've been to facing death, and I hope it's the closet I get for a few more decades. Having lived through it, I can now say this to you with a bit more certainty than when death was a useful but purely intellectual concept.
–그때만큼 제가 죽음에 가까이 가본 적은 없는 것 같습니다. 하지만 앞으로 수십 년 간은 그런 경험을 하고 싶지 않군요. 저는 이런 경험을 해 보았기에 지금 여러분들에게 죽음이 때로는 유용하다는 것을 더 정확하게 말할 수 있습니다.–

No one wants to die. Even people who want to go to heaven don't want to die to get there. And yet death is the destination we all share. No one has ever escaped it. And that is as it should be, because Death is very likely the single best invention of Life. It is Life's change agent. It clears out the old to make way for the new. Right now the new is you, but someday not too long from now, you will gradually become the old and be cleared away. sorry to be so dramatic, but it is quite true.

–아무도 죽음을 원하지 않습니다. 천국에 가고 싶다는 사람들조차 그곳에 가기 위해 죽기는 싫을 겁니다. 하지만 죽음은 우리 모두가 도달하게 돼 있는 종착지입니다. 누구도 죽음에서 자유롭지 못하죠. 어쩌면 죽음은 삶이 고안해낸 가장 훌륭한 발명품일지 모릅니다. 죽음은 삶을 변화시킵니다. 죽음은 새로운 것이 낡은 것을 대체할 수 있도록 해주지요. 지금 여러분들이 새로운 세대입니다. 그러나 언젠가는 여러분도 낡은 세대가 되어서 새로운 세대에서 그 자리를 물려줘야 할 겁니다. 너무 극적으로 들렸다면 죄송합니다. 하지만 사실입니다.–

Your time is limited, so don't waste it living someone else's life. Don't be trapped by dogma - which is living with the results of order people's thinking. Don't let the noise of other's opinions drown out your own inner voice. And most important,,have the courage to follow your heart and intuition. They somehow already know what you truly want to become. Everything else is secondary.

–여러분들의 삶(시간)은 기다려주지 않습니다. 그러니까 인생을 낭비하지 마세요. 도그마, 즉 다른 사람들의 생각에 얽매이지 마세요. 다른 사람들의 목소리가 여러분 내면의 진정한 목소리를 방해하지 못하게 해야 합니다. 가장 중요한 것은 여러분의 마음과 직감을 따르는 용기를 가지는 것입니다. 이미 마음과 직감은 여러분이 진짜로 무엇을 원하는지 알고 있습니다. 나머지 것들은 모두 부차적인 것입니다.–

when I was young, there was an amazing publication called The Whole Earth Catalog, which was one of the bibles of my generation. It was created by a fellow named Stewart Brand not far from here in Melon park, and he brought it to life with his poetic touch. this was in the late 1960's, before personal computers and desktop publishing, so it was all made with typewriters, scissors, and polaroid cameras. It was sort of like Google in paperback form, 35 years before Google came along: It was idealistic, and overflowing with neat tools and great notions.

–제가 어릴 때, 제 나이 또래라면 다 알 만한 '지구백과'라는 굉장한 책이 있었습니다. 여기서 그리 멀지 않은 멘로 파크에 사는 스튜어트 브랜드이란 사람이 쓴 책인데, 자신의 시적 영감을 불어 넣은 책이었죠. PC나 전자출판이 생기기 전인 1960년대 후반이었기 때문에, 타자기, 가위, 폴라로이드 사진 같은 걸로 만들어졌습니다. 35년 전의 종이로 된 구글 같은 것이었죠. 그 책은 좋은 도구와 정보, 개념들이 가득 실려 있었습니다. –

Stewart and his team put out several issues of The Whole Earth Catalog, and then when it had run its course, they put out a final issue. It was the mid-1970s, and I was your age. On the back cover of their final issue was a photograph of an early morning country road, the kind you might find yourself hitchhiking on if you were so adventurous. beneath it were the words: "Stay Hungry, Stay Foolish." It was their farewell message as they signed off. Stay Hungry. Stay Foolish. And I have always wished that for myself. And now, as you graduate to begin a new, I wish that for you
–스튜어트와 그 친구들은 몇 번의 개정판을 내놓았고 그 책의 수명이 다할 때쯤엔 최종판을 내놓았습니다. 그때가 1970년대 중반, 제가 여러분 나이었을 때죠.
그 최종판의 뒷표지에는 이른 아침 시골길 사진이 있었는데, 모험을 좋아하는 사람이라면 히치하이킹을 하고 싶은 생각이 들 만한 시골길이었어요. 그 밑에 이런 글이 적혀 있었어요. "늘 배고프라, 늘 어리석어라." 그것이 그들의 마지막 메시지였지요. 늘 배고프라, 늘 어리석어라. 제 자신에게 늘 그렇게 말하곤 했습니다. 스리고 저는 이제 새로운 시작을 앞둔 여러분들에게도 이 말을 해주고 싶습니다.–

Stay Hungry. Stay Foolish
–늘 배고프라, 늘 어리석어라.–

Thank you all very much.
–감사합니다. –

참고문헌 Bibliography

1. 글쓰기 훈련소 (경향미디어/임정섭/2010)
2. 문장비평 (한마당/남영신/2000)
3. 글쓰기를 두려워 말라 (문학사상사/박동규/1998)
4. 글쓰기의 기본이론과 서사문/기술문 쓰기 (정음문화사/서정수/1998)
5. 글쓰기 전략과 실제 (박이정/임성규/1998)
6. 좋은 문장과 나쁜 문장 (범조사/최재완/1997)
7. 이렇게 해야 바로 쓴다 (한겨레신문사/한효석/2000)
8. 기획·제안서 작성기술 200 (도서출판 길벗/니시다 도오루/2006)
9. 한국의 이공계는 글쓰기가 두렵다 (북코리아/임재춘/2006)
10. 한국의 직장인은 글쓰기가 두렵다 (북코리아/임재춘/2005)
11. 설계 등 용역업자 사업수행능력 세부평가기준 (조달청/2010)
12. 감리전문회사 사업수행능력 세부평가기준 (조달청/2010)
13. 건설사업관리자 사업수행능력 세부평가기준 (조달청/2010)
14. 기술자평가서 및 기술제안서 작성요령 (조달청/2010)
15. 부드럽게 설명하고 강력하게 설득하는 커뮤니케이션 (새로운제안/오노 가즈유끼/2006)
16. 스티브 잡스 프레젠테이션의 비밀 (랜덤하우스/카마인 갈로/2010)
17. 스티브 잡스의 프레젠테이션 (멘토르/김경태/2008)
18. 설득력과 리더십을 2배로 높혀주는 프레젠테이션의 정석 (팜파스/하영목, 최은석/2007)
19. 프리젠테이션 박사 (21세기북스/야하타 히로시/2003)
20. 인터뷰의 황제가 되는길 (월간조선사/오효진/2004)
21. 우리는 왜 토론에 서툰가 (동아일보/이시형/2003)
22. (주)선엔지니어링 DB (SAEG KMS)

기술제안서 작성과 프리젠테이션

집 필 자	(주) 선 엔지니어링종합건축사사무소 양 영 호
출판/제작	공 간 예 술 사 신 창 근
주 소	서울시 종로구 홍파동 52-28
T E L	(02) 737-1020
F A X	(02) 737-1500
홈페이지	www.spacearts.co.kr
e-mail	spacearts@korea.com
편 집	공간예술사 편집/기획팀
디 자 인	(02) 737-1020
등 록	제 9-315호
I S B N	89-7799-089-0 93540
발 행	2011년 7월 25일(제1판 발행)
정 가	30,000원